KB056965

한국산업인력공단 새 출제기준에 따른 **최신판!!**

위험물기능사
실기시험문제

대한민국
대표브랜드

국가자격
시험문제
전문출판

에듀크라운
국가자격시험문제 전문출판
www.educrown.co.kr

최고의 적중률!! 최고의 합격률!!
크라운출판사
국가자격시험문제 전문출판
http://www.crownbook.com

유쾌! 상쾌! 통쾌하게 합격하자!!

이 교재를 보기전에…

우리나라는 눈부신 산업발전을 거듭하여 역사 이래로 찾아볼 수 없는 급격한 경제성장을 이룩하였습니다.

이제는 IT기술산업 선진국으로서의 발전과 더불어 국민 생활 기초산업분야의 신산업구조 속에 필요 불가결한 석유에너지 및 기타 제품 생산사업장에서 사용되고 있는 위험물 관리에 따른 위험성이 다양화 또는 대형화되어 가고 있기에 위험물을 안전하게 관리할 수 있는 보안감독자인 위험물안전관리자의 배출이 시급한 때입니다.

이에 본인은 오랜 시간 동안 강의를 하고 교육을 한 지식과 실제 현장에서 터득한 기술 및 위험물기능사 자격 시험에 수많은 합격생을 배출한 경험을 토대로 '위험물기능사 필기' 교재를 출간하였으며, 2차 실기수검 응시교재로서 기초실력이 부족한 사람도 이 한 권의 교재로 위험물기능사 국가기술자격 시험에 쉽게 합격할 수 있게 '위험물기능사 실기' 교재를 집필, 발행하게 되었습니다.

이 교재를 통해 여러분이 국가기술자격 시험에 꼭 합격할 수 있기를 바라며, 내용의 일부 중 부족한 부분이 있다면 예의 수정, 보완하여 더 좋은 교재가 되도록 노력하겠습니다.

끝으로 여러분의 앞날에 합격의 영광과 풍요로운 내일이 있기를 기원하는 바입니다.

이 교재에 대한 내용문의는 bsyee2532@hanmail.net로 문의하시면 친절하게 답변해 드리겠습니다.

또한 법 개정 등으로 변경된 내용은 출판사 홈페이지 자료실(도서정오표)에서 확인하실 수 있습니다.

저자 이 보상 드림

○ ···· Contents

제1편 　위험물의 화재예방 및 소화방법

제2편 　위험물의 특성

제3편 　위험물의 저장 및 취급

제4편 　위험물의 운반 및 포장 기준

제5편 　위험물의 연소반응

제6편 　위험물기능사 실기시험 과년도 출제문제

위험물기능사 실기시험 검정방법

◎ 실기시험은 필기시험에 합격한 자와 필기시험 면제자에 한하여 시행하며, 100점 만점에 60점 이상 되면 합격이 결정된다.

◎ 수검자는 수검 당일 **시험시작 30분 전까지** 입실하여야 하며 **수검표 분실자는** 신분증명서를 지참하여 **시험시작 1시간 전에** 해당 시험본부에 **재확인** 받아야 한다.

직무분야	화학	중직무부야	위험물	자격종목	위험물기능사	적용기간	2020.1.1.~2024.12.31.

○ 직무내용 :

위험물을 저장.취급.제조하는 제조소등에서 위험물을 안전하게 저장.취급.제조하고 일반 작업자를 지시 감독하며, 각 설비에 대한 점검과 재해 발생시 응급조치 등의 안전관리 업무를 수행하는 직무이다.

○ 수행준거 :

1. 위험물 성상에 대한 기초 지식과 기능을 가지고 작업을 수행할 수 있다.
2. 위험물 시설, 저장.취급기준에 대한 기초 지식과 기능을 가지고 작업을 수행할 수 있다.
3. 위험물 관련 법규에 대한 기초사항을 적용하여 작업을 수행할 수 있다.
4. 위험물 운송.운반에 대한 기초지식과 기능을 가지고 작업을 수행할 수 있다.

실기검정방법	필답형(주관식필기)	시험시간	1시간 30분

실기과목형	주요항목	세부항목
위험물 취급 실무	1. 위험물 성상	1. 각 류별 위험물의 특성을 파악하고 취급하기 2. 위험물의 소화 및 화재 예방하기
	2. 위험물 시설, 저장 · 취급 기준	1. 위험물 시설 파악하기 2. 위험물의 저장 · 취급에 관한 사항 파악하기
	3. 관련법규 적용	1. 위험물 안전관리 법규 적용하기
	4. 위험물 운송 · 운반기준 파악	1. 운송 · 운반 기준 파악하기 2. 운송시설의 위치 · 구조 · 설비 기준 파악하기 3. 운반시설 파악하기
	5. 위험물 운송 · 운반 관리	1. 운송 · 운반 안전 조치하기

성명	
수험 번호	
감독 확인	

국가기술자격 실기시험 문제 및 답안지

2020년 기능사 제 회 필답형 실기시험

종목	시험시간	배점	문제수	형별
위험물기능사	1시간 30분			

수험자 유의사항

1. 시험 문제지를 받는 즉시 응시하고자 하는 종목의 문제지가 맞는지를 확인하여야 합니다.
2. 시험문제지 총면수 · 문제번호 순서 인쇄상태 등을 확인하고, 수험번호 및 성명을 답안지에 기재하여야 합니다.
3. 수험자 인적사항 및 답안작성(계산식 포함)은 흑색 또는 청색 필기구만 사용하되, 동일한 한 가지 색의 필기구만 사용하여야 하며, 흑색, 청색을 제외한 유색 필기구 또는 연필류를 사용하거나 2가지 이상의 색을 혼합 사용하였을 경우 그 문항은 0점 처리됩니다.
4. 답란에는 문제와 관련 없는 불필요한 낙서나 특이한 기록사항 등을 기재하여서는 안되며 부정의 목적으로 특이한 표시를 하였다고 판단될 경우에는 모든 문항이 0점 처리됩니다.
5. 답안을 정정할 때에는 반드시 정정부분을 두 줄(=)로 그어 표시하여야 하며, 두 줄로 긋지 않은 답안은 정정 하지 않은 것으로 간주합니다.(수정테이프, 수정액 사용불가)
6. 계산문제는 반드시 「계산과정」과 「답」란에 계산과정과 답을 정확히 기재하여야 하며 계산과정이 틀리거나 없 는 경우 0점 처리됩니다. (단, 계산연습이 필요한 경우는 연습란을 사용하시기 바라며, 연습란은 채점대상이 아닙니다.)
7. 계산문제는 최종 결과 값(답)에서 소수 셋째자리에서 반올림하여 둘째자리까지 구하여야하나 개별문제에서 소수 처리에 대한 요구사항이 있을 경우 그 요구사항에 따라야 합니다. (단, 문제의 특수한 성격에 따라 정수 로 표기하는 문제도 있으며, 반올림한 값이 0이 되는 경우는 첫 유효숫자까지 기재하되 반올림하여 기재하여 야 합니다.)
8. 답에 단위가 없으면 오답으로 처리됩니다. (단 문제의 요구사항에 단위가 주어졌을 경우는 생략되어도 무방 합니다.)
9. 문제에서 요구한 가지 수(항수)이상을 답란에 표기한 경우에는 답란기재 순으로 요구한 가지 수(항수)만 채점 하고 한 항에 여러 가지를 기재하더라도 한 가지로 보며 그 중 정답과 오답이 함께 기재되어 있을 경우 오 답으로 처리됩니다.
10. 한 문제에서 소문제로 파생되는 문제나, 가지수를 요구하는 문제는 대부분의 경우 부분배점을 적용합니다.
11. 부정 또는 불공정한 방법(시험문제 내용과 관련된 메모지사용 등)으로 시험을 치른 자는 부정행위자로 처리 되어 당해 시험을 중지 또는 무효로 하고, 3년간 국가기술자격점정의 응시자격이 정지됩니다.
12. 복합형 시험의 경우 시험의 전 과정(필답형, 작업형)을 응시하지 않은 경우 채점대상에서 제외합니다.
13. 저장용량이 큰 전자계산기 및 유사 전자제품 사용시에는 반드시 저장된 메모리를 초기화한 후 사용하여야 하며, 시험위원이 초기화 여부를 확인할시 협조하여야 합니다. 초기화되지 않은 전자계산기 및 유사 전자제 품을 사용하여 적발시에는 부정행위로 간주합니다.
14. 시험위원이 시험 중 신분확인을 위하여 신분증과 수험표를 요구할 경우 반드시 제시하여야 합니다.
15. 시험 중에는 통신기기 및 전자기기(휴대용 전화기 등)를 지참하거나 사용할 수 없습니다.
16. 답안(지), 채점기준은 일절 공개하지 않습니다.
17. 국가기술자격 시험문제는 일부 또는 전부가 저작권법상 보호되는 저작물이고, 저작권자는 한국산업인력 공 단입니다. 문제의 일부 또는 전부를 무단 복제, 배포, 출판, 전자출판 하는 등 저작권을 침해하는 일체의 행 위를 금합니다.

※ 수험자 유의사항 미준수로 인한 채점상의 불이익은 수험자 본인에게 책임이 있음

*다음 물음에 답을 해당 답란에 답하시오. (배점 : 55, 문제수 : 14)

1. 질산이 햇빛에 의해 분해되었을 때 발생하는 유독한 갈색증기를 화학식으로 쓰시오.

득점	배점
	3

2. 위험물안전관리법령상 위험물은 지정수량의 몇 배를 1 소요단위로 하는지 쓰시오.

득점	배점
	4

3. 위험물안전관리법령에서는 정전기를 유효하게 제거하기 위해 공기 중 상대습도를 몇 % 이상으로 하도록 규정하고 있는지 쓰시오.

득점	배점
	3

4. 다음 [보기]의 위험물 중 수용성 물질을 모두 쓰시오.
   [보기] 아세톤, 휘발유, 벤젠, 이황화탄소, 이소프로필알코올, 시클로헥산, 아세트산

득점	배점
	3

5. 제4류 위험물을 취급하는 위험물제조소와 「고등교육법」에서 정하는 학교와는 몇 m 이상의 안전거리를 확보해야 하는지 쓰시오.

득점	배점
	4

────────────────연 습 란────────────────────

※ 다음 여백은 계산 연습란으로 사용하십시오.

화학식 만드는 방법 및 읽는 방법

1. 화학식 만드는 방법

1) 화학식 : 각원소 및 원자단의 **원자가**를 **교차**하여 만든다(단, **무기화합물**에서 금속 및 양성원자단은 **왼쪽**, **유기화합물**에서 금속 및 양성원자단은 **오른쪽**).

2) 원자가 : 원소주기율표의 족수와 원자단에 의하여 결정된다.

① **원소주기율표 암기법**

주기\족수	a 1족 b		a 2족 b		a 3족	a 4족	a 5족	a 6족 b	a 7족	o족
1주기	H(수)									He(헬)
2주기	Li(리)		Be(베)		B(붕)	C(탄)	N(질)	O(산)	F (불)	Ne(네)
3주기	Na(나)		Mg(마)		Al(알)	Si(실)	P(인)	S(유)	Cl (염)	Ar(알)
4주기	K(카)	Cu(구)	Ca(칼)	Zn(아)		Ge(게)	As(비)	Cr(크)	Br (브)	Kr(크리)
5주기		Ag(은)	Sr(스)	Cd(카)		Sn(주)	Sb(안)	Mo(몰)	I (요)	Xe(크)
6주기		Au(금)	Ba(바)	Hg(수)		Pb(납)	Bi(비)	W(텅)		Rn(라돈)
	알칼리금속족	구리족	알칼리토금속족	아연족	알루미늄족	탄소족	질소족	산소족	크롬족 할로겐족	불기활성체

② **중요한 원자번호와 원자량**

※ **원자번호 1번에서 20번까지 순서대로 외우기**

　　수 헤 리 베 붕 / 탄 질 산 불 네 / 나 마 알 규 / 인 황 염 아 / 카 칼

　　H He Li Be B / C N O F Ne / Na Mg Al Si / P S Cl Ar / K Ca

※ **짝수** 원자번호의 원자량 = 원자번호$\times 2$

※ **홀수** 원자번호의 원자량 = 원자번호$\times 2+1$

※ $^{1}_{1}$H(수소), $^{9}_{4}$Be(베릴륨), $^{14}_{7}$N(질소), $^{35.5}_{17}$Cl(염소), $^{40}_{18}$Ar(아르곤)은 공식에서 제외된다.

③ **주기율표에서의 원자가**

주기\족수	1	2	3	4	5	6	7	0
원자가	+1	+2	+3	+4 +2 −4	+5 +3 −3	+6 +4 −2	+7 +5 −1	0
	불 변			가 변				불 변

※ **팔우설 : 최외각전자**가 8개가 아닌 원자가 **최외각전자**를 **방출**하거나 **보충**하여 **8개**가 되어 **O족의 원소**와 같은 안정한 **전자배열**을 가지려는 경향.

④ 중요한 원자단의 원자가

이 름	원자단	원자가	화학식 예
암 모 늄 기	NH_4^+	+1	NH_4Cl, NH_4OH
수 산 기	OH^-	−1	$NaOH$, $Ca(OH)_2$, $Mg(OH)_2$, $Al(OH)_3$
시 안 기	CN^-	−1	KCN, HCN
질 산 기	NO_3^-	−1	KNO_3, HNO_3
과 망 간 산 기	MnO_4^-	−1	$KMnO_4$, $HMnO_4$
망 간 산 기	MnO_4^{-2}	−2	K_2MnO_4, H_2MnO_4
황 산 기	SO_4^{-2}	−2	$Al_2(SO_4)_3$, H_2SO_4
아 황 산 기	SO_3^{-2}	−2	K_2SO_3, H_2SO_3
탄 산 기	CO_3^{-2}	−2	Na_2CO_3, H_2CO_3
크 롬 산 기	CrO_4^{-2}	−2	K_2CrO_4, H_2CrO_4
중 크 롬 산 기	$Cr_2O_7^{-2}$	−2	$K_2Cr_2O_7$, $H_2Cr_2O_7$
인 산 기	PO_4^{-3}	−3	Na_3PO_4, H_3PO_4

2. 화학식 만들기

1) 원자와 원자의 원자가 교차

예 H_2O(물) : $H^{+1} \times O^{-2}$ $NaCl$(염화나트륨) : $Na^{+1} \times Cl^{-1}$

Al_2O_3(산화알루미늄) : $Al^{+3} \times O^{-2}$

2) 원자와 원자단의 교차

예 $NaOH$(수산화나트륨) : $Na^{+1} \times OH^{-1}$, $Ca(OH)_2$(수산화칼슘) : $Ca^{+2} \times OH^{-1}$

HNO_3(질산) : $H^{+1} \times NO_3^{-1}$, H_2SO_4(황산) : $H^{+1} \times SO_4^{-2}$,

H_3PO_4(인산) : $H^{+1} \times PO_4^{-3}$, $Al_2(SO_4)_3$(황산알루미늄) : $Al^{+3} \times SO_4^{-2}$

※ Al_2SO_{43} → $Al_2(SO_4)_3$: Al(알루미늄)의 **원자가(+3)**를 교차한 것이 43과 같게 보이므로 **괄호**를 하여 **원자단을 구분**한다.

3) 유기화합물의 원자가 교차

CH_3COOK(초산칼륨) : $CH_3COO^{-1} \times K^{+1}$

$(C_2H_5)_3Al$(트리에틸알루미늄) : $C_2H_5^{-1} \times Al^{+3}$

$(C_2H_5)_4Pb$(사에틸납) : $C_2H_5^{-1} \times Pb^{+4}$

3. 화학식 읽는 방법

1) 무기화합물 : 오른쪽에서 왼쪽(←)으로 읽는다.

① **각 원소**의 명칭 뒷글자 ㉠를 ㉦로 바꾸어 읽으며, ㉠가 없을 때에는 ㉦를 붙여 읽는다.

② **각 원자단**의 기를 생략하고 읽는다.(단, **수산기와 시안기**는 ㉠를 ㉦로 바꾸어 읽는다)

예 NaCl : 염화나트륨, H_2S : 황화수소

나트륨 염㊀ → ㊌   수소   황 + ㊌

예 $Al_2(SO_4)_3$: 황산알루미늄,   NaOH : 수산화나트륨(가성소다)

알루미늄 황산㉮ → 생략   나트륨   수산㉮ → ㊌

KCN : 시안화칼륨(청산가리)

칼륨   시안㉮ → ㊌

※ 산의 화학식 명명법 : OH^-(수산기)를 제외한 음성의 원자단이 H(수소)와 결합된 물질을 산의 화학식이라 한다.
  • HNO_3 : 질산수소라 읽지 않고 질산이라 한다.
  예 H_2SO_4 : 황산, H_3PO_4 : 인산, CH_3COOH : 초산

※ 양성원자의 원자가가 2개인 경우
  • 작은 원자가 : 제1 또는 원자가를 로마자로 표시
  • 큰 원자가 : 제2 또는 원자가를 로마자로 표시
  예 ┌ FeO : $F^{+2} \times O^{-2}$ = FeO → 산화제1철, 산화철(Ⅱ)
     └ Fe_2O_3 : $Fe^{+2} \times O^{-2}$ → 산화제2철, 산화철(Ⅲ)
※ 음성원자의 원자가가 2개인 경우
  • 큰 원자가 : "과"를 붙인다.
  예 ┌ H_2O : $H^{+1} \times O^{-2}$ → 산화수소(물)
     └ $H_2O_2(H^{+1}O^{-1})$: H_2O + [O] = H_2O_2 → 과산화수소
     ┌ Na_2O : $Na^{+1} \times O^{-2}$ → 산화나트륨
     └ $Na_2O_2(Na^{+1}O^{-1})$: Na_2O + [O] = Na_2O_2 → 과산화나트륨

※ 음성원소의 원자수가 여러 개일 경우 : 음성 원소의 수를 부른다.
  ┌ CO : 일산화탄소,   ┌ SO_2 : 이산화황(아황산가스)
  └ CO_2 : 이산화탄소,   └ SO_3 : 삼산화황(무수황산)

2) 유기화합물 : 왼쪽에서 오른쪽(→)으로 읽는다.

CH_3COOK(초산칼륨) $(C_2H_5)_3Al$(트리에틸알루미늄) $(C_2H_5)_4Pb$(사에틸납)

초산 ㉮ → 생략 칼륨   트리에틸 ㉮ → 생략 알루미늄   사에틸 ㉮ → 생략 납

① 수에 관한 접두어

1 : mono(모노)	2 : di(디)	3 : tri(트리)	4 : tetra(테트라)	5 : penta(펜타)
6 : hexa(헥사)	7 : hepta(헵타)	8 : octa(옥타)	9 : nona(노나)	10 : deca(데카)

② 탄소수(AIK〈알크〉: 어간)에 관한 접두어

C : meth(메쓰)	C_2 : eth(에쓰)	C_3 : prop(프로프)	C_4 : but(부트)	C_5 : pent(펜트)
C_6 : hex(헥쓰)	C_7 : hept(헵트)	C_8 : Oct(옥트)	C_9 : non(논)	C_10 : dec(데크)

③ 탄화수소화합물의 IUPAC 명명법 : AIK(알크 · 어간)에 대한 어미의 명명방법

일반식 및 명칭 / 탄소수	C_nH_{2n+2}(단일결합)		일반식 및 명칭 / 탄소수	C_nH_{2n}(2중결합)	
	Alkane(알칸)	구조식		Alkene(알켄)	구조식
C	CH_4:mthane(메탄)	H H-C-H H	C	CH_2:methene(×)	
C_2	C_2H_6:ethane(에탄)	H H H-C-C-H H H	C_2	C_2H_4:ethene(에텐), ethylene(에틸렌)	H H C=C H H
C_3	C_3H_8:propane(프로판)	H H H H-C-C-C-H H H H	C_3	C_3H_6:propene(프로펜), propylene(프로필렌)	H H H C=C-C-H H H H
C_4	C_4H_{10}:butane(부탄)	H H H H H-C-C-C-C-H H H H H	C_4	C_4H_8:butene(부텐), butylene(부틸렌)	H H H H C=C-C-C-H H H H H
C_5	C_5H_{12}:pentane(펜탄)	H H H H H H-C-C-C-C-C-H H H H H H	C_5	C_5H_{10}:pentene(펜텐), pentylene(펜틸렌)	H H H H H C=C-C-C-C-H H H H H

일반식 및 명칭 / 탄소수	C_nH_{2n-2}(3중결합)		일반식 및 명칭 / 탄소수	C_nH_{2n+1}(알킬기 : 유기화학 최초의 원자단)	
	Alkine(알킨)	구조식		Alkyl(알킬)	구조식
C	C:methine(×)		C	CH_3:methyl(메틸)	H H-C- H
C_2	C_2H_2:ethine(에틴), acetylene(아세틸렌)	H-C≡C-H	C_2	C_2H_5:ethyl(에틸)	H H H-C-C- H H
C_3	C_3H_4:propine(프로핀), methyl acetylene(메틸아 세틸렌)	H H-C≡C-C-H H	C_3	C_3H_7:propyl(프로필)	H H H H-C-C-C- H H H
C_4	C_4H_6:butine(부틴), ethyl acetylene(에틸 아세틸렌)	H H H-C≡C-C-C-H H H	C_4	C_4H_9:butyl(부틸)	H H H H H-C-C-C-C- H H H H
C_5	C_5H_8:pentine(펜틴) propyl acetylene(프로필 아세틸렌)	H H H H-C≡C-C-C-C-H H H H	C_5	C_5H_{11}:pentyl(펜틸), amyl(아밀)	H H H H H H-C-C-C-C-C- H H H H H

④ 유기화학의 원자단

관 능 기	식	구 조	화학식 예
에테르기 (ether 기)	$-O-$	$-O-$	$CH_3OC_2H_5$, $C_2H_5OC_2H_5$
카르보닐기(케톤기) (Carbonyl 기)	$-CO-$	$>C=O$	CH_3COCH_3, $CH_3COC_2H_5$
에스테르기 (ester 기)	$-COO-$	$-C{\lesseqgtr}^O_{O-}$	$HCOOCH_3$, CH_3COOCH_3
카르복실기 (Carboxyl 기)	$-COOH$	$-C{\lesseqgtr}^O_{O-}$	$HCOOH$, CH_3COOH
수 산 기 (Hydroxyl 기) (알코올성·페놀성)	$-OH$	$-O-H$	CH_3OH, C_2H_5OH
알데히드기 (aldehyde 기)	$-CHO$	$-C{\lesseqgtr}^O_{H}$	CH_3CHO
아세틸기 (acetyl 기)	$-COCH_3$	$\overset{O}{\underset{}{-C}}-\overset{H}{\underset{H}{C}}-H$	CH_3COCH_3, CH_3COOCH_3, CH_3COOH, CH_3CHO등
니트로기 (nitro 기)	$-NO_2$	$-N{\lesseqgtr}^O_O$	$C_6H_5NO_2$, TNT 등
니트로소기 (nitroso 기)	$-NO$	$-N=O$	$C_6H_4(NO)_2$
아미노기 (amino 기)	$-NH_2$	$-N{<}^H_H$	$C_6H_5NH_2$
술폰산기 (sulfon 산기)	$-SO_3H$	$\overset{O}{\underset{O}{-S}}-O-H$	$C_6H_5SO_3H$
페닐기 (Phenyl 기)	$-C_6H_5$	⌬	C_6H_5OH, OH-⌬
아 조 기 (azo 기)	N_2	$-N=N-$	$C_6H_5-N=N-C_6H_5$
비 닐 기 (vinyl 기)	$-CH=CH_2$	$-\overset{H}{\underset{}{C}}=C{<}^H_H$	$C_6H_5CH=CH_2$

⑤ **이성질체**(분자식은 같으나 물리적·화학적 성질이 다른 것)

• **위치이성질체**

CH₃(CH₂)₂OH   (CH₃)₂CHOH

n-프로필알코올   iso-프로필알코올

o–$C_6H_4(CH_3)_2$ m–$C_6H_4(CH_3)_2$ P–$C_6H_4(CH_3)_2$
(오르토크실렌)   (메타크실렌)   (파라크실렌)

- n(노르말) : 표준상태, iso(이소) : 비슷하다, neo(네오) : 새롭다.
- ortho(오르토) : 기본, meta(메타) : 중간, Para(파라) : 반대

4 화학적 변화의 종류

- **화합** : 두 가지 또는 그 이상의 물질이 결합하여 전혀 새로운 성질을 갖는 한 가지 물질이 되는 변화

> 일반식 : A+B → AB   예 $2H_2$ + O_2 → $2H_2O$↑
>   (수소)   (산소)   (물)

- **분해** : 한가지 물질이 두 가지 이상의 새로운 물질로 되는 변화를 분해라 한다.

> 일반식 : AB → A+B   예 $2H_2O$ $\xrightarrow{전기분해}$ $2H_2$↑ + O_2↑
>   (물)   (수소)   (산소)

- **치환** : 어떤 화합물의 성분 중 일부가 다른 원소로 바뀌어지는 변화를 치환 이라 한다.

> 일반식 : A+BC → AC+B   예 Zn + H_2SO_4 → $ZnSO_4$ + H_2↑
>   (아연) (황산〈묽은〉)(황산아연) (수소)

- **복분해** : 두 종류의 화합물의 성분 중 일부가 서로 바뀌어서 다른 성질을 갖는 물질을 만드는 변화를 복분해라 한다.

> 일반식 : AB+CD → AD+CB
> 예 NaOH + HCl → NaCl + H_2O
> (수산화나트륨) (염산)   (염화나트륨) (물)
>
> 예 $6NaHCO_3$ + $Al_2(SO_4)_3$ · $18H_2O$ → $3Na_2SO_4$ + $2Al(OH)_3$ + $6CO_2$ + $18H_2O$
> (탄산수소나트륨) (황산알루미늄)   (황산나트륨) (수산화알루미늄) (이산화탄소) (물)

화학반응식 계수맞추기

1. 화학반응식에서 화학식 앞에 붙는 숫자를 계수라 합니다.
2. 계수는 질량불변의 법칙(화학반응식에서 반응전후의 질량의 총합은 같다.)에 의하여 화학반응 전후의 질량의 총합을 같게 하기 위하여 화학식의 앞부분에 숫자를 넣어 반응 전과 반응 후의 화학식에 표시된 원자 개수의 합을 같게 하여 화학반응식을 완결합니다.
3. 계수 맞추는 방법은 여러 가지가 있으나 목산(目算)은 계수를 맞추기 위하여 화학반응식의 화살표를 전후로 하여 눈으로 보고 계수를 맞추었다하여 이러한 방법을 목산(目算)이라 합니다. 그러므로 화학반응식에서 화살표(→)의 의미는 수학에서 이콜(=)과 같은 의미입니다.

소화약제 화학포소화기의 화학반응식 계수맞추기

1. 화학포소화기의 화학반응식

$$6NaHCO_3 + Al_2(SO_4)_3 \cdot 18H_2O \rightarrow 3Na_2SO_4 + 2Al(OH)_3 + 6CO_2\uparrow + 18H_2O$$
(탄산수소나트륨) (황산알루미늄의 수화물)   (황산나트륨) (수산화알루미늄) (이산화탄소)   (물)

  1) 화학반응식에서 탄산수소나트륨($NaHCO_3$)과 황산알루미늄[$Al_2(SO_4)_3$]이 화학반응을 하면 황산나트륨(Na_2SO_4)과 수산화알루미늄[$Al(OH)_3$]과 이산화탄소(CO_2)와 물(H_2O)이 생성됩니다.
  2) 반응물질과 생성물질은 암기사항입니다.

2. 화학반응식 계수맞추기

  1) 이 반응에서 반응물질과 생성물질만을 쓰면 이렇게 됩니다(결정수 · $18H_2O$는 반응후 그대로 $18H_2O$로 나오므로 (·)을 (+)로 바꿔 표시합니다).

  $$NaHCO_3 + Al_2(SO_4)_3 \cdot 18H_2O \rightarrow Na_2SO_4 + Al(OH)_3 + CO_2\uparrow + 18H_2O$$

  2) 계수는 질량불변의 법칙에 의하여 반응전후의 질량의 총합을 같게 하기 위하여 화살표를 전후로 하여 각원자의 개수를 같게 해 주어야 합니다.

  ① 그러므로 $NaHCO_3 + Al_2(SO_4)_3 \cdot 18H_2O \rightarrow Na_2SO_4 + Al(OH)_3 + CO_2\uparrow + 18H_2O$ 반응식에서 반응 전 $NaHCO_3$에서 Na의 개수의 1개와 반응 후 Na_2SO_4에서 Na의 개수 2개를 같게 하기 위하여 $NaHCO_3$앞에 2를 씁니다.

  $$2NaHCO_2 + Al_2(SO_4)_3 \cdot 18H_2O \rightarrow Na_2SO_4 + Al(OH)_3 + CO_2\uparrow + 18H_2O$$

  ② 반응 전 $Al_2(SO_4)_3$에서 Al의 개수 2개와 반응 후 $Al(OH)_3$에서 Al의 개수 1개를 같게 하기 위하여 $Al(OH)_3$앞에 2를 씁니다.

  $$2NaHCO_3 + Al_2(SO_4)_3 \cdot 18H_2O \rightarrow Na_2SO_4 + 2Al(OH)_3 + CO_2\uparrow + 18H_2O$$

  ③ 반응 전 $Al_2(SO_4)_3$에서 SO_4의 개수 3개와 반응 후 Na_2SO_4에서 SO_4의 개수 1개를 같게 하기 위하여 Na_2SO_4앞에 3을 씁니다.

$$2NaHCO_3 + Al_2(SO_4)_3 \cdot 18H_2O \rightarrow 3Na_2SO_4 + 2Al(OH)_3 + CO_2 \uparrow + 18H_2O$$

④ 그러므로 앞서 맞춘 $2NaHCO_3$ 와 $3Na_2SO_4$에서 Na의 개수를 6개로 하기 위하여 $2NaHCO_3$의 계수를 $6NaHCO_3$로 수정합니다.

$$6NaHCO_3 + Al_2(SO_4)_3 \cdot 18H_2O \rightarrow 3Na_2SO_4 + 2Al(OH)_3 + CO_2 \uparrow + 18H_2O$$

⑤ 계수를 쓰지 않은 CO_2의 계수는 $6NaHCO_3$에서 C의 개수 6과 같게 하기 위하여 CO_2앞에 6을 쓰므로 화학식반응식이 완결됩니다.

$$6NaHCO_3 + Al_2(SO_4)_3 \cdot 18HO \rightarrow 3Na_2SO_4 + 2Al(OH)_3 + 6CO_2 \uparrow + 18H_2O$$

3) 완결된 화학식은 다음과 같습니다.

$$6NaHCO_3 + Al_2(SO_4)_3 \cdot 18H_2O \rightarrow 3Na_2SO_4 + 2Al(OH)_3 + 6CO_2 \uparrow + 18H_2O$$

제1류 위험물 과산화칼륨과 물의 화학반응식 계수 맞추기

1. 과산화칼륨과 물의 화학반응식

$$2K_2O_2 + 2H_2O \rightarrow 4KOH + O_2 \uparrow$$
(과산화칼륨)　(물)　　　　(수산화칼륨)　(산소)

1) 화학반응식에서 과산화칼륨(K_2O_2)과 물(H_2O)이 반응하면 수산화칼륨(KOH)과 산소(O_2)가 생성됩니다.

2) 반응물질과 생성물질은 암기사항입니다.

2. 화학반응식 계수맞추기

1) 이 반응에서 반응물질과 생성물질만을 쓰면 이렇게 됩니다.

$$K_2O_2 + H_2O \rightarrow KOH + O_2 \uparrow$$

2) 계수는 질량불변의 법칙에 의하여 반응전후의 질량의 총합을 같게 하기 위하여 화살표를 전후로 하여 각 원자의 개수를 같게 해 주어야 합니다.

① 그러므로 $K_2O_2 + H_2O \rightarrow KOH + O_2 \uparrow$ 반응식에서 반응전 K_2O_2에서 K의 개수 2개와 반응 후 KOH에서 K의 개수 1개를 같게 하기 위하여 KOH앞에 2를 씁니다.

$$K_2O_2 + H_2O \rightarrow 2KOH + O_2$$

② 반응 전 K_2O_2에서 O의 개수 2개와 H_2O에서 O의 개수 1개를 더한 O의 개수 3개와 반응 후 2KOH에서 O의 개수 2개와 O_2에서 O의 개수의 2개를 더한 O의 개수를 같게 하기 위하여 O_2앞에 $\frac{1}{2}$을 쓰므로 O의 개수를 3개로 같게 합니다.

$$K_2O_2 + H_2O \rightarrow 2KOH + \frac{1}{2}O_2 \uparrow$$

③ 완결된 화학반응식에서 계수는 분수나 소수를 쓸 수 없으므로 분수의 분모를 없애기 위하여 전체를 2배 해주어 $2K_2O_2 + 2H_2O \rightarrow 4KOH + O_2$로 화학식을 완결합니다.

3) 완결된 화학식은 다음과 같습니다.

$$2K_2O_2 + 2H_2O \rightarrow 4KOH + O_2 \uparrow$$

1. 적린의 연소반응식

$4P + 5O_2 \rightarrow 2P_2O_5$
(적린) (산소)   (오산화린)

1) 화학반응식에서 적린(P)과 산소(O_2)가 반응하면 오산화린(P_2O_5)이 생성됩니다.

2) 반응물질과 생성물질은 암기사항입니다.

2. 연소반응식 계수맞추기

1) 이 반응에서 반응물질과 생성물질만을 쓰면 이렇게 됩니다.

$P + O_2 \rightarrow P_2O_5$

2) 계수는 질량불변의 법칙에 의하여 반응전후의 질량의 총합을 같게 하기 위하여 화살표를 전후로 하여 각 원자의 개수를 같게 해 주어야 합니다.

① 그러므로 $P + O_2 \rightarrow P_2O_5$ 반응식에서

반응 전 P의 개수 1개와 반응 후 P_2O_5에서 P의 개수 2개를 같게 하기 위하여 P앞에 2를 씁니다.

$2P + O_2 \rightarrow P_2O_5$

② 반응전 O_2에서 O의 개수 2개와 반응 후 P_2O_5에서 O의 개수 5개를 같게 하기 위하여 O_2앞에 $\dfrac{5}{2}$를 써서 O의 개수를 5개로 같게 합니다.

$2P + \dfrac{5}{2}O_2 \rightarrow P_2O_5$

③ 완결된 화학반응식에서 계수는 분수나 소수를 쓸 수 없으므로 분수의 분모를 없애기 위하여 전체를 2배 해주어 $4P + 5O_2 \rightarrow 2P_2O_5$ 로 화학식이 완결됩니다.

3) 완결된 화학식은 다음과 같습니다.

$4P + 5O_2 \rightarrow 2P_2O_5$

1. 탄화칼슘과 물의 화학반응식

$CaC_2 + 2H_2O \rightarrow Ca(OH)_2 + C_2H_2\uparrow$
(탄화칼슘) (물)   (수산화칼슘)   (아세틸렌)

1) 화학반응식에서 탄화칼슘(CaC_2)과 물(H_2O)이 반응하면 수산화칼슘[$Ca(OH)_2$]과 아세틸렌(C_2H_2)이 생성됩니다.

2) 반응물질과 생성물질은 암기사항입니다.

2. 화학반응식 계수맞추기

1) 이 반응에서 반응물질과 생성물질만을 쓰면 이렇게 됩니다.

$CaC_2 + H_2O \rightarrow Ca(OH)_2 + C_2H_2\uparrow$

2) 계수는 질량불변의 법칙에 의하여 반응전후의 질량의 총합을 같게 하기 위하여

화살표를 전후로 하여 각 원자의 개수를 같게 해 주어야 합니다.

① 그러므로 $CaC_2 + H_2O \rightarrow Ca(OH)_2 + C_2H_2\uparrow$ 반응식에서

반응 전 CaC_2에서 Ca의 개수 1개와 반응 후 $Ca(OH)_2$에서 Ca의 개수 1개는 개수가 같습니다.

반응 전 CaC_2에서 C의 개수 2개와 반응 후 C_2H_2에서 C의 개수 2개도 같습니다.

$CaC_2 + H_2O \rightarrow Ca(OH)_2 + C_2H_2\uparrow$

② 반응 전 H_2O에서 H의 개수 2개와 반응 후 $Ca(OH)_2$에서 H의 개수 2개와 C_2H_2에서 H의 개수 2개를 합한값 4개를 같게 하기 위하여 H_2O 앞에 2를 쓰므로 화학식반응식이 완결 됩니다.

$CaC_2 + 2H_2O \rightarrow Ca(OH)_2 + C_2H_2\uparrow$

3) 완결된 화학식은 다음과 같습니다.

$CaC_2 + 2H_2O \rightarrow Ca(OH)_2 + C_2H_2\uparrow$

제4류 위험물 아세트알데히드의 연소반응식 계수 맞추기

1. 아세트알데히드의 연소반응식

$2CH_3CHO + 5O_2 \rightarrow 4CO_2\uparrow + 4H_2O$
(아세트알데히드) (산소)   (이산화탄소)   (물)

1) 화학반응식에서 아세트알데히드(CH_3CHO)와 산소(O_2)가 화학반응(연소)을 하면 이산화탄소(CO_2)와 물(H_2O)이 생성됩니다.

2) 반응물질과 생성물질은 암기사항입니다.

2. 연소반응식 계수맞추기

1) 이 반응에서 반응물질과 생성물질만을 쓰면 이렇게 됩니다.

$CH_3CHO + O_2 \rightarrow CO_2\uparrow + H_2O$

2) 계수는 질량불변의 법칙에 의하여 반응전후의 질량의 총합을 같게 하기 위하여 화살표를 전후로 하여 각 원자의 개수를 같게 해 주어야 합니다.

① 그러므로 $CH_3CHO + O_2 \rightarrow CO_2\uparrow + H_2O$ 반응식에서

반응 전 CH_3CHO에서 C 개수의 합 2개와 반응 후 CO_2에서 C의 개수를 같게 하기 위하여 CO_2 앞에 2를 씁니다.

$CH_3CHO + O_2 \rightarrow 2CO_2\uparrow + H_2O$

② 반응 전 CH_3CHO에서 H 개수의 합 4개와 반응 후 H_2O에서 H의 개수를 같게 하기 위하여 H_2O앞에 2를 씁니다.

$CH_3CHO + O_2 \rightarrow 2CO_2\uparrow + 2H_2O$

③ 반응 전 CH_3CHO에서 O의 개수 1개와 O_2에서 O의 개수 2개를 합한 3개와 반응 후의 $2CO_2$에서 O의 개수 4개와 $2H_2O$에서 O의 개수 2개를 합한 6개를 같게 해주기 위하여 O_2앞에 $\frac{5}{2}$를 써서 O의 개수를 6개로 같게 합니다.

$$CH_3CHO + \frac{5}{2}O_2 \rightarrow 2CO_2\uparrow + 2H_2O$$

④ 완결된 화학반응식에서 계수는 분수나 소수를 쓸 수 없으므로 분수의 분모를 없애기 위하여 **전체를 2배** 해주어

$$2CH_3CHO + 5O_2 \rightarrow 4CO_2\uparrow + 4H_2O \text{ 로 화학식이 완결됩니다}$$

2) 완결된 화학식은 다음과 같습니다.

$$2CH_3CHO + 5O_2 \rightarrow 4CO_2\uparrow + 4H_2O$$

제5류 위험물 니트로글리세린의 열분해반응식 계수 맞추기

1. 니트로글리세린의 열분해반응식

$$4C_3H_5(ONO_2)_3 \xrightarrow{\triangle} 12CO_2\uparrow + 10H_2O\uparrow + 6N_2\uparrow + O_2\uparrow$$
(니트로글리세린)　　　　(이산화탄소)　　(수증기)　　(질소)　　(산소)

1) 화학반응식에서 니트로글리세린$[C_3H_5(ONO_2)_3]$이 열분해하면 이산화탄소(CO_2)와 수증기(H_2O)와 질소(N_2)와 산소(O_2)가 생성됩니다.

2) 반응물질과 생성물질은 암기사항입니다.

2. 열분해반응식 계수맞추기

1) 이 반응에서 반응물질과 생성물질만을 쓰면 이렇게 됩니다.

$$C_3H_5(ONO_2)_3 \xrightarrow{\triangle} CO_2\uparrow + H_2O\uparrow + N_2\uparrow + O_2\uparrow$$

2) 계수는 질량불변의 법칙에 의하여 반응전후의 질량의 총합을 같게 하기 위하여 화살표를 전후로 하여 각 원자의 개수를 같게 해 주어야 합니다.

① 그러므로 $C_3H_5(ONO_2)_3 \xrightarrow{\triangle} CO_2\uparrow + H_2O\uparrow + N_2\uparrow + O_2\uparrow$ 반응식에서 반응 전의 $C_3H_5(ONO_2)_3$에서 C개수의 3개와 반응 후 CO_2에서 C의 개수를 같게 하기 위하여 CO_2앞에 3을 씁니다.

$$C_3H_5(ONO_2)_3 \xrightarrow{\triangle} 3CO_2\uparrow + H_2O\uparrow + N_2\uparrow + O_2\uparrow$$

② 반응 전의 $C_3H_5(ONO_2)_3$에서 H의 개수 5개와 반응 후의 H_2O에서 H의 개수를 같게 하기 위하여 H_2O앞에 $\frac{5}{2}$를 써서 H의 개수를 5개로 같게 합니다.

$$C_3H_5(ONO_2)_3 \xrightarrow{\triangle} 3CO_2\uparrow + \frac{5}{2}H_2O\uparrow + N_2\uparrow + O_2\uparrow$$

③ 반응 전의 $C_3H_5(ONO_2)_3$에서 O 개수의 합 9개와 반응 후의 $3CO_2$에서 O의 개수 6개와 $\frac{5}{2}H_2O$에서 O의 개수 $\frac{5}{2}$개와 O_2에서 O의 개수를 합한 값이 9개가 되기 위하여 O_2앞에 $\frac{1}{4}$을 쓰므로 반응 전과 반응 후의 O의 개수가 9개로 같게 합니다.

$$C_3H_5(ONO_2)_3 \xrightarrow{\triangle} 3CO_2\uparrow + \frac{5}{2}H_2O\uparrow + N_2\uparrow + \frac{1}{4}O_2\uparrow$$

④ 반응 전의 $C_3H_5(ONO_2)_3$에서 N의 개수 3개와 반응 후의 N_2에서 N의 개수를 같게 하기 위하여 N_2앞에 $\frac{3}{2}$을 써서 N의 개수를 3개로 같게 합니다.

$$C_3H_5(ONO_2)_3 \xrightarrow{\triangle} 3CO_2\uparrow + \frac{5}{2}H_2O\uparrow + \frac{3}{2}N_2\uparrow + \frac{1}{4}O_2\uparrow$$

⑤ 완결된 화학반응식에서 계수는 분수나 소수를 쓸 수 없으므로 분수의 분모를 없애기 위하여 전체를 4배 해주어 $4C_3H_5(ONO_2)_3 \xrightarrow{\triangle} 12CO_2\uparrow + 10H_2O\uparrow$ $+6N_2\uparrow + O_2\uparrow$ 로 화학식이 완결됩니다.

3) 완결된 화학식은 다음과 같습니다.

$$4C_3H_5(ONO_2)_3 \xrightarrow{\triangle} 12CO_2\uparrow + 10H_2O\uparrow + 6N_2\uparrow + O_2\uparrow$$

제6류 위험물 질산의 열분해반응식 계수맞추기

1. 질산의 열분해반응식

$$4HNO_3 \xrightarrow{\triangle} 4NO_2\uparrow + 2H_2O + O_2\uparrow$$
(질산)　　　　(이산화질소)　(물)　(산소)

1) 열분해반응식에서 질산(HNO_3)이 열분해하면 이산화질소(NO_2)와 물(H_2O)과 산소(O_2)가 생성됩니다.

2) 반응물질과 생성물질은 암기사항입니다.

2. 열분해반응식 계수맞추기

1) 이 반응에서 반응물질과 생성물질만을 쓰면 이렇게 됩니다.

$$HNO_3 \xrightarrow{\triangle} NO_2\uparrow + H_2O + O_2\uparrow$$

1) 계수는 질량불변의 법칙에 의하여 반응 전후의 질량의 총합을 같게 하기 위하여 화살표를 전후로 하여 각 원자의 개수를 같게 해 주어야 합니다.

① 그러므로 $HNO_3 \xrightarrow{\triangle} NO_2\uparrow + H_2O + O_2\uparrow$ 반응식에서 반응 전 HNO_3에서 H의 개수 1개와 반응 후 H_2O에서 H의 개수를 같게 하기 위하여 HNO_3앞에 2를 씁니다.

$$2HNO_3 \xrightarrow{\triangle} NO_2\uparrow + H_2O + O_2\uparrow$$

② 반응 전 $2HNO_3$에서 N의 개수 2개와 반응 후 NO_2에서 N의 개수를 같게 하기 위하여 NO_2앞에 2를 씁니다.

$$2HNO_3 \xrightarrow{\triangle} 2NO_2\uparrow + H_2O + O_2\uparrow$$

③ 반응 전 $2HNO_3$에서 O의 개수 6개와 반응 후 $2NO_2$에서 O의 개수 4개와 H_2O에서 O의 개수 1개와 O_2에서 O의 개수 2개를 합한 O의 개수를 같게 하기 위하여 O_2앞에 $\frac{1}{2}$을 써서 O의 개수를 6개로 같게 합니다.

$$2HNO_3 \xrightarrow{\triangle} 2NO_2\uparrow + H_2O + \frac{1}{2}O_2\uparrow$$

④ 완결된 화학반응식에서 계수는 분수나 소수를 쓸 수 없으므로 분수의 분모를 없애기 위하여 전체를 2배 해주어 $4HNO_3 \xrightarrow{\triangle} 4NO_2\uparrow + 2H_2O + O_2\uparrow$ 로 화학식이 완결됩니다

3) 완결된 화학식은 다음과 같습니다.

$$4HNO_3 \xrightarrow{\triangle} 4NO_2\uparrow + 2H_2O + O_2\uparrow$$

제1편 위험물의 화재예방 및 소화방법

1 연소

1 연소의 정의

물질이 발열과 빛을 동반하는 급격한 산화현상

2 발광에 따른 온도측정

① 적열상태 : 500℃ 부근
② 백열상태 : 1,000℃ 이상

3 고온체의 색깔과 온도

① 담암적색 : 522℃
② 암적색 : 700℃
③ 적색 : 850℃
④ 휘적색 : 950℃
⑤ 황적색 : 1,100℃
⑥ 백적색 : 1,300℃
⑦ 휘백색 : 1,500℃

2 연소의 3요소

> **참고**
>
> **연소**가 일어나기 위해서는 연소의 3요소인 가연물, 산소공급원, 점화원이 꼭 구비되어야 한다. 이 중 하나라도 구비되지 않으면 연소는 일어나지 않는다.

■ 가연물(산화되기 쉬운 물질)

(1) 가연물의 조건

① 산화할 때 발열량이 클 것

② 산화할 때 열전도율이 작을 것

③ 산화할 때 필요한 활성화에너지가 작을 것

④ 산소와 친화력이 좋고 표면적이 넓을 것

(2) 가연물이 될 수 없는 조건

① 주기율표 0족의 원소

② 이미 산화반응이 완결된 안정된 산화물

③ 질소 또는 질소의 산화물

> **참고**
>
> • 주기율표 0족의 원소는 모든 원소 중 가장 안정된 물질로서 산화되지 않는다.
>
>   **예** He(헬륨), Ne(네온), Ar(아르곤), Kr(크립톤), Xe(크세논), Rn(라돈)
>
> • 산화반응이 완결된 산화물 : CO_2(이산화탄소), SiO_2(이산화규소), Al_2O_3(산화알루미늄), P_2O_5(오산화린) 등
>
> • 질소(N_2)도 산소와 산화반응을 하나 **흡열반응**(열의 흡수)을 하므로 가연물이 안된다.

■ 산소공급원(조연성 물질)

① 공기

② 산화제(제1류 위험물 · 제6류위험물)

③ 자기반응성 물질(제5류 위험물)

> **참고**
> - 공기 중의 산소 : 부피 백분율로 약 21%, 중량 백분율로 약 23wt%가 존재한다.
> - 제1류와 제6류 위험물 : 강산화제이므로 많은 산소를 함유하고 있다.
> - 제5류 위험물 : 자기반응성 물질로서 가연물인 동시에 산소를 함유하고 있으므로 공기 중의 산소를 필요로 하지 않고 점화원만으로 연소를 한다.

❸ 점화원(가연물에 활성화에너지를 주는 것)

① 전기불꽃
② 정전기불꽃
③ 마찰 및 충격의 불꽃
④ 고열물
⑤ 단열압축
⑥ 산화열
⑦ 낙뢰(벼락)

> **참고**
> ① 전기불꽃 : 전기가 ⊕, ⊖ 합선으로 일어나는 불꽃을 말하며 에너지 측정이 가능하다.
>
> $$E = \frac{1}{2}QV = \frac{1}{2}CV^2 (Q : 전기량, V : 방전전압, C : 전기용량)$$
>
> ② 정전기 불꽃 : 전기의 불량도체(전기가 통하지 않는 물질)의 마찰에 의하여 발생한 불꽃
> ③ 정전기의 방지방법
> - 접지할 것
> - 공기중의 상대습도를 70% 이상으로 할 것
> - 공기를 이온화시킬 것
>
> ④ 정전기의 불꽃 방전전압 : 500~1,000V
> ⑤ 단열압축 : 가솔린 엔진과는 달리 디젤 엔진은 전기불꽃 방전 없이 압축에 의하여 폭발 연소한다.
> ⑥ 산화열 : 산소와 결합할 때 생성되는 반응열
> ⑦ 낙뢰(벼락)에 대한 화재예방(한국산업표준 중 피뢰설비 표준: KS C IEC 62305)

③ 인화점, 연소점, 착화점, 연소범위

1 인화점

가연물을 가열할 때 가연성 증기가 연소범위 하한에 달하는 최저온도

[인화점 이상의 상태로
발화층이 이루어진 경우
(연소가능)]

[인화점 미만의 상태로
발화층이 이루어지지
않은 상태(연소불가능)]

2 연소점

연소가 계속되기 위한 온도를 말하며 대략 인화점보다 10℃ 정도 높은 온도(위험물에 따라 연소점은 차이가 있음)

3 착화점(발화점)

가연물을 가열할 때 점화원 없이 가열된 열만 가지고 스스로 연소가 시작되는 최저온도

(1) 착화점이 낮아지는 경우

① 압력이 클 때

② 발열량이 클 때

③ 화학적 활성도가 클 때

④ 산소와 친화력이 좋을 때

⑤ 분자구조가 복잡할 때

⑥ 접촉금속의 열전도율이 좋을 때

⑦ 습도 및 가스압(증기압)이 낮을 때

착화점이 낮아지면 위험성이 커진다. 하지만 위험물의 위험성의 척도는 인화점이다.

❹ 연소범위(연소한계, 폭발범위, 폭발한계)

연소에 필요한 가연성 기체와 공기 또는 산소와의 혼합기체 농도범위

① 가연성 기체 또는 액체에 산소나 공기를 혼합한 혼합기체에 점화원을 주었을 때 연소(폭발)가 일어나는 혼합기체의 농도범위를 말하며 낮은 농도를 하한, 높은 농도를 상한이라 하며 수치는 증기의 용적%을 나타낸다.

② 연소범위가 넓어지는 경우
- 온도가 상승할 경우(상한불변, 하한감소)
- 증기압이 높을 경우

③ C(탄소) 수가 증가하면 연소범위 하한은 작아진다.

④ 연소범위의 단위 : 용적 백분율(%)

⑤ 르샤틀리에 법칙(폭발성 혼합가스의 연소범위 구하는 방법)

$$\frac{100}{L} = \frac{V_1}{L_1} + \frac{V_2}{L_2} + \frac{V_3}{L_3} + \cdots.$$

L : 혼합가스 폭발 한계치(%), L₁, L₂, L₃ : 각 성분 단독 폭발 한계치(%)

V_1, V_2, V_3 : 각 성분의 부피(%)

- 정확한 값을 나타내기는 불가능하므로 근사치로 보는 것이 좋다.
- 연소범위 하한계는 비교적 정확하나 연소범위 상한계는 부정확하다.

⑥ 위험도

$$H = \frac{U - L}{L}$$

H : 위험도, U : 연소범위 상한계, L : 연소범위 하한계

- H값이 클수록 위험성이 크다.

4 위험물의 연소형태

1 기체의 연소 : 발염연소, 불꽃연소

2 액체의 연소 : 증발연소

3 고체의 연소 : 분해연소, 표면연소, 증발연소, 자기연소

참고

연소의 형태는 정상연소와 비정상연소로 크게 나누어진다.

정상적인 연소에 있어서는 아레니우스의 화학반응 속도론에 의하여, 상온 부근에서 온도가 10℃ 상승하면 연소의 속도는 2~3배씩 증가한다.

- 액체의 연소는 액체 자체가 연소하지 않고 액체 **표면에서 증발하는 증기가 연소하는 증발연소**와 점도가 높은 비휘발성인 액체의 점도를 낮추어 분무기(버너)를 사용하여 **액체의 입자(알갱이)를 안개상으로 분출하여 연소하는 액적연소** 등이 있다.

- 고체의 연소 중 분해연소에서 **착화에너지의 부족**으로 열분해를 충분히 일으키지 못하여 연소하지 못할 때 일어나는 현상을 탄화현상이라 한다.

- 표면연소 물질 중 코크스의 연소반응식

  1차 반응(1,300℃) $4C + 3O_2 \rightarrow 2CO_2 \uparrow + 2CO \uparrow$
  　　　　　　　　(탄소)　(산소)　(이산화탄소)　(일산화탄소)

  0차 반응(1,500℃) $3C + 2O_2 \rightarrow CO_2 \uparrow + 2CO \uparrow$
  　　　　　　　　(탄소)　(산소)　(이산화탄소)　(일산화탄소)

- 고체의 연소 중 증발연소 물질인 **황, 나프탈렌, 파라핀** 등 고체 위험물은 일단 열을 가하면 상태변화를 일으켜 액체가 되고 어떤 일정온도에서는 **가연성 증기를 발생**하여 점화원에 의하여 연소한다.

- 고체의 연소 중 자기반응성 물질인 **제5류 위험물**(위험물 안전관리 시행령 별표 1)은 가연성이면서 **자체 내에 산소를 함유**하고 있어 연소 시 공기 중의 산소를 필요로 하지 않고 연소할 수 있으며, 공기 중에서 연소 시 **폭발적으로 연소**한다.

5 발화

1 자연발화 : 물질이 서서히 산화되어 축적된 산화열이 서서히 발열, 발화하는 현상

(1) 자연발화의 형태

① 산화열에 의한 발열(석탄, 건성유 등)

② 분해열에 의한 발열(셀룰로이드류, 니트로셀룰로오스 등)

③ 흡착열에 의한 발열(활성탄, 목탄 등)

④ 미생물에 의한 발열(퇴비, 먼지 등)

⑤ 중합열에 의한 발열(HCN 등)

(2) 자연발화의 조건

① 발열량이 클 것   ② 열전도율이 작을 것

③ 주위의 온도가 높을 것   ④ 표면적이 넓을 것

참고

자연발화의 조건 4가지를 쉽게 이해하는 방법

①, ②번은 **가연물의 조건**에서 공부하였다.

③번은 온도가 높을 때는 모든 분자운동이 활발해지며 ④번의 표면적이 넓어야 되는 것은 공기와 접촉면적이 커야만 원활한 산소공급이 이루어진다. 또한 ③, ④는 가연물의 조건과 비교해 보도록 한다.

---

(3) 자연발화의 방지법

① 습도가 높은 것을 피할 것

② 저장실의 온도를 낮출 것

③ 퇴적 및 수납할 때에 열이 쌓이지 않게 할 것

④ 통풍을 잘 시킬 것

참고

석탄은 습도가 높으면 안되며, **셀룰로이드**는 저장실의 온도 상승을 막아야 한다. **퇴적 및 수납** 할 때에는 열이 쌓이지 않도록 하며, **통풍**이 잘 되게 하여 축적열을 확산시키는 방법도 좋다.

---

(4) 자연발화에 영향을 주는 인자

① 발열량   ② 열전도율

③ 열의 축적   ④ 수분

⑤ 퇴적방법   ⑥ 공기의 유동

② 준자연발화

가연물이 공기 또는 물과 접촉 반응하여 급격히 발열, 발화하는 현상

(1) 알킬알루미늄

공기 또는 물과 반응하여 발화하며 피부와 접촉하면 화상을 입는다.

① 희석액 : 벤젠, 헥산

② 소화제 : 팽창질석, 팽창진주암 등

(2) 금속칼륨(K), 금속나트륨(Na)

물 또는 습기와 접촉하여 급격히 발화한다.

① 보호액 : 석유(등유, 경유, 파라핀 등)

② 생성가스 : H_2(수소)

(3) 황린(P_4)

백린이라고도 하며 공기 중에서 발화하며 피부와 접촉하면 화상을 입는다. 보관할 때는 pH 9 정도의 약알칼리의 물이 좋다.

① 보호액 : pH 9의 물

② 연소생성물 : P_2O_5(오산화린)

참 고

위험물을 보호액속에 보존하는 경우에는 당해 위험물이 공기 중에 노출되지 아니하도록 조치할 것

---

③ 혼합발화

위험물을 두 가지 또는 그 이상으로 서로 혼합 접촉하였을 때 발열, 발화하는 현상

(1) 혼재 위험성

① 폭발성 화합물을 생성하는 경우

② 폭발성 혼합물을 생성하는 경우

③ 가연성 가스를 발생하는 경우

④ 시간이 경과하거나 바로 분해, 발화 또는 폭발하는 경우

6 폭발, 폭굉, 분진폭발

■ 폭발 : 가연성 기체 또는 액체의 열의 발생속도가 열의 일산속도를 상회하는 현상

a. 열의 발생속도
b. 열의 일산속도

> **참고**
> • 열의 일산속도 : 축적된 열을 발산할 때의 속도

② 폭굉(데토네이션)

폭발범위 내의 어떤 특정 농도범위에서는 연소의 속도가 폭발에 비해 수백 내지 수천 배에 달하는 현상

참고

① 폭굉유도거리 : 최초의 완만한 연소속도가 격렬한 폭굉으로 변할 때의 거리

② 폭굉유도거리가 짧아지는 경우
- 정상 연소속도가 큰 혼합물일 경우
- 점화원의 에너지가 클 경우
- 고압일 경우
- 관 속에 방해물이 있을 경우
- 관경이 작을 경우

③ 폭발의 연소속도 : 0.1~10m/sec

④ 폭굉의 연소속도 : 1,000~3,500m/sec
- 음속(마하) : 약 340m/sec

⑤ 밀폐용기의 폭발압력 : 0.7~0.8MPa

3 분진폭발

공기 중의 불휘발성 액체 또는 고체가 미립자(작은 알갱이)로 폭발범위 내에 존재할 때
착화에너지를 가하면 일어나는 현상

참고

① 분진폭발을 일으키는 물질
- 농산물 : 밀가루, 전분, 솜가루, 담배가루, 커피가루 등
- 광물질 : 마그네슘분, 알루미늄분, 아연분, 철분 등

② 고체의 폭발입경 : 100μm, 유효입경 : 150μm

③ 액체의 폭발입경 : 20μm, 유효입경 : 50μm

④ 분진의 폭발범위 : 하한 25~45mg/ℓ, 상한 80mg/ℓ

⑤ 분진의 착화에너지 : $10^{-3} \sim 10^{-2}$J

⑥ 화약의 착화에너지 : $10^{-6} \sim 10^{-4}$J

모든 계산문제는 소수 3째자리까지 계산하고 반올림하여 소수 2째자리를 답으로 합니다.

연 소

01 연소의 정의를 쓰시오.

해답 물질이 발열과 빛을 동반하는 급격한 산화 현상

02 연소의 3요소란 무엇인가?

해답 가연물, 산소공급원, 점화원

03 발광의 정도를 보고 온도를 측정할 수 있다. 적열 및 백열상태의 온도분포를 쓰시오.

해답 적열상태 : 500℃ 부근
백열상태 : 1,000℃ 이상

04 고온체의 색깔 중 가장 높은 색깔과 온도는 몇 ℃인가?

해답 휘백색, 1,500℃

참고 고온체의 색깔과 온도
 • 담암적색 : 522℃ • 황적색 : 1,100℃
 • 암적색 : 700℃ • 백적색 : 1,300℃
 • 적색 : 850℃ • 회백색 : 1,500℃
 • 회적색 : 950℃

05 다음 색깔에 알맞은 온도는 몇 ℃인가?

㉮ 암적색	㉯ 적색
㉰ 휘적색	㉱ 백적색

해답 ㉮ 700℃ ㉯ 850℃
   ㉰ 950℃ ㉱ 1,300℃

연소의 3요소

01 가연물이 갖추어야 할 조건을 4가지 쓰시오.

해답 ① 산화할 때 발열량이 클 것
② 산화할 때 열전도율이 작을것
③ 산화할 때 필요한 활성화 에너지가 작을 것
④ 산소와 친화력이 좋고 표면적이 넓을것

02 고체 연소시 덩어리보다 가루가 연소가 더 잘 되는 이유는?

해답 산소가 접촉하는 면이 상대적으로 크므로

03 다음은 가연물의 조건이다. 보기에서 알맞은 말을 괄호 안에 써 넣으시오.

㉮ 활성화 에너지가 ( ) 것
㉯ 열 전도율이 ( ) 것
㉰ 연소열이 ( ) 것
㉱ 표면적이 ( ) 것
㉲ 발열량이 ( ) 것
〈보기〉 클, 작을, 넓을

해답 ㉮ 작을 ㉯ 작을 ㉰ 클
   ㉱ 넓을 ㉲ 클

04 질소 및 질소의 산화물이 가연물이 될 수 없는 이유는 무엇인가?

해답 흡열반응을 하므로

05 산소공급원 중 산화제인 위험물은 몇 류 위험물인가?

해답 제1류 위험물, 제6류 위험물

06 산소공급원 중 자기연소를 하는 위험물은 몇 류 위험물인가?

해답 제5류 위험물

07 흑색화약제조의 원료를 3가지 쓰시오.

해답 질산칼륨, 황, 숯가루

08 점화원이 될 수 있는 것 7가지를 쓰시오.

해답 ① 전기불꽃
② 정전기불꽃
③ 마찰 및 충격의 불꽃
④ 고열물
⑤ 단열압축
⑥ 산화열
⑦ 낙뢰

09 전기불꽃 에너지의 공식을 쓰시오.

해답 $E = \dfrac{1}{2}QV = \dfrac{1}{2}CV^2$

10 정전기의 불꽃방전 전압은 몇 V인가?

해답 500~1,000V

11 정전기 발생 방지 방법을 3가지 쓰시오.

해답 ① 적절한 접지
② 공기 중의 상대습도를 70% 이상으로 할 것
③ 공기를 이온화시킬 것

12 정전기 제거방법 중 가장 일반적인 방법은 무엇인가?

해답 접지 방법

13 전기의 불량도체인 물질이 마찰에 의하여 생성하는 전기를 무엇이라 하는가?

해답 정전기

14 유리막대와 명주 등의 두 가지 절연체를 마찰하면 전기를 띄게 되고 가벼운 물체를 끌어당기는 대전현상을 일으킨다. 이 때 대전에 의하여 얻어진 전하는 절연체 위에서 더 이상 이동하지 않고 정지하고 있다. 이러한 전기를 무엇이라 하는가?

해답 정전기

15 정전기의 발생을 억제하기 위해서는 주위온도를 (높이면, 낮추면) 된다. 습도를 (높이면, 낮추면) 된다.

해답 낮추면, 높이면

인화점, 연소점, 착화점, 연소범위

01 인화점의 정의를 쓰시오.

해답 가연물을 가열할 때 가연성 증기가 연소범위 하한에 달하는 최저온도

02 제4류 위험물의 위험성이 정해지는 가장 중요한 물리적 성질은?

해답 인화점

03 가연물을 가열하여 가연성 증기가 연소범위에 있으며, 이때 점화원에 의해 점화되는 최저온도를 무엇이라 하는가?

해답 인화점

04 인화성 액체는 어떠한 상태일 때 가장 위험성이 따르는가?

> **해답** 액체의 온도가 인화점 이상일 경우

05 인화점보다 10℃ 이상 높은 온도로서 연소가 계속되기 위한 온도를 무엇이라 하는가?

> **해답** 연소점

06 연소점은 연소 상태가 (㉮)초 이상 유지하기 위한 온도로 인화점보다 (㉯)도 이상 높다.

> **해답** ㉮ 5 　　　　　　㉯ 10

07 착화점의 정의를 간단히 쓰시오.

> **해답** 가연물을 가열할 때 점화원 없이 가열된 열만을 가지고 스스로 연소가 시작되는 최저 온도
>
> **참고** 착화점 = 발화점 = 착화온도 = 발화온도

08 착화점이 낮아지는 경우에 대하여 알맞은 답을 보기에서 골라 쓰시오.

> ㉮ 압력이 ( ) 때
> ㉯ 분자구조가 ( ) 때
> ㉯ 발열량이 ( ) 때
> ㉱ 접촉 금속의 열전도율이 ( ) 때
> ㉲ 화학적 활성도가 ( ) 때
> ㉳ 습도 및 증기압이 ( ) 때
> ㉴ 산소와 친화력이 ( ) 때
>
> 〈보기〉 클, 복잡할, 좋을, 낮을

> **해답** ㉮ 클　㉯ 복잡 할　㉯ 클　㉱ 클
> 　　　㉲ 클　㉳ 낮을　　㉴ 좋을

09 연소범위의 정의를 쓰시오.

> **해답** 연소에 필요한 가연성 기체와 공기 또는 산소와의 혼합기체 농도범위

10 연소범위를 다른 말로 표현한 3가지를 쓰시오.

> **해답** 연소한계, 폭발범위, 폭발한계

11 연소범위가 넓어지는 경우를 2가지 쓰시오.

> **해답** ① 온도가 상승할 경우
> 　　　② 증기압이 높아질 경우

12 일반적으로 가연성 액체의 온도가 상승할 경우 연소범위는 넓어지는지, 좁아지는지 판단하여 쓰시오.

> **해답** 넓어진다.

13 다음은 공기 중의 가연성 증기가 연소범위에 미치는 온도의 영향에 대한 그래프이다. a는 무엇을 의미하는가?

> **해답** 인화점

14 가솔린이 조금 남아 있는 탱크를 가열하면 연소범위 중 (①)은 변화 없고 (②)는 넓어진다. 괄호 안에 알맞은 말을 쓰시오.

> **해답** ① 상한값　　　② 연소범위

15 연소범위에서 상한 및 하한의 단위는 무엇으로 나타내는가?

해답 가연물의 용적 백분율

16 다음 물음에 답하시오

> ㉮ 연소범위의 정의
> ㉯ 가솔린의 연소범위 1.4~7.6%의 의미

해답 ㉮ 연소에 필요한 가연성 기체와 공기 또는 산소와의 혼합기체 농도 범위
㉯ 연소가 일어나는데 필요한 공기 중의 가솔린의 최소농도가 1.4%, 최고농도가 7.6%라는 의미

17 수소 10%, 메탄 30%, 에탄 60%의 부피비로 혼합된 혼합기체가 있다. 이 혼합기체의 공기중 폭발하한계의 값을 소수점 3자리에 반올림하여 계산하시오(단, 연소범위는 수소 4~75%, 메탄 5~15%, 에탄 3~12.4%이다).

해답 [계산과정]

$$\frac{100}{L} = \frac{V_1}{L_1} + \frac{V_2}{L_2} \cdots 에서$$

$$\frac{100}{L} = \frac{10}{4} + \frac{30}{5} + \frac{60}{3},$$

$$\frac{100}{L} = 2.5 + 6 + 20$$

$$\therefore L = \frac{100}{28.5} = 3.508$$

[답] 3.51%

18 아세트알데히드의 연소범위는 4.1~57% 이다. 위험도는 얼마인가?

해답 [계산과정]

$$H = \frac{U-L}{L} \ 에서$$

$$H = \frac{57-4.1}{4.1} = 12.902$$

[답] H = 12.90

위험물의 연소형태

01 위험물의 연소형태를 3가지로 구분하시오.

해답 ① 기체연소　② 액체연소
③ 고체연소

02 기체의 연소를 무슨 연소라 하는가?

해답 발염연소(불꽃연소)

03 인화성 액체 위험물의 연소를 무슨 연소라 하는가?

해답 증발연소

04 고체연소의 형태를 4종류로 구분하시오.

해답 ① 분해연소　② 표면연소
③ 증발연소　④ 자기연소

05 연소형태를 구분하여 적으시오

> 금속분, 에탄올, TNT, 나트륨, 피크린산
> 디에틸에테르

> ㉮ 표면연소　㉯ 증발연소　㉰ 자기연소

해답 ㉮ 금속분, 나트륨
㉯ 에탄올, 디에틸에테르
㉰ TNT, 피크린산

모든 계산문제는 소수 3째자리까지 계산하고 반올림하여 소수 2째자리를 답으로 합니다.

06 코크스나 활성탄의 연소는 어떤 형태의 연소인가?

> **해답** 표면연소

07 코크스의 1차 반응 및 0차 반응 시 온도와 화학반응식을 쓰시오

> **해답** ① 1차반응: 1,300℃
>
> $$4C + 3O_2 \rightarrow 2CO_2 \uparrow + 2CO \uparrow$$
>
> ② 0차반응: 1,500℃
>
> $$3C + 2O_2 \rightarrow CO_2 \uparrow + 2CO \uparrow$$

08 고체 가연물이 착화에너지의 부족으로 발생하는 현상을 무엇이라 하는가?

> **해답** 탄화현상

09 나프탈렌 · 파라핀 및 황의 연소형태를 쓰시오.

> **해답** 증발연소

10 공기 중의 산소를 필요로 하지 않고 연소할 수 있는 가연성 물질을 무엇이라 하는가?

> **해답** 자기반응성 물질(자기연소성 물질)

발 화

01 자연발화의 정의를 간단히 쓰시오.

> **해답** 물질이 서서히 산화되어 축적된 산화열이 서서히 발열, 발화하는 현상

02 자연발화의 형태를 4가지로 구분하시오.

> **해답** ① 산화열에 의한 발열
>
> ② 분해열에 의한 발열
>
> ③ 흡착열에 의한 발열
>
> ④ 미생물에 의한 발열
>
> **참고** 5가지의 경우 중합열에 의한 발열 추가시킴

03 자연발화의 형태를 4가지로 구분하고 예를 2가지씩 기술하시오.

> **해답** ① 산화열에 의한 발열 : 석탄, 건성유
>
> ② 분해열에 의한 발열 : 셀룰로이드류, 니트로셀룰로오스
>
> ③ 흡착열에 의한 발열 : 활성탄, 목탄
>
> ④ 미생물에 의한 발열 : 퇴비, 먼지

04 자연발화의 조건 4가지를 기술하시오.

> **해답** ① 발열량이 클 것
>
> ② 열전도율이 작을 것
>
> ③ 주위의온도가 높을 것
>
> ④ 표면적이 넓을 것

05 자연발화를 방지하는 방법을 4가지만 쓰시오.

> **해답** ① 습도가 높은 것을 피할 것
>
> ② 저장실의 온도를 낮출 것
>
> ③ 퇴적 및 수납 시 열이 쌓이지 않게 할 것
>
> ④ 통풍을 잘 시킬 것

06 자연발화를 일으키는 인자는 (㉮) (㉯) (㉰) 등이다. 보기에서 고르시오.

> 흡열량, 공기의 유동, 수분, 발열량, 공기차단

> 해답 ㉮ 공기의 유동
> ㉯ 수분
> ㉰ 발열량

07 자연발화에 영향을 주는 인자를 6가지 기술하시오.

> 해답 발열량, 열전도율, 열의 축적, 수분, 퇴적 방법, 공기의 유동

08 준자연발화의 정의를 쓰시오.

> 해답 가연물이 공기 또는 물과 접촉하여 급격히 발열, 발화하는 현상

09 공기 또는 물과 접촉하여 발열, 발화하는 제3류 위험물은 무엇인가?

> 해답 알킬알루미늄 또는 알킬리튬

10 알킬알루미늄에 대하여 답하시오.

> ㉮ 희석제 2가지 　　　㉯ 소화제 2가지

> 해답 ㉮ 벤젠, 헥산
> ㉯ 팽창질석, 팽창진주암

11 금속칼륨이나 금속나트륨의 보호액은 무엇인가?

> 해답 석유

12 황린의 보호액으로 적당한 것은 무엇이며, 보호액의 pH는 얼마인가?

> 해답 물, pH9

13 위험물을 보호액 속에 보존할 경우에는 어떻게 하여야 하는지 쓰시오.

> 해답 당해 위험물이 노출되지 않도록 조치한다.

14 다음 물질의 보호액을 쓰시오.

> ㉮ 금속나트륨, 금속칼륨
> ㉯ 황린
> ㉰ 이황화탄소

> 해답 ㉮ 석유　　㉯ pH9의 물　　㉰ 물
> 참고 금속나트륨, 금속칼륨의 보호액을 묻는 문제에서는 한가지를 물으면 석유를, 세가지를 물으면 등유, 경유, 파라핀을 쓴다.

15 혼합발화의 정의를 간단히 기술하시오.

> 해답 위험물을 두 가지 또는 그 이상으로 서로 혼합 접촉하였을 때 발열, 발화하는 현상

16 위험물을 혼합하였을 경우 발생될 위험성을 4가지로 구분하시오.

> 해답 ① 폭발성 화합물을 생성하는 경우
> ② 폭발성 혼합물을 생성하는 경우
> ③ 가연성 가스를 발생하는 경우
> ④ 시간이 경과하거나 바로 분해, 발화 또는 폭발하는 경우

모든 계산문제는 소수 3째자리까지 계산하고 반올림하여 소수 2째자리를 답으로 합니다.

폭발, 폭굉, 분진폭발

01 폭발이란 무엇인가?

해답 가연성 기체 및 액체의 열의 발생속도가 열의 일산속도를 상회하는 현상

02 폭굉의 정의를 간단히 정의하시오.

해답 폭발범위 내의 어떤 특정 농도범위에서는 연소의 속도가 폭발에 비해 수백 내지 수천배에 달하는 현상

03 다음 그림은 폭발시험 그래프이다. a와 b의 곡선은 무엇을 의미하는가?

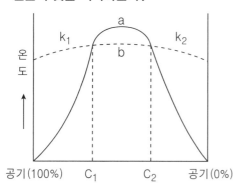

해답 a : 열의 발생속도
　　 b : 열의 일산속도

04 폭발의 연소속도는 얼마나 되는가?

해답 0.1~10m/sec

05 폭굉의 연소속도를 쓰시오.

해답 1,000~3,500m/sec

06 폭발시험을 할 때 밀폐용기의 압력은 얼마나 되는가?

해답 0.7~0.8MPa

07 폭굉유도거리가 짧아지는 경우를 3가지 쓰시오.

해답 ① 정상 연소속도가 큰 혼합물일 경우
　　 ② 점화원의 에너지가 클 경우
　　 ③ 고압일 경우
　　 ④ 관 속에 방해물이 있을 경우
　　 ⑤ 관경이 작을 경우(중 3가지)

08 분진폭발에 관하여 답하시오.

⑦ 분진폭발을 일으키는 광물질 3가지
④ 폭발범위 하한과 상한범위

해답 ⑦ 알루미늄분, 아연분, 안티몬분
　　 ④ 하한 25~45mg/ℓ, 상한 80mg/ℓ

09 화약 및 분진의 착화에너지는 얼마인가?

해답 화약 : $10^{-6} \sim 10^{-4}$J,
　　 분진 : $10^{-3} \sim 10^{-2}$J

❶ 소화의 정의

소화란 물질이 연소할 때 연소구역에서 연소의 3요소 중 일부 또는 전부를 없애주면 연소가 중단된다. 이러한 현상을 소화라고 한다.

> **참고**
>
> 연소는 연소의 3요소인 가연물, 산소공급원, 점화원이 꼭 있어야만 연소가 일어나며 연소의 3요소 중 한 가지라도 없다면 연소는 일어날 수 없다.

❷ 소화방법

소화방법이란 연소구역에서 연소의 3요소 중 하나 또는 모두를 제거해 주는 방법이다.

1 제거소화(가연물의 제거에 의한 소화)

제거소화란 가연물을 연소구역에서 없애주는 방법이다.
① 촛불   ② 산불
③ 유전의 화재   ④ 가스의 화재

> **참고**
>
> 유전의 화재는 폭약을 사용하여 폭풍으로(순간적) 유전표면의 증기를 날려 보내는 소화방법을 사용한다.

2 질식소화(산소공급원의 차단에 의한 소화)

질식소화란 가연물이 연소할 때 공기 중의 산소의 농도 약 21%를 15% 이하로 낮추어 산소공급을 차단하는 소화방법이다.

> **참고**
>
> • 공기 중 산소의 농도 : 부피비의 약 21vol%, 중량비의 약 23wt%
> • 질식소화 시 산소농도의 유효한계는 10~15%이다(일반적으로는 15% 이하).

③ 냉각소화(발화점 이하의 온도로 냉각하는 소화)

냉각소화란 연소물로부터 열을 빼앗아 발화점 이하로 온도를 낮추는 소화방법이다.

④ 억제소화(연속적 관계의 차단에 의한 소화)

억제소화란 연소물의 산화반응을 할로겐원소의 부촉매 작용으로 차단하는 소화방법이다.

③ 화재의 종류

① A급 화재

종이, 섬유, 목재 등의 화재로 일반화재라 하며 백색으로 표시한다.

② B급 화재

유류 및 가스의 화재로 유류화재라고 하며 황색으로 표시한다.

③ C급 화재

전기화재라고 하며 청색으로 표시한다.

⑤ D급 화재

금속분, 박, 리본의 화재로 금속화재라고 하며 색깔은 지정되어 있지 않다.

4 소화기의 종류 및 사용방법

1 질식소화기의 종류(포말, 분말, 이산화탄소소화기 및 간이소화제)

(1) 포말소화기(화학포, 기계포, 알코올포)

① 화학포 소화기(A · B급 화재에 적응)

㉮ 보통전도식

㉯ 내통밀폐식

㉰ 내통밀봉식

[보통전도식]　　　　[내통밀폐식]　　　　[내통밀봉식]

참고

① 화학포 소화기의 사용온도 범위 : 5~40℃

② 화학포 소화기의 작동방법

· 노즐 끝을 손으로 막는다.

· 통을 옆으로 눕힌다.

· 밑의 손잡이를 잡고 약제가 혼합되도록 흔든다.

· 노즐을 화점에 향하고 노즐을 잡은 손끝을 놓는다.

③ 화학포 소화기의 방출방식 : 전도식

④ 액온 20℃에서 방출하는 포의 양

· 보통전도식(휴대식) → 용량의 7배

· 내통밀폐식(차량적재식) → 용량의 5.5배

· 내통밀봉식(차량적재식) → 용량의 5.5배

② 화학포의 소화약제

㉮ 외약제(A제) : 중탄산나트륨($NaHCO_3$), 기포안정제

㉯ 내약제(B제) : 황산알루미늄[$Al_2(SO_4)_3$]

참고

① 중탄산나트륨을 탄산수소나트륨 또는 중조라고도 하며 수용액의 액성은 알칼리성이며 황산
알루미늄은 황산반토라고도 하며 수용액의 액성은 산성을 띠며 용액 속의 부유물을 침전시
키는 데도 사용된다.

② 기포안정제

• 가수분해 단백질(단백질 분해물)

• 사포닌

• 계면활성제

• 소다회(Na_2CO_3)

③ 용기의 재질

• 외통 → 금속제 및 합성수지제

• 내통 → 경질염화비닐 및 폴리에틸렌

---

③ 화학반응식

$$6NaHCO_3 + Al_2 \cdot (SO_4)_3 \cdot 18H_2O \rightarrow 3Na_2SO_4 + 2Al(OH)_3 + 6CO_2 \uparrow + 18H_2O$$

(중탄산나트륨)　　　　(황산알루미늄)　　　(황산나트륨) (수산화알루미늄) (이산화탄소)　(물)

참고

• 거품의 방출 : 화학반응 중 생긴 CO_2의 압력에 의하여 방출된다.

• 포핵(거품 속의 가스) : CO_2(이산화탄소, 탄산가스)

---

④ 알코올포(알코올폼) 소화기

특수포라 하며 알코올 등 수용성인 가연물의 화재에 사용하는 내알코올성 소화기

⑤ 기계포(A · B급 화재에 적응)

    ㉮ 축압식

    ㉯ 가스가압식

⑥ 포소화기의 특성

    ㉮ 화재면을 거품으로 덮어 산소공급원을 차단하는 **질식소화효과**와 다량의 수분에 의한 냉각효과가 있다.

    ㉯ 가연성 액체의 화재에 가장 적당하며, 재발화 위험성이 적다.

    ㉰ 소화 후에는 오손 정도가 심하고, 청소하기 힘든 결점이 있다.

⑦ 포말의 조건

    ㉮ 열에 대한 센 막을 가지며 **유동성**이 좋을 것

    ㉯ 기름보다 가벼우며 화재면과의 **부착성**이 좋을 것

    ㉰ 바람 등에 견디는 **응집성과 안정성**이 있을 것

⑧ 포말소화기의 유지 및 관리사항

    ㉮ 액온이 5℃ 정도 내려가면 사용할 때 반응력이 완만해져 발포성능이 많이 저하되므로 보온조치

�30 **사용 후에는 즉시 내 · 외면 및 호스 속을 깨끗이 물로 씻고 약제는 완전히 녹여서 충전**

ⓓ **약액을 교체할 때에는 포집검사 또는 메스실린더 검사 등으로 판정하여 교체**

ⓔ 일반적으로 **약액의 교체는 1년마다 실시**

(2) 분말소화기(드라이케미칼 소화기)

[축압식]　　　　　　[가스가압식]　　　　　　[가압식 대형소화기]

① **축압식 분말소화기**

소화분말을 채운 용기(철제)에 공기 또는 **질소가스**를 축압시켜 방출하며, 압력지시계의 압력은 0.7~0.98MPa이다.

② **가스가압식 분말소화기**

봄베식이라고 하며 용기 본체의 내부 또는 외부에 설치된 **가스봄베**에서 방출된 가스압으로 소화분말을 방출하는 소화기

참고

가스가압식 분말소화기의 사용가스 : 소형(CO_2), 대형(N_2)

---

③ **소화약제의 종류 및 약제의 착색**

㉮ **제1종 분말** : 중탄산나트륨 · 탄산수소나트륨 · 중조($NaHCO_3$) : **백색**

㉯ **제2종 분말** : 중탄산칼륨 · 탄산수소칼륨($KHCO_3$) : **보라색**

ⓒ 제3종 분말 : 인산암모늄·제1인산암모늄($NH_4H_2PO_4$) : 담홍색(핑크색)

　　ⓓ 제4종 분말 : 중탄산칼륨($KHCO_3$)과 요소[$(NH_2)_2CO$]의 혼합물 : 회색

참고

분말소화약제 : 일반적으로 B·C급 화재에 사용되나 인산암모늄은 A·B·C급 화재에 적응성
이 좋으며 염화바륨 등은 D급 화재에 사용된다. 소화분말은 가스압에 의하여 방출되며 유류화
재에도 좋으나 전기화재에도 좋으며 질식효과와 냉각효과 및 부촉매효과를 얻을 수 있다.

---

④ 화학반응식

　ⓐ 중탄산나트륨(탄산수소나트륨)

$$2NaHCO_3 \quad \rightarrow \quad Na_2CO_3 + CO_2\uparrow + H_2O$$
　　(중탄산나트륨)　　　　　(탄산나트륨) (이산화탄소)　　(물)

　ⓑ 중탄산칼륨(탄산수소칼륨)

$$2KHCO_3 \quad \rightarrow \quad K_2CO_3 + CO_2\uparrow + H_2O$$
　　(중탄산칼륨)　　　　　(탄산칼륨) (이산화탄소)　　(물)

　ⓒ 인산암모늄

$$NH_4H_2PO_4 \quad \rightarrow \quad HPO_3 + NH_3\uparrow + H_2O$$
　　(인산암모늄)　　　　(메타인산) (암모니아)　(물)

　ⓓ 중탄산칼륨+요소

$$2KHCO_3 + (NH_2)_2CO \rightarrow \quad K_2CO_3 + 2CO_2\uparrow + 2NH_3\uparrow$$
　　(중탄산칼륨)　(요소)　　　　(탄산칼륨) (이산화탄소) (암모니아)

참고

① 소화분말의 방습 표면처리제 : 금속비누, 실리콘수지(오일)

　금속비누 : 스테아르산아연·스테아르산알루미늄

② 중탄산나트륨($NaHCO_3$)의 온도에 따른 열분해 반응식

　㉠ 270℃ : $2NaHCO_3 \rightarrow Na_2CO_3 + CO_2\uparrow + H_2O$

　㉡ 850℃ : $2NaHCO_3 \rightarrow Na_2O + 2CO_2\uparrow + H_2O$

③ 인산암모늄을 ABC소화제라 하며 부착성이 좋은 메타인산을 만들어 다른 소화분말보다 30% 이상 소화능력이 좋다.

④ 인산암모늄의 열분해 메카니즘

　　㉠ 190℃ : $NH_4H_2PO_4 \rightarrow H_3PO_4 + NH_3\uparrow$

　　　　　(인산암모늄) (오르소인산) (암모니아)

　　㉡ 215℃ : $2H_3PO_4 \rightarrow H_4P_2O_7 + H_2O$

　　　　　(오르소인산) (피로인산) (물)

　　㉢ 300℃ 이상 : $H_4P_2O_7 \rightarrow 2HPO_3 + H_2O$

　　　　　　(피로인산) (메타인산) (물)

⑤ 인산암모늄의 분말의 입경 : 180메시 이상

⑥ 소화기의 압축용 가스 : 축압식(공기, 질소가스), 가스가압식(이산화탄소)

⑦ 금속화재용 분말 : 염화바륨, 염화나트륨, 염화칼륨 등 금속의 염화물을 용융하여 분쇄한 분말

(3) 탄산가스 소화기(B · C급화재에적용)

[소형소화기]　　　　　　　　　[대형소화기]

① 기체 CO_2(탄산가스, 이산화탄소)

② 액체 CO_2(액화탄산가스)

③ 고체 CO_2(드라이아이스)

① 탄산가스 용기 : 이음매 없는 강철제 고압용기

② 폰의 재질 : 베크라이트(페놀수지)

③ 충전비 : 1.5 이상   충전비 = $\dfrac{\text{저장용기의 내용적(L)}}{\text{저장약제의 질량(kg)}}$

④ 탄산가스 소화기에 충전하는 소화약제는 99.5% 이상의 액화 탄산가스로서 수분이 그 중량의 0.05%를 초과하지 아니할 것

⑤ 줄 · 톰슨효과에 의하여 액체 탄산가스는 기화되어 작은 구멍을 통과할 때 급격히 온도가 저하되어(−80∼−78℃) 드라이 아이스(Dry ice)가 된다.

⑥ 탄산가스 소화기의 단점

- 약제가 부족할 경우 재연소되기 쉽다.
- 피부에 닿으면 동상에 걸리기 쉽다.
- 고압가스이므로 용기는 25MPa에 견디어야 한다.

⑦ IG(Inergen) 소화기(불활성가스 소화약제)의 조성

- IG−100 : 질소(N_2) 100%
- IG−55 : 질소(N_2) 50%, 아르곤(Ar) 50%
- IG−541 : 질소(N_2) 52%, 아르곤(Ar) 40%, 이산화탄소(CO_2) 8%
- IG−01 : 아르곤(Ar) 100%

(4) 간이소화제(마른 모래, 팽창질석, 팽창진주암, 중조톱밥, 수증기, 소화탄 등)

간이소화제 : 소화기를 규정대로 설치한 후 부수적으로 비치하는 가격이 저렴한 경제적인 소화제이다.

① 마른 모래(만능소화제)의 보관방법

㉮ 반드시 건조되어 있을 것

㉯ 가연물이 함유되어 있지 않을 것

㉰ 포대 또는 반절드럼에 넣어 보관할 것

㉱ 부속기구로 삽, 양동이를 비치할 것

② 팽창질석, 팽창진주암(B급 화재 적용)

발화점이 낮은 알킬알루미늄 등의 화재에 사용하는 불연성 고체이며 위험물 안전관리법에서는 소화질석이라 표시하며 질석 또는 진주암을 1,000~1,400℃에서 가열하여 10~15배 팽창한 것으로 매우 가볍다.

③ 중조톱밥(B급 화재적용)

포말 소화기가 발명되기 전에 주로 유류화재의 응급조치용으로 많이 사용했으며 중조에 톱밥을 섞어 만들었다.

④ 수증기(A · B급 화재 적용)

질식소화 효과에는 크게 기대하기 어려우나 보조적인 역할을 한다.

② 냉각 소화기의 종류(물, 산알칼리, 강화액 소화기)

(1) 물 소화기(봉상 : A급 화재, 무상 : A · B급 화재에 적용

① 방출방식 : 수동펌프식, 축압식, 가스가압식

② 사용목적 조건

㉮ 기화잠열이 크다.

㉯ 어디서나 구입하기 쉽다.

㉰ 가격이 저렴하다.

㉱ 사용하기 안전하다.

③ 물을 봉상보다 무상으로 방출할 경우의 소화 효과

㉮ 단위표면적을 크게 하므로 냉각효과가 좋다.

㉯ 기화된 수증기에 의하여 질식효과를 겸한다.

④ 물분무소화효과 : 냉각효과, 질식효과

[수동펌프식 물소화기]

> **참 고**
>
> - 물 소화기 : 주로 A급 화재에 많이 사용되고 있으나 B급 유류화재 중 수용성인 가연성 액체
>   에는 **안개상으로 주수도 가능**하다. 그러나 봉상으로 B급 화재에 사용하면 화재면의 확대로
>   매우 위험하다.
> - 물의 기화잠열 : 539cal/g
> - 봉상 : 물줄기가 굵음, 무상 : 안개상태

(2) 산 · 알칼리 소화기(A급 화재에 적용)

[파병식 산 · 알칼리 소화기의 구조]　　　　　[이중병식 산 · 알칼리 소화기의 구조]

① **방출방식** : 전도식 · 파병식(이중병식 포함)
② **산 · 알칼리 소화기의 관리 및 사용상 주의사항**
  ㉮ 유류화재에 부적합
  ㉯ 전기 시설물의 화재에 사용하지 말 것
  ㉰ 보관 중 전도시키지 말 것
  ㉱ 겨울철에는 주성분이 물이므로 동결되지 않도록 할 것

③ 산 · 알칼리 소화기의 화학반응식

$$2NaHCO_3 + H_2SO_4 \rightarrow Na_2SO_4 + 2CO_2\uparrow + 2H_2O$$
(중탄산나트륨) (황산)　(황산나트륨) (이산화탄소)　(물)

참고

① 산 · 알칼리 소화기 : 전도식과 파병식(이중병식 포함)이 있으며 어느 것이나 중탄산나트륨(외약제)과 농황산(내약제)의 화학반응에 의해 생긴 탄산가스의 압력으로 물을 방출하는 소화기이다.

  • 방출용액의 pH는 5.5 이상일 것
  • 전도식의 경우 30°이하로 기울인 경우 약제가 혼합되지 않아야 한다.
  • 약제교환 : 2년 1회
② 전도식의 방출방식 : 화학포 소화기와 같음

---

(3) 강화액 소화기(봉상 : A 급, 무상 : A · B · C급 화재에 적용

  ① 물에 탄산칼륨(K_2CO_3)을 보강시킨 소화기
  ② 방출방식 : 축압식 · 가스가압식 · 반응식(파병식)

참고

• 빙점이 0℃인 물의 단점을 탄산칼륨을 강화하여 빙점을 −30~−25℃까지 낮춘 한냉지 또는 겨울철에 사용하는 소화기로 축압식의 경우 상용압력이 0.81~0.98MPa이며 비중은 1.3~1.4 정도이다.
• 강화액 소화기의 소화약제의 pH : 12
• 무상(안개상태)일 때는 A급만 아니라 B급, C급에도 사용한다.
• 축압식 · 가스가압식의 방출방식 : 분말소화기와 같음
• 반응식의 화학반응식 : 산 · 알칼리소화기의 파병식과 같음

$$K_2CO_3 + H_2SO_4 \rightarrow K_2SO_4 + CO_2\uparrow + H_2O$$
(탄산칼륨) (황산)　(황산칼륨) (이산화탄소) (물)

---

3 억제소화기의 종류

(1) **할론 소화기** : B · C급 화재에 적용, 할론 1211은 A · B · C급 화재에 적용

[사염화탄소 소화기]

[일염화일브롬화에탄 소화기]

① 할론 소화기의 방출방법

ㄱ 축압식

ㄴ 가스가압식

참고

① 할론 소화기의 할론 넘버 : C, F, Cl, Br, I (순서대로 원자의 수로 명시한 것)

- 사염화탄소(CCl_4) : 할론 1040
- 일염화일취화메탄(CH_2ClBr) : 할론 1011
- 이취화사불화에탄($C_2F_4Br_2$) : 할론 2402
- 일염화일취화이불화메탄(CF_2ClBr) : 할론 1211
- 일취화삼불화메탄(CF_3Br) : 할론 1301

② 할론 소화기의 소화능력

1040<1011<2402<1211<1301

---

② 사염화탄소 소화기(CCl₄, 약칭 : CTC 소화기 또는 할론 1040, 할론 104)

사염화탄소를 소화제로 사용할 경우 독가스인 **포스겐가스(COCl₂)**가 발생한다.

참고

CCl₄ : 테트라클로로메탄 또는 카본테트라클로라이드

- 비중 : 1.595
- 비점 : 76.6℃
- 융점 : −22.9℃
- 기화열 : 46.5kcal/kg
- 증기비중 : 5.3

[구조식]

㉠ 공기 중에서 화학반응식

$2CCl_4$ + O_2 → $2COCl_2$↑ + $2Cl_2$↑
(사염화탄소) (산소)   (포스겐, 독가스) (염소)

㉡ 수분 또는 습도가 높은 곳에서의 화학반응식

CCl_4 + H_2O → $COCl_2$↑ + $2HCl$↑

(사염화탄소) (물) (포스겐, 독가스) (염화수소)

㉢ 산화철이 있는 곳에서의 화학반응식

$3CCl_4$ + Fe_2O_3 → $3COCl_2$↑ + $2FeCl_3$

(사염화탄소) (산화제2철) (포스겐, 독가스) (염화제2철)

㉣ 탄산가스가 있는 곳에서의 화학반응식

CCl_4 + CO_2 → $2COCl_2$↑

(사염화탄소) (탄산가스) (포스겐, 독가스)

③ **일염화일취화메탄 소화기(CH₂ClBr, 약칭 : CB 소화기, 할론 1011)**

할론소화약제 중 가장 부식성이 강하므로 황동제(놋쇠) 용기를 사용하며 사염화탄소보다 소화능력은 3배 강하다.

참고

CH₂ClBr : 브로모클로로메탄, 일취화일염화메탄

- 비중 : 1.93~1.96
- 비점 : 67.2℃
- 융점 : −86℃
- 기화열 : 50kcal/kg
- 증기비중 : 4.48

$$\begin{array}{c} Cl \\ | \\ H - C - H \\ | \\ Br \end{array}$$
[구조식]

④ 이취화사불화에탄 소화기(C$_2$F$_4$Br$_2$, 약칭 : FB 소화기, 할론 2402)

할론소화약제 중 우수한 소화기로 독성 및 부식성도 적으며 일염화일취화메탄보다 2배 정도 소화능력이 강하다.

참고

C$_2$F$_4$Br$_2$: 디브로모테트라플루오르에탄

- 비중 : 2.21　　- 비점 : 47.5℃　　- 기화열 : 25kcal/kg
- 증기비중 : 8.97　- 융점 : −110.5℃

[구조식]

---

⑤ 일염화일취이불화메탄 소화기(CF$_2$ClBr, 약칭 : BCF 소화기, 할론 1211)

할론소화약제 중 A급, B급, C급의 화재에 유효한 소화기이다.

참고

CF$_2$ClBr : 브로모클로로디플루오르메탄 일취화일염화이불화메탄

- 비중 : 1.75　　- 융점 : −160.5℃
- 비점 : −4℃　　- 증기비중 : 5.71

[구조식]

---

⑥ 일취화삼불화메탄 소화기(CF$_3$Br, 약칭 : MTB 소화기, 할론 1301)

할론소화약제 중 가장 소화능력이 좋으며 독성이 가장 적다.

참고

CF$_3$Br : 브로모트리플루오르메탄

- 비중 : 1.499　　- 비점 : −57.8℃
- 융점 : −168℃

F
|
F − C − Br
|
F
[구조식]

---

(2) 할로겐화합물소화약제(청정소화약제)

① 불화탄화수소계열(HFC)

㉠ 트리플루오로메탄(CHF$_3$) 소화기(호칭 : HFC−23)

무색·무취의 기체, 냉매 및 소화제로 사용

      ⓛ 펜타플루오로에탄(C_2HF_5, CHF_2CF_3) 소화기(호칭 : HFC–125)

        무색·달콤한 냄새의 기체, 냉매 및 소화제로 사용

      ⓒ 헵타플루오로프로판(C_3HF_7, CF_3CHFCF_3), 소화기(호칭 : HFC–227ea)

        별명(상품명) : FM200

        무색·무취의 기체, 냉매 및 소화제로 사용

  ② 염화불화탄화수소계열(HCFC)

      ㉠ HCFC BLEND A(NAFS–Ⅲ)

        무색·무취의 기체, 비전도성가스로 4가지 혼화제

        • HCFC–22($CHClF_2$) • 클로로디플루오르메탄 : 82%

        • HCFC–123($C_2HCl_2F_3$) • 디클로로트리플루오르에탄 : 4.75%

        • HCFC–124(C_2HClF_4) • 클로로테트라플루오르에탄: 9.5%

        • $C_{10}H_{16}$(캄펜) : 3.75%

참고

할로겐화합물 소화약제의 호칭과 화학식

※ 불화탄화수소계열(HFC) 화학식

① C의 수 : 100의 자리수+1

② H의 수 : 10의 자리수−1

③ F의 수 : 1의 자리수±0

  예 HFC–125 : C_2HF_5

        └─ F의 수 : 5±0=5
       ├─ H의 수 : 2−1=1
       └─ C의 수 : 1+1=2

④ 호칭번호 십 단위 약제 : 메탄 계열

⑤ 호칭번호 백 단위 약제 : 에탄, 프로판,

  부탄 계열

※ 염화불화탄화수소계열(HCFC) 화학식

① C의 수 : 100의 자리수+1

② H의 수 : 10의 자리수−1

③ F의 수 : 1의 자리수±0

④ Cl의 개수

  • C의 1개인 경우 : 4−H와 F의 수

  • C가 2개인 경우 : 6−H와 F의 수

    예 HCFC–123 : $C_2HCl_2F_3$

        └─ F의 수 : 3±0=3
       ├─ H의 수 : 2−1=1
       └─ C의 수 : 1+1=2
        ※Cl의 수 : 6−1−3=2

(3) 할로겐화합물의 조건

① 비점이 낮을 것

② 기화되기 쉬울 것

③ 공기보다 무겁고 불연성일 것

참고

① 대형 수동식소화기 : 소형 수동식소화기보다 용량이 커서 휴대하기가 어려우므로 이동하기에 편리하도록 바퀴가 달려 있다.

② 대형 수동식소화기 소화약제의 충전량

종 별	소화약제의 충전량
물소화기	80ℓ 이상
강화액 소화기	60ℓ 이상
포소화기	20ℓ 이상
이산화탄소 소화기	50kg 이상
할로겐화합물 소화기	30kg 이상
분말소화기	20kg 이상

> **참고**
>
> ③ 소화기구의 능력단위 : 소화능력시험에 따라 측정한 수치
>
>   • 대형 수동식소화기 : 능력단위수치가 A급 화재 10단위 이상, B급 화재 20단위 이상인 것
>
>   • 소형 수동식(자동식) 소화기 : 대형 수동식소화기의 능력단위 수치 미만의 것
>
> ④ 간이소화용구의 능력단위
>
> | 소 화 설 비 | 용량 | 능력단위 |
> |---|---|---|
> | 소화전용 물통 | 8ℓ | 0.3단위 |
> | 수조(소화전용 물통 3개 포함) | 80ℓ | 1.5단위 |
> | 수조(소화전용 물통 6개 포함) | 190ℓ | 2.5단위 |
> | 마른 모래(삽 1개 포함) | 50ℓ | 0.5단위 |
> | 팽창질석 또는 팽창진주암(삽 1개 포함) | 160ℓ | 1단위 |
>
> ⑤ 소요단위 : 소화설비의 설치 대상이 되는 건축물, 그 밖의 공작물의 규모 또는 위험물의 양에
>   대한 기준 단위
>
>   • 제조소 등에서는 소요단위에 맞추어 능력단위 이상의 수동식소화기를 비치할 것
>
> ⑥ 소요단위(1단위)규정
>
>   • 제조소 또는 취급소용 건축물로 외벽이 내화구조인 것 : 연면적 100㎡
>
>   • 제조소 또는 취급소용 건축물로 외벽이 내화구조 이외의 것 : 연면적 50㎡
>
>   • 저장소용 건축물로 외벽이 내화구조인 것 : 연면적 150㎡
>
>   • 저장소용 건축물로 외벽이 내화구조 이외의 것 : 연면적 75㎡
>
>   • 위험물 : 지정수량 10배
>
>   • 제조소등의 옥외에 설치된 공작물 등은 외벽이 내화구조인 것으로 간주하고 최대수평 투
>   영면적을 연면적으로 간주한다.

(2) 소화기 외부 표시사항

① 소화기의 명칭   ② 적응화재 표시

③ 능력단위   ④ 사용방법

⑤ 취급상 주의사항   ⑥ 용기합격 및 중량표시

⑦ 제조년월일   ⑧ 제조 회사명

(3) 소화기의 공통된 유지관리법

① 바닥면으로부터 1.5m 이하되는 지점에 설치할 것

② 통행피난에 지장이 없고 **사용할 때** 반출하기 쉬운 곳에 설치

③ 동결, 변질 또는 분출할 우려가 없는 곳에 설치

④ 설치된 지점에 잘 보이도록 「소화기」 표시를 할 것

참고

① 물 소화기나 포말은 겨울에는 보온조치, 여름에는 직사일광을 피하여 보관한다.

② 소화기구의 비치 및 표지의 게시
  • 수동식소화기의 표지 : 소화기
  • 마른 모래의 표지 : 소화용 모래
  • 팽창질석 · 팽창주암의 표지 : 소화질석

---

(4) 소화기 사용상의 주의사항

① 소화기는 모든 화재에 유효한 만능 소화기는 없다.

② 소화기는 대형 소화설비의 대용이 될 수 없다.

③ 소화기는 화재 초기에만 효과가 있고 화재의 확대 후에는 거의 효과가 없다.

④ 소화기는 그 구조, 성능, 취급법을 모르면 효과가 없다.

(5) 소화기의 사용법(사용상의 일반 주의사항)

① 적응화재에만 사용할 것

② 성능에 따라 화점 가까이 접근하여 사용할 것

③ 바람을 등지고 풍상에서 풍하의 방향으로 사용할 것

④ 양 옆으로 비로 쓸 듯이 골고루 사용할 것

참고

소화기는 소화기에 표시된 적응화재(A급 : 백색, B급 : 황색, C급 : 청색) 외에는 큰 소화효과를 얻을 수 없다.

---

(6) 소화기의 점검

① 작동기능 검사 : 연 1회(상반기 실시)

② 종합 정밀검사 : 연 1회(하반기 실시)

5 위험물의 소화방법 및 소화활동상 주의사항

1 제1류 위험물(산화성 고체)

(1) 소화방법 : 주수에 의한 냉각소화

> **참고**
>
> 소화활동상 주의사항
> - 폭발의 위험이 있으므로 안전한 위치에서 소화한다.
> - 소화기는 반드시 공기호흡기 등 보호장구를 착용하고 사용한다.
> - 소화 후 소화수에 주의하고 주위를 충분히 씻는다.
> - 저장시설 부근에 화재 시 저장용기가 가열되지 않도록 용기에 물을 뿌려 냉각시킨다.

(2) 알칼리금속의 과산화물(주수금지 위험물) 소화방법 : 마른 모래, 암분(팽창질석, 팽창진주암), 탄산수소염류 분말소화약제(인산염류 제외) 등으로 질식소화한다.

> **참고**
>
> 알칼리금속의 과산화물(주수금지 위험물) 소화방법
> - 주수하면 발열과 함께 산소(O_2)를 방출하여 화재 확대 위험이 있으므로 **주수소화하지 말 것**
> - 눈, 피부 닿으면 유해하므로 방화복 · 공기호흡기를 착용한다.
> - 이물질에 근접하여 연소할 경우 흡습방지를 할 것
> ※ 탄산수소염류 분말소화약제를 금속화재용 분말소화약제라 한다.

2 제2류 위험물(가연성 고체)

(1) 삼황화린(P_4S_3), 적린(P) · 황(S)의 소화방법: 주수에 의한 **냉각소화**

> **참고**
>
> 적린 · 황의 소화활동상 주의사항
> - 고압 주수는 위험물을 비산시켜 화점을 분산시키므로 분무주수할 것
> - 연소시 발생하는 기체는 유해하므로 공기호흡기를 착용할 것
> ※ 연소시 발생하는 유해기체 : 삼황화린(오산화린 · 이산화황), 적린(오산화린), 황(이산화황)

(2) 오황화린(P_2S_5) · 칠황화린(P_4S_7)(주수금지 위험물)의 소화방법

　마른모래, 팽창질석, 팽창진주암, 각종 소화기에 의한 질식소화

참고

오황화린 · 칠황화린(주수금지 위험물)의 소화활동상 주의사항

- 주수하면 황화수소(H_2S 유독가스)를 발생하므로 주수소화하지 말 것
- 연소시 이산화황(SO_2 유독가스)가 발생하므로 보호안경 · 고무장갑 · 공기호흡기를 착용할 것

---

(3) 마그네슘(Mg) · 철(Fe)분 · 금속분류(주수금지 위험물)**의 소화방법 : 마른 모래, 팽창질석, 팽창진주암, 탄산수소염류 분말소화약제**(인산염류 제외) 등으로 질식소화한다.

참고

마그네슘 · 철분 · 금속분류(주수금지 위험물)의 소화활동상 주의사항

- 주수하면 급격히 발생한 수증기의 압력과 수소가스(H_2)가 폭발하므로 주수소화하지 말 것
- 주수하면 연소금속의 비산으로 분진폭발하므로 주수소화하지 말 것

※ 탄산수소염류 분말소화약제를 금속화재용 분말소화약제라 한다.

---

(4) 인화성고체의 소화방법 : 각종 소화기에 의한 질식소화 및 주수소화

---

3 제3류 위험물(자연발화성 물질 및 금수성 물질)

(1) 칼륨(K) · 나트륨(Na) 등(주수금지 위험물)**의 소화방법 : 마른모래, 팽창질석, 팽창진주암, 탄산수소염류 분말소화약제에 의한 질식 소화**

참고

칼륨 · 나트륨등(주수금지 위험물)의 소화활동상 주의사항

① 주수하면 가연성 가스(H_2)를 발생하여 급격히 발화하므로 주수하지 말 것(연소방지를 위하여 밀폐용기의 인접가연물에 주수하는 것은 가능하다.)

② 연소시 유독가스가 발생하므로 방화복 · 공기호흡기를 착용할 것

- 연소시 발생하는 유독가스 : 수산화물의 증기
- CO_2(이산화탄소), CCl_4(사염화탄소)는 소화제로 **사용금지**(심하게 화학반응)

---

(2) 알킬알루미늄[(R)₃Al)] · 알킬리튬(RLi)(자연발화성 및 금수성 물질)**의 소화방법**

마른 모래, 팽창질석, 팽창진주암, 탄산수소염류 분말소화약제로 화세를 억제시킨다.

> **참고**
>
> 알킬알루미늄 · 알킬리튬(자연발화성 및 금수성 물질)의 소화활동상 주의사항
>
> • 적당한 소화제는 없으며 **마른 모래**로 주위를 막고 유출방지 조치를 하여 **팽창질석, 팽창진주암, 탄산수소염류 분말소화약제**로 화세를 억제하면서 주위가 연소되지 않도록 안전하게 연소시켜 자연진화 되도록 한다.
>
> • 보호장구로 가죽장갑 · 고무장화 · 보호의 · 보호안경 · 공기호흡기를 착용할 것

(3) 황린(P₄)의 소화방법 : 주수에 의한 냉각 소화 및 각종소화기에 의한 질식소화

> **참고**
>
> 황린의 소화활동상 주의사항
>
> • 분무주수하고 고체가 될 때까지 계속 주수한다.
>
> • 고압주수를 하면 황린의 비산으로 화점을 분산시키는 위험이 있다.
>
> • 보호장구 및 공기호흡기를 착용할 것

❹ 제4류 위험물(인화성 액체)

(1) 소화방법 : 각종 소화기에 의한 질식소화

> **참고**
>
> 소화활동상 주의사항
>
> • 주수소화하면 화재확대위험이 있으므로 주의하고, 주수는 주위의 연소방지에 사용할 것
>
> • 유독성인 것은 보호장구 및 공기호흡기를 착용할 것
>
> ※ 각종 소화기 : 포말 · 분말 · CO_2 · 할로겐화합물 소화기 및 간이소화제(마른 모래 등)

(2) 수용성인 인화성 액체의 소화방법

각종 소화기(포말소화기 사용시 알코올포 소화기) 및 안개상 주수소화

5 제5류 위험물(자기반응성 물질)

소화방법 : 주수에 의한 냉각소화(포말 포함)

참고

소화활동상 주의사항

① 화재초기 및 소량일 경우 대량의 주수소화가 가능하지만 화재초기 외에는 효과가 없다.

   또한 마른 모래, 팽창질석, 팽창진주암은 화재의 확대를 방지할 수 있다.

② 연소위험이 있는 주위의 소화에 주력할 것

③ 보호장구 및 공기호흡기를 착용할 것

   • 제5류 위험물 : 자기반응성 물질로서 가연물인 동시에 자체 내부에 대부분 산소를 함유
     하고 있으므로 공기중의 산소와 함께 폭발적으로 연소한다.

   • 자기반응성 물질 = 자기연소성 물질 = 내부연소성 물질

---

6 제6류 위험물(산화성액체)

(1) 소화방법

대량의 물(소량의 경우), 마른 모래, 팽창질석, 팽창진주암, 인산염류 분말소화약제에 의한 질
식소화

(2) 유출 사고 시 조치방법

마른 모래 · 중화제 사용

참고

소화활동상 주의사항

① 마른 모래 등이 효과적이며, 주변의 화재 외에는 주수소화 하지 말 것

② 보호장구로는 고무장갑 · 고무장화 · 고무앞치마 · 보호안경 및 공기 호흡기를 착용할 것

   • 중화제 : CaO(산화칼슘 · 생석회), 소다석회($CaO+NaOH$), 소다라임[$Ca(OH)_2+NaOH$] 등

---

⑦ 소방대상물 및 위험물별 소화설비의 적응성

위험물 시설에 설치하는 소화설비는 그 위험물에 적응할 소화능력을 가지고 있어야 한다.

소화설비의 구분			건축물·기타공작물	전기설비	제1류 위험물 알칼리금속과산화물등	제1류 그 밖의 것	제2류 철분·금속분·마그네슘등	제2류 인화성고체	제2류 그 밖의 것	제3류 금수성물품	제3류 그 밖의 것	제4류 위험물	제5류 위험물	제6류 위험물
옥내소화전설비 또는 옥외 소화전설비			○			○		○	○		○		○	○
스프링클러설비			○			○		○	○		○	△	○	○
물분무등소화설비	물분무소화설비		○	○		○		○	○		○	○	○	○
	포소화설비		○			○		○	○		○	○	○	○
	불활성가스소화설비			○				○				○		
	할로겐화물소화설비			○				○				○		
	분말소화설비	인산염류등	○	○		○		○	○			○		○
		탄산수소염류 등		○	○		○	○		○		○		
		그 밖의 것			○		○			○				
대형·소형수동식소화	봉상수(棒狀水)소화기		○			○		○	○		○		○	○
	무상수(霧狀水)소화기		○	○		○		○	○		○		○	○
	봉상강화액소화기		○			○		○	○		○		○	○
	무상강화액소화기		○	○		○		○	○		○	○	○	○
	포소화기		○			○		○	○		○	○	○	○
	이산화탄소소화기			○				○				○		△
	할로겐화물소화기			○				○				○		
	분말소화설비	인산염류소화기	○	○		○		○	○			○		○
		탄산수소염류소화기		○	○		○	○		○		○		
		그 밖의 것			○		○			○				
기타	물통 또는 수조		○					○	○		○		○	○
	건조사				○	○	○	○	○	○	○	○	○	○
	팽창질석 또는 팽창진주암				○	○	○	○	○	○	○	○	○	○

1. "○"표시는 당해 소방대상물 및 위험물에 대한 소화설비가 **적응성이 있음**을 표시하고 "△" 표시는 제4류 위험물을 저장·취급하는 장소의 살수기준면적에 따라 스프링클러설비의 살수밀도가 다음 표에 정하는 **기준 이상**인 경우에는 당해 스프링클러설비가 제4류 위험물에 대하여 적응성이 있음을 표시, **제6류 위험물**을 저장 또는 취급하는 장소로서 폭발의 위험이 없는 장소에 한하여 이산화탄소소화기가 제6류 위험물에 대하여 적응성이 있음을 각각 표시한다.

살수기준면적(m^2)	방사밀도(L/m^2·분)		비고
	인화점 38℃ 미만	인화점 38℃ 이상	살수기준 면적은 내화구조의 벽 및 바닥으로 구획된 하나의 실의 바닥면적을 말하고, 하나의 실의 바닥면적이 465m^2 이상인 경우의 살수 기준면적은 465m^2로 한다. 다만, 위험물의 취급을 주된 작업 내용으로 하지 아니하고 소량의 위험물을 취급하는 설비 또는 부분이 넓게 분산되어 있는 경우에는 방사밀도는 8.2ℓ/m^2·분 이상, 살수기준면은 279m^2 이상으로 할 수 있다.
279 미만	16.3 이상	12.2 이상	
279 이상 372 미만	15.5 이상	11.8 이상	
372 이상 465 미만	13.9 이상	9.8 이상	
465 이상	12.2 이상	8.1 이상	

2. **인산염류 등**은 인산염류, 황산염류 그 밖에 방염성이 있는 약제를 말한다.
3. **탄산수소염류 등**은 탄산수소염류 및 탄산수소염류와 요소의 반응 생성물을 말한다.
4. **알칼리금속과산화물 등**은 알칼리금속과산화물 및 알칼리금속의 과산화물을 함유한 것을 말한다.
5. **철분, 금속분, 마그네슘 등**은 철분, 금속분, 마그네슘과 철분, 금속분 또는 마그네슘을 함유한 것을 말한다.

6 자체 소방대의 편성

■ 자체 소방대를 두어야 하는 제조소 등

(1) 제조소 · 일반 취급소

지정수량 3,000배 이상의 제4류 위험물을 저장·취급하는 곳

❷ 자체 소방대에 두어야 하는 화학소방자동차

제조소 및 일반 취급소의 구분	화학소방자동차	조작인원
지정수량 12만배 미만을 저장 · 취급하는 것	1대	5인
지정수량 12만배 이상 24만배 미만을 저장 · 취급하는 것	2대	10인
지정수량 24만배 이상 48만배 미만을 저장 · 취급하는 것	3대	15인
지정수량 48만배 이상을 저장 · 취급하는 것	4대	20인

> **참고**
> 포말을 방사하는 화학소방자동차의 대수 : 화학소방자동차 대수의 2/3 이상으로 할 것

❸ 화학소방자동차의 방사능력 및 소화약제 비치량

(1) 포말을 방사하는 화학소방자동차

① 방사능력 : $2,000\,\ell/\text{min}$

② 소화약제 비치량 : 10만 ℓ 의 거품을 낼 수 있는 포수용액

(2) 분말을 방사하는 화학소방자동차

① 방사능력 : 35kg/sec

② 소화약제 비치량 : 1,400kg

(3) 할로겐화합물을 방사하는 화학소방자동차

① 방사능력 : 40kg/sec

② 소화약제 비치량 : 1,000kg

(4) 이산화탄소를 방사하는 화학소방자동차

① 방사능력 : 40kg/sec

② 소화약제 비치량 : 3,000kg

(5) 제독차에 비치하여야 할 가성소다 및 규조토 : 각각 50kg 이상 비치

소화의 정의, 소화방법, 화재의 종류

01 소화의 정의를 쓰시오.

해답 연소구역에서 연소의 3요소 중 일부 또는 전부를 없애주면 연소는 중단된다. 이러한 현상을 소화라 한다.

02 소화방법의 종류 4가지를 쓰시오.

해답 ① 제거소화
② 질식소화
③ 냉각소화
④ 억제소화

03 제거소화란 무엇인지 간단히 설명하시오.

해답 가연물을 연소구역에서 없애주는 소화방법

04 제거소화의 종류 4가지를 예로 드시오.

해답 ① 촛불
② 산불
③ 가스의 화재
④ 유전의 화재

05 유전의 화재에 사용되는 소화방법은 무엇인가?

해답 제거소화

06 화재가 발생하였을 때 질식소화를 하였다면 연소의 3요소(가연물, 산소공급원, 점화원) 중 어느 것을 제거한 것인가?

해답 산소공급원

07 질식소화란 무엇인가 간단히 설명하시오.

해답 가연물이 연소할 때 공기 중의 산소의 농도 21%를 15% 이하로 낮추어 산소공급을 차단하는 소화방법

08 공기 중의 산소의 농도는 몇 %인가?

해답 약 21%

09 공기 중의 산소의 농도는 중량 백분율로 몇 %인가?

해답 약 23wt%

10 질식소화의 산소농도 유효한계는 몇 %인가?

해답 15% 이하

11 냉각소화의 정의를 간단히 쓰시오.

해답 연소물질로부터 열을 빼앗아 발화점 이하로 온도를 낮추어 소화하는 방법

12 억제소화란 무엇인가?

해답 연소물질의 연속적 산화반응을 할로겐원소의 부촉매 작용으로 차단하는 소화방법

13 다음 보기를 보고 화재의 종류에 알맞는 구분색을 쓰시오.

⑦ A급 화재   ④ B급 화재   ④ C급 화재

해답 ㉮ 백색   ㉯ 황색   ㉰ 청색

참고 D급 화재는 금속화재로 색깔을 표시하지 않는다.

14 B급 화재는 (㉮)에 의한 화재이고, C급 화재는 (㉯)에 의한 화재이다. 괄호 안에 알맞은 말을 쓰시오.

해답 ㉮ 유류   ㉯ 전기

15 등유, 경유 등 유류와 관련된 화재는 (㉮)급 화재이며 (㉯)색으로 표시한다. 괄호 안에 알맞은 말을 쓰시오.

해답 ㉮ B   ㉯ 황

질식소화기의 종류(포말소화기)

01 질식소화기의 종류를 4가지 쓰시오.

해답 ① 포말소화기
② 분말소화기
③ 이산화탄소소화기(탄산가스소화기)
④ 간이소화제

02 포말소화기의 종류를 3가지 쓰시오.

해답 ① 화학포소화기
② 기계포소화기
③ 알코올포소화기

03 화학포소화기가 적용되는 화재는 무엇인가?

해답 A급 · B급화재

04 화학포소화기의 종류 3가지는 무엇인가?

해답 ① 보통전도식
② 내통밀폐식
③ 내통밀봉식

05 화학포소화기의 방출방식을 쓰시오.

해답 전도식

06 화학포소화기는 방출방식에 따라 거품의 방출량이 다르다. 액온 20℃에서 방출하는 거품의 양을 방출방식에 맞추어 쓰시오.

㉮ 휴대식	㉯ 차량 적재식

해답 ㉮ 용량의 7배 이상
㉯ 용량의 5.5배 이상

07 화학포소화제에 대한 다음 물음에 답하시오.

㉮ 액성이 알칼리성인 물질(A제)명을 쓰시오.
㉯ 액성이 산성인 물질(B제)명을 쓰시오.

해답 ㉮ 탄산수소나트륨
㉯ 황산알루미늄

참고 • 탄산수소나트륨 = 중탄산나트륨 = 중조
• 황산알루미늄 = 황산반토

08 화학포소화기에 사용되는 약제를 내약제와 외약제로 구분하여 쓰시오.

해답 ① 내약제: 황산알루미늄
② 외약제: 탄산수소나트륨 기포안정제

09 화학포소화기의 외약제 중 기포안정제는 무엇을 사용하는지 3가지를 쓰시오.

해답 ① 사포닌

② 계면활성제

③ 단백질 분해물

10 화학포소화기의 약제를 충전하는 용기의 재질을 내약통과 외약통으로 구분하여 쓰시오.

해답 ① 내약통 : 경질염화비닐 및 폴리에틸렌

② 외약통 : 금속제 및 합성수지

11 화학포소화기의 포핵(거품 속의 가스)은 무엇인가?

해답 CO_2(탄산가스)

12 포말소화기에 대하여 답하시오.

㉮ 화학포 소화약제의 주성분 2가지를 화학식으로 쓰시오.

㉯ 소화기를 사용하여도 효과가 없는 인화성 물질의 공통된 성질을 쓰시오.

㉰ 연간충전제의 교환횟수를 쓰시오.

해답 ㉮ $NaHCO_3$, $Al_2(SO_4)_3$

㉯ 수용성

㉰ 1회

13 다음은 화학포 소화약제의 화학반응식이다. 괄호 안의 것을 쓰시오.

$$6NaHCO_3 + (㉮) \cdot 18H_2O \rightarrow (㉯) + (㉰) + (㉱) + 18H_2O$$

해답 ㉮ $Al_2(SO_4)_3$

㉯ $3Na_2SO_4$

㉰ $2Al(OH)_3$

㉱ $6CO_2$

14 기계포소화기의 방출방식 2가지는?

해답 ① 축압식

② 가스가압식

15 기계포(공기포, 에어폼)소화기에 사용되는 소화약제 3가지를 쓰시오.

해답 ① 단백포

② 합성계면활성제포

③ 수성막포

16 기계포(공기포, 에어폼)의 포핵은 무엇인가?

해답 공기

17 수용성인 제4류 위험물의 화재에 보통의 공기포소화제로는 효과가 없다. 이유는 무엇인가?

해답 포말이 소포된다.

18 알코올포(알코올폼)소화기를 무슨 소화기라 하는가?

해답 특수포소화기

19 알코올포소화기를 간단히 정의하시오.

해답 특수포소화기라 하며 알코올 등 수용성인 가연물의 화재에 사용하는 내알코올성 소화기이다.

20 아세톤의 화재 시 질식소화 할 때 효과가 없는 질식 소화기를 쓰시오.

해답 화학포 소화기, 기계포 소화기

참고 아세톤은 제4류 위험물 중 제1석유류에 속하며 수용성이므로 포말소화기를 사용할 경우 알코올포소화기가 적응성이 있다.

21 포름산의 화재는 포말소화기 중 (　　)으로 소화한다. (　　)를 완성하시오.

해답 알코올폼

22 소화제용의 거품으로 갖추어야 할 조건 3가지를 쓰시오.

해답 ① 열에 대한 센막을 가지며 유동성이 좋을 것
② 기름보다 가벼우며 화재면과의 부착성이 좋을 것
③ 바람 등에 견디는 응집성과 안정성이 있을 것

23 화학포 소화기의 작동순서를 4가지 쓰시오.

해답 ① 노즐 끝을 손으로 막는다
② 통을 옆으로 눕힌다
③ 밑의 손잡이를 잡고 약제가 혼합 되도록 흔든다.
④ 노즐을 화점에 향하고 노즐을 잡은 손 끝을 놓는다.

질식소화기의 종류(분말소화기)

01 분말소화기의 방출방식을 2가지로 구분하시오.

해답 ① 축압식
② 가스가압식

02 축압식 분말소화기의 압축가스는 무엇인가?

해답 공기 또는 질소가스

03 분말소화기 중 용기본체 내부 또는 외부에 설치된 봄베에 가스를 충전하여 사용하는 방식을 무엇이라 하는가?

해답 가스가압식

04 축압식 분말소화기의 상용압력은 몇 MPa인가?

해답 $0.7 \sim 0.98$ MPa

05 가스가압식 분말소화기의 방출방식을 일명 무엇이라 하는가?

해답 파병식

06 분말소화기의 소화약제 종별에서 아래 종별의 주성분을 화학식으로 쓰시오.

| ㉮ 제1종 분말 | ㉯ 제2종 분말 |
| ㉰ 제3종 분말 | ㉱ 제4종 분말 |

해답 ㉮ NaHCO$_3$

㉯ KHCO$_3$

㉰ NH$_4$H$_2$PO$_4$

㉱ KHCO$_3$+(NH$_2$)$_2$CO

해답 ㉮ 담홍색(핑크색)   ㉯ 보라색

㉰ 백색   ㉱ 회색

07 다음 보기의 분말소화약제의 화학식을 쓰시오.

> ㉮ 중탄산나트륨
> ㉯ 중탄산칼륨
> ㉰ 인산암모늄
> ㉱ 중탄산칼륨 + 요소

해답 ㉮ NaHCO$_3$

㉯ KHCO$_3$

㉰ NH$_4$H$_2$PO$_4$

㉱ KHCO$_3$+(NH$_2$)$_2$CO

참고 • 중탄산나트륨=탄산수소나트륨=중조

• 중탄산칼륨=탄산수소칼륨

08 다음 분말소화약제의 적응화재를 표시하시오.

> ㉮ NH$_4$H$_2$PO$_4$ ㉯ NaHCO$_3$
> ㉰ KHCO$_3$

해답 ㉮ A · B · C급   ㉯ B · C급

㉰ B · C급

09 다음 보기의 분말소화약제의 착색 색깔을 쓰시오.

> ㉮ 인산암모늄   ㉯ 중탄산칼륨
> ㉰ 중탄산나트륨   ㉱ 염화바륨

10 다음 반응식을 쓰시오(소화제로 사용할 때의 열분해 반응식).

> ㉮ 중조
> ㉯ 탄산수소칼륨
> ㉰ 인산암모늄
> ㉱ 탄산수소칼륨 + 요소

해답 ㉮ 2NaHCO$_3$ → Na$_2$CO$_3$+CO$_2$↑+H$_2$O

㉯ 2KHCO$_3$ → K$_2$CO$_3$+CO$_2$↑+H$_2$O

㉰ NH$_4$H$_2$PO$_4$ → HPO$_3$+NH$_3$↑+H$_2$O

㉱ 2KHCO$_3$+(NH$_2$)$_2$CO → K$_2$CO$_3$+ 2NH$_3$↑+2CO$_2$↑

11 분말소화제인 인산암모늄의 열분해 반응식과 소화원리를 쓰시오.

해답 ① 열분해반응식: NH$_4$H$_2$PO$_4$ → HPO$_3$ + NH$_3$↑ + H$_2$O

② 소화원리: 메타인산에의한 질식 효과 와 수분에 의한 냉각효과

참고 인산암모늄의 열분해반응식

NH$_4$H$_2$PO$_4$ $\xrightarrow{\triangle}$ HPO$_3$ + NH$_3$↑ + H$_2$O

(인산암모늄)   (메타인산) (암모니아)   (물)

12 다음 분말소화약제의 1차 분해 반응식을 쓰시오.

> ㉮ NH$_4$H$_2$PO$_4$ ㉯ NaHCO$_3$

해답 ㉮ NH$_4$H$_2$PO$_4$ → H$_3$PO$_4$ + NH$_3$↑

④ $2NaHCO_3 \rightarrow Na_2CO_3 + CO_2 \uparrow + H_2O$

참고 $NH_4H_2PO_4$의 열분해 메카니즘

• 1차 분해(190℃) :

$NH_4H_2PO_4 \quad \rightarrow \quad H_3PO_4 + NH_3 \uparrow$

(인산암모늄)　　　(오르소인산)　(암모니아)

• 2차 분해(215℃) :

$2H_3PO_4 \quad \rightarrow \quad H_4P_2O_7 + H_2O$

(오르소인산)　(피로인산)　(물)

• 3차 분해(300℃ 이상) :

$H_4P_2O_7 \quad \rightarrow \quad 2HPO_3 + H_2O$

(피로인산)　(메타인산)　(물)

13 분말소화제의 표면 처리제 2가지를 쓰시오.

해답 ① 금속비누

② 실리콘수지

14 분말소화제의 표면 처리제 중 금속비누에 해당되는 물질을 2가지만 쓰시오.

해답 ① 스테아르산아연

② 스테아르산알루미늄

질식소화기의 종류(이산화탄소 소화기)

01 탄산가스(이산화탄소) 소화기로 적응성이 좋은 화재는 무엇인가?

해답 B급·C급 화재

02 액체 탄산가스를 무엇이라고 하는가?

해답 액화 탄산가스

03 고체 탄산가스를 무엇이라 하는가?

해답 드라이아이스

04 공기보다 무거운 기체로 방출시 드라이아이스를 만들며, 특히 B급 및 C급 화재에 적응성이 좋은 소화제의 화학식을 쓰시오.

해답 CO_2

05 탄산가스 소화기의 용기는 어떤 것을 사용하는가?

해답 이음매 없는 강철제 고압용기

06 탄산가스 소화기의 충전비는?

해답 1.5 이상

07 탄산가스소화기 폰의 재질을 쓰시오.

해답 베크아이트(페놀수지)

08 탄산가스 소화기에 충전하는 액화탄산가스의 농도 및 흡수할 수 있는 수분한계는 몇 %인가?

해답 ① 액화탄산가스: 99.5% 이상

② 수분한계: 0.05% 이하

09 이산화탄소 소화약제의 주성분인 탄산가스는 수분함량을 몇 중량%를 초과할 수 없으며 그 이유는 무엇인가?

해답 ㉮ 0.05%

㉯ 방출 시 줄·톰슨효과에 의해 수분이 결빙되어 노즐구멍을 폐쇄하기 때문

10 탄산가스 소화기의 단점 3가지를 간단히 쓰시오.

> **해답** ① 약제가 부족할 경우 재연소 되기 쉽다.
> ② 피부와 접촉하면 동상에 걸린다.
> ③ 25MPa의 압력에 용기가 견디어야만 한다.

질식소화기의 종류(간이소화제)

01 간이소화제의 정의를 간단히 기술하시오.

> **해답** 소화기를 규정대로 설치한 후 부수적으로 비치하는 가격이 저렴한 경제적인 소화제

02 간이소화제의 종류를 5가지 쓰시오.

> **해답** ① 마른모래
> ② 팽창질석 팽창진주암
> ③ 중조톱밥
> ④ 수증기
> ⑤ 소화탄

03 소화제 중 만능 소화제라고 할 수 있는 간이 소화제는?

> **해답** 마른 모래

04 마른 모래는 위험물의 화재에 널리 유효하다. 이를 저장하는 경우 특히 주의하여야 할 사항 4가지를 쓰시오.

> **해답** ① 반드시 건조되어 있을것
> ② 가연물이 함유되어 있지 말 것
> ③ 포대 또는 반절 드럼에 넣어 보관할 것
> ④ 부속기구로 삽·양동이를 비치할 것

05 질석, 진주암을 1,000~1,400℃에서가열하면 몇 배 정도 팽창하는가?

> **해답** 10~15배

06 간이소화제로 사용되는 중조 톱밥은 어떻게 만들고(성분) 그 적응화재는 무엇인가?

> **해답** 중조와 톱밥의 혼합물, B급 화재

냉각소화기의 종류(물 소화기)

01 냉각소화의 정의를 쓰시오.

> **해답** 연소물질로부터 열을 빼앗아 발화점 이하로 온도를 낮추어 소화하는 방법

02 냉각소화기의 종류를 3가지 기술하시오.

> **해답** ① 물소화기
> ② 강화액 소화기
> ③ 산·알칼리소화기

03 물 소화기에는 3가지 방출 방식이 있다. 그 3 가지 방식을 쓰시오.

> **해답** ① 수동펌프식　　② 가스가압식
> ③ 축압식

04 물을 무상으로 방출할 경우의 소화효과 2가지 를 간단히 설명하시오.

> **해답** ① 단위표면적이 넓어지므로 냉각효과가 좋다.
> ② 기화된 수증기에 의하여 질식효과도 얻는다.

05 일반적으로 분무 주수할 때 얻을 수 있는 소화 효과 2가지를 쓰시오.

해답 ① 냉각효과　　　② 질식효과

06 유류화재에 물을 봉상으로 사용할 경우 위험 성은 어떠한가?

해답 화재면의 확대로 위험성이 커진다.

07 물을 소화제로 사용하는 조건(장점) 4가지는 무엇인가?

해답 ① 기화잠열이 크다
　　　 ② 구입하기 쉽다
　　　 ③ 가격이 저렴하다
　　　 ④ 사용하기 안전하다.

냉각소화기의 종류(산·알칼리소화기)

01 산·알칼리소화기의 소화작용은 무슨효과에 의한 소화작용인가?

해답 냉각소화

02 산·알칼리소화기의 방출방식 2가지를 쓰시오.

해답 ① 전도식　　　② 파병식

03 산·알칼리소화기에 대하여 기술하시오

　㉮ 소화약제(내약제·외약제)
　㉯ 방출용액의 pH값

해답 ㉮ 내약제 : 농황산(H_2SO_4)
　　　　　 외약제 : 중탄산나트륨($NaHCO_3$)
　　　 ㉯ 5.5 이상

참고 중탄산나트륨 = 탄산수소나트륨

04 산·알칼리소화기의 내약제와 외약제의 혼합 을 막기 위하여 용기를 기울였을 때 기울기의 한계는 몇 도인가?

해답 $30°$ 이하

05 산·알칼리소화기에 대하여 다음물음에 답하 시오.

　㉮ 소화약제 방출압력원 가스의 화학식
　㉯ 약제교환시기

해답 ㉮ CO_2　　　　　 ㉯ 2년에 1회

06 산·알칼리소화기의 주성분과 화학반응식을 완결하시오.

해답 주성분 : H_2SO_4, $NaHCO_3$
　　　 반응식 : $2NaHCO_3 + H_2SO_4 \rightarrow Na_2SO_4 + 2CO_2 \uparrow + 2H_2O$

참고 산·알칼리소화기의 반응식
　　　 $2NaHCO_3$ + $H_2SO_4 \rightarrow$
　　　 (탄산수소나트륨) (황산)
　　　 Na_2SO_4 + $2CO_2 \uparrow$ + $2H_2O$
　　　 (황산나트륨) (이산화탄소)　(물)

냉각소화기의 종류(강화액 소화기)

01 냉각소화기 중 한냉지나 겨울철에 사용하는 소화기는 무엇인가?

> **해답** 강화액 소화기

02 강화액 소화기에서 물과 함께 첨가되는 것은 무엇인가?

> **해답** 탄산칼륨(K_2CO_3)
>
> **참고** 강화액 소화기의 약제는 탄산칼륨의 포화 수용액이다.

03 강화액 소화제를 간단히 설명하시오.

> **해답** 물에 탄산칼륨을 첨가하여 겨울철이나 한 냉지에서 사용하는 소화제

04 강화액 소화기의 3가지의 방출방식을 쓰시오.

> **해답** ① 축압식
> ② 가스가압식
> ③ 반응식

05 강화액 소화제에 대한 물음에 답하시오.

> ㉮ 액의 비중은?　　　　㉯ 소화작용
>
> **해답** ㉮ 1.3~1.4　　㉯ 냉각소화

06 강화액 소화기에 대하여 기술하시오.

> ㉮ 축압식 소화기의 상용압력(MPa)
> ㉯ 첨가약제의 화학식
> ㉰ 무상으로 방출할 경우 적응화재

> **해답** ㉮ 0.81~0.98MPa
> ㉯ K_2CO_3
> ㉰ A · B · C급화재

07 강화액 소화기에 대하여 다음 물음에 답하시오.

> ㉮ 응고점은 얼마인가?
> ㉯ 액성은 무엇인가?

> **해답** ㉮ $-30 \sim -25℃$
> ㉯ 알칼리성

08 반응식 강화액소화기의 반응식을 쓰시오.

> **해답** $K_2CO_3 + H_2SO_4 \rightarrow K_2SO_4 + CO_2 \uparrow + H_2O$
>
> **참고** 반응식 강화액소화기의 반응식
> $K_2CO_3 + H_2SO_4 \rightarrow K_2SO_4 + CO_2 \uparrow + H_2O$
> (탄산칼륨) (황산) (황산칼륨)(이산화탄소) (물)

억제 소화기의 종류

01 할론 및 할로겐화합물 소화제의 3대 소화효과를 쓰시오.

> **해답** ① 억제소화효과
> ② 희석소화효과
> ③ 냉각소화효과

02 할론 및 할로겐화합물 소화약제의 소화효과를 고찰하면 (㉮)효과, (㉯)효과, 희석효과 등이 있다.

> **해답** ㉮ 억제　　　　㉯ 냉각

03 CTC의 명칭을 쓰시오.

> **해답** 사염화탄소

04 할론 소화제 중에 포스겐가스를 발생할 수 있는 소화제 화학식을 쓰시오.

> **해답** CCl_4

05 사람이 많이 모인 밀폐된 실내에서 갑자기 화재가 발생했을 때 사염화탄소 소화기를 사용할 수 없는 이유는?

> **해답** 독가스인 $COCl_2$(포스겐가스)를 발생하므로

06 CTC가 고온에서 물과의 반응식과 생성되는 가스의 명칭을 쓰시오.

> **해답** 반응식 : $CCl_4 + H_2O \rightarrow COCl_2 \uparrow + 2HCl \uparrow$
>
> 생성가스: $COCl_2$(포스겐가스), HCl(염화수소)

07 사염화탄소가 높은 온도에서 다음과 같은 조건에서 반응할 때 반응식을 쓰시오.

> ㉮ 고온 건조한 공기 속
> ㉯ 산화제2철 중
> ㉰ 이산화탄소 중

> **해답** ㉮ $2CCl_4 + O_2 \rightarrow 2COCl_2 \uparrow + 2Cl_2 \uparrow$
>
> ㉯ $3CCl_4 + Fe_2O_3 \rightarrow COCl_2 \uparrow + 2FeCl_3$
>
> ㉰ $CCl_4 + CO_2 \rightarrow 2COCl_2 \uparrow$

08 다음은 할론 소화기의 약칭이다. 각 약자에 해당되는 할론 넘버를 쓰시오.

> ㉮ MTB   ㉯ BF   ㉰ BFC

> **해답** ㉮ 1301
>
> ㉯ 2402
>
> ㉰ 1211

> **참고** MTB : CF_3Br, BF(FB) : $C_2F_4Br_2$
>
> BFC(BCF) : CF_2ClBr

09 다음 보기에 있는 할론 소화기의 화학식과 할론 넘버를 쓰시오.

> ㉮ 사염화탄소
> ㉯ 일염화일취화메탄
> ㉰ 이취화사불화에탄
> ㉱ 브로모클로로디플루오르메탄

> **해답** ㉮ CCl_4, 1040
>
> ㉯ CH_2ClBr, 1011
>
> ㉰ $C_2F_4Br_2$, 2402
>
> ㉱ CF_2ClBr, 1211

10 할론 중 가장 부식성이 강하므로 황동제 용기를 사용하며 사염화탄소보다 소화능력이 3배 강한 할론 소화기의 명칭을 쓰시오.

> **해답** 일염화일취화메탄
>
> **참고** 일염화일취화메탄(CH_2ClBr)은 사염화탄소(CCl_4)보다 소화능력이 3배 강하다.

11 일염화일취화메탄 소화기의 용기로서 적합한 재질은 무엇인가?

> **해답** 황동제(놋쇠)

12 비중 2.2, 비등점 48℃, 기화열이 25Kcal/kg 인 할론 소화기의 할론 넘버와 화학식을 쓰시오.

> 해답 할론 넘버 : 2402
>
>   화학식 : $C_2F_4Br_2$
>
> 참고 본문내용 : 이취화사불화에탄

13 다음 할론 2402에 대한 물음에 답하시오.

> ㉮ 적응화재는?
> ㉯ 주된 소화효과는?
> ㉰ 화학식을 쓰시오.

> 해답 ㉮ B,C급 화재
>
>   ㉯ 억제소화
>
>   ㉰ $C_2F_4Br_2$
>
> 참고 할론 2402 = 이취화사불화에탄

14 할로겐화합물소화약제 HFC-227ea의 화학식을 쓰시오.

> 해답 C_3HF_7
>
> 참고 예 HFC-227ea의 화학식
>
>   ┌── F의 개수 : 7±0=7
>   ├── H의 개수 : 2-1=1
>   └── C의 개수 : 2+1=3
>
>   ∴ C_3HF_7

15 할로겐화합물 소화기의 조건을 3가지 기술하시오.

> 해답 ① 비점이 낮을 것
>
>   ② 공기보다 무겁고 불연성일 것
>
>   ③ 기화되기 쉬울 것

소화기의 사용방법

01 수동식소화기는 소방대상물의 각 부분으로부터 보행거리 얼마의 위치마다 설치하는가?

> ㉮ 소형 수동식소화기
> ㉯ 대형 수동식소화기

> 해답 ㉮ 20m 이하
>
>   ㉯ 30m 이하

02 다음은 대형 수동식소화기의 소화약제 충전량이다. 해당되는 충전량을 쓰시오

종 별	충전량
물소화기	(㉮)ℓ 이상
강화액 소화기	60ℓ 이상
이산화탄소소화기	(㉯)kg 이상
할로겐화합물소화기	(㉰)kg 이상
분말소화기	20kg 이상
포 소화기	(㉱)ℓ 이상

> 해답 ㉮ 80   ㉯ 50
>
>   ㉰ 30   ㉱ 20

03 소화기구를 비치하여야 할 곳에 게시하는 표지에 기재할 사항을 쓰시오.

> ㉮ 수동식 소화기
> ㉯ 마른 모래
> ㉰ 팽창질석 · 팽창진주암

> 해답 ㉮ 소화기
>
>   ㉯ 소화용 모래
>
>   ㉰ 소화질석

모든 계산문제는 소수 3째자리까지 계산하고 반올림하여 소수 2째자리를 답으로 합니다.

04 소화설비의 소화능력의 기준 단위를 무엇이라 하는가?

해답 능력단위

참고 소화설비는 소요단위에 맞추어 능력단위 이상을 설치한다.

05 대형 수동식소화기는 능력단위 A급 화재 (㉮) 이상, B급 화재 (㉯) 이상인 것을 말한다. 괄호 안에 들어갈 것은 무엇인가?

해답 ㉮ 10 단위

㉯ 20 단위

06 간이소화용구 중 소화전용 물통 8ℓ에 해당되는 능력단위는 얼마인가?

해답 0.3단위

참고 간이소화용구의 능력단위

소화설비	용량	능력단위
소화전용 물통	8ℓ	0.3단위
수조(소화전용 물통 3개 포함)	80ℓ	1.5단위
수조(소화전용 물통 6개 포함)	190ℓ	2.5단위
마른모래(삽 1개 포함)	50ℓ	0.5단위
팽창질석 또는 팽창진주암 (삽 1개 포함)	160ℓ	1단위

07 다음은 간이소화용구의 능력단위이다. 괄호안에 들어갈 것을 쓰시오.

	간이소화용구	능력단위
마른 모래	삽을 상비한 50ℓ 이상의 것 1포	(㉮)단위
팽창질석 또는 팽창진주암	삽을 상비한 (㉯)ℓ 이상의 것 1포	1단위

해답 ㉮ 0.5

㉯ 160

08 구조물의 1소요단위는 외벽의 구조를 기준으로 한 연면적으로 환산된다. 다음 물음에 답하시오.

㉮ 제조소인 경우 외벽이 내화구조일 때 1소요단위는?

㉯ 저장소로소 외벽이 내화구조가 아닌 경우의 1소요단위는?

해답 ㉮ $100m^2$

㉯ $75m^2$

참고 1소요단위

• 제조소 · 취급소용 건축물로 외벽이 내화구조인 것 : $100m^2$

• 제조소 · 취급소용 건축물로 외벽이 내화구조 이외의 것 : $50m^2$

• 저장소용 건축물로 외벽이 내화구조인 것 : $150m^2$

• 저장소용 건축물로 외벽이 내화구조 이외의 것 : $75m^2$

• 위험물 : 지정수량 10배

09 다음 보기에서 제조소등의 1소요 단위 기준을 쓰시오.

㉮ 제조소의 건축물 외벽이 내화구조 이외의 경우 1소요 단위는?

㉯ 저장소의 경우 건축물 외벽이 내화구조인 경우 1소요 단위는?

해답 ㉮ $50m^2$

㉯ $150m^2$

10 건축면적이 600m²이고 외벽이 내화구조로된 제조소의 소화설비 소요단위는 얼마인가?

해답 [계산과정]

소요단위 : $\dfrac{600\text{m}^2}{100\text{m}^2} = 6$소요단위

[답] 6소요단위

11 저장소용 건축물로서 건축물의 외벽이 내화구조 이외의 것으로 된 곳의 연면적이 450m²의 경우 소요단위는 얼마인가?

해답 [계산과정]

저장소용 건축물로 외벽이 내화구조 이외의 것 1소요단위 : 연면적 75m

소요단위 : $\dfrac{450\text{m}^2}{75\text{m}^2} = 6$소요단위

[답] 6소요단위

12 위험물의 1소요단위는 지정수량의 몇 배인가?

해답 10배

13 위험물의 소요단위를 산출하고자 한다. 가솔린 20,000ℓ는 몇 단위인가?

해답 [계산과정]

위험물 1소요단위는 지정수량 10배이며, 가솔린의 지정수량은 200ℓ이므로

$\dfrac{20,000ℓ}{200ℓ \times 10} = 10$ 소요단위

[답] 10 소요단위

14 제조소등에 필요한 소화기 단위를 소요단위라 한다. 진한 질산 10,000kg의 소요단위를 산출하시오.

해답 [계산과정]

위험물 1소요 단위는 지정수량 10배이며, 질산의 지정수량은 300kg이므로

$\dfrac{10,000\text{kg}}{300\text{kg} \times 10} = 3.333$

∴ 3.33소요단위

[답] 3.33소요단위

15 소화기를 설치할 경우 지면으로부터의 높이는 몇 m 이하에 설치하여야 하는가?

해답 1.5m 이하

16 소화기의 자체점검 사항에 대하여 답하시오.

| ㉮ 작동기능 검사 ㉯ 종합 정밀 검사 |

해답 ㉮ 연 1회(상반기 실시)
㉯ 연 1회(하반기 실시)해

17 각종 소화기의 공통적인 유지 관리사항을 쓰시오.

해답 ① 바닥면으로부터1.5m 이하되는지점에 설치할 것
② 통행피난에지장이없고사용할때 반출하기 쉬운 곳에 설치
③ 소화제가동결 변질또는 분출할우려가 없는 곳에 설치할 것
④ 설치된 지점에 잘 보이도록「소화기」표시를 할것

18 다음 그림은 축압식 소화기이다. 그림을 보고 방사방법을 순서대로 설명하시오.

해답 ① 안전핀을 뽑는다.
② 노즐은 화점을 향한다.
③ 레버를 움켜쥔다.

19 소화기 작동시 일반 주의사항을 쓰시오.

해답 ① 적응화재에만 사용할것
② 성능에 따라 불 가까이 접근하여 사용할 것
③ 바람을 등지고 풍상에서 풍하의 방향으로 사용할 것
④ 양옆으로 비로 쓸 듯이 골고루 사용할 것

위험물의 소화방법

01 일반적으로 각 류별 위험물의 소화효과에서 적당한 것을 쓰시오.

① 제1류 위험물	② 제2류 위험물
③ 제4류 위험물	④ 제5류 위험물

해답 ① 냉각소화
② 냉각소화 및 질식소화
③ 질식소화
④ 냉각소화

02 제1류 위험물과 제5류 위험물로 인한 화재시 소화방법은?

해답 대량의 주수에 의한 냉각소화

03 제1류 위험물의 소화는 주수소화가 적당하나 주수할 수 없는 것은 무엇인가?

해답 알칼리금속의과산화물
참고 알칼리금속의 과산화물은 물(H_2O)과 격렬히 반응하여 산소(O_2)를 발생하므로 주수소화는 적응성이 없다.

04 제2류 위험물 중 오황화린의 화재에 주수를 할 경우 발생되는 유독가스는 무엇인가?

해답 황화수소가스(H_2S)
참고 $P_2S_5 + 8H_2O \rightarrow 2H_3PO_4 + 5H_2S\uparrow$
　　　(오황화린)　(물)　　(인산)　(황화수소)

05 마그네슘과 같은 금속화재에 대하여 다음 물음에 답하시오.

㉮ 화재의 종류	㉯ 적응소화기

해답 ㉮ D급 화재(금속화재)
㉯ 탄산수소염류 분말소화기

06 마그네슘(Mg)의 소화방법 2가지를 쓰시오.

해답 ① 마른 모래
② 탄산수소염류분말소화기

07 제3류 위험물 중 나트륨의 화재 시 사용할 수 있는 소화제로 맞는 것을 모두 고르시오.

> 팽창질석, 마른모래, 포소화약제, 이산화탄소, 인산염류

해답 팽창질석, 마른모래

08 제3류 위험물 중 황린을 제외한 위험등급 1등급 위험물의 소화약제 2가지를 쓰시오.

해답 마른 모래, 팽창질석, 팽창진주암, 탄산수소염류분말 소화약제(중 2가지)

09 제4류 위험물의 화재 시 가장 많이 사용하는 소화방법을 쓰시오.

해답 질식소화

10 제4류 위험물의 질식소화에 사용되는 소화기 3가지만 쓰시오.

해답 ① 포말소화기
② 분말소화기
③ CO_2 소화기

11 제4류 위험물은 대체로 물로 주수소화를 하면 화재 면이 확대되는 우려가 있다. 이 이유는 어떠한 물리적 성질 때문인가?

해답 제4류 위험물은 물에 불용이고 물보다 비중이 작아 물 위에 뜨는 성질이 있으므로 주수소화하면 화재 면이 확대된다.

12 C_5H_5N의 유출로 화재가 발생했다. 당신이 안전관리자라면 포말소화기 중 어떤 소화기로 소화하겠는가? 또 소화원리를 설명하시오.

해답 ㉮ 소화기 종류 : 알코올포
㉯ 소화원리 : 질식소화

참고 C_5H_5N(피리딘) : 제4류 위험물(인화성액체) 중 제1석 유류이며 수용성이다.

13 제5류 위험물의 주된 소화방법을 쓰시오.

해답 대량의 주수소화

참고 마른 모래, 팽창질석, 팽창진주암으로 화재의 확대를 방지할 수 있다.

14 제5류 위험물이 질식소화가 안되는 이유를 쓰시오.

해답 제5류 위험물은 자기반응성 물질로서 대부분 자체 내부에 산소를 함유하므로 공기 중의 산소를 차단하는 질식소화는 부적합하다.

15 제6류 위험물이 소량일 경우의 소화방법으로 좋은 것은?

해답 대량의 물로 주수소화

16 제6류 위험물의 소화방법 3가지를 쓰시오.

해답 ① 대량의물
② 마른모래
③ 인산염류분말소화제

모든 계산문제는 소수 3째자리까지 계산하고 반올림하여 소수 2째자리를 답으로 합니다.

자체소방대의 편성

01 제4류 위험물을 저장·취급하는 제조소등에 자체소방대를 두어야 할 경우 지정수량 기준을 쓰시오.

> 제조소·일반취급소의 경우

해답 3,000배 이상

02 제조소 등에 설치된 화학소방 자동차의 대수와 조작인원은 몇 명인가?

> ㉮ 지정수량 12만배 미만
> ㉯ 지정수량 12만배 이상 24만배 미만
> ㉰ 지정수량 24만배 이상 48만배 미만
> ㉱ 지정수량 48만배 이상

해답 ㉮ 1대, 5명
　　　㉯ 2대, 10명
　　　㉰ 3대, 15명
　　　㉱ 4대, 20명

03 제조소 등에 설치된 화학소방차의 방출능력에 대하여답하시오.

> ㉮ 포말　　　㉯ 분말
> ㉰ CO_2　　㉱ 할로겐화합물

해답 ㉮ 2,000ℓ/min 이상
　　　㉯ 35kg/sec 이상
　　　㉰ 40kg/sec 이상
　　　㉱ 40kg/sec 이상

04 제조소 등에 설치된 화학소방 자동차의 소화약제 비치량에 대하여 답하시오.

> ㉮ 포말　　　㉯ 할로겐화합물
> ㉰ 분말　　　㉱ CO_2

해답 ㉮ 10만ℓ의 거품을 방출할 수 있는 포수용액
　　　㉯ 1,000kg
　　　㉰ 1,400kg
　　　㉱ 3,000kg

05 화학소방 자동차를 두어야 할 제조소 등에서 포말 화학소방 자동차의 대수는 전체 소방 자동차의 얼마 이상을 두어야 하는가?

해답 $\dfrac{2}{3}$ 이상

제2편 위험물의 특성

제1장 > 위험물의 특성

1 위험물의 정의

인화성 또는 발화성 등의 성질을 가지는 것으로서 대통령령이 정하는 물품을 말한다.

> **참고**
>
> 위험물이라 함은 너무나 광범위하며 사용하는 목적에 따라 위험물이 될 수도 있고 될 수 없는 경우도 있다. 이 편에서 위험물이라 함은 위험물 안전관리법에서의 위험물만을 말한다

2 위험물의 구성

① 유별 ② 성질 ③ 품명 ④ 지정수량

> **참고**
>
> ① 유별
>
> 　제1류에서 제6류 위험물까지 화학적 · 물리적 성질이 비슷한 위험물로 구분한다.
>
> ② 성질
>
> - **산화성 고체(제1류)** : 고체로서 산화력의 잠재적인 위험성 또는 **충격**에 대한 민감성을 판단하기 위하여 **소방청장**이 정하여 고시하는 시험에서 고시로 정하는 성질과 상태를 나타내는 것을 말한다.
> - **가연성 고체(제2류)** : 고체로서 **화염에 의한 발화**의 위험성 또는 **인화의 위험성**을 판단하기 위하여 **고시로 정하는** 시험에서 고시로 정하는 성질과 상태를 나타내는 것을 말한다.
> - **자연발화성 물질 및 금수성 물질(제3류)** : 고체 또는 액체로서 공기 중에서 **발화**의 위험성이 있거나 물과 접촉하여 **발화하거나 가연성 가스**를 발생하는 위험성이 있는 것을 말한다.
> - **인화성 액체(제4류)** : 액체(제3석유류, 제4석유류 및 동식물유류에 있어서는 1기압과 20℃에서 액상인 것에 한한다)로서 **인화의 위험성**이 있는 것을 말한다.

- 자기반응성 물질(제5류) : 고체 또는 액체로서 폭발의 위험성 또는 가열분해의 격렬함을 판단하기 위하여 고시로 정하는 시험에서 고시로 정하는 성질과 상태를 나타내는 것을 말한다.
- 산화성 액체(제6류) : 액체로서 산화력의 잠재적인 위험성을 판단하기 위하여 고시로 정하는 시험에서 고시로 정하는 성질과 상태를 나타내는 것을 말한다.

③ 품명 : 시행령 별표1의 명칭

④ 지정수량 : 위험물의 종류별로 위험성을 고려하여 대통령령이 정하는 수량으로서 제조소 등의 설치허가 등에 있어서 최저의 기준이 되는 수량

- 지정수량 환산방법(지정수량 배수의 합)

$$\frac{A품목\ 저장수량}{A품목의\ 지정수량} + \frac{B품목\ 저장수량}{B품목의\ 지정수량} + \cdots = 환산\ 지정수량(1\ 이상이면\ 지정수량\ 이상으로\ 본다)$$

1 제1류 위험물(산화성 고체)

강산화성 물질로 상온에서 고체상태이고 과열 · 마찰충격으로 많은 산소를 방출한다.

2 제1류 위험물의 품명 및 지정수량

유별 및 성질	위험등급	품 명	지 정 수 량
제1류 (산화성 고체)	I	1. 아염소산염류 2. 염소산염류 3. 과염소산염류 4. 무기과산화물	50kg 50kg 50kg 50kg
	II	5. 브롬산염류 6. 요오드산염류 7. 질산염류	300kg 300kg 300kg
	III	8. 과망간산염류 9. 중크롬산염류	1,000kg 1,000kg
	I ~ III	10. 그 밖에 행정안전부령이 정하는 것 11. 제1호 내지 제10호의1에 해당하는 어느 하나 이상을 함유한 것	50kg, 300kg 또는 1,000kg

참고

• 그 밖에 행정안전부령이 정하는 것의 지정수량

① 차아염소산염류 : $NaClO$ 등(50kg) ② 과요오드산 : HIO_4(300kg) ③ 과요오드산염류 : $NaIO_4$ 등(300kg) ④ 아질산염류 : KNO_2 등 (300kg) ⑤ 크롬, 납 또는 요오드의 산화물 : CrO_3, PbO_2, I_2O_5등(300kg) ⑥ 퍼옥소 붕산염류 : $NaBO_3 \cdot 4H_2O$ 등(300kg) ⑦ 퍼옥소이황산염류 : $K_2S_2O_8$ 등(300kg) ⑧ 염소화이소시아눌산 : $C_3Cl_3N_3O_3$)(300kg)

❸ 제1류 위험물의 공통성질

① 불연성이며 산소를 많이 함유하고 있는 강산화제이다.

② 반응성이 풍부하여 열·타격·마찰· 충격 및 다른 약품과의 접촉으로 분해하여 많은 산소를 방출하며 다른 가연물의 연소를 돕는다.

③ 대부분 무색 결정 또는 백색 분말이며 비중이 1보다 크고 수용성인 것이 많다.

> **참고**
>
> 제1류 위험물 : ②번과 같은 성질 때문에 조연성 물질이라고도 부르며 가연물과 혼합되어 있을 경우 마찰, 충격 등으로 폭발의 위험이 있다.
>
> • 조연성 : 산소를 많이 함유하여 연소를 도와주는 성질

❹ 제1류 위험물의 저장 및 취급방법

① 용기의 파손에 의한 위험물의 누설에 주의한다.

② 용기는 밀폐하여 환기가 잘 되는 찬 곳에 저장한다.

③ 조해성이 있으므로 습기에 주의할 것

④ 열원이나 산화되기 쉬운 물질과 화재 위험이 있는 곳으로부터 멀리 하고, 다른 약품류 및 가연물과의 접촉을 피한다.

---

2 ▶ 제1류 위험물의 성질

❶ 아염소산염류

지정수량 : 50kg

> **참고**
>
> 아염소산염류 : 아염소산($HClO_2$)의 수소가 금속 또는 양성원자단으로 치환된 화합물의 총칭이다.

(1) 아염소산나트륨($NaClO_2$)

① 순수한 무수물의 분해온도 350℃ 이상

② 수분이 포함될 경우 분해온도 120~130℃

③ 무색의 결정성 분말

④ 산을 가할 경우 발생되는 유독가스는 ClO_2(이산화염소) 가스이며 염소(Cl_2)와 같은 독성을 갖는다.

참고

- 아염소산나트륨과 알루미늄의 혼촉발화 반응식

  $3NaClO_2 + 4Al \rightarrow 2Al_2O_3 + 3NaCl$
  (아염소산나트륨) (알루미늄) (산화알루미늄) (염화나트륨)

- 아염소산나트륨과 염산의 반응식

  $5NaClO_2 + 4HCl \rightarrow 5NaCl + 4ClO_2 + 2H_2O$
  (아염소산나트륨) (염산)   (염화나트륨) (이산화염소) (물)

인체에 대한 응급조치

- **마셨을 경우** : 소금물이나 비눗물을 마시게 하여 토하게 한 후 의사에게 보인다.
- **호흡했을 경우** : 신선한 공기가 있는 곳으로 옮기고 보온·안정을 취한 후 산소호흡을 시키며 의사에게 보인다.

---

② 염소산염류

지정수량 : 50kg

참고

염소산염류 : 염소산($HClO_3$)의 수소(H)가 금속 또는 양성원자단으로 **치환**된 화합물의 총칭이다.

---

(1) 염소산칼륨(KClO₃)

① 분해온도 400℃, 융점 368.4℃, 용해도 7.3(20℃), 비중 2.34

② 무색 단사정계 판상결정 또는 백색 분말

③ 인체에 독하다.

④ 상온에서 안정하나 가연물이 혼재되었을 경우 약간의 자극으로 폭발한다.

⑤ 온수, 글리세린에는 잘 녹으나 냉수 및 알코올에는 녹기 어렵다.

⑥ 소화방법은 주수소화가 가장 좋다.

참고

• 폭발을 일으킬 수 있는 경우 : 이산화성 물질, 강산, 중금속염과 혼합되었을 경우

  이산화성 물질 : 산화되기 쉬운 물질(황, 적린, 암모니아, 유기물 등)

• 400℃ 부근에서 분해하여 **과염소산칼륨**이 되며 540~560℃에서 과염소산칼륨이 분해하여 **염화칼륨**과 산소를 방출한다.

• 이산화망간(MnO₂) 촉매 사용 분해 반응식(70℃에서 분해를 시작하여 200℃에서 완전분해)

$$2KClO_3 \xrightarrow[\text{촉매}]{MnO_2} 2KCl + 3O_2 \uparrow$$
  (염소산칼륨)　　　　 (염화칼륨) (산소)

• 열분해 반응메카니즘

$$2KClO_3 \xrightarrow[\triangle]{400℃} KClO_4 + KCl + O_2 \uparrow \Rightarrow KClO_4 \xrightarrow[\triangle]{540\sim560℃} KCl + 2O_2 \uparrow$$
  (염소산칼륨) (과염소산칼륨) (염화칼륨) (산소)　　 (과염소산칼륨)　　　 (염화칼륨) (산소)

• 염소산칼륨과 황산의 반응식

$$6KClO_3 + 3H_2SO_4 \rightarrow 3K_2SO_4 + 2HClO_4 + 4ClO_2 \uparrow + 2H_2O$$
  (염소산칼륨)　 (황산)　　　 (황산칼륨) (과염소산) (이산화염소)　 (물)

• 인체에 대한 응급조치 : 아염소산나트륨에 준한다.

• 인체에 대한 유해성 : 1g 이상 먹으면 유독하며 치사량은 어른 15g, 어린이 2g이다.

---

(2) 염소산나트륨(NaClO₃)

① 분해온도 300℃, 융점 248℃, 용해도 101(20℃), 비중 2.5(20℃)

② 무색 무취의 입방정계주상결정

③ 산과 반응하여 유독한 **이산화염소**(ClO₂)를 발생하며, 이산화염소는 폭발성을 가진다.

④ 알코올, 에테르, 물에 잘 녹으며 조해성이 크다.

⑤ 철을 잘 부식시키므로 철제용기에 저장하지 말아야 한다.

참고

- 염소산나트륨과 염산의 반응식

$$2NaClO_3 + 4HCl \rightarrow 2NaCl + Cl_2\uparrow + 2ClO_2\uparrow + 2H_2O$$
(염소산나트륨) (염산)　　(염화나트륨) (염소)　　(이산화염소)　　(물)

- 염소산 나트륨 : 조해성이 특히 크므로 용기는 밀전, 밀봉해야 한다.

- 조해성 : 고체가 공기 중의 수분을 흡수하여 액체가 되는 것

---

(3) 염소산암모늄(NH_4ClO_3)

① 대단히 폭발성이 크다.

② 조해성이 있다.

③ 금속 부식성이 크다.

④ 단독 또는 유기물질 혼입시 폭발한다.

참고

- 100℃에서 폭발반응식(다량의 가스 발생)

$$2NH_4ClO_3 \rightarrow N_2\uparrow + Cl_2\uparrow + O_2\uparrow + 4H_2O$$
(염소산암모늄)　　(질소)　 (염소)　 (산소)　 (물)

---

3 과염소산염류

지정수량 : 50kg

참고

- 과염소산염류 : 과염소산($HClO_4$)의 수소가 금속 또는 양성원자단으로 치환된 화합물의 총칭

- 일반적으로 과염소산염류는 염소산염류보다 안정하다.

---

(1) 과염소산칼륨($KClO_4$)

　① 분해온도 400℃, 융점 610℃, 용해도 1.8(20℃), 비중 2.52

　② 무색, 무취의 사방정계결정

　③ 물에 녹기 어렵고 알코올, 에테르에 녹지 않는다.

　④ 종이, 나무조각, 목탄 및 에테르와는 상온·상압에서 습기 및 일광으로 인하여 발화한다.

　⑤ 진한 황산과 접촉하면 폭발한다.

참고

- 분해온도 : 400℃에서 분해가 시작되어 610℃에서는 완전 분해한다. 또한 분해반응은 다음과 같다.

$$KClO_4 \xrightarrow{\Delta} KCl + 2O_2 \uparrow$$

　(과염소산칼륨)　　(염화칼륨)　(산소)

- 인체에 대한 응급조치 : 아염소산 나트륨에 준한다.

　인체에 대한 위해성 : 피부에 접촉하면 염증을 일으키므로 물로 충분히 씻는다.

---

(2) 과염소산나트륨($NaClO_4$)

　① 분해온도 400℃, 융점 482℃, 용해도 170(20℃), 비중 2.50

　② 무색, 무취의 조해되기 쉬운 결정

　③ 유기물·가연물·금속미분과 혼합하여 충격·가열하면 폭발한다.

참고

- 공기 중에서 가열하여 무수물이 생기는 온도 : 약 58℃
- 결정수를 잃은 온도 : 200℃

　결정수 : 고체결정이 결합할 때 필요한 물

- 인체에 대한 위해성 : 유독물은 아니나 피부·눈·호흡기 등을 자극하며 눈에 들어가면 충분히 물로 씻고 의사의 치료를 받는다.

---

(3) 과염소산암모늄(NH_4ClO_4)

① 분해온도 130℃, 비중 1.87

② 무색 수용성 결정으로 에테르에 녹지 않고 알코올과 아세톤에 약간 녹는다.

③ 충격에는 비교적 안정하나 130℃에서 분해되어 300℃ 부근에서는 급격히 산소를 방출하며 400℃에서 발화한다.

④ 강한 충격 또는 분해온도 이상 가열하면 폭발한다.

참고

- 과염소산암모늄의 분해반응식

$$2NH_4ClO_4 \xrightarrow{\triangle} N_2\uparrow + Cl_2\uparrow + 2O_2\uparrow + 4H_2O$$
(과염소산암모늄)　　　　(질소)　(염소)　(산소)　　(물)

- 과염소산암모늄과 황산의 화학반응식

$$NH_4ClO_4 + H_2SO_4 \rightarrow NH_4HSO_4 + HClO_4$$
(과염소산암모늄)　　(황산)　　(황산수소암모늄)　(과염소산)

- 인체에 대한 위해성 : 유독물은 아니나 분진은 피부·눈·호흡기를 자극하며 눈에 들어가면 충분히 물로 씻고 의사의 치료를 받는다.

---

4 무기과산화물

지정수량 : 50kg

참고

- 과산화물 {
  무기과산화물 { 알칼리금속의 과산화물 } (물기엄금, 제3류 위험물과
  알칼리토금속의 과산화물 } 위험성 유사)

  유기과산화물(화기엄금, 제5류 위험물)
}

- 무기과산화물 중 알칼리금속의 과산화물 : 물과 접촉하여 발열과 함께 산소(O_2)가스를 발생하므로 주수소화가 적합하지 못하나 다른 제1류 위험물은 일반적으로 주수소화한다.

---

(1) 과산화칼륨(K₂O₂)

① 융점 490℃, 비중 2.9

② 무색 또는 오렌지색의 비정계 물질

③ 흡습성이 있으며 알코올에 용해된다.

④ 물과 접촉하여 수산화칼륨과 산소가스를 발생하며 대량의 경우 **폭발**한다.

⑤ 가연물과 혼합되어 있을 경우 마찰 및 소량의 물과 접촉으로 **발화**한다.

⑥ 공기 중에서 **탄산가스**를 흡수하여 **탄산염**이 된다.

⑦ 용기는 수분이 들어가지 않게 밀전 및 밀봉해야 한다.

참고

① 화학반응식

- 물과 반응

$$2K_2O_2 + 2H_2O \rightarrow 4KOH + O_2\uparrow$$
(과산화칼륨)　(물)　　(수산화칼륨)　(산소)

- 가열분해반응

$$2K_2O_2 \rightarrow 2K_2O + O_2\uparrow$$
(과산화칼륨)　(산화칼륨)　(산소)

- 이산화탄소와 반응

$$2K_2O_2 + 2CO_2 \rightarrow 2K_2CO_3 + O_2\uparrow$$
(과산화칼륨)　(이산화탄소)　(탄산칼륨)　(산소)

- 초산과 반응

$$K_2O_2 + 2CH_3COOH \rightarrow 2CH_3COOK + H_2O_2$$
(과산화칼륨)　(아세트산·초산)　(초산칼륨)　(과산화수소)

- 염산과의 반응

$$K_2O_2 + 2HCl \rightarrow 2KCl + H_2O_2$$
(과산화칼륨)　(염산)　(염화칼륨)　(과산화수소)

② 인체에 대한 위해성 : 유독물은 아니나 피부·눈·호흡기등을 자극한다.

(2) 과산화나트륨(Na_2O_2)

① 분해온도 460℃, 융점 460℃, 비중 2.80

② 순수한 것 : 백색 정방정계

③ 일반적인 것 : 황백색 정방정계

④ 물에는 용해되나 에틸알코올(에탄올)에 잘 녹지 않는다.

⑤ 기타 과산화칼륨에 준한다.

참고

· 위 (1), (2)는 알칼리금속의 과산화물로 물과 접촉을 피하여야 한다.

· 화학반응식 : 과산화칼륨(K_2O_2)의 K을 Na로 바꿔야 한다.

· 과산화나트륨의 제법

$$2Na \ + \ O_2 \ \xrightarrow[\triangle]{490℃} \ Na_2O_2$$
(나트륨) (산소) (과산화나트륨)

---

(3) 과산화마그네슘(MgO_2)

① 시판품의 MgO_2 분포 : 15~25%

② 백색 분말이며 물에 녹지 않는다.

③ 습기 · 물과 접촉하면 산소를 발생한다.

④ 산과 반응하여 과산화수소가 발생한다.

⑤ 환원성물질과 혼합하면 가열 · 마찰에 의하여 폭발한다.

참고

① 화학반응식 (출제 가능성이 높다.)

· 가열분해반응

$$2MgO_2 \ \xrightarrow{\triangle} \ 2MgO \ + \ O_2 \uparrow$$
(과산화마그네슘) (산화마그네슘) (산소)

· 산과 반응

$$MgO_2 \ + \ 2HCl \ \rightarrow \ MgCl_2 \ + \ H_2O_2$$
(과산화마그네슘) (염산) (염화마그네슘) (과산화수소)

---

② 인체에 대한 위해성 : 유독물은 아니나 피부에 접촉하면 염증을 일으키며 눈에 들어가면 시력저하를 일으키며 분진을 흡입하면 심한 기침을 일으킨다.

(4) 과산화칼슘(CaO_2)

① 분해온도 275℃, 비중 1.70

② 백색의 무정형(분말)

③ 물에는 극히 적게 녹으며 더운물에서 분해한다.

④ 에틸알코올 · 에테르에 녹지 않는다.

⑤ 산과 반응하여 과산화수소 발생

⑥ 가열분해하여 산화칼슘과 산소가스를 발생한다.

참고

① 가열할 경우 : 100℃에서 결정수를 잃고 275℃에서는 폭발적으로 분해하며 산소를 방출한다.

- 가열분해반응

$$2CaO_2 \xrightarrow{\triangle} 2CaO + O_2\uparrow$$
(과산화칼슘)　　　(산화칼슘)　(산소)

- 산과 반응

$$CaO_2 + 2HCl \xrightarrow{\triangle} CaCl_2 + H_2O_2$$
(과산화칼슘)　(염산)　　　(염화칼슘)　(과산화수소)

② 인체에 대한 위해성 :유독물은 아니며 과산화마그네슘에 준한다.

(5) 과산화바륨(BaO_2)

① 분해온도 840℃, 융점 450℃, 비중 4.958, 수화물의 비중 2.292

② 알칼리토금속의 과산화물 중 가장 안정하다.

③ 냉수에 약간 녹고 온수에서는 분해하며 묽은 산에 녹는다.

참고

① 과산화바륨과 황산의 화학반응식

$$BaO_2 + H_2SO_4 \rightarrow BaSO_4 + H_2O_2$$
(과산화바륨) (황산) (황산바륨) (과산화수소)

② 과산화바륨과 염산의 화학반응식

$$BaO_2 + 2HCl \rightarrow BaCl_2 + H_2O_2$$
(과산화바륨) (염산) (염화바륨) (과산화수소)

③ 과산화바륨과 더운물과의 화학반응식

$$2BaO_2 + 2H_2O \rightarrow 2Ba(OH)_2 + O_2 \uparrow$$
(과산화바륨) (더운물) (수산화바륨) (산소)

④ 인체에 대한 응급조치 : 아염소산 나트륨에 준한다.

⑤ 인체에 대한 위해성 : 피부와 접촉하면 염증을 일으키며 눈에 들어가면 시력이 약해져서 실명할 수 있다

---

5 브롬산염류(취소산염류)

지정수량 : 300kg

참고

브롬산염류 : 브롬산($HBrO_3$)의 수소가 금속 또는 양성원자단으로 치환된 화합물의 총칭이다.

---

(1) 브롬산칼륨($KBrO_3$)

① 융점 438℃, 비중 3.27

② 백색능면체의 결정 또는 결정성 분말

③ 디오글리콜산암몬(디오클리콜산 암모니아)과 **접촉하여 발화**하며 유황, 숯, 마그네슘 및 알루미늄 분말, 유기물과 가열하면 폭발한다.

④ 염소산칼륨보다 안정하다.

• 370℃에서 열분해반응식

$$2KBrO_3 \rightarrow 2KBr + 3O_2 \uparrow$$

   (브롬산칼륨)   (브롬화칼륨) (산소)

(2) 브롬산나트륨($NaBrO_3$)

① 융점 381℃, 비중 3.3

② 무색 결정이며 물에 잘 녹는다.

(3) 브롬산아연($Zn(BrO_3)_2 \cdot 6H_2O$)

① 융점 100℃, 비중 2.56

② 무색 결정이며 물에 잘 녹는다.

(4) 브롬산바륨($Ba(BrO3)_2 \cdot H_2O$)

① 분해온도 260℃, 비중 3.99

② 무색 결정이며 물에 약간 녹는다.

(5) 브롬산마그네슘($Mg(BrO_3)_2 \cdot 6H_2O$)

무색 또는 백색 결정으로 200℃에서 무수물이 된다.

6 요오드산염류(옥소산염류)

지정수량 : 300kg

참고

요오드산염류 : 요오드산(HIO_3)의 수소를 금속 또는 양성원자단으로 치환된 화합물의 총칭이다.

(1) 요오드산칼륨(KIO_3)

    ① 융점 560℃, 비중 3.89

    ② 광택이 있는 무색 결정성 분말이다.

    ③ 물에 녹는다.

(2) 요오드산칼슘($Ca(IO_3)_2 \cdot 6H_2O$)

    ① 융점 42℃, 무수물의 융점 575℃

    ② 조해성 결정으로 물에 녹는다.

7 삼산화크롬

지정수량 : 300kg

(1) 삼산화크롬(CrO_3)을 무수크롬산이라 한다.

    ① 분해온도 250℃, 융점 196℃, 비중 2.70, 용해도 166g/15℃

    ② 암적색의 침상결정으로 물에 잘 녹으며, 독성이 강하다.

    ③ 알코올, 벤젠, 에테르와 접촉시키면 순간적으로 발열 또는 발화한다.

> **참고**
>
> • 열분해 반응식 $4CrO_3 \xrightarrow{\Delta} 2Cr_2O_3 + 3O_2 \uparrow$
>   (삼산화크롬)   (산화크롬)   (산소)

8 질산염류

지정수량 : 300kg

> **참고**
>
> • 질산염류 : 질산(HNO_3)의 수소가 금속 또는 양성원자단으로 **치환**된 화합물의 총칭이다.
>
> • 질산염류 : 일반적으로 조해성이 풍부하다.

(1) 질산칼륨(KNO_3)

① 분해온도 400℃, 융점336℃, 용해도26(15℃), 비중2.098

② 무색 또는 백색 결정 또는 분말이며, 초석이라고도 부른다.

③ 물·글리세린에 잘 녹고, 알코올에는 난용이다.

④ 가열하면 분해하여 산소를 발생한다.

⑤ 숯가루, 황가루의 혼합물은 흑색 화약이다.

> **참고**
>
> • 열분해 반응식 $2KNO_3 \xrightarrow{\Delta} 2KNO_2 + O_2\uparrow$
>   (질산칼륨)　　　(아질산칼륨)　(산소)
> • 인체에 대한 위해성 : 유독물은 아니나 다량 먹으면 염증을 일으킨다.

(2) 질산나트륨($NaNO_3$)

① 분해온도 380℃, 융점 308℃, 용해도 73, 비중 2.26

② 무색, 무취의 투명한 결정 또는 분말로 칠레초석이라고도 부른다.

③ 조해성이 있으며, 유기물 및 차아황산나트륨과 함께 가열하면 폭발한다.

> **참고**
>
> • 열분해 반응식 $2NaNO_3 \xrightarrow{\Delta} 2NaNO_2 + O_2\uparrow$
>   (질산나트륨)　　　(아질산나트륨)　(산소)
> • 황산에 의해서 분해되며 질산을 유리시킨다.
> • 인체에 대한 위해성 : 유독물은 아니나 먹으면 설사·복통이 있으며, 다량 먹으면 혈변을 본다.
> • 인체에 대한 응급조치 : 먹었을 때에는 염류하제로 위세척을 하고 조속히 의사에게 보이고, 눈에 들어갔을 경우 다량의 흐르는 물로 씻는다.

(3) 질산암모늄(NH_4NO_3)

① 분해온도 220℃, 융점 165℃, 용해도 118.3(0℃), 비중 1.73

② 무색, 무취의결정이며 ANFO 화약의 원료이다.

③ 흡습성과 조해성이 있다.

> **참고**
>
> • 분해 · 폭발 반응식
>
> $$2NH_4NO_3 \rightarrow 2N_2 \uparrow + 4H_2O + O_2 \uparrow$$
> (질산암모늄) (질소) (물) (산소)
>
> ※열분해 반응 메카니즘
>
> $$NH_4NO_3 \xrightarrow{\triangle} N_2O + 2H_2O \xrightarrow{재가열} 2N_2O \xrightarrow{\triangle} 2N_2 \uparrow + O_2 \uparrow$$
> (질산암모늄) (아산화질소) (물) (아산화질소) (질소) (산소)

⑨ 과망간산염류

지정수량 : 1,000kg

> **참고**
>
> 과망간산염류 : 과망간산($HMnO_4$)의 수소를 금속 또는 양성원자단으로 치환된 화합물의 총칭

(1) 과망간산칼륨($KMnO_4$)

① 분해온도 약 200~240℃, 비중 2.7

② 흑자색의 결정

③ 물에 녹아서 진한 보라색을 나타낸다.

④ 황산 및 가연성 가스와 접촉하여 폭발한다.

⑤ 알코올 · 에테르 · 글리세린 등과 접촉하면 분해하며 폭발한다.

> **참고**
>
> ① 열분해 반응식
>
> $$2KMnO_4 \rightarrow K_2MnO_4 + MnO_2 + O_2 \uparrow$$
> (과망간산칼륨) (망간산칼륨) (이산화망간) (산소)
>
> ② 묽은 황산과 진한 황산과의 화학반응(생성물질에 차이점이 있다.)
>
> • 묽은 황산과의 반응
>
> $$4KMnO_4 + 6H_2SO_4 \rightarrow 2K_2SO_4 + 4MnSO_4 + 6H_2O + 5O_2 \uparrow$$
> (과망간산칼륨) (황산) (황산칼륨) (황산망간) (물) (산소)

> • 진한 황산과의 반응
>
> $4KMnO_4 + 2H_2SO_4 \rightarrow 2K_2SO_4 + 4MnO_2 + 2H_2O + 3O_2 \uparrow$
> (과망간산칼륨)　(황산)　　(황산칼륨)　(이산화망간)　(물)　　(산소)
>
> ※진한 황산과의 반응 메카니즘
>
> $2KMnO_4 + H_2SO_4 \rightarrow K_2SO_4 + 2HMnO_4 \Rightarrow 2HMnO_4 \rightarrow Mn_2O_7 + H_2O \Rightarrow$
> (과망간산칼륨)(황산)　(황산칼륨)(과망간산)　(과망간산)　(7산화2망간)　(물)
>
> $2Mn_2O_7 \rightarrow 4MnO_2 + 3O_2 \uparrow$
> (7산화2망간)　(이산화망간)　(산소)
>
> ③ 염소의 제법
>
> $2KMnO_4 + 16HCl \rightarrow 2KCl + 2MnCl_2 + 8H_2O + 5Cl_2 \uparrow$
> (과망간산칼륨)　(염산)　(염화칼륨)(염화망간)　(물)　　(염소)
>
> ④ 과망간산칼륨은 살균력이 강하므로 수용액은 **무좀 등의 치료제**로도 사용된다.
>
> ⑤ 인체에 대한 위해성 : 유독물은 아니나 먹으면 불쾌감 · 정신장애 · 안면경련 · 감각이상을
> 일으키며, 분진이나 연무를 흡입하면 진행성 중추신경계 변성을 일으킨다.

(2) 과망간산나트륨($NaMnO_4 \cdot 3H_2O$)

① 적자색의 결정이다.

② 조해성이 강하며 물에 잘 녹는다.

③ 유기물과 혼합되면 폭발의 위험이 있다.

> **참고**
> • 일반적으로 나트륨의 화합물은 조해성이 강하다.
> • 인체에 대한 위해성 : 유독물은 아니며 과망간산칼륨에 준한다.

(3) 과망간산칼슘($Ca(MnO_4)_2 \cdot 4H_2O$)

① 자색결정이며 수용성이다.

② 유기물과 혼합된 것은 가열시 폭발한다.

🔟 중크롬산염류

지정수량 : 1,000kg

> **참고**
>
> 중크롬산염류 : 중크롬산($H_2Cr_2O_7$)의 수소가 금속 또는 양성원자단으로 치환된 화합물의 총칭
> 이다.

(1) 중크롬산칼륨($K_2Cr_2O_7$)

① 분해온도 500℃, 융점 398℃, 비중 2.69

② 등적색의 판상결정이다.

③ 물에 녹으나 알코올에는 녹지 않는다.

④ 가열하면 산화크롬과 크롬산칼륨이 된다.

⑤ 가연물과 혼합되어 있으면 폭발의 위험이 있다.

> **참고**
>
> • 열분해 반응식 $4K_2Cr_2O_7 \rightarrow 4K_2CrO_4 + 2Cr_2O_3 + 3O_2\uparrow$
> 　　　　　　　　(중크롬산칼륨) (크롬산칼륨)　(산화크롬)　(산소)
> • 인체에 대한 위해성 : 유독물은 아니나 먹으면 입과 식도가 적황색으로 물들고 시간이 경과
> 하면 청녹색이 되며 복통과 녹색의 구토물을 토하며 심하면 혈변을 배설하고, 중증이면
> 혈뇨 및 경기를 일으키거나 실신한다.
> • 인체에 대한 응급조치 : 차아황산나트륨 용액으로 위세척을 하고, 산화마그네시아 10g을
> 1 ℓ 에 녹인 물을 마시게한 후 우유나 계란흰자질을 먹게 한다.

(2) 중크롬산나트륨($Na_2Cr_2O_7 \cdot 2H_2O$)

① 분해온도 400℃, 융점 356℃, 비중 2.52

② 흡습성인 등적색의 결정이다.

③ 유기물 · 가연물과 혼합되면 마찰 · 가열에 의하여 발화 또는 폭발한다.

④ 인체에 대한 위해성 : 유독물은 아니나 장기간 피부에 묻으면 염증을 일으킨다.

(3) 중크롬산암모늄((NH₄)₂Cr₂O₇)

① 분해온도 185℃, 비중 2.15

② 적색침상의 결정이다.

③ 가열분해시 질소가스(N_2)를 발생한다.

④ 인체에 대한 위해성 : 유독물은 아니며 중크롬산칼륨에 준한다.

참고

· 중크롬산암모늄의 열분해반응식

$$(NH_4)_2Cr_2O_7 \;\rightarrow\; N_2\uparrow + 4H_2O + Cr_2O_3$$
(중크롬산암모늄)　(질소)　(물)　(산화크롬)

적중예상문제

모든 계산문제는 소수 3째자리까지 계산하고 반올림하여 소수 2째자리를 답으로 합니다.

위험물의 정의 · 위험물의 구성

01 위험물안전관리법상 위험물의 정의는 무엇인가?

해답 인화성 또는 발화성 등의 성질을 가지는 것으로서 대통령령이 정하는 물품

02 아래는 위험물의 정의를 말하는 것으로 빈칸을 채우시오.

> (㉮)으로 정한 (㉯) 또는 (㉰)물품

해답 ㉮ 대통령령 ㉯ 인화성 ㉰ 발화성 등

03 위험물안전관리법상 지정수량이란 무엇인가?

해답 위험물의 종류별로 위험성을 고려하여 대통령령이 정하는 수량으로서 제조소등의 설치허가 등에 있어서 최저의 기준이 되는 수량

04 위험물안전관리법상 위험물의 류별은 몇 종류인가?

해답 제1류에서 제6류까지 6종류

05 다음의 물질들은 위험물 제 몇 류에 해당하는지 구분하시오.

> ㉮ 인화성 액체
> ㉯ 산화성 고체
> ㉰ 자연발화성 물질 및 금수성 물질
> ㉱ 자기반응성 물질
> ㉲ 가연성 고체
> ㉳ 산화성 액체

해답 ㉮ 제4류 ㉯ 제1류 ㉰ 제3류
㉱ 제5류 ㉲ 제2류 ㉳ 제6류

제1류 위험물의 필수 암기사항

01 위험물안전관리법(시행령 별표 1)에서 정하는 제1류 위험물의 품명 중 위험등급 I 등급 4가지를 쓰시오.

해답 ① 아염소산염류 ② 염소산염류
③ 과염소산염류 ④ 무기과산화물류

02 다음 위험물에 적용되는 지정수량을 쓰시오.

> ㉮ 아염소산염류 ㉯ 염소산염류
> ㉰ 과염소산염류 ㉱ 무기과산화물류
> ㉲ 브롬산염류 ㉳ 요오드산염류
> ㉴ 질산염류 ㉵ 과망간산염류
> ㉶ 중크롬산염류 ㉷ 삼산화크롬

해답 ㉮ 50kg ㉯ 50kg
㉰ 50kg ㉱ 50kg
㉲ 300kg ㉳ 300kg
㉴ 300kg ㉵ 1,000kg
㉶ 1,000kg ㉷ 300kg

03 제1류 위험물 중 위험등급 2등급에 해당하는 위험물 종류를 3가지 쓰시오.

해답 브롬산염류, 요오드산염류, 질산염류

04 제1류 위험물 중 아염소산염류 200kg과 브롬산염류 150kg과 중크롬산염류 3,000kg의 지정수량 배수의 합은 얼마인가?(지정수량 : 아염소산염류 50kg, 브롬산염류 300kg, 중크롬산염류 1,000kg)

해답 [계산과정]

지정수량배수의 합 =

$$\frac{200}{50} + \frac{150}{300} + \frac{3,000}{1,000} = 7.5배$$

지정수량
- 아염소산염류 : 50kg
- 브롬산염류 : 300kg
- 중크롬산염류 : 1,000kg

[답] 7.5배

05 염소산칼륨 100kg, 과산화나트륨100kg, 브롬산칼륨 300kg, 질산나트륨 150kg을 함께 저장할 때 지정수량 배수의 합은 얼마인가?

해답 [계산과정]

지정수량배수의 합 =

$$\frac{100}{50} + \frac{100}{50} + \frac{300}{300} + \frac{150}{300} = 5.5배$$

지정수량
- 염소산칼륨 – 염소산염류50kg)
- 과산화나트륨 – 무기과산화물류50kg)
- 브롬산칼륨 – 브롬산염300kg)
- 질산나트륨 – 질산염류300kg)

[답] 5.5배

06 제1류 위험물은 산소를 많이 포함한 강산화제로서 불연성 물질이며 연소를 도와주는 어떠한 성질을 갖는다. 이러한 성질을 무엇이라 하는가?

해답 조연성

07 제1류 위험물이 열분해하여 발생하는 가스는 무엇인가?

해답 산소(O_2)

아염소산염류

01 아염소산염류의 정의를 쓰시오.

해답 아염소산의 수소가 금속 또는 양성원자단으로 치환된 화합물의 총칭

02 아염소산나트륨의 지정수량과 화학식을 쓰시오.

해답 ① 지정수량 : 50kg ② 화학식 : $NaClO_2$

03 아염소산나트륨(무수물)의 분해온도와 산을 가할 때 발생하는 유독가스는?

해답 ① 분해온도 : 350℃

② 유독가스 : 이산화염소(ClO_2)

참고 수분이 있는 것의 분해온도 : 120~130℃

아염소산나트륨과 염산의 반응식

$5NaClO_2$ + $4HCl$ →
(아염소산나트륨) (염산)

$5NaCl$ + $2H_2O$ + $4ClO_2$↑
(염화나트륨)   (물)   (이산화염소)

04 $NaClO_2$(아염소산나트륨)와 Al(알루미늄)의 반응시 Al_2O_3(산화알루미늄), $NaCl$(염화나트륨)이 생성되는 반응식을 쓰시오.

해답 $3NaClO_2 + 4Al → 2Al_2O_3 + 3NaCl$

참고 아염소산나트륨과 알루미늄의 반응식

$3NaClO_2$ + $4Al$ →
(아염소산나트륨) (알루미늄)

$2Al_2O_3$ + $3NaCl$
(산화알루미늄) (염화나트륨)

염소산염류

01 염소산염류의 소화방법 중 가장 좋은 것은 무엇인가?

> **해답** 다량의 주수소화

02 제1류 위험물 중 염소산칼륨이 열에 의해 분해되는 과정에 관한 사항이다. 400℃에서 발생하는 기체의 명칭과 화학적 작용을 쓰시오.

> ㉮ 이때 발생하는 기체의 명칭을 쓰시오.
> ㉯ 이 기체의 화학적 작용을 쓰시오.

> **해답** ㉮ 산소   ㉯ 조연성
> **참고** $2KClO_3 \xrightarrow{\triangle} KClO_4 + KCl + O_2\uparrow$
> (염소산칼륨) (과염소산칼륨) (염화칼륨) (산소)

03 염소산칼륨($KClO_3$)은 단독으로 있을 때는 안전하지만 400℃에서 분해하기 시작한다. 이때의 열분해식과 염소산칼륨이 쓰이는 용도 2가지만 쓰시오.

> **해답** ① $2KClO_3 \rightarrow KClO_4 + KCl + O_2\uparrow$
> ② 성냥, 폭약, 살충제, 제초제, 방부제 (중 2가지)
> **참고** • 400℃에서 열분해반응식 :
> $2KClO_3 \xrightarrow{\triangle} KClO_4 + KCl + O_2\uparrow$
> • 540~560℃에서 열분해반응식 :
> $KClO_4 \xrightarrow{\triangle} KCl + 2O_2\uparrow$
> • 완전분해 반응식
> $2KClO_3 \xrightarrow{\triangle} 2KCl + 3O_2\uparrow$
> (염소산칼륨) (염화칼륨) (산소)

04 제1류 위험물인 염소산칼륨에 대하여 ( )에 알맞은 말을 넣으시오.

> 염소산칼륨은 (㉮) 부근에서 분해하여 과염소산칼륨이 되고 540~560℃ 부근에서 과염소산칼륨은 (㉯)과 (㉰)를 방출한다.

> **해답** ㉮ 400℃ ㉯ 염화칼륨 ㉰ 산소
> **참고** 염소산칼륨의 분해반응식
> • 400℃에서 반응식
> $2KClO_3 \rightarrow KClO_4 + KCl + O_2\uparrow$
> (염소산칼륨) (과염소산칼륨) (염화칼륨) (산소)
> • 540~560℃에서 반응식
> $KClO_4 \rightarrow KCl + 2O_2\uparrow$
> (과염소산칼륨) (염화칼륨) (산소)

05 염소산나트륨에 산을 가하였을 경우 유독가스는 무엇인가?

> **해답** 이산화염소(ClO_2), 염소
> **참고** 염소산나트륨과 염산의 반응식
> $2NaClO_3 + 4HCl \rightarrow 2NaCl + Cl_2\uparrow + $
> (염소산나트륨) (염산) (염화나트륨) (염소)
> $2ClO_2\uparrow + 2H_2O$
> (이산화염소) (물)

06 염소산나트륨의 분해온도는 몇 ℃인가?

> **해답** 300℃

07 염소산염류 중 조해성이 있는 것 2가지를 쓰시오.

> **해답** ① 염소산나트륨($NaClO_3$)
> ② 염소산암모늄(NH_4ClO_3)

08 염소산염류 중 ClO_3기와 NH_4기가 결합된 것으로 폭발성이 가장 큰 것은 무엇인가?

해답 염소산암모늄(NH_4ClO_3)

과염소산염류

01 분해온도가 400℃이며 610℃에서 완전 분해하는 제1류 위험물 과염소산염류는 무엇인가?

해답 과염소산칼륨($KClO_4$)

02 610℃에서 과염소산칼륨의 열분해반응식을 쓰시오.

해답 $KClO_4 \rightarrow KCl + 2O_2 \uparrow$

참고 610℃에서 과염소산칼륨의 열분해반응식

$$KClO_4 \xrightarrow{\Delta} KCl + 2O_2 \uparrow$$
(과염소산칼륨) (염화칼륨) (산소)

03 과염소산칼륨의 지정수량과 융점은 얼마인가?

해답 ① 지정수량 : 50kg ② 융점 : 610℃

04 과염소산나트륨의 지정수량과 융점은 얼마인가?

해답 ① 지정수량 : 50kg ② 융점 : 482℃

05 400℃에서 과염소산나트륨의 분해반응식을 쓰시오.

해답 $NaClO_4 \xrightarrow{\Delta} NaCl + 2O_2 \uparrow$

참고 400℃에서 과염소산나트륨의 반응식

$$NaClO_4 \xrightarrow{\Delta} NaCl + 2O_2 \uparrow$$
(과염소산나트륨) (염화나트륨) (산소)

06 과염소산칼륨과 상온상압에서 습기 및 일광에 의하여 발화하는 물질 4종류를 쓰시오.

해답 ① 종이 ② 나무조각
③ 목탄 ④ 에테르

07 과염소산암모늄의 화학식을 쓰시오.

해답 화학식 : NH_4ClO_4

08 분자량이 117.5, 분해온도가 300℃인 제1류 위험물 과염소산염류의 화학식과 분해반응식을 쓰시오.

해답 ① NH_4ClO_4
② $2NH_4ClO_4 \rightarrow N_2 \uparrow + Cl_2 \uparrow + 2O_2 \uparrow + 4H_2O$

과염소산암모늄의 열분해반응식
$$2NH_4ClO_4 \xrightarrow{\Delta} N_2 \uparrow + Cl_2 \uparrow + 2O_2 \uparrow + 4H_2O$$
(과염소산암모늄) (질소)(염소) (산소) (물)

09 과염소산암모늄과 황산과의 반응식을 쓰시오.

해답 $NH_4ClO_4 + H_2SO_4 \rightarrow NH_4HSO_4 + HClO_4$

과염소산암모늄과 황산의 반응식
$$NH_4ClO_4 + H_2SO_4 \rightarrow NH_4HSO_4 + HClO_4$$
(과염소산암모늄) (황산) (황산수소암모늄) (과염소산)

무기과산화물류

01 제1류 위험물 알칼리금속의 과산화물은 물과 접촉하여 발열한다. 이와 같은 위험성을 가진 위험물은 제 몇 류 위험물인가?

해답 제3류 위험물

모든 계산문제는 소수 3째자리까지 계산하고 반올림하여 소수 2째자리를 답으로 합니다.

02 알칼리금속의 과산화물 및 제3류 위험물과 같이 물과의 접촉을 금하는 물질을 무엇이라 하는가?

해답 금수성 물질

03 다음 괄호 안에 알맞은 말을 쓰시오.

> 알칼리금속의 과산화물은 (㉮)과 심하게 (㉯)반응하여 (㉰)가스를 발생시키며 발생량이 많을 경우 (㉱)하게 된다.

해답 ㉮ 물　　　　　　㉯ 발열
　　　 ㉰ 산소　　　　　 ㉱ 폭발

04 제1류 위험물인 K_2O_2의 화재에 주수소화가 부적합한 이유를 쓰시오.

해답 물과 접촉하면 급격히 발열하며 폭발적으로 산소를 방출하기 때문에

참고 K_2O_2(과산화칼륨)과 H_2O(물)의 반응식
　　 $2K_2O_2\ +\ 2H_2O\ \rightarrow\ 4KOH\ +\ O_2\uparrow$
　　 (과산화칼륨)　(물)　　 (수산화칼륨)　(산소)

05 무기과산화물은 그 자체는 연소하지 않으나 유기물과 접촉하면 산소가 발생하고, 알칼리금속의 과산화물은 물과 급속히 반응하여 산소를 방출한다. 이 때 알칼리 금속의 과산화물 3가지의 화학식을 쓰시오.

해답 Li_2O_2, K_2O_2, Na_2O_2

참고 Li_2O_2 : 과산화리튬, K_2O_2 : 과산화칼륨,
　　 Na_2O_2 : 과산화나트륨

06 알칼리금속의 과산화물로 황백색의 정방정계의 결정구조로 물과 반응하여 수산화나트륨과 산소가스를 발생하는 것은 무엇인가?

해답 과산화나트륨(Na_2O_2)

참고 과산화나트륨(Na_2O_2)와 물(H_2O)의 반응식
　　 $2Na_2O_2\ +\ 2H_2O\ \rightarrow\ 4NaOH\ +\ O_2\uparrow$
　　 (과산화나트륨) (물) (수산화나트륨)　(산소)

07 과산화나트륨(Na_2O_2)과 탄산가스(CO_2)와의 화학반응식을 완결하시오.

해답 $2Na_2O_2+2CO_2 \rightarrow 2Na_2CO_3+O_2\uparrow$

참고 과산화나트륨과 이산화탄소의 반응식
　　 $2Na_2O_2\ \ +\ \ 2CO_2\ \rightarrow$
　　 (과산화나트륨) (이산화탄소)
　　 $2Na_2CO_3\ \ +\ \ O_2\uparrow$
　　 (탄산나트륨)　　 (산소)

08 과산화나트륨은 물과 심하게 반응하므로 화재가 발생하면 주수소화할 수 없는 금수성 물질이다. 이 위험물에 대하여 다음 물음에 답하시오.

> ㉮ 과산화나트륨과 물과의 반응식을 쓰시오.
> ㉯ 과산화나트륨과 묽은 염산과의 반응식을 쓰시오.
> ㉰ 과산화나트륨의 가열시 분해반응식을 쓰시오.

해답 ㉮ $2Na_2O_2+2H_2O \rightarrow 4NaOH+O_2\uparrow$
　　 ㉯ $Na_2O_2+2HCl \rightarrow 2NaCl+H_2O_2$
　　 ㉰ $2Na_2O_2\ \xrightarrow{\Delta}\ 2Na_2O+O_2\uparrow$

참고 ・과산화나트륨과 물의 반응식
　　 $2Na_2O_2\ +\ 2H_2O\ \rightarrow\ 4NaOH\ +\ O_2\uparrow$
　　 (과산화나트륨) (물) (수산화나트륨) (산소)

• 과산화나트륨과 묽은 염산의 반응식

$$Na_2O_2 + 2HCl \rightarrow 2NaCl + H_2O_2$$

(과산화나트륨) (염산) (염화나트륨) (과산화수소)

• 과산화나트륨의 열분해 반응식

• $Na_2O_2 \xrightarrow{\triangle} 2Na_2O + O_2\uparrow$

(과산화나트륨) (산화나트륨) (산소)

09 아세트산과 과산화나트륨의 반응식을 쓰시오.

해답 $2CH_3COOH + Na_2O_2 \rightarrow$

$2CH_3COONa + H_2O_2$

참고 아세트산(초산)과 과산화나트륨의 반응식

$2CH_3COOH + Na_2O_2 \rightarrow$

(아세트산) (과산화나트륨)

$2CH_3COONa + H_2O_2$

(아세트산나트륨) (과산화수소)

10 시판품의 과산화마그네슘의 농도는 몇 % 수용액인가?

해답 15~25%

11 과산화마그네슘이 공기 중 습기를 만나면 어떻게 변하는지를 화학반응식으로 쓰시오.

해답 $2MgO_2 + 2H_2O \rightarrow 2Mg(OH)_2 + O_2\uparrow$

참고 과산화마그네슘과 습기(물)의 반응식

$2MgO_2 + 2H_2O \rightarrow Mg(OH)_2 + O_2\uparrow$

(과산화마그네슘) (물) (수산화마그네슘) (산소)

12 과산화마그네슘을 가열할 때와 염산과의 화학반응식을 쓰시오.

해답 ① 가열할 경우

$2MgO_2 \xrightarrow{\triangle} 2MgO + O_2\uparrow$

② 염산과의 경우

$MgO_2 + 2HCl \rightarrow MgCl_2 + H_2O_2$

참고 과산화마그네슘의 열분해반응식

• $2MgO_2 \xrightarrow{\triangle} 2MgO + O_2\uparrow$

(과산화마그네슘) (산화마그네슘) (산소)

과산화마그네슘과 염산의 반응식

• $MgO_2 + 2HCl \rightarrow MgCl_2 + H_2O_2$

(과산화마그네슘) (염산) (염화마그네슘) (과산화수소)

13 알칼리토류 금속과산화물이 산과 반응시 생성되는 공통 위험물의 명칭과 그 분자식을 쓰시오.

해답 ① 과산화수소　② H_2O_2

14 알칼리토금속의 과산화물 중 가장 안정한 과산화물은 무엇인가?

해답 과산화바륨(BaO_2)

브롬산염류

01 브롬산아연은 몇 류 위험물이며 지정수량은 얼마인가?

해답 ① 제1류 위험물

② 300kg

02 $HBrO_3$의 수소를 금속 또는 다른 원자단으로 치환된 화합물을 무엇이라 하는가?

해답 브롬산염류

03 브롬산염류의 정의를 쓰시오.

해답 브롬산의 수소가 금속 또는 양성원자단으로 치환된 화합물의 총칭

적중예상문제

모든 계산문제는 소수 3째자리까지 계산하고 반올림하여 소수 2째자리를 답으로 합니다.

요오드산염류

01 요오드산염류의 정의를 쓰시오.

> **해답** 요오드산의 수소가 금속 또는 양성원자단으로 치환된 화합물의 총칭

02 요오드산 염류는 몇 류 위험물이고, 지정수량은 얼마인가?

> **해답** ① 류별: 제1류위험물
> ② 지정수량: 300kg

질산염류

01 질산칼륨의 지정수량 및 별명은 무엇인가?

> **해답** ① 지정수량: 300kg
> ② 별명: 초석

02 질산염류란 무엇인가?

> **해답** 질산의 수소가 금속 또는 양성원자단으로 치환된 화합물의 총칭

03 제1류 위험물인 질산칼륨에 대하여 답하시오.

> ㉮ 화학식
> ㉯ 흑색 화약의 제조시 질산칼륨 외의 재료 2가지
> ㉰ 분해온도

> **해답** ㉮ KNO_3
> ㉯ 유황, 숯가루
> ㉰ 400℃

04 제1류 위험물 중 질산나트륨에 대하여 답하시오.

> ㉮ 별명　　　　　㉯ 지정수량
> ㉰ 분해온도

> **해답** ㉮ 칠레초석　㉯ 300kg　㉰ 380℃

05 질산나트륨이 강산화제로 사용되는 이유와 열분해 반응식을 쓰시오.

> **해답** ① 이유 : 산소를 많이 함유하므로
> ② 반응식 : $2NaNO_3 \xrightarrow{\Delta} NaNO_2 + O_2\uparrow$
> **참고** 질산나트륨의 열분해반응식
> $2NaNO_3 \xrightarrow{\Delta} NaNO_2 + O_2\uparrow$
> (질산나트륨)　　(아질산나트륨)　(산소)

06 제1류 위험물 중 질산암모늄에 대하여 기술하시오.

> ㉮ 화학식　　　　　㉯ 열분해 온도

> **해답** ㉮ NH_4NO_3　　㉯ 220℃

07 제1류 위험물 중 질산암모늄이 열분해하여 생성되는 최종 물질 2가지의 화학식을 쓰시오.

> **해답** ① N_2　　　　　② O_2
> **참고** $2NH_4NO_3 \rightarrow 2N_2\uparrow + O_2\uparrow + 4H_2O$
> (질산암모늄)　 (질소)　 (산소)　 (물)

08 질산암모늄에 포함되어 있는 질소함량과 수소함량은 몇 wt%인가?

> **해답** [계산과정]
> NH_4NO_3에서 각 성분의 wt% =
> 질산암모늄(NH_4NO_3)의 분자량 : 14×
> 2+4+16×3 = 80

$$\frac{각\ 성분의\ 질량}{질산암모늄의\ 분자량} \times 100$$

질소의 wt% = $\dfrac{28}{80} \times 100 = 35wt\%$

[답] 35wt%

수소의 wt% = $\dfrac{4}{80} \times 100 = 5wt\%$

[답] 5wt%

과망간산염류

01 과망간산염류의 정의를 쓰시오.

해답 과망간산의 수소가 금속 또는 양성원자단
으로 치환된 화합물의 총칭

02 수용액에서 보라색 또는 흑자색을 띠며, 분자
량은 158이고 열분해하면 산소를 발생하는 물
질은 무엇인가?

해답 과망간산칼륨($KMnO_4$)

참고 $KMnO_4$의 분자량 : $39+55+16\times4=158$

03 과망간산칼륨에 대하여 다음 사항에 답하시오.

㉮ 결정의 색깔
㉯ 두 분자의 과망간산칼륨을 240℃에서 분
해할 때 생성물질을 화학식으로 쓰시오.

해답 ㉮ 흑자색
㉯ K_2MnO_4, MnO_2, O_2

참고 과망간산칼륨의 분해반응식

$2KMnO_4 \xrightarrow{\triangle} K_2MnO_4 + MnO_2 + O_2\uparrow$
(과망간산칼륨) (망간산칼륨) (이산화망간) (산소)

04 제1류 위험물인 과망간산칼륨과 묽은 황산과
의 화학반응식을 쓰시오.

해답 $4KMnO_4 + 6H_2SO_4 \rightarrow$
$2K_2SO_4 + 4MnSO_4 + 6H_2O + 5O_2\uparrow$

참고 과망간산칼륨과 묽은 황산의 반응식

$4KMnO_4\ +\ 6H_2SO_4\ \rightarrow\ 2K_2SO_4 +$
(과망간산칼륨) (묽은황산)　　(황산칼륨)

$4MnSO_4 + 6H_2O + 5O_2\uparrow$
(황산망간)　 (물)　 (산소)

05 제1류 위험물인 과망간산칼륨에 대하여 답하
시오.

㉮ 지정수량
㉯ 가열분해 시 발생되는 조연성 기체의 명칭
㉰ 염산과 반응시 발생되는 기체의 명칭

해답 ㉮ 1,000kg
㉯ 산소
㉰ 염소

참고 과망간산칼륨과 염산의 반응식[(염소(Cl_2)
의 제법)]

$2KMnO_4 + 16HCl \rightarrow 2KCl + 2MnCl_2$
(과망간산칼륨) (염산) (염화칼륨) (염화망간)

$+\ 8H_2O + 5Cl_2\uparrow$
　 (물)　 (염소)

06 과망간산나트륨의 색깔 및 물에 대한 성질을
쓰시오.

해답 적자색이며 물에 잘 용해되는 조해성이 있다.

중크롬산염류

01 제1류 위험물인 중크롬산염류의 정의를 쓰시오.

> **해답** 중크롬산의 수소가 금속 또는 양성원자단
> 으로 치환된 화합물의 총칭

02 제1류 위험물인 중크롬산염류의 지정수량을 쓰시오.

> **해답** 1,000kg

03 제1류 위험물의 화학식을 쓰시오.

> ㉮ 중크롬산칼륨
> ㉯ 중크롬산나트륨
> ㉰ 중크롬산암모늄

> **해답** ㉮ $K_2Cr_2O_7$
> ㉯ $Na_2Cr_2O_7 \cdot 2H_2O$
> ㉰ $(NH_4)_2Cr_2O_7$

04 제1류 위험물 중 등적색의 결정으로 물에는 녹으나 알코올에는 녹지 않고 비중이 2.69, 분자량이 294인 위험물의 명칭은?

> **해답** 중크롬산칼륨
> **참고** $K_2Cr_2O_7$의 분자량
> : $39 \times 2 + 52 \times 2 + 16 \times 7 = 294$

05 제1류 위험물 중 비중이 2.15이고 분자량은 252이며 분해하면 질소, 물, 산화크롬이 발생한다. 이 물질의 열분해 반응식을 쓰시오.

> **해답** $(NH_4)_2Cr_2O_7 \xrightarrow{\triangle} N_2\uparrow + 4H_2O + Cr_2O_3$
> **참고** $(NH_4)_2Cr_2O_7$(중크롬산암모늄)의 분자량 :
> $(14+4) \times 2 + 52 \times 2 + 16 \times 7 = 252$
> 중크롬산암모늄의 열분해반응식
> $(NH_4)_2Cr_2O_7 \xrightarrow{\triangle} N_2\uparrow + 4H_2O + Cr_2O_3$
> (중크롬산암모늄) (질소) (물) (산화크롬)

06 중크롬산암모늄은 색깔이 적색이며 분해온도가 185℃이다 분해 시 발생되는 가스는 무엇인가?

> **해답** 질소가스(N_2)
> **참고** 중크롬산암모늄의 열분해반응식
> $(NH_4)_2Cr_2O_7 \xrightarrow{\triangle} N_2\uparrow + 4H_2O + Cr_2O_3$
> (중크롬산암모늄) (질소) (물) (산화크롬)

1 제2류 위험물의 필수 암기사항

■ 제2류 위험물(가연성 고체)

환원성 물질이며 상온에서 고체이고 특히 산화제와 접촉하면 마찰 또는 충격으로 급격히 폭발할 수 있다.

> **참고**
>
> 제2류 위험물 : 가연성 물질 또는 이연성 물질이라고도 한다.
> • 이연성 물질 : 타기 쉬운 물질

② 제2류 위험물의 품명 및 지정수량

유별 및 성질	위험등급	품 명	지 정 수 량
제2류 (가연성 고체)	Ⅱ	1. 황화린 2. 적린 3. 유황	100kg 100kg 100kg
	Ⅲ	4. 마그네슘 5. 철분 6. 금속분류	500kg 500kg 500kg
	Ⅱ ~ Ⅲ Ⅲ	7. 그 밖에 행정안전부령이 정하는 것 8. 제1호 내지 제7호에 해당하는 어느 　　하나 이상을 함유한 것 9. 인화성고체	100kg 또는 500kg 1,000kg

■ 제2류 위험물의 공통성질

① 대단히 연소속도가 빠른 고체이다.

② 비교적 낮은 온도에서 착화되기 쉬운 가연물이다.

③ 유독한 것 또는 연소 시 유독가스를 발생하는 것도 있다.

④ 철분, 마그네슘, 금속분류는 물과 산의 접촉으로 발열한다.

◢ 제2류 위험물의 저장 및 취급법

① 용기의 파손으로 위험물의 누설에 주의한다.

② 점화원으로 부터 멀리하고 가열을 피한다.

③ 산화제와의 접촉을 피한다.

④ 철분, 마그네슘, 금속분류는 산 또는 물과의 접촉을 피한다.

> **참고**
>
> 제2류 위험물 : 환원제이므로 산화제와의 접촉을 피하여야 한다.

2 제2류 위험물의 성질

◯1 황화린(삼황화린, 오황화린, 칠황화린)

지정수량 : 100kg

> **참고**
>
> 황화린 : 삼황화린(P_4S_3), 오황화린(P_2S_5), 칠황화린(P_4S_7) 3종류가 있으며 미립자는 기관지 및 눈 등을 자극한다.

(1) 삼황화린(P_4S_3)

① 착화점 100℃, 융점 172.5℃, 비점 407℃, 비 중2.03

② 황색결정이며 연소 시 **오산화인**가스와 **아황산**가스를 발생한다.

③ 물 · 염소 · 황산에 녹지 않는다.

④ 질산 · 알칼리 · **이황화탄소**에 녹는다.

⑤ 화재 시 폭발의 위험이 있다.

(2) 오황화린(P_2S_5)

① 착화점142℃, 융점 290℃, 비점 514℃, 비중 2.09

② 담황색 결정의 조해성 물질이며 물과는 인산(H_3PO_4)과 유독성인 황화수소(H_2S)를 발생한다.

③ 황린과 혼합하면 자연발화 한다.

(3) 칠황화린(P_4S_7)

① 융점 310℃, 비점 523℃, 비중 2.19

② 담황색 결정이며 조해성이 있다.

③ 냉수에서는 서서히, 온수에서는 급격히 분해하여 유독성인 **황화수소소**(H_2S)와 **인산**(H_3PO_4)와 **아인산**(H_3PO_3)을 발생시킨다.

④ 황린과 혼합하면 **자연발화**한다.

참고

물과의 분해반응식

$$P_4S_7 \ + \ 13H_2O \ \rightarrow \ 7H_2S \ + \ H_3PO_4 \ + \ 3H_3PO_3$$
(칠황화린)　(물)　(황화수소)　(인산)　(아인산)

---

② 적린(P, 붉은린)

지정수량 : 100kg

① 암적색, 무취의 분말

② 착화점 260℃, 융점 600℃(43기압, 400℃에서 승화), 비중 2.2

③ 황린을 약 250℃로 가열한 후 냉각시켜 만든다.

④ 황린에 비하여 대단히 안정하며 독성과 **자연발화의 위험이 없다**(단, 산화물과의 접촉 제외).

⑤ 연소 생성물은 P_2O_5(오산화인)으로 **황린**(P_4)과 같다.

⑥ 쓰이는 곳 : 성냥, 불꽃놀이, 의약, 구리의 탈산, 농약 등

참고

① 적린은 **산화물**과 같이 있으면 **발화**하므로 특히 염소산염류 등의 산화제와 접촉을 절대 피한다. 니트로히드로아민과 접촉하면 충격으로 **폭발**한다.

② 적린의 연소반응식

$$4P \ + \ 5O_2 \ \rightarrow \ 2P_2O_5$$
(적린)　(산소)　(오산화린)

③ 인체에 대한 응급조치

- 피부에 묻었을 경우 : 황린이 포함되어 있을 수 있으므로 다량의 물로 충분히 씻는다.
- 먹었을 경우 : 식염수를 먹고 토한 후 의사의 치료를 받는다.

④ 인체에 대한 위해성 : 자체는 독성이 없으나 제조과정에서 독성이 강한 황린을 함유할 수 있으므로 주의한다.

---

③ 황(S, 유황)

지정수량 : 100kg

황은 황색의 결정으로 사방정계, 단사정계, 비정계의 3종류가 있으며 다음과 같다.

(1) 사방정계의 황

① 인화점 201.6℃, 착화점 232.2℃, 융점 113℃, 비 중2.07

② 물에 녹지않고 이황화탄소에 녹는다.

③ 산화제와 혼합된 것은 가열 · 충격 · 마찰로 착화, 발화한다.

④ 분말이나 증기가 공기와 혼합하면 폭발의 위험이 있다.

⑤ 미분으로 공기 중에 비산하면 분진폭발의 위험이 있다.

⑥ 용융황은 염소 · 탄소와 화합하여 인화성이 강한 염화황(S_2Cl_2), 이황화탄소(CS_2)가 되어 위험하다.

⑦ 산화제의 혼합연소 는다량의 물에 의한 소화가 좋다.

⑧ 저장, 취급 주의사항

㉮ 가열하지 말고 산화제와의 접촉을 피한다.

㉯ 분진폭발 및 정전기의 축적에 주의한다.

(2) 단사정계의 황

① 융점 119℃, 비중 1.96

② 사방정계의황을95.5℃로 가열하여 얻는다.

③ 물에 녹지 않고 이황화탄소(CS_2)에 녹는다.

> **참고**
>
> 단사정계의 황 : 160℃에서 갈색을 띠며 250℃에서는 흑색으로 불투명하게 되며 유동성을 갖는다.

(3) 비정계의 황(고무상황)

용융된 황을 물에 넣어 급냉시킨 것으로 이황화탄소(CS_2)에 녹지 않는다.

4 마그네슘(Mg)

지정수량 : 500kg

> **참고**
>
> 마그네슘 : 마그네슘 또는 마그네슘을 포함한 것 중 2mm의 체를 통과하지 아니하는 덩어리 및 직경 2mm 이상의 막대모양의 것은 제외한다.

① 착화점 : 융점 부근(불순물 존재시 400℃ 부근, 융점 약 650℃, 비점 1,102℃, 비중 1.74

② 은백색의 광택이 나는 가벼운 금속이다.

③ 자체발열에 의하여 자연발화 위험성이 있다.

④ 냉수에는 서서히 반응하고 더운물과는 급격히 반응하여 수소를 발생한다.

⑤ 산화제 및 할로겐 원소와의 접촉을 피한다.

⑥ 공기 중의 습기와 자연발화 또는 산화제와의 혼합물은 타격·충격으로 연소

⑦ 공기 중에 부유된 미분은 분진폭발이 위험이 있다.

⑧ 용기는 항상 건조하고 비가 새지 않는 장소에 저장하며 습기와 화기에 주의한다.

① 마그네슘의 화학반응식

• 연소반응식

$2Mg + O_2 \rightarrow 2MgO$

(마그네슘) (산소) (산화마그네슘)

• 온수와의 화학반응식

$Mg + 2H_2O \rightarrow Mg(OH)_2 + H_2 \uparrow$

(마그네슘) (물) (수산화마그네슘) (수소)

• 탄산가스와 폭발반응식

$2Mg + CO_2 \rightarrow 2MgO + C$

(마그네슘) (이산화탄소) (산화마그네슘) (탄소)

• 염산과의 반응식

$Mg + 2HCl \rightarrow MgCl_2 + H_2 \uparrow$

(마그네슘) (염산) (염화마그네슘) (수소)

• 황산과의 반응식

$Mg + H_2SO_4 \rightarrow MgSO_4 + H_2 \uparrow$

(마그네슘) (황산) (황산마그네슘) (수소)

• 질소와 강열반응식

$3Mg + N_2 \xrightarrow{\Delta} Mg_3N_2$

(마그네슘) (질소) (질화마그네슘)

② 인체에 대한 위해성 : 유독물은 아니나 분말이 비산하는 경우 피부나 눈에 접촉시 수분과의 반응으로 위험하다.

⑤ 철(Fe)분 지정수량 : 500kg

철분 : 53마이크로미터(μm) 표준체를 통과하는 것이 50중량% 이상인 것을 위험물로 한다.

염산과 화학반응식 $Fe + 2HCl \rightarrow FeCl_2 + H_2 \uparrow$

(철) (염산) (염화제일철) (수소)

6 금속분류 지정수량 : 500kg

> **참고**
>
> 금속분류 : 알칼리금속 · 알칼리토금속 · 마그네슘 및 철 이외의 금속분을 말하며 구리 · 니켈분
> 및 150(μm)의 체를 통과하는 것이 50중량% 미만인 것은 제외한다.
> (금속분류 : 알루미늄분 · 아연분 · 안티몬분 등)

(1) 알루미늄(Al)분

① 융점 660℃, 비점 약 2,000℃, 비중 2.7

② 은백색의 경금속이다.

③ 전성, 연성이 풍부하며 열전도율 및 전기 전도도가 크다.

④ 황산, 묽은 질산, 묽은 염산에 침식당한다(진한 질산에는 부동태가 되어 침식당하지 않는다).

⑤ 알칼리 수용액에서 수소(H_2)를 발생한다.

⑥ 산화제와 혼합하면 가열 · 충격 · 마찰 등으로 착화한다.

⑦ 할로겐원소와 접촉 시 고온에서 자연발화의 위험이 있다.

> **참고**
>
> ① 금속분의 화재시 주수소화가 부적당한 이유 : 주수로 인해 급격히 발생하는 수증기의 압력
>   과 수증기 분해에 의한 수소발생에 의하여 금속분이 비산폭발하여 화재범위를 넓히는 위험
>   이 있기 때문이다.
> ② 알루미늄분 : 공기 중에서 표면에 산화피막을 형성하여 내부를 부식으로부터 보호한다.
> ③ 연소반응식
>
> $$\cdot 4Al \ + \ 3O_2 \ \rightarrow \ 2Al_2O_3 \ + \ 339kcal$$
> (알루미늄)　(산소)　(산화알루미늄)　(반응열)
>
> · 1mol의 발열량 : 339kcal ÷ 4 = 84.75kcal
>
> ④ 끓는 물과의 반응식
>
> $$\cdot 2Al \ + \ 6H_2O \ \rightarrow \ 2Al(OH)_3 \ + \ 3H_2 \uparrow$$
> (알루미늄)　(물)　(수산화알루미늄)　(수소)
>
> ⑤ 염산과의 반응식
>
> $$\cdot 2Al \ + \ 6HCl \ \rightarrow \ 2AlCl_3 \ + \ 3H_2 \uparrow$$
> (알루미늄)　(염산)　(염화알루미늄)　(수소)

⑥ 알칼리와의 반응식

・ 2Al + 2KOH + 2H₂O → 2KAlO₂ + 3H₂↑
(알루미늄) (수산화칼륨) (물) (알루미늄산칼륨) (수소)

⑦ 금속산화물의 환원반응식

・ 3Fe₃O₄ + 8Al → 4Al₂O₃ + 9Fe
(사산화삼철) (알루미늄) (산화알루미늄) (철)

・ Fe₃O₄은 FeO과 Fe₂O₃의 혼합물이다.

⑧ 인체에 대한 위해성 : 유독물은 아니나 다량 흡입 시 폐장애를 일으키며 피부상처에 침투하면 피부염을 일으킨다.

(2) 아연(Zn)분

① 융점 419℃, 비점 907℃, 비중 7.14

② 은백색의 분말이다.

③ 공기 중에서 표면에 흰 염기성 탄산아연의 얇은 막을 만들어 내부를 보호한다.

④ 산·알칼리와 반응하여 수소를 발생한다.

⑤ 산화제와 혼합하면 가열·충격·마찰 등으로 착화한다.

⑥ 할로겐원소와 접촉 시 고열을 발생하며 자연발화한다.

⑦ 수분·습기에 의하여 자연발화 한다.

참고

아연의 화학반응식

・염산과의 반응식

Zn + 2HCl → ZnCl₂ + H₂↑
(아연) (염산) (염화아연) (수소)

・황산과의 반응식

Zn + H₂SO₄ → ZnSO₄ + H₂↑
(아연) (황산) (황산아연) (수소)

・초산(아세트산)과의 반응식

Zn + 2CH₃COOH → (CH₃COO)₂Zn + H₂↑
(아연) (초산) (초산아연) (수소)

② 인체에 대한 위해성 : 유독물은 아니나 피부·눈·호흡기등을 자극한다.

---

(3) 안티몬분(Sb)

① 융점 630℃, 비중 6.69

② 은백색의 분말이다.

③ 융점 이상 가열하면 발화한다.

⑦ 인화성 고체류 지정수량 : 1,000kg

> **참고**
>
> 고형 알코올 그 밖에 1기압에서 인화점이 40℃ 미만인 고체를 말한다.

(1) 락카퍼티

① 인화점 21℃ 미만

② 락카에나멜의 기초 도료

③ 락카퍼티의 배합 백분율

> **참고**
>
> 제4류 위험물 제1석유류는 인화점 21℃ 미만으로 액체이나, 락카퍼티는 인화점이 21℃ 미만이나 반고체상태이므로 인화성 고체가 된다.

(2) 고무풀 : 생고무에 인화성 용제를 가공하여 풀과 같은 상태에 있는 것이다.

> **참고**
>
> 생고무 : 열대지방에서 자생하는 고무나무에 상처를 내어 채취하는 고무원액

(3) 기타 인화점이 40℃ 미만인 것

① 고형 알코올 → 인화점 30℃

② 메타알데히드 → 인화 점36℃

③ 제3부틸알코올 → 인화점 11.1℃

> **참고**
>
> 고형 알코올 : 등산용 고체 알코올로서 합성수지에 메틸알코올과 가성소다($NaOH$)를 혼합하여 비누화(검화)시켜 만든 한천상의 고체이다.

제 2류 위험물의 필수 암기사항

01 위험물안전관리법(시행령 별표 1)에서 정하는 제2류 위험물의 품명 7가지를 쓰시오.

해답 ① 황화린   ② 적린
     ③ 유황   ④ 마그네슘
     ⑤ 철분   ⑥ 금속분류
     ⑦ 인화성고체

02 다음 위험물에 적용되는 지정수량을 쓰시오.

㉮ 황화린	㉯ 적린	㉰ 유황
㉱ 마그네슘	㉲ 철분	㉳ 금속분류
㉴ 인화성 고체		

해답 ㉮ 100kg   ㉯ 100kg   ㉰ 100kg
     ㉱ 500kg   ㉲ 500kg   ㉳ 500kg
     ㉴ 1,000kg

03 제2류 위험물 중 황화린 50kg, 적린 100kg, 철분 1,000kg을 저장할 경우 지정수량 배수의 합은 얼마인가?(지정수량 : 황화린 100kg, 적린 100kg, 철분 500kg)

해답 [계산과정]
지정수량 배수의 합 =
$$\frac{50}{100} + \frac{100}{100} + \frac{1,000}{500} = 3.5(배)$$
[답] 3.5배

04 제2류 위험물 중 황, 마그네슘, 금속분류, 인화성고체를 각각 1,000kg 저장하고자 한다. 지정수량 배수의 합은 얼마인가?

해답 [계산과정]
제2류 위험물의 지정수량

• 황 : 100kg
• 마그네슘 : 500kg
• 금속분류 : 500kg
• 인화성고체 : 1,000kg

지정수량 배수의 합 =
$$\frac{1,000}{100} + \frac{1,000}{500} + \frac{1,000}{500} + \frac{1,000}{1,000}$$
= 15배
[답] 15배

05 제2류 위험물은 가연성 물질이다. 연소하기 쉽다는 뜻의 이와 유사한 명칭을 쓰시오.

해답 이연성 물질

06 다음은 제2류 위험물에 대한 설명이다. 제2류 위험물의 설명 중 맞는 것을 모두 고르시오.

㉮ 황화린, 유황, 적린은 등급이 2등급이다.
㉯ 고형알코올의 지정수량은 1,000kg이다.
㉰ 물에 대부분 잘 녹는다.
㉱ 비중은 1보다 작다.
㉲ 산화제이다.

해답 ㉮, ㉯

참고 제2류 위험물(가연성 고체)는 대부분 물에 녹지 않으며 물보다 무겁고(비중 1 이상) 연소가 잘 되는 환원재이다.

07 제2류 위험물에 대하여 답하시오.

㉮ 산화제인가, 환원제인가?
㉯ 위험물안전관리법상 성질
㉰ 제4류 위험물과 공통점

해답 ㉮ 환원제   ㉯ 가연성 고체   ㉰ 가연성

▌황화린

01 황화린의 미립자는 기관지 및 눈을 자극한다. 3종류의 명칭과 화학식을 쓰시오.

해답 ① 삼황화린 : P_4S_3

② 오황화린 : P_2S_5

③ 칠황화린 : P_4S_7

02 황화린 중 착화점이 물의 비등점과 같은 것은 무엇인가?

해답 삼황화린(P_4S_3)

참고 물의 비등점 : 100℃

03 황화린의 연소 시 생성하는 물질 2가지를 쓰시오.

해답 ① 오산화린 ② 이산화황

참고 • 삼황화린의 연소반응식

P_4S_3 + $8O_2$ → $2P_2O_5$ + $3SO_2$↑
(삼황화린) (산소) (오산화린) (이산화황)

04 황화린 중 조해성이 없는 것은?

해답 삼황화린

05 제2류 위험물 중 조해성이 없는 황화린이 연소반응시 생성되는 물질의 화학식을 쓰시오.

해답 P_2O_5, SO_2

참고 황화린 중 삼황화린은 조해성이 없다.

• 삼황화린의 연소반응식

P_4S_3 + $8O_2$ → $2P_2O_5$ + $3SO_2$↑
(삼황화린) (산소) (오산화린) (이산화황)

06 황화린 중에서 물, 염소, 황산에 녹지 않으며 질산, 알칼리, 이황화탄소에 녹는 위험물의 화학식을 쓰시오.

해답 P_4S_3

참고 P_4S_3 : 삼황화린

07 오황화린의 완전연소 반응식을 쓰시오.

해답 $2P_2S_5$ + $15O_2$ → $2P_2O_5$ + $10SO_2$↑

참고 오황화린의 연소반응식

$2P_2S_5$ + $15O_2$ → $2P_2O_5$ + $10SO_2$↑
(오황화린) (산소) (오산화린) (이산화황)

08 오황화린과 물과 접촉시 화학반응식을 쓰시오.

해답 $P_2S_5 + 8H_2O$ → $5H_2S$↑ + $2H_3PO_4$

참고 • 오황화린과 물의 화학반응식

P_2S_5 + $8H_2O$ → $5H_2S$ + $2H_3PO_4$
(오황화린) (물) (황화수소) (인산)

09 오황화린이 물과 접촉하였을 때 발생하는 유독가스의 명칭과 이 가스의 연소반응식을 쓰시오.

해답 ① 황화수소(H_2S)

② $2H_2S$ + $3O_2$ → $2SO_2$↑ + $2H_2O$

참고 • 황화수소의 연소반응식

$2H_2S$ + $3O_2$ → $2H_2O$ + $2SO_2$↑
(황화수소) (산소) (물) (이산화황)

10 황화린 중 물과 접촉하여 유독한 황화수소가스(H_2S)를 발생하므로 화재시 주수소화가 부적당한 것 2가지를 화학식으로 쓰시오.

해답 ① P_2S_5 ② P_4S_7

11 칠황화린이 황린과 혼합할 경우 일어나는 현상은 무엇인가?

> **해답** 자연발화

적린

01 제2류 위험물인 적린에 대하여 답하시오.

> ㉮ 지정수량
> ㉯ 동소체인 위험물
> ㉰ 연소시 생성물질의 화학식
> ㉱ 착화점

> **해답** ㉮ 100kg   ㉯ 황린
> ㉰ P_2O_5 ㉱ 260℃
> **참고** • 적린의 연소반응식
> $4P + 5O_2 \rightarrow 2P_2O_5$
> (적린) (산소) (오산화린)

02 황린을 약 250℃로 가열하여 제조하는 위험물의 명칭과 승화온도는?

> **해답** ① 명칭 : 적린
> ② 승화온도 : 400℃

03 제2류 위험물인 적린의 연소반응식을 쓰시오.

> **해답** $4P+5O_2 \rightarrow 2P_2O_5$

04 적린이 연소시 발생하는 물질의 명칭과 색을 쓰시오.

> **해답** 오산화인, 백색

황(유황)

01 제2류 위험물인 황에 대하여 답하시오.

> ㉮ 별명
> ㉯ 지정수량
> ㉰ 동소체 3가지

> **해답** ㉮ 유황
> ㉯ 100kg
> ㉰ 사방정계황, 단사정계황, 비정계황

02 황의 동소체 중 CS_2에 녹지 않는 물질의 명칭을 쓰시오.

> **해답** 비정계황(고무상황)

03 제2류 위험물인 황은 순도 몇 % 이상이 위험물에 해당되는가?

> **해답** 60% 이상

04 황이 연소할 경우 발생되는 유독가스는 무엇인가?

> **해답** 이산화황(아황산가스, SO_2)
> **참고** • 황의 연소반응식
> $S + O_2 \rightarrow SO_2 \uparrow$
> (황) (산소) (이산화황)

05 황의 연소반응식과 연소시 불꽃 색깔을 쓰시오.

> **해답** ① 연소반응식: $S+O_2 \rightarrow SO_2 \uparrow$
> ② 불꽃색깔 : 푸른색

모든 계산문제는 소수 3째자리까지 계산하고 반올림하여 소수 2째자리를 답으로 합니다.

06 유황은 연소시에 ( )가스를 발생시키고, 또한 밀폐된 공간에서 유황의 미분이 부유할때 어떠한 위험성이 있는가?

해답 이산화황, 분진폭발

07 용융황에 다음 물질을 화합할 때 생성되는 물질의 화학식을 쓰시오.

> ㉮ 염소(Cl_2)   ㉯ 탄소(C)

해답 ㉮ S_2Cl_2 ㉯ CS_2

참고 S_2Cl_2 : 염화황, CS_2 : 이황화탄소

마그네슘 · 철분 · 금속분류

01 제2류 위험물의 지정수량을 쓰시오.

> ㉮ 철분   ㉯ 마그네슘   ㉰ 금속분류

해답 ㉮ 500kg   ㉯ 500kg   ㉰ 500kg

02 제2류 위험물인 마그네슘은 위험물이 되기 위해서 몇 mm의 체를 통과하여야 하나?

해답 2mm

03 제2류 위험물 중 착화점이 400℃ 부근이며융점이 약 650℃인 것으로 알루미늄보다 열 전도율이 낮은 위험물은 무엇인가?

해답 마그네슘(Mg)

04 제2류 위험물인 마그네슘에 대하여 답하시오.

> ㉮ 연소반응식
> ㉯ 물(온수)과의 화학반응식

해답 ㉮ $2Mg + O_2 \rightarrow 2MgO$

㉯ $Mg + 2H_2O \rightarrow Mg(OH)_2 + H_2 \uparrow$

참고 • 마그네슘의 연소반응식

$2Mg$ + O_2 → $2MgO$
(마그네슘) (산소)   (산화마그네슘)

• 마그네슘과 물의 반응식

Mg + $2H_2O$ → $Mg(OH)_2$ + $H_2 \uparrow$
(마그네슘) (물)   (수산화마그네슘) (수소)

05 제2류 위험물인 마그네슘에 대하여 다음 물음에 답하시오.

> ㉮ 이산화탄소와 폭발반응식을 쓰시오.
> ㉯ 염산과의 반응식을 쓰시오.
> ㉰ 황산과의 반응식을 쓰시오.

해답 ㉮ $2Mg + CO_2 \rightarrow 2MgO + C$

㉯ $Mg + 2HCl \rightarrow MgCl_2 + H_2 \uparrow$

㉰ $Mg + H_2SO_4 \rightarrow MgSO_4 + H_2 \uparrow$

참고 • 마그네슘과 이산화탄소의 폭발반응식

$2Mg$ + CO_2 → $2MgO$ + C
(마그네슘) (이산화탄소) (산화마스네슘) (탄소)

• 마그네슘과 염산의 반응식

Mg + $2HCl$ → $MgCl_2$ + $H_2 \uparrow$
(마그네슘) (염산)   (염화마그네슘) (수소)

• 마그네슘과 황산의 반응식

Mg + H_2SO_4 → $MgSO_4$ + $H_2 \uparrow$
(마그네슘) (황산)   (황산마그네슘) (수소)

06 마그네슘과 질소를 강열할 때 생성되는 물질은 무엇인가?

해답 질화마그네슘

참고 • 마그네슘과 질소의 반응식

$3Mg$ + N_2 → Mg_3N_2
(마그네슘) (질소)   (질화마그네슘)

07 마그네슘과 이산화탄소 반응식과 소화되지 않는 이유를 쓰시오.

> **해답** 반응식 : $2Mg + CO_2 \rightarrow 2MgO + C$
> 이유 : 가연성물질인 탄소를 발생시키면서 폭발반응하기 때문에

> **참고** • 마그네슘과 이산화탄소의 폭발반응식
> $2Mg$ + $CO_2 \rightarrow$
> (마그네슘) (이산화탄소)
> $2MgO$ + C
> (산화마그네슘) (탄소)

08 괄호 안에 알맞은 말을 쓰시오.

> "철분"이라함은철의분말로서(㉮)마이크로미터의 표준체를 통과하는 것이 (㉯) 중량퍼센트 미만인 것은 제외한다. "금속분"이라함은알칼리금속 · 알칼리토류금속 · 철및마그네슘외의금속의분말을 말하고, 구리분 니켈분 및 (㉰)마이크로미터의 체를 통과하는 것이 (㉱)중량퍼센트 미만인 것은 제외한다.

> **해답** ㉮ 53   ㉯ 50
> ㉰ 150   ㉱ 50

09 철과 염산의 화학반응식을 쓰시오.

> **해답** $Fe + 2HCl \rightarrow FeCl_2 + H_2 \uparrow$
> **참고** • 철과 염산산의 화학반응식
> Fe + $2HCl$ $\rightarrow$ $FeCl_2$ + $H_2 \uparrow$
> (철) (염산) (염화제1철) (수소)

10 철분 500kg, 금속분 400kg을 저장할 경우 지정수량 배수의 합은 얼마인가?

> **해답** [계산과정]
> 철분의 지정수량 : 500kg
> 금속분의 지정수량 : 500kg
> $\dfrac{500}{500} + \dfrac{400}{500} = 1.8$(배)
> [답] 1.8배

11 제2류 위험물 중 금속분류에 해당되는 것은 몇 ㎛의 체를 통과하여야 하며 성분은 중량%로 몇 % 이상이어야 하는가?

> **해답** ① 150㎛   ② 50중량% 이상

12 알루미늄분과 할로겐원소와 접촉 시 고온에서 일어나는 현상은 무엇인가?

> **해답** 자연발화

13 금속분류의 화재에 주수소화가 적당치 못한 이유는 무엇인가?

> **해답** 급격히 발생하는 수증기의 압력과 수증기분해에 의한 수소발생에 의하여 금속분이 비산폭발하여 화재범위를 넓히므로

14 제2류 위험물 중 금속분류의 화재에 주수할 경우 발생하는 가스는 무엇인가?

> **해답** 수소가스(H_2)

15 알루미늄의 연소반응식을 쓰시오.

> **해답** $4Al + 3O_2 \rightarrow 2Al_2O_3$
> **참고** • 알루미늄의 연소반응식
> $4Al$ + $3O_2$ $\rightarrow$ $2Al_2O_3$
> (알루미늄) (산소) (산화알루미늄)

모든 계산문제는 소수 3째자리까지 계산하고 반올림하여 소수 2째자리를 답으로 합니다.

16 제2류 위험물 금속분 중 알루미늄과 끓는 물과의 반응식을 쓰시오.

해답 $2Al + 6H_2O \rightarrow 2Al(OH)_3 + 3H_2 \uparrow$

참고 • 알루미늄분과 물의 반응식

$2Al + 6H_2O \rightarrow 2Al(OH)_3 + 3H_2 \uparrow$
(알루미늄) (물) (수산화알루미늄) (수소)

17 알루미늄과 알칼리(KOH)수용액의 반응식을 쓰시오.

해답 $2Al + 2KOH + 2H_2O \rightarrow 2KAlO_2 + 3H_2 \uparrow$

참고 • 알루미늄과 수산화칼륨의 반응식

$2Al + 2KOH + 2H_2O \rightarrow$
(알루미늄) (수산화칼륨) (물)

$2KAlO_2 + 3H_2 \uparrow$
(알루미늄산칼륨) (수소)

18 고온에서 사산화삼철을 알루미늄이 환원시킬 때 환원반응식을 쓰시오.

해답 $3Fe_3O_4 + 8Al \rightarrow 4Al_2O_3 + 9Fe$

참고 • 사산화삼철을 알루미늄이 환원시키는 반응식

$3Fe_3O_4 + 8Al \rightarrow 4Al_2O_3 + 9Fe$
(사산화삼철) (알루미늄) (산화알루미늄) (철)

19 아연분과 염산과의 화학반응식을 쓰시오.

해답 $Zn + 2HCl \rightarrow ZnCl_2 + H_2 \uparrow$

참고 • 아연분과 염산의 화학반응식

$Zn + 2HCl \rightarrow ZnCl_2 + H_2 \uparrow$
(아연) (염산) (염화아연) (수소)

20 아연분과 황산의 화학반응식을 쓰시오.

해답 $Zn + H_2SO_4 \rightarrow ZnSO_4 + H_2 \uparrow$

참고 • 아연분과 황산의 화학반응식

$Zn + H_2SO_4 \rightarrow ZnSO_4 + H_2 \uparrow$
(아연) (황산) (황산아연) (수소)

21 아연분과 초산(아세트산)의 화학반응식을 쓰시오.

해답 $Zn + 2CH_3COOH \rightarrow (CH_3COO)_2Zn + H_2 \uparrow$

참고 • 아연분과 초산의 화학반응식

$Zn + 2CH_3COOH \rightarrow (CH_3COO)_2Zn + H_2 \uparrow$
(아연) (초산) (초산아연) (수소)

22 아연분을 공기 중에 방치할 경우 표면에 염기성의 얇은 막을 형성한다. 다음 물음에 답하시오.

㉮ 색깔	㉯ 막의 성분

해답 ㉮ 백색   ㉯ 염기성 탄산아연

참고 염기성 탄산아연 : $[ZnCO_3 \cdot Zn(OH)_2]$

23 융점이 630℃, 비점이 1,750℃인 금속분의 명칭을 쓰시오.

해답 안티몬

인화성고체

01 제2류 위험물 중 인화성고체의 정의를 쓰시오.

해답 고형알코올 그 밖에 1기압에서 인화점이 섭씨 40도 미만인 고체를 말한다.

02 생고무에 인화성 용제를 가공하여 풀과 같은 상태로 한 인화성고체는 무엇이며, 몇 류 위험물에 속하며, 지정수량은 얼마인가?

해답 ① 고무풀
② 제2류 위험물
③ 1,000kg

03 다음은 인화성고체이다. 인화점을 쓰시오.

㉮ 제3부틸알코올
㉯ 고형알코올
㉰ 메타알데히드

해답 ㉮ 11.1℃　㉯ 30℃　㉰ 36℃

04 고형알코올은 위험물 안전관리법상 어느 곳에 속하며, 지정수량은 몇 kg인가?

해답 제2류 위험물 인화성고체, 1,000kg

05 고형알코올은 (㉮)에 (㉯)과 가성소다를 혼합하여 (㉰)시켜 만든 한천상의 고체이다. ( ) 속에 알맞는 말은?

해답 ㉮ 합성수지
㉯ 메틸알코올
㉰ 검화(비누화)

1 제3류 위험물의 필수 암기사항

■ 제3류 위험물(자연발화성 물질 및 금수성 물질)

자연발화성 물질 및 금수성 물질로서 고체와 액체이며 공기 중에서 발화하는 물질, 물과 접촉하여 발화하거나 가연성 가스의 발생 위험성이 있는 것을 말한다.

> **참고**
> • 자연발화성 : 공기 중에서 발화하는 성질
> • 금수성 : 물과의 접촉을 금지하여야 하는 성질

② 제3류 위험물의 품명 및 지정수량

유별 및 성질	위험등급	품명	지정수량
제3류 (자연발화성 물질 및 금수 성 물질)	Ⅰ	1. 칼륨 2. 나트륨 3. 알킬리튬 4. 알킬알루미늄 5. 황린	10kg 10kg 10kg 10kg 20kg

	Ⅱ	6. 알칼리금속(칼륨 및 나트륨 제외) 및
		   알칼리토금속
		7. 유기금속화합물(알킬알루미늄 및 알
		   킬리튬 제외)
			50kg
			50kg

	Ⅲ	8. 금속의 인화물 9. 금속의 수소화물 10. 칼슘 또는 알루미늄의 탄화물	300kg 300kg 300kg
	Ⅰ ~ Ⅲ	11. 그 밖에 행정안전부령이 정하는 것 12. 제1호 내지 제11호의1에 해당하는 어느 하나 이상을 함유한 것	10kg 50kg 또는 300kg

> **참고**
> • 그 밖에 행정안전부령이 정하는 것의 지정수량
>   염소화규소화합물($SiCl_4$, Si_2Cl_6, Si_3Cl_8 등) : 300kg

❸ 제3류 위험물의 공통성질

① 자연발화성 물질은 공기와 접촉하여 연소하거나 가연성가스를 발생하며 폭발적으로 연소한다.

② 금수성 물질은 물과 만나면 가연성가스를 발생하거나 가연성가스를 발생하며 폭발적으로 연소한다.

❹ 제3류 위험물 저장 및 취급방법

① 용기의 파손 및 부식을 막으며 공기 또는 수분의 접촉을 방지한다.

② 보호액 속에 위험물을 저장할 경우 위험물이 보호액 표면에 노출되지 않게 한다.

③ 다량을 저장할 경우는 소분하여 저장하며 화재발생에 대비하여 희석제를 혼합하여 저장한다.

④ 물과 접촉하여 가연성 가스를 발생하므로 화기로부터 멀리 한다.

② 제3류 위험물의 성질

❶ 칼륨(K, 포타시움)

지정수량 : 10kg

(1) 융점 63.5℃, 비점 762℃, 비중 0.857

(2) 은백색 광택의 무른 경금속으로 연소시 보라색 불꽃을 낸다.

(3) 위험성

① 공기 중에서 수분과 반응하여 수소가스(H_2)를 발생시키며 **자연발화**한다.

② 알코올과 반응하여 칼륨알코라이드와 수소가스(H_2)가 발생한다.

③ 피부와 접촉하여 화상을 입는다.

(4) 저장 및 취급상의 주의사항

① 습기나 물과의 접촉을 피하고 용기의 파손과 누출을 방지한다.

② 보호액에 보관하며 보호액으로부터 노출되지 않도록 한다.

③ 취급시에는 피부에 닿지 않게 하고 난폭하게 다루지 말아야 한다.

(5) 소분법

① 소분병에 석유를 넣는다.

② 마른 핀셋으로 원병에서 집어 내어 마른 판 위에 놓는다.

③ 마른 핀셋으로 잡고 마른 칼로 자른다.

④ 소분병에 넣고 습기가 닿지 않도록 소분병을 밀전 또는 밀봉한다.

(6) 소화방법은 마른 모래 및 탄산수소염류분말 소화약제가 좋으며 주수소화와 CCl_4(사염화탄소) 또는 CO_2(이산화탄소)와는 폭발 반응하므로 절대 사용할 수 없다.

참고

① 금속칼륨의 보호액 : 석유(등유 · 경유 · 파라핀)

② 물 · 알코올 및 공기 등과의 화학반응식

• 물과 반응

$$2K \ + \ 2H_2O \ \rightarrow \ 2KOH \ + \ H_2 \uparrow$$
(칼륨)　(물)　(수산화칼륨)　(수소)

• 알코올과의 반응식

$$2K \ + \ 2C_2H_5OH \ \rightarrow \ 2C_2H_5OK \ + \ H_2 \uparrow$$
(칼륨)　(에틸알코올)　(칼륨에틸레이트) (수소)

• 공기와의 반응식

$$4k \ + \ O_2 \ \rightarrow \ 2K_2O$$
(칼륨)　(산소)　(산화칼륨)

• 사염화탄소와의 반응식(폭발반응)

$$4K \ + \ CCl_4 \ \rightarrow \ 4KCl \ + \ C$$
(칼륨)(사염화탄소)　(염화칼륨)　(탄소)

• 이산화탄소와의 반응식(폭발반응)

$$4K \ + \ 3CO_2 \ \rightarrow \ 2K_2CO_3 \ + \ C$$
(칼륨)　(이산화탄소)　(탄산칼륨)　(탄소)

③ 인체에 대한 응급조치 : 피부 · 눈에 묻었을 경우에는 다량의 물로 충분히 씻은 후 3% 붕산수로 중화시킨 다음 의사의 치료를 받는다.

④ 인체에 대한 위해성 : 피부 · 눈과 접촉 시 수분으로 인하여 화학부상 · 열화상을 일으킨다. 먹었을 경우 신체의 부분경련과 소화기관 · 점막에 중상의 화상을 일으켜 사망하는 경우도 있으며 반응 시 열기를 흡입하면 목과 기관지에 염증을 일으키며 짙은 농도일 경우 사망할 수 있다.

---

② 나트륨(Na, 금조 또는 금속소오다)

지정수량 : 10kg

① 융점 97.8℃, 비점 880℃, 비 중0.97

② 은백색 광택의 무른 경금속으로 연소 시 **황색 불꽃**을 낸다.

③ 기타 칼륨에 준한다.

참고

① 나트륨과 공기 · 물 · 사염화탄소 · 이산화탄소 및 알코올과의 화학반응식은 칼륨의 방법과 같다

(원소기호만 바꿀 것).

• 물과 반응

$$2Na \ + \ 2H_2O \ \rightarrow \ 2NaOH \ + \ H_2\uparrow$$
(나트륨)　　(물)　　(수산화나트륨)　　(수소)

② 인체에 대한 위해성 : 유독물은 아니나 피부 · 눈 · 호흡기등을 자극한다.

---

③ 알킬알루미늄[(R)₃Al]

지정수량 : 10kg

(1) 일반 성질

① 알킬기와 알루미늄의 화합물이다.

② 상온에서 무색투명의 액체 또는 고체이다.

③ 공기 또는 물과 접촉하여 자연발화한다.

(2) 탄소수 C₁~C₄까지 자연발화

(3) 저장방법

① 용기는 완전 밀봉하고 공기 및 물과의 접촉을 피한다.

② 용기의 상부를 불활성 가스(N₂)로 봉입한다.

(4) 희석제

① 벤젠　　　② 헥산

(5) 소화제

팽창질석 및 팽창진주암

참고

① 자연발화의 방지방법

- 탄소수를 증가시킨다.
- 할로겐으로 치환한다.

② 알킬알루미늄의 보기

- $(CH_3)_3Al$ → 트리메틸알루미늄(TMAL)〈액체〉
- $(C_2H_5)_3Al$ → 트리에틸알루미늄(TEAL)〈액체〉
- $C_2H_5AlCl_2$ → 에틸알루미늄디클로라이드(EADC)〈고체〉

③ 공기 및 물 등과 접촉 시 화학반응식

- 공기 중에서

$$2(C_2H_5)_3Al \ + \ 21O_2 \ \rightarrow \ 12CO_2\uparrow \ + \ 15H_2O \ + \ Al_2O_3$$
(트리에틸알루미늄) (산소)　　　(이산화탄소)　　　(물)　　(산화알루미늄)

- 물과 접촉

$$(C_2H_5)_3Al \ + \ H_2O \ \rightarrow \ Al(OH)_3 \ + \ 3C_2H_6\uparrow$$
(트리에틸알루미늄)　(물)　(수산화알루미늄)　(에탄)

- 200℃에서 폭발 반응식

$$2(C_2H_5)_3Al \ \rightarrow \ 2Al \ + \ 3H_2 \ + \ 6C_2H_4\uparrow$$
(트리에틸알루미늄) (알루미늄)　(수소)　(에틸렌)

※ 200℃에서 분해·폭발 반응메카니즘

$$(C_2H_5)_3Al \ \rightarrow \ (C_2H_5)_2AlH \ + \ C_2H_4\uparrow$$
(트리에틸알루미늄) (디에틸수소알루미늄)　(에틸렌)

$$\Rightarrow 2(C_2H_5)_2AlH \ \rightarrow \ 2Al \ + \ 3H_2 \ + \ 4C_2H_4\uparrow$$
(디에틸수소알루미늄) (알루미늄) (수소)　(에틸렌)

- 산(HCl)과 반응

$$(C_2H_5)_3Al \ + \ HCl \ \rightarrow \ (C_2H_5)_2AlCl \ + \ C_2H_6\uparrow$$
(트리에틸알루미늄) (염산)　디에틸알루미늄 클로라이드　(에탄)

- 할로겐 원소와 반응

$$(C_2H_5)_3Al \ + \ 3Cl_2 \ \rightarrow \ AlCl_3 \ + \ 3C_2H_5Cl$$
(트리에틸알루미늄) (염소)　(염화알루미늄) (에틸클로라이드, 염화에틸)

• 메틸알코올 또는 에틸알코올과의 반응

$(C_2H_5)_3Al$ + $3CH_3OH$ → $(CH_3O)_3Al$ + $3C_2H_6$↑
(트리에틸알루미늄)　(메틸알코올)　　(알루미늄메틸레이트)　　(에탄)

$(C_2H_5)_3Al$ + $3C_2H_5OH$ → $(C_2H_5O)_3Al$ + $3C_2H_6$↑
(트리에틸알루미늄)　(에틸알코올)　　(알루미늄에틸레이트)　　(에탄)

④ 인체에 대한 위해성 : 유독물은 아니나 인체에 닿으면 피부조직을 파괴하며 큰 화상을 입으며, 연소 시 발생한 흰 연기를 많이 흡입하면 중독을 일으킨다.

4 알킬리튬(RLi)

지정수량 : 10kg

저장 및 취급방법, 소화방법은 알킬알루미늄에 준한다.

> **참고**
>
> • 알킬리튬의 화학식
>
> 메틸리튬 : CH_3Li, 에틸리튬 : C_2H_5Li, 프로필리튬 : C_3H_7Li, 부틸리튬 : C_4H_9Li

5 황린(P_4, 백린 또는 인)

지정수량 : 20kg

(1) 착화점(미분상) 34℃, 착화점(고형상 60℃, 융점 44℃, 비점 280℃, 비중 1.82

(2) 백색 또는 담황색의 고체로 마늘냄새가 나며 어두운 곳에서 인광을 발생한다.

(3) 위험성

① 증기는 유독하며 치사량은 0.02~0.05g이다.

② 착화온도가 낮으므로 공기 중에서 서서히 자연발화한다.

③ 융점이44℃이므로 액화되기 쉬워 확산연소하기쉽다.

(4) 연소할 경우 무수인산(오산화린)의 흰 연기를 낸다.

(5) 공기를 차단하고 약 250℃로 가열하면 적린이 된다.

(6) 물에 녹지 않으므로 물 속에 저장한다.

(7) PH_3(인화수소 · 포스핀)의 생성을 방지하기 위하여 **보호액은 pH9로 유지**하며, 알칼리제로 pH를 높인다.

> **참고**
>
> ① 연소반응식
>
> $$P_4 \ + \ 5O_2 \ \rightarrow \ 2P_2O_5$$
> (황린)　　(산소)　　　(오산화린)
>
> ② 알칼리제 : 소석회[(Ca(OH)$_2$], 생석회(CaO), 소다회(Na$_2$CO$_3$)
>
> ③ 인체에 대한 위해성 : 독성이 강하므로 먹으면 0.0098g에서 중독증상이 오며, 피부와 접촉
> 하면 화상을 일으키고 일부는 침투하여 뼈 등을 상하게 한다.

⑥ 알칼리금속(칼륨 및 나트륨 제외) 및 알칼리토금속

　　지정수량 : 50kg

(1) 금속리튬(Li)

　　① 융점 180℃, 비점 1,336℃, 비중 0.534

　　② 은백색의 무른 경금속이다.

　　③ 물과 접촉하여 수소를 발생하며 탄산가스 속에서 소화가 안 된다.

　　④ 2차 전지의 원료 등에 쓰인다.

> **참고**
>
> • 금속리튬 : 금속칼륨과 나트륨보다는 안정하며 물과의 화학반응식은 다음과 같다.
>
> $$2Li \ + \ 2H_2O \ \rightarrow \ 2LiOH \ + \ H_2 \uparrow$$
> (리튬)　(물)　　(수산화리튬)　(수소)
>
> • 인체에 대한 위해성 : 피부접촉시 부식작용이 있다.

(2) 금속칼슘(Ca)

　　① 융점 851℃, 비점 1,200±30℃, 비중 1.55

　　② 은백색의 무른 경금속이다.

　　③ 물과 접촉하여 수소를 발생한다.

- 전성 및 연성이 있으며 물과의 화학반응식은 다음과 같다.

$$Ca + 2H_2O \rightarrow Ca(OH)_2 + H_2\uparrow$$
(칼슘)　(물)　　(수산화칼슘)　(수소)

- 인체에 대한 위해성 : 물과 반응하여 생성된 수산화칼슘은 강한 자극성이 있으므로 피부 · 눈 · 점막접촉에 주의해야 한다.

❼ 유기금속 화합물(알킬알루미늄 및 알킬리튬 제외)

지정수량 : 50kg

저장 및 취급방법, 소화방법은 알킬알루미늄에 준한다.

❽ 금속의 인화물

지정수량 : 300kg

(1) 인화칼슘(Ca_3P_2, 인화석회)

① 융점 1,600℃, 비중 2.51

② 적갈색 괴상의 고체이다.

③ 물 또는 약산과 반응하여 유독한 포스핀 가스(PH_3)를 발생한다.

④ 마른 모래로 피복 후 자연진화를 기다린다.

- 인화칼슘(인화석회) : 수중조명등으로 사용하며 물과의 화학반응식은 다음과 같다.

$$Ca_3P_2 + 6H_2O \rightarrow 3Ca(OH)_2 + 2PH_3\uparrow$$
(인화칼슘)　(물)　　(수산화칼슘)　(인화수소 · 포스핀)

- 인체에 대한 응급조치 : 포스핀가스에 중독되면 신선한 공기가 있는 장소로 옮기고 안정시킨 후 의사의 치료를 받는다.

(2) 인화알루미늄(AℓP)

① 융점 1,000℃ 이하, 비중 2.4~2.8

② 암회색 또는 황색의 결정 또는 분말

> **참고**
>
> • 물과의 화학반응식
>
> $$AlP + 3H_2O \rightarrow Al(OH)_3 + PH_3\uparrow$$
> (인화알루미늄)　(물)　　　(수산화알루미늄)　(인화수소, 포스핀)

⑨ 금속의 수소화물(M' H 또는 M" H₂)

지정수량 : 300kg

> **참고**
>
> ① 수소화물의 공통점
>
> • 용융점이 높은 무색결정이다.
>
> • 수소화물 : 알칼리 금속 및 베릴륨, 마그네슘을 제외한 알칼리 토금속이 만드는 M' H
>   또는 M" H₂형 이온화합물이다.
>
> • 물과 접촉하여 쉽게 수소와 수산화물을 생성한다.
>
> ② M' : 원자가 1가의 금속 M" : 원자가 2가의 금속

(1) 수소화리튬(LiH)

① 융점 680℃, 비중 0.82

② 유리모양의 투명한 고체로 물과 접촉하여 수소를 발생한다.

> **참고**
>
> • 물과의 화학반응식
>
> $$LiH + H_2O \rightarrow LiOH + H_2\uparrow$$
> (수소화리튬)　(물)　　(수산화리튬)　(수소)
>
> ② 인체에 대한 위해성
>
> • 피부에 접촉 시 반응열에 의하여 화상을 입는다.
>
> • 눈에 접촉할 경우 실명할 우려가 있다.

(2) 수소화칼륨(KH)

① 회백색의 결정성분말로 물과 접촉하여 수산화칼륨과 수소를 발생한다.

② 암모니아와 고온에서 칼륨아미드를 생성한다.

> **참고**
>
> ① 물과의 화학반응식 $KH \; + \; H_2O \; \rightarrow \; KOH \; + \; H_2 \uparrow$
>   (수소화칼륨)   (물)   (수산화칼륨)   (수소)
>
> ② 암모니아와 고온에서의 화학반응식 $KH \; + \; NH_3 \; \rightarrow \; KNH_2 \; + \; H_2 \uparrow$
>   (수소화칼륨) (암모니아)   (칼륨아미드)   (수소)
>
> ③ 인체에 대한 위해성 : 수소화리튬에 준한다.

(3) 수소화나트륨(NaH)

① 분해온도 800℃, 비중 0.92

② 은백색의 결정으로 물과 접촉하여 수소가 발생한다.

> **참고**
>
> ① 물과의 화학반응식 $NaH \; + \; H_2O \; \rightarrow \; NaOH \; + \; H_2 \uparrow$
>   (수소화나트륨)   (물)   (수산화나트륨)   (수소)
>
> ② 인체에 대한 위해성 : 수소화리튬에 준한다.

(4) 수소화알루미늄리튬(LiAlH₄)

① 회백색의 분말로 물과 접촉하여 수소를 발생한다.

② 분해온도 125~150℃

③ 열분해하여 리튬(Li), 알루미늄(Al), 수소(H_2)로 분해한다.

> **참고**
>
> ① 물과의 화학반응식 $LiAlH_4 \; + \; 4H_2O \; \rightarrow LiOH \; + \; Al(OH)_3 \; + \; 4H_2 \uparrow$
>   (수소화알루미늄리튬)   (물)   (수산화리튬) (수산화알루미늄)   (수소)
>
> ② 열분해반응식 $LiAlH_4 \quad\quad \rightarrow \; Li \; + \; Al \; + \; 2H_2 \uparrow$
>   (수소화알루미늄리튬)   (리튬)   (알루미늄)   (수소)

(5) 수소화칼슘(CaH_2)

① 무색의 결정으로 물과 접촉하여 수소를 발생한다.

② 분해온도 675℃, 융점 814~816℃

참고

① 물과의 화학반응식 CaH_2 + $2H_2O$ → $Ca(OH)_2$ + $2H_2$ ↑
                        (수소화칼슘)   (물)   (수산화칼슘)   (수소)

② 인체에 대한 위해성 : 수소화리튬에 준한다.

🔟 칼슘 또는 알루미늄의 탄화물

지정수량 : 300kg

(1) 탄화칼슘(CaC_2, 카바이트)

① 융점 2,300℃, 비중2.2

② 아세틸렌 가스의 착화온도 : 335℃, 연소범위 2.5~81%

③ 순수한 것은 백색 입방체의 결정이며 낮은 온도에서는 정방정계이고 시판품은 회색 또는 회흑색의 불규칙한 괴상이다.

④ 수분과 접촉으로 아세틸렌 가스를 발생한다.

⑤ 저장 및 취급상의 주의사항

    ㉮ 습기가 없는 밀폐용기에 저장한다.

    ㉯ 용기에는 질소 등 불연성 가스를 봉입시킨다.

    ㉰ 비, 침수 등의 우려가 없고 화기로부터 먼 곳에 저장한다.

⑥ 소화제 : 마른 모래, 탄산가스, 소화분말, 사염화탄소

① 금속의 탄화물 : 아세틸렌 외에 메탄가스 및 수소를 발생한다.

· 탄화칼슘과 물과의 화학반응식

$$CaC_2 \;+\; 2H_2O \;\longrightarrow\; Ca(OH)_2 \;+\; C_2H_2\uparrow$$
(탄화칼슘)　(물)　　　　(수산화칼슘)　(아세틸렌)

· 아세틸렌의 연소반응식

$$2C_2H_2 \;+\; 5O_2 \longrightarrow\; 4CO_2\uparrow \;+\; 2H_2O$$
(아세틸렌)　(산소)　(이산화탄소)　　(물)

· 아세틸렌과 구리의 반응식

$$C_2H_2 \;+\; 2Cu \;\longrightarrow\; Cu_2C_2 \;+\; H_2\uparrow$$
(아세틸렌)　(구리)　(구리아세틸라이드)　(수소)

· 탄화칼슘은 700℃ 이상에서 질소와 반응하여 석회질소(칼슘시아나미드)를 만든다.

$$CaC_2 \;+\; N_2 \;\longrightarrow\; CaCN_2 \;+\; C$$
(탄화칼슘)　(질소)　　(석회질소)　(탄소)

② 인체에 대한 위해성 : 분말이 피부·눈·호흡기에 닿으면 수분에 의한 수산화칼슘(소석회)
으로 자극하며 장기간 피부에 되풀이하여 접촉하면 석회탈이라는 화상을 입는다.

(2) 탄화알루미늄(Al_4C_3)

① 분해온도 1,400℃, 비중 2.36　　　② 황색의 단단한 결정이다.

③ 물과 반응하여 **메탄가스**를 발생한다.

① 물과의 화학반응식

· $$Al_4C_3 \;+\; 12H_2O \;\longrightarrow\; 4Al(OH)_3 \;+\; 3CH_4\uparrow$$
(탄화알루미늄)　(물)　　(수산화알루미늄)　(메탄)

② CaC_2 및 $MgC_2 \cdot K_2C_2 \cdot Na_2C_2 \cdot Li_2C_2$는 물과 반응하여 C_2H_2를 발생한다.

제3류 위험물의 필수암기사항

01 위험물안전관리법(시행령 별표 1)에서 정하는 제3류 위험물의 위험등급 I 을 쓰시오.

해답 ① 칼륨
② 나트륨
③ 알킬리튬
④ 알킬알루미늄
⑤ 황린

02 다음 위험물의 지정수량을 쓰시오.

㉮ 칼륨	㉯ 나트륨
㉰ 알킬알루미늄	㉱ 알킬리튬
㉲ 황린	

해답 ㉮ 10kg ㉯ 10kg
㉰ 10kg ㉱ 10kg
㉲ 20kg

03 제3류 위험물 중 지정수량이 10kg인 것의 품명 4가지를 쓰시오.

해답 칼륨, 나트륨, 알킬리튬. 알킬알루미늄

04 지정수량이 10kg이 아닌 위험물은 어느 것인가 모두 적으시오.

황린, 황화린, 질산은, 바륨, 라듐, 칼륨, 나트륨, 알킬리튬

해답 황린, 황화린, 질산은, 바륨, 라듐
참고 02번 해답 참고

05 다음 위험물의 지정수량을 쓰시오.

㉮ 알칼리금속(칼륨 및 나트륨 제외) 및 알칼리토금속
㉯ 유기금속화합물(알킬알루미늄 및 알킬리튬 제외)
㉰ 금속인화합물
㉱ 금속수소화합물
㉲ 칼슘 또는 알루미늄의 탄화물

해답 ㉮ 50kg
㉯ 50kg
㉰ 300kg
㉱ 300kg
㉲ 300kg

06 다음의 위험물 등급을 분류하시오.

칼륨, 나트륨, 알킬알루미늄, 알칼리 토금속, 알킬리튬, 황린

해답 I등급 : 칼륨, 나트륨, 알킬알루미늄, 알킬리튬, 황린
II등급 : 알칼리 토금속

07 다음 위험물의 지정수량을 쓰시오.

㉮ 트리에틸알루미늄	㉯ 리튬
㉰ 탄화알루미늄	

해답 ㉮ 10kg ㉯ 50kg ㉰ 300kg

08 위험물 중 자연발화성 · 금수성 위험물에 속하는 것은 몇 류 위험물인가?

해답 제3류 위험물

09 제3류 위험물을 자연발화성 물질 및 금수성 물질이라 함은 (㉮) 또는 액체로서 (㉯) 중에서 발화의 위험성이 있는 것 또는 (㉰)과 접촉하여 발화하거나 (㉱)의 발생 위험성이 있는 것을 말한다. 괄호 안을 완성하시오.

해답 ㉮ 고체　　　　㉯ 공기
　　㉰ 물　　　　　㉱ 가연성 가스

10 제3류 위험물에 대하여 답하시오.

> ㉮ 제3류 위험물의 위험물 안전관리법상 성질
> ㉯ 주수소화가 적당하지 않은 이유

해답 ㉮ 자연발화성 및 금수성
　　㉯ 물과 접촉하여 발생된 가연성 가스에 의하여 발화 또는 폭발하므로

11 제3류 위험물 금속칼륨 300kg, 알킬알루미늄 300kg, 탄화칼슘 300kg을 저장할 경우에 지정수량 배수의 합은 얼마인가?(지정수량 : 칼륨10kg, 알킬알루미늄 10kg, 탄화칼슘 300kg)

해답 [계산과정]
지정수량 배수의 합 =
$$\frac{300}{10} + \frac{300}{10} + \frac{300}{300} = 61(배)$$
[답] 61배

12 제3류 위험물 중 나트륨, 알킬리튬, 황린, 각각 10kg과 수소화리튬, 인화칼슘를 각각 30kg씩 함께 저장하고자 한다. 지정수량 배수의 합은 얼마인가?

해답 [계산과정]
지정수량
- 나트륨 − 10kg
- 알킬리튬 − 10kg
- 황린 − 20kg
- 수소화리튬 − 금속수소화합물 300kg
- 인화칼슘 − 금속인화합물 300kg

지정수량 배수의 합 =
$$\frac{10}{10} + \frac{10}{10} + \frac{10}{20} + \frac{30}{300} + \frac{30}{300} = 2.7(배)$$
[답] 2.7배

칼륨 · 나트륨

01 제3류 위험물인 칼륨에 대하여 답하시오.

> ㉮ 칼륨의 다른 명칭
> ㉯ 물과 접촉 시 발생하는 가연성 가스
> ㉰ 지정수량

해답 ㉮ 포타시움　㉯ 수소(H_2)　㉰ 10kg
참고 • 칼륨과 물의 화학반응식
$$2K + 2H_2O \rightarrow 2KOH + H_2\uparrow$$
　(칼륨)　　(물)　　(수산화칼륨)　(수소)

02 제3류 위험물인 K와 Na를 보관하기 위해 사용하는 보호액을 2가지 쓰시오.

해답 등유, 경유, 파라핀 중 2가지

참고 한 가지만 쓸 때는 석유로 하고, 두 가지 이상일 경우에는 등유, 경유, 파라핀 중 요구하는 개수만큼 쓸 것

03 제3류 위험물인 칼륨에 대하여 답하시오.

> ㉮ 물과의 화학반응식
> ㉯ 에틸알코올과의 화학반응식

해답 ㉮ $2K + 2H_2O \rightarrow 2KOH + H_2\uparrow$

㉯ $2K + 2C_2H_5OH \rightarrow 2C_2H_5OK + H_2\uparrow$

참고 • 칼륨과 에틸알코올의 화학반응식

$2K + 2C_2H_5OH \rightarrow 2C_2H_5OK + H_2\uparrow$
(칼륨)(메탈알코올) (칼륨에틸레이트) (수소)

04 칼륨과 물과의 반응 시 생성되는 가스는 무엇이며, 위험성에 대하여 기술하시오.

해답 수소(H_2), 물과 격렬히 반응하여 발생된 수소에 의하여 폭발적으로 연소한다.

05 칼륨과 CO_2의 반응식을 쓰고, 설명하시오.

해답 반응식 : $4K + 3CO_2 \rightarrow 2K_2CO_3 + C$
칼륨과 이산화탄소는 반응하여 폭발한다.

참고 • 칼륨과 이산화탄소의 화학반응식

$4K + 3CO_2 \rightarrow 2K_2CO_3 + C$
(칼륨) (이산화탄소) (탄산칼륨) (탄소)

06 제3류 위험물인 나트륨에 대하여 답하시오.

> ㉮ 별명
> ㉯ 지정수량
> ㉰ 에틸알코올과 반응시 생성물질 2가지

해답 ㉮ 금조 또는 금속소다

㉯ 10kg

㉰ 나트륨에틸레이트, 수소

참고 • 나트륨과 에틸알코올의 화학반응식

$2Na + 2C_2H_5OH \rightarrow$
(나트륨) (에틸알코올)

$2C_2H_5ONa + H_2\uparrow$
(나트륨에틸레이트) (수소)

07 나트륨(Na)이 공기·물·에틸알코올과 반응시키면 가연성 가스를 발생한다. 다음 반응식을 쓰시오.

> ㉮ 공기와의 반응식
> ㉯ 물과의 반응식
> ㉰ 에틸알코올과의 반응식

해답 ㉮ $4Na + O_2 \rightarrow 2Na_2O$

㉯ $2Na + 2H_2O \rightarrow 2NaOH + H_2\uparrow$

㉰ $2Na + 2C_2H_5OH \rightarrow 2C_2H_5ONa + H_2\uparrow$

참고 • 나트륨과 공기의 화학반응식

$4Na + O_2 \rightarrow 2Na_2O$
(나트륨) (공기) (산화나트륨)

• 나트륨과 물과의 화학반응식

$2Na + 2H_2O \rightarrow 2NaOH + H_2\uparrow$
(나트륨) (물) (수산화나트륨) (수소)

• 나트륨과 에틸알코올의 화학반응식

$Na + C_2H_5OH \rightarrow C_2H_5ONa + H_2\uparrow$
(나트륨) (에틸알코올) (나트륨에틸레이드) (수소)

08 칼륨과 나트륨을 주수 소화하면 안되는 이유 2가지를 화학적 반응과 연관지어 서술하시오.

해답 ① 칼륨과 나트륨은 물과 접촉하여 가연성 기체인 수소 가스를 발생하므로

② 칼륨과 나트륨은 물과 접촉하여 급격히 발열하며 발생된 수소가스는 폭발반응하므로

09 제3류 위험물인 Na화재 소화에 CCl_4 및 CO_2 등의 소화제의 사용 유무를 답하고 화학 반응식을 쓰고 이유를 설명하시오.

> ㉮ 소화제의 사용 여부
> ㉯ 화학반응식
> ㉰ 이유

해답 ㉮ 사용할 수 없다.

㉯ $4Na + CCl_4 \rightarrow 4NaCl + C$,
$4Na + 3CO_2 \rightarrow 2Na_2CO_3 + C$

㉰ 폭발반응을 하므로

참고 • 나트륨과 사염화탄소의 폭발반응식

$$4Na \ + \ CCl_4 \ \rightarrow \ 4NaCl \ + \ C$$
(나트륨) (사염화탄소) (염화나트륨) (탄소)

• 나트륨과 이산화탄소의 폭발반응식

$$4Na \ + \ 3CO_2 \ \rightarrow \ 2Na_2CO_3 + C$$
(나트륨) (이산화탄소) (탄산나트륨) (탄소)

알킬알루미늄 · 알킬리튬

01 제3류 알킬알루미늄에 대하여 답하시오.

> ㉮ 지정수량
> ㉯ 자연발화를 일으키는 탄소수는 몇 개 까지인가?
> ㉰ 소화제 3가지

해답 ㉮ 10kg

㉯ $C_1 \sim C_4$

㉰ 마른모래, 팽창질석, 팽창진주암

---

02 알킬알루미늄의 희석제를 2가지 적으시오. 이 희석제는 20~30% 사용한다.

해답 벤젠, 핵산

03 제3류 위험물인 알킬알루미늄의 일반성질을 3가지만 쓰시오.

해답 ① 상온에서 무색투명한 액체 또는 고체이다.
② 알킬기와 알루미늄의 화합물이다.
③ 공기 또는 물과 접촉하여 자연발화 한다.

04 알킬알루미늄의 자연발화 방지방법 2가지를 기술하시오.

해답 ① 탄소수를 증가시킨다.
② 할로겐으로 치환한다.

05 트리에틸알루미늄(TEAL)이 물과 접촉하였을때와 공기 중에서의 화학반응식을 완결하시오.

해답 ① 물 : $(C_2H_5)_3Al + 3H_2O \rightarrow$
$Al(OH)_3 + 3C_2H_6 \uparrow$

② 공기 : $2(C_2H_5)_3Al + 21O_2 \rightarrow$
$12CO_2 \uparrow + 15H_2O + Al_2O_3$

참고 • 트리에틸알루미늄과 물의 화학반응식

$$(C_2H_5)_3Al \ + \ 3H_2O \rightarrow$$
(트리에틸알루미늄) (물)

$$Al(OH)_3 \ + \ 3C_2H_6 \uparrow$$
(수산화알루미늄) (에탄)

• 트리에틸알루미늄이 공기에서 화학반응식

$$2(C_2H_5)_3Al \ + \ 21O_2 \rightarrow 12CO_2 \uparrow +$$
(트리에틸알루미늄) (산소) (이산화탄소)

$$15H_2O \ + \ Al_2O_3$$
(물) (산화알루미늄)

모든 계산문제는 소수 3째자리까지 계산하고 반올림하여 소수 2째자리를 답으로 합니다.

06 트리에틸알루미늄이 200℃에서 분해될 때의 화학반응식을 쓰시오.

해답 $2(C_2H_5)_3Al \xrightarrow{\triangle} 2Al + 6C_2H_4\uparrow + 3H_2\uparrow$

참고 • 200℃에서 분해 반응식

$2(C_2H_5)_3Al \rightarrow 2Al + 6C_2H_4\uparrow + 3H_2\uparrow$
(트리에틸알루미늄)(알루미늄)(에틸렌)(수소)

07 다음 화학반응식을 완성하시오.

$(C_2H_5)_3Al + HCl \rightarrow (\ ㉮\ ) + (\ ㉯\ )$

해답 ㉮ $(C_2H_5)_2AlCl$ ㉯ C_2H_6

참고 • 트리에틸알루미늄과 염산의 화학반응식

$(C_2H_5)_3Al\quad +\quad HCl\quad \rightarrow$
(트리에틸알루미늄) (염산)

$(C_2H_5)_2AlCl\quad +\quad C_2H_6\uparrow$
(디에틸알루미늄클로라이드) (에탄)

08 트리에틸알루미늄과 메탄올 반응 시 폭발적으로 반응한다. 이때의 화학반응식을 쓰시오.

해답 $(C_2H_5)_3Al + 3CH_3OH \rightarrow (CH_3O)_3Al$
$+3C_2H_6\uparrow$

참고 • $(C_2H_5)_3Al\quad +\quad 3CH_3OH \rightarrow$
(트리에틸알루미늄) (메틸알코올)

$(CH_3O)_3Al\quad +\quad 3C_2H_6\uparrow$
(알루미늄메틸레이트) (에탄)

09 알킬리튬 중 메틸리튬, 에틸리튬, 프로필리튬, 부틸리튬의 화학식을 순서대로 쓰시오.

해답 CH_3Li, C_2H_5Li, C_3H_7Li, C_4H_9Li

황린

01 공기 중에 방치하면 산소와 화합하며 34~60℃에서 자연 발화하는 제3류 위험물에 대하여 다음 물음에 답하시오.

㉮ 이 위험물의 품명을 화학식으로 쓰시오.
㉯ 이 위험물의 지정수량은?
㉰ 이 위험물의 저장방법은?

해답 ㉮ P_4 ㉯ 20kg
㉰ pH9의 물 속에 저장한다.

02 황린에 대하여 다음 물음에 답하시오.

㉮ 자연발화를 막기 위해서 반드시 어디에 저장해야 하는가?
㉯ 연소 시 발생하는 흰 연기의 화학식을 쓰시오.
㉰ 공기를 차단하고 몇 ℃로가열하면 적린이 되는가?

해답 ㉮ pH9의 물속에 저장
㉯ P_2O_3 ㉰ 250℃

참고 • 황린(P_4)의 연소반응식

$P4\quad +\quad 5O_2\quad \rightarrow\quad 2P_2O_5$
(황린) (산소) (오산화린)

03 황린을 저장 시 보호약의 pH를 9정도로 유지하여 보관하는 이유는 어떤 물질의 생성을 방지하기 위한 것인지 해당물질의 화학식을 쓰고 pH9를 유지하기 위해 첨가하는 물질 한 가지를 쓰시오.

해답 화학식 : PH_3
첨가물질 : 소석회

참고 첨가물질(알칼리제) : Ca(OH)$_2$(소석회)

　　Ca O(생석회), Na$_2$CO$_3$(소다회) 등

04 황린에 대하여 다음 물음에 답하시오.

> ㉮ 발화했을 경우에 반응식을 쓰시오.
> ㉯ 공기를 차단하고 약 250℃로 가열하면 무엇이 되며 이때 증기 비중은 얼마인가?(단, 공기의 평균분자량 29)

해답 ㉮ P$_4$+5O$_2$ → 2P$_2$O$_5$

　　㉯ 생성물질 : 적린(P)

　　[계산과정]

　　적린(P)의 분자량 : 31

　　증기비중 = $\dfrac{31}{29}$ = 1.068 ∴ 1.07

　　[답] 1.07

알칼리금속(칼륨 및 나트륨 제외 및 알칼리토금속

01 제3류 위험물 중 비중 0.53, 융점 180℃ 연소 시 적색 불꽃을 내는 것의 명칭을 쓰시오.

해답 리튬

02 제3류 위험물 중 다음 조건에 맞는 위험물은?

> 은백색의 연한 금속이며, 비중은 0.534, 융점은 180℃, 비점은1,336℃, 또 최근에는 2차 전지의 원료로도 쓰인다.

해답 리튬

03 제3류 위험물인 금속 리튬에 대하여 답하시오.

> ㉮ 지정수량　　　　　㉯ 융점
> ㉰ 물과 접촉 시 화학반응식

해답 ㉮ 50kg　　　　　㉯ 180℃

　　㉰ 2Li+2H$_2$O → 2LiOH+H$_2$↑

참고 • 리튬과 물의 화학반응식

　　2Li + 2H$_2$O → 2LiOH + H$_2$↑

　　(리튬)　(물)　　(수산화리튬) (수소)

04 제3류 위험물인 금속 칼슘에 대하여 기술하시오.

> ㉮ 지정수량　　　　　㉯ 물과의 화학반응식

해답 ㉮ 50kg

　　㉯ Ca+2H$_2$O → Ca(OH)$_2$+H$_2$↑

참고 • 칼슘과 물의 화학반응식

　　Ca + 2H$_2$O → Ca(OH)$_2$ + H$_2$↑

　　(칼슘)　(물)　　　(수산화칼슘) (수소)

금속의 인화물

01 제3류 위험물인 인화칼슘에 대하여 물음에 답하시오.

> ㉮ 별명　　　　　㉯ 화학식
> ㉰ 색깔　　　　　㉑ 융점

해답 ㉮ 인화석회　　　　　㉯ Ca$_3$P$_2$

　　㉰ 적갈색　　　　　㉑ 1,600℃

02 공기 중에는 안정하나 물이나 묽은 산에서 맹독성의 인화수소(PH$_3$: 포스핀가스)가스를 발생하는 적갈색의 제3류 위험을 쓰시오.

해답 인화칼슘(Ca$_3$P$_2$)

03 인화칼슘이 물과 접촉하여 포스핀가스를 발생하는 현상을 화학식으로 나타내시오

해답 Ca$_3$P$_2$+6H$_2$O → 3Ca(OH)$_2$+2PH$_3$↑

모든 계산문제는 소수 3째자리까지 계산하고 반올림하여 소수 2째자리를 답으로 합니다.

참고 • 인화칼슘과 물의 화학반응식

$$Ca_3P_2 + 6H_2O \rightarrow 3Ca(OH)_2 + 2PH_3\uparrow$$

(인화칼슘) (물)　　　(수산화칼슘) (포스핀)

04 인화칼슘에 대하여 다음 물음에 답하시오.

> ㉮ 위험물의 유별과 지정수량은 얼마인가?
> ㉯ 상태와 색상은?
> ㉰ 물과의 반응 시 생성되는 유독성 가스의 이름은?

해답 ㉮ 유별 : 제3류, 지정수량 : 300kg

　　　㉯ 상태 : 고체, 색상 : 적갈색

　　　㉰ 포스핀(인화수소)

금속의 수소화물

01 제3류 위험물 수소화칼륨과 물과의 화학반응식을 쓰시오.

해답 $KH + H_2O \rightarrow KOH + H_2\uparrow$

참고 • 수소화칼슘과 물의 화학반응식

$$KH + H_2O \rightarrow KOH + H_2\uparrow$$

(수소화칼륨) (물)　　(수산화칼륨) (수소)

02 제3류 위험물인 금속수소화합물의 물과의 화학반응식을 완결하시오.

> ㉮ 수소화나트륨
> ㉯ 수소화칼슘
> ㉰ 수소화알루미늄리튬

해답 ㉮ $NaH + H_2O \rightarrow NaOH + H_2\uparrow$

　　　㉯ $CaH_2 + 2H_2O \rightarrow Ca(OH)_2 + 2H_2\uparrow$

　　　㉰ $LiAlH_4 + 4H_2O \rightarrow LiOH + Al(OH)_3 + 4H_2\uparrow$

참고 • 수소화나트륨과 물의 화학반응식

$$NaH + H_2O \rightarrow NaOH + H_2\uparrow$$

(수소화나트륨) (물) (수산화나트륨) (수소)

• 수소화칼슘과 물의 화학반응식

$$CaH_2 + 2H_2O \rightarrow Ca(OH)_2 + 2H_2\uparrow$$

(수소화칼슘) (물)　　(수산화칼슘) (수소)

• 수소화알루미늄리튬과 물의 화학반응식

$$LiAlH_4 + 4H_2O \rightarrow$$

(수소화알루미늄리튬) (물)

$$LiOH + Al(OH)_3 + 4H_2\uparrow$$

(수산화리튬) (수산화알루미늄) (수소)

03 수소화알루미늄리튬을 열분해할 때 생성되는 물질을 모두 쓰시오.

해답 리튬(Li), 알루미늄(Al), 수소(H_2)

참고 • 수소화알루미늄리튬의 열분해반응식

$$LiAlH_4 \xrightarrow{\triangle} Li + Al + 2H_2\uparrow$$

(수소화알루미늄리튬) (리튬)(알루미늄) (수소)

04 다음은 금속의 수소화물에 대한 설명이다. ( ) 안에 적당한 말을 쓰시오.

> 제3류 위험물 중에서 금속 수소화물의 지정 수량은 (㉮)이고 알칼리금속 및 (㉯)이 만드는 이온화합물을 말한다.

해답 ㉮ 300kg　　　㉯ 알칼리토금속

칼슘 또는 알루미늄의 탄화물

01 제3류 위험물인 탄화칼슘에 대하여 답하시오.

> ㉮ 지정수량
> ㉯ 물과 접촉 시 발생가스의 화학식
> ㉰ 저장 시 사용하는 불연성 가스의 명칭
> ㉱ 순수한 것의 색
> ㉲ 시판품의 색

해답 ㉮ 300kg   ㉯ C_2H_2

      ㉰ 질소(N_2)   ㉱ 백색

      ㉲ 회색 또는 회흑색

참고 • 탄화칼슘과 물의 화학반응식

     $CaC_2 + 2H_2O → Ca(OH)_2 + C_2H_2 ↑$

     (탄화칼슘) (물)   (수산화칼슘) (아세틸렌)

02 제3류 위험물 중 탄화칼슘(CaC_2)에 대하여 다음 물음에 답하시오.

> ㉮ 물과의 화학반응식
> ㉯ 반응생성가스의 명칭과 연소범위
> ㉰ 반응생성가스의 연소반응식

해답 ㉮ $CaC_2 + 2H_2O → Ca(OH)_2 + C_2H_2 ↑$

     ㉯ 명칭 : 아세틸렌

       연소범위 : 2.5~81%

     ㉰ $2C_2H_2 + 5O_2 → 4CO_2 ↑ + 2H_2O$

참고 • 탄화칼슘과 물의 반응식

     $CaC_2 + 2H_2O → Ca(OH)_2 + C_2H_2 ↑$

     (탄화칼슘) (물)   (수산화칼슘) (아세틸렌)

   • 아세틸렌의 연소반응식

     $2C_2H_2 + 5O_2 → 4CO_2 ↑ + 2H_2O$

     (아세틸렌) (산소)   (이산화탄소)   (물)

03 제3류 위험물인 탄화칼슘이 700℃ 이상에서 질소와 반응하여 석회질소를 만드는 화학반응식을 쓰시오.

해답 $CaC_2 + N_2 → CaCN_2 + C$

참고 • 탄화칼슘과 질소의 화학반응식

     $CaC_2 + N_2 → CaCN_2 + C$

     (탄화칼슘) (질소) (칼슘시아나이드) (탄소)

04 제3류 위험물인 카아비드 중 황색의 단단한 결정으로 분해온도가 1,400℃이며 비중이 2.36, 물과 반응하여 메탄가스를 발생하는 것은 무엇인가?

해답 탄화알루미늄

참고 • 탄화알루미늄과 물의 화학반응식

     $Al_4C_3 + 12H_2O → 4Al(OH)_3 + 3CH_4 ↑$

     (탄화알루미늄)(물)(수산화알루미늄)(메탄)

05 탄화알루미늄의 색과 물과의 화학반응식을 쓰시오.

해답 ① 색 : 황색

     ② 화학반응식: $Al_4C_3 + 12H_2O →$

       $4Al(OH)_3 + 3CH_4 ↑$

① 제4류 위험물의 필수 암기사항

1 제4류 위험물(인화성 액체)

인화성 액체로 가연성 증기를 발생하는 액체 위험물이며 흔히 **기름**이라 말하는 것으로 액체연료 및 여러 물질을 녹이는 용제 등으로 일상생활 및 산업분야 등에 많이 이용되고 있다.

2 제4류 위험물의 품명 및 지정수량

유별 및 성질	위험등급	품 명		지정수량
제4류 (인화성 액체)	I	특수인화물		50ℓ
	II	제1석유류	비수용성액체	200ℓ
			수용성액체	400ℓ
		알코올류		400ℓ
	III	제2석유류	비수용성액체	1,000ℓ
			수용성액체	2,000ℓ
		제3석유류	비수용성액체	2,000ℓ
			수용성액체	4,000ℓ
		제4석유류		6,000ℓ
		동·식물유류		10,000ℓ

3 제4류 위험물의 공통성질

① 대단히 인화되기 쉽다.

② 착화온도가 낮은 것은 위험하다.

③ 증기는 공기와 약간 혼합되어도 연소의 우려가 있다.

④ 증기는 공기보다 무겁다.

⑤ 물보다 가볍고 물에 녹기 어렵다.

① 이소프렌 : -54℃ 이상에서 점화원에 의하여 인화된다(제4류 위험물 중 인화점이 가장 낮다).

② 이황화탄소 : 액체의 온도가 100℃만 되면 스스로 발화한다.(제4류 위험물 중 착화점이 가장 낮다).

③ 가솔린의 연소범위 : 1.4~7.6%로 낮은 농도의 혼합증기의 농도 범위에서 연소가 일어난다.

④ 제4류 위험물의 증기(STP에서) : 모두 공기보다 무겁다. 그러므로 낮은 곳에 체류하여 인화의 위험이 있다. 단, 제1석유류의 시안화수소(HCN)의 증기는 공기보다 가볍다.

- 증기비중 $= \dfrac{\text{분자량}}{\text{공기의 평균분자량(약 29)}}$
- 증기밀도(STP에서) $= \dfrac{\text{분자량(g/mol)}}{22.4(\ell/mol)}$

⑤ 제4류 위험물의 비중 : 일반적으로 기름종류로 물보다 가볍고 표면장력이 작으므로 연소 시 주수소화하면 화재면을 확대한다. 단, 이황화탄소 등은 물보다 무겁다.

- 표면장력 : 액체의 표면적을 최소로 하려는 힘

⑥ 제4류 위험물의 수용성 : 일반적으로 물에 녹기 어려우며 알코올 등은 물에 잘 녹는다.

⑦ 제4류 위험물 중 물보다 무거우며 수용성인 것

- 제2석유류 : 의산 · 초산 · 락트산메틸 · 락트산에틸 등
- 제3석유류 : 알돌 · 에틸렌글리콜 · 디에틸렌글리콜 · 프로필렌글리콜 · 글리세린 등

⑧ 에틸아민($C_2H_5NH_2$) : 비점이 가장 낮다(17℃).

4 제4류 위험물의 저장 및 취급법

① 용기는 밀전하여 통풍이 잘 되는 찬 곳에 저장한다.

② 화기 및 점화원으로부터 먼 곳에 저장한다.

③ 증기 및 액체의 누설에 주의하여 저장한다.

④ 정전기의 발생에 주의하여 저장 · 취급한다.

⑤ 인화점 이상 가열하여 취급하지 말아야 한다.

⑥ 증기는 높은 곳으로 배출한다.

5 제4류 위험물 화재의 특성

① 인화성이므로 풍하의 화재에도 인화된다.

② 소화 후에 도 착화점 이상으로 가열된 물체 등에 의하여 재연 내지는 폭발한다.

③ 유동성 액체이므로 연소의 확대가 빠르다.

④ 증발연소하므로 불티가 남지 않는다.

6 제4류 위험물의 지정품목 및 성질(성상)에 의한 품목

(1) 지정품목

① 특수 인화물 : 이황화탄소, 디에틸에테르

② 제1석유류 : 아세톤, 휘발유

③ 제2석유류 : 등유, 경유

④ 제3석유류 : 중유, 크레오소오트유

⑤ 제4석유류 : 기어유, 실린더유

참고

지정품목 : 각 석유류를 대표하는 것으로 시험에 자주 출제된다.

---

(2) 성질(성상)에 의한 품목

참고

성질(성상)에 의한 품목 : 지정품목 이외의 위험물과 앞으로 발견되는 모든 위험물을 인화점에 의하여 분류하기 위한 기준이다.

인화점 측정기의 종류

• 태그밀폐식 인화점 측정기

• 신속평형법 인화점 측정기

• 클리브랜드 개방컵 인화점 측정기

---

① 특수 인화물

㉮ 1기압에서 발화점(착화점)이 100℃ 이하인 것

㉯ 1기압에서 인화점이 −20℃ 이하이고, 비점 40℃ 이하인 것

② 제1석유류

1기압에서 인화점이 21℃ 미만인 것

참고

미만 : 사용된 숫자의 중복을 피하기 위하여 사용되며 사용된 숫자가 다시 나올 수 있는
것을 예고한다.
• 21℃ 이상(21℃ 포함) • 21℃ 이하(21℃ 포함) • 21℃ 미만(21℃가 포함되지 않는다.)

③ 제2석유류

    1기압에서 인화점이 21℃ 이상 70℃ 미만인 것. 다만, 도료류 그 밖의 물품에 있어서는 가연
성 액체량이 40중량% 이하이면서 인화점이 40℃ 이상인 동시에 연소점이 60℃ 이상인 것
은 제외한다.

④ 제3석유류

    1기압에서 인화점이 70℃ 이상 200℃ 미만인 것. 다만, 도료류 그 밖의 물품은 가연성 액체
량이 40중량% 이하인 것은 제외한다.

⑤ 제4석유류

    1기압에서 인화점이 200℃ 이상 250℃ 미만인 것. 다만, 도료류 그 밖의 물품은 가연성 액
체의 양이 40중량% 이하인 것은 제외한다.

⑥ 동식물유류

    동물의 지육 등 또는 식물의 종자나 과육에서 추출한 것으로 1기압에서 인화점이 250℃ 미
만인 것을 말한다. 다만, 행정안전부령이 정하는 용기 기준과 수납 · 저장 기준에 따라 수납
되어 저장 · 보관되고 용기의 외부에 물품의 통칭명 수량 및 화기엄금의 표시가 있는 경우
를 제외한다.

⑦ 알코올류

    1분자를 구성하는 탄소원자의 수가 1개부터 3개까지인 포화1가 알코올(변성알코올을 포함한
다)을 말한다. 다만, 알코올 함유량이 60중량% 미만인 수용액, 가연성 액체량이 60중량%
미만이고 인화점 및 연소점(태그 개방식 인화점측정기에 의한 연소점을 말한다. 이하 같
다.)이 에틸알코올 60중량% 수용액의 인화점 및 연소점을 초과하는 것은 제외한다.

참고

• 변성 알코올 : 에틸알코올에 메틸알코올, 가솔린, 피리딘 등 유독물질을 소량 첨가하여 음료
용으로 사용하지 못하게 한 것이다.
• 에틸알코올 60 중량% 수용액의 인화점 : 22.2℃

2 ▶ 제4류 위험물의 성질

1 특수 인화물

지정수량 : 50 ℓ

(1) 이황화탄소(CS_2)

① 인화점 −30℃, 착화점 100℃, 연소범위 1~44%, 비중 1.26, 허용농도 10ppm

② 무색투명한 액체이나 일광에 쬐이면 황색으로 변색

③ 액체는 물보다 무거우며 물에 녹지 않는다.

④ 위험성

㉮ 증기는 유독하다.

㉯ 액체가 피부에 오랫동안 닿거나 또는 마시면 해롭다.

㉰ 연소할 때 유독한 아황산가스(SO_2)를 발생하며 연한 파란 불꽃을 낸다.

㉱ 휘발하기 쉽고 인화성이 강하며 제4류 위험물 중 착화점이 가장 낮다.

⑤ 저장방법 : 물에 녹지 않고 물보다 무거우므로 수조(물탱크)에 저장

⑥ 소화방법(질식소화)

참고

① 저장방법 : 수조에 저장하는 이유는 가연성 증기의 발생을 억제하기 위함이다.

② 특히 이황화탄소는 살충제, 비스코스레이온 제조, 고무가황촉진제로 사용되고 있다.

③ 허용농도 : 중년의 남자가 1일에 8시간을 중간 정도의 작업을 해도 임상학적으로 건강에 지장을 초래하지 않는 농도의 평균치

• ppm(parts per million) : 백만분율

④ 화학반응식 : 출제 가능성이 높다.

• 연소반응식

$$CS_2 + 3O_2 \rightarrow CO_2 \uparrow + 2SO_2 \uparrow$$
(이황화탄소) (산소)   (이산화탄소) (아황산가스, 이산화황)

• 물과의 가열(150℃) 반응식

$$CS_2 + 2H_2O \rightarrow CO_2 \uparrow + 2H_2S \uparrow$$
(이황화탄소) (물)   (이산화탄소) (황화수소)

⑤ 인체에 대한 위해성 : 액체 및 짙은 증기는 눈·목·피부를 자극하며 중독을 일으키고 급성 중독시 마취작용이 있고 만성중독시 신경 및 위장장애를 일으킨다.

---

(2) 디에틸에테르($C_2H_5OC_2H_5$) : 에틸에테르 에테르

디에틸에테르의 일반식	$R-O-R$.(※ R : 알킬기)
디에틸에테르의 구조식	

$$H - \overset{\overset{\displaystyle H}{|}}{\underset{\underset{\displaystyle H}{|}}{C}} - \overset{\overset{\displaystyle H}{|}}{\underset{\underset{\displaystyle H}{|}}{C}} - O - \overset{\overset{\displaystyle H}{|}}{\underset{\underset{\displaystyle H}{|}}{C}} - \overset{\overset{\displaystyle H}{|}}{\underset{\underset{\displaystyle H}{|}}{C}} - H$$

참고

에테르 : 알콜올의 축합물

$$C_2H_5OH \quad + \quad C_2H_5OH \xrightarrow[\text{탈수제}]{\text{C}-\text{H}_2\text{SO}_4} C_2H_5OC_2H_5 + H_2O$$

　(에틸알코올)　(에틸알코올)　　　　　(디에틸에테르)　(물)

---

① 인화점 $-45℃$, 착화점 $180℃$, 연소범위 $1.9\sim48\%$, 비점 $34.6℃$, 비중 0.72

② 무색투명한 액체이며 증기는 마취성이다.

③ 액체는 물에 약간 녹고 알코올에 잘 녹는다.

④ 저장방법

　㉮ 직사일광에서 분해하여 과산화물을 생성하므로 갈색병에 저장한다.

　㉯ 과산화물의 생성방지를 위하여 용기내에 40메쉬정도의 동망을 넣어두거나 5%(용량)의 물을 가하기도 한다.

　㉰ 정전기 발생을 억제하기 위하여 염화칼슘($CaCl_2$)를 소량 넣는다.

　㉱ 운반용기의 공간용적은 2% 이상으로 한다.

⑤ 위험성

　㉮ 여과할 경우 동 · 식물성 섬유와는 화재 위험성이 있다(정전기 발생).

　㉯ 에테르에 과산화물이 존재할 경우에는 가열 및 농축으로 심하게 폭발한다.

참고

① 과산화물 검출시약 : 옥화칼륨(KI)10%수용액 → 황색(과산화물 존재)

② 과산화물 제거시약 : 황산제일철($FeSO_4$), 환원철

③ 인체에 대한 응급조치

- 피부에 묻었을 경우 : 다량의 물로 충분히 씻는다.

- 눈에 들어갔을 경우 : 다량의 물로 충분히 씻은 후 의사에게 보인다.

- 흡입하였을 경우 : 신선한 공기가 있는 곳으로 옮기고 보온·안정을 취한 후 산소호흡을 시키고 의사에게 보인다.

④ 인체에 대한 위해성 : 유독물은 아니나 액이 피부나 눈에 묻으면 자극작용이 있으며 만성 중독의 경우 빈혈·두통·피로·식욕감퇴·불면증을 나타낸다.

---

(3) 아세트알데히드(CH_3CHO)

아세트알데히드의 일반식 R—CHO(※ R : 알킬기)

아세트알데히드의 구조식

① 인화점 −38℃, 착화점 185℃, 연소범위 4.1~57%, 비점 21℃, 허용농도100 ppm

② 물에 잘 녹는 무색투명한 액체

③ 에틸알코올을 산화시키거나, 아세트산(초산)을 환원시키거나 아세틸렌을 황산제 2수은 촉매 하에서 물과 반응시켜 만든다.

④ 위험성

㉮ 약간의 압력으로 과산화물을 생성한다.

㉯ 구리, 은, 마그네슘, 수은과의 접촉으로 중합반응이 일어난다.

⑤ 저장방법

㉮ 구리, 마그네슘, 은, 수은 또는 이의 합금으로 된 용기는 사용하지 말아야 한다.

㉯ 용기 내부에는 불연성 가스를 봉입시켜야 한다(N_2).

㉰ 보냉장치 등을 하여 저장온도를 비점 이하로 유지시켜야 한다.

① 제법 : 에틸알코올에 가열된 CuO(산화제이구리)를 통과시켜 제조한다.

$$C_2H_5OH \xrightarrow[\text{+[O]}]{\text{가열된 CuO}} CH_3CHO + H_2O$$
　(에틸알코올)　　　　　　　(아세트알데히드)　(물)

　• 1급(차) 알코올이 산화되면 알데히드가 된다.

② 와커법 : 에틸렌(C_2H_4)의 산화에 의한 아세트알데히드 제법

$$C_2H_4 + PdCl_2 + H_2O \rightarrow CH_3CHO + Pd + 2HCl\uparrow$$
　(에틸렌)　(염화팔라듐)　　(물)　　　(아세트알데히드)　(팔라듐)　(염화수소)

③ 연소반응식

$$2CH_3CHO + 5O_2 \rightarrow 4CO_2\uparrow + 4H_2O$$
　(아세트알데히드)　　(산소)　　　(이산화탄소)　　(물)

④ 산화 · 환원반응

　• 산화반응 : $CH_3CHO + O \rightarrow CH_3COOH$(초산)

　• 환원반응 : $CH_3CHO + 2H \rightarrow C_2H_5OH$(에틸알코올)

⑤ 아세트알데히드는 환원성이 좋으므로 은거울 반응과 페엘링 반응을 한다.

　• 은거울 반응 : 환원성 물질의 검출방법으로 질산은($AgNO_3$)과 작용하여 은을 석출한다.

　• 페엘링 반응 : 환원성 물질의 검출방법으로 푸른색의 페엘링용액을 작용시키면 산화제1
　　구리의 등적색 침전물이 생긴다.

　• 중합 : 한종류의 단위화합물의 분자가 두개 이상 결합하여 정수배의 분자량을 가진다.

(4) 산화프로필렌(OCH_2CHCH_3) : 프로필렌옥사이드

산화프로필렌의 구조식

① 인화점 −37℃, 착화점 465℃, 연소범위 2.5~38.5%, 비점 34℃, 비중 0.83

② 물에 잘 녹는 무색투명한 액체

③ 위험성

　㉮ 증기의 흡입으로 폐부종을 일으킨다.

　㉯ 피부와 접촉으로 동상과 같은 현상을 일으킨다.

　㉰ 산 및 알칼리와 중합반응을 일으킨다.

　㉱ 구리, 은, 수은, 마그네슘과 접촉하여 중합반응으로 아세틸라이드를 생성한다.

④ 저장방법

㉮ 용기는 구리, 은, 수은, 마그네슘과 이들의 합금을 사용하지 말아야 한다.

㉯ 용기의 상부는 불연성 가스(N_2)로 봉입시켜 저장하여야 한다.

⑤ 소화방법(질식소화)

㉮ 분말소화기

㉯ 탄산가스 소화기

㉰ 할로겐화합물 소화기

㉱ 안개상의 분무주수

참고

• 저장방법은 필수 암기사항에서 기본적인 저장방법과 아울러 생각해야 한다.

• 산화프로필렌의 상온에서의 증기압은 445mmHg이다.

---

② 제1석유류

지정수량 : 비수용성(200 ℓ), 수용성(400 ℓ)

(1) 아세톤(CH_3COCH_3) : 디메틸케톤

아세톤의 일반식	R-CO-R′(※ R : 알킬기
아세톤의 구조식	

① 인화점 −18℃, 착화점 538℃, 연소범위 2.6~12.8%, 비점 56.5℃, 비중 0.97, 허용농도 750ppm, 지정수량 400ℓ

② 극성분자로서 물에 잘 녹는 무색투명한 액체이다.

③ 일광에 쬐이면 분해하며 보관 중 황색으로 변색한다.

④ 피부에 닿으면 탈지작용이 있다.

⑤ 요오드포름반응을 한다.

⑥ 소화방법 : 질식소화기를 사용, 수용성이므로 안개상 주수소화도 가능하다.

> **참고**
>
> ① 제법 : 2급(차) 알코올인 이소프로필알코올에 CuO(산화제이구리)를 통과시켜 제조한다.
>
> $(CH_3)_2CHOH$ $\xrightarrow[+[O]]{\text{가열된 CuO}}$ CH_3COCH_3 + H_2O
>
> (이소프로필알코올)　　　　　(디메틸케톤)　(물)
>
> ・2급(차) 알코올이 산화되면 케톤이 된다.
>
> ② 탈지작용 : 피하 지방층의 지방을 녹여내므로 피부표면에 하얀 분비물이 생긴다.
>
> ③ 요오드포름반응 : 아세톤・에틸알코올에 KOH(수산화칼륨)와 I_2(요오드)를 넣으면 노란색의 CHI_3(요오드포름)의 침전물이 생기는 반응
>
> ④ 수용성인 아세톤의 화재에는 포말소화기를 사용하면 거품이 터지므로 **알코올폼** 소화기를 사용한다.
>
> ⑤ 연소반응식
>
> CH_3COCH_3 + $4O_2$ → $3CO_2$↑ + $3H_2O$
>
> 　(아세톤)　　(산소)　(이산화탄소)　(물)
>
> ⑥ 인체에 대한 위해성 : 증기를 마시면 두통・어지러움증 등이 일어나고 고농도 증기를 마시면 마취작용으로 의식을 잃을 수 있으며 호흡중추를 자극시키며, 눈・코・호흡기・점막을 상하게 한다.

(2) 가솔린(휘발유)

① 주성분 : 포화・불포화탄화수소의혼합물

② 인화점 −43∼−20℃, 착화점 약 300℃, 연소범위 1.4∼7.6%, 증기비중 3∼4, 비중 0.65∼0.80, 유출온도 30∼210℃, 지정수량 200ℓ

③ 가솔린의 첨가물(안티녹킹제)

　㉮ 유연가솔린(1993년 1월부터 생산중지) : $(C_2H_5)_4Pb$ (4에틸납)

　㉯ 무연가솔린 : MTBE(메틸터셔리부틸에테르), 메탄올 등

④ 가솔린의 착색

　㉮ 공업용 : 무색

　㉯ 자동차용 : 노랑색(무연가솔린)

⑤ 폭발성의 측정치 : 옥탄값(옥탄가)

⑥ 가스농도 측정 : 가스검지기

⑦ 부피 팽창률 : 0.00135/℃

⑧ 가솔린의 다른 명칭

 ㉮ 리그로인 ㉯ 솔벤트나프타

 ㉰ 널리벤젠 ㉱ 미네랄스피릿

 ㉲ 석유에테르 ㉳ 석유벤젠

⑨ 가솔린의 제조방법

 ㉮ **직류법**(분류법)

 ㉯ **열분해법**(크래킹)

 ㉰ **접촉개질법**(리포오밍)

⑩ 위험성

 ㉮ 인화성 및 휘발성이 강하다.

 ㉯ 증기는 낮은 곳에 체류한다.

 ㉰ 정전기 발생의 위험이 있다.

⑪ **저장방법**

 ㉮ 화기 및 점화원으로부터 멀리 한다.

 ㉯ 증기는 공기보다 3~4배 무거워 낮은 곳에서 체류하므로 증기 및 액체의 누설에 주의한다.

 ㉰ 부피 팽창률이 0.00135/℃이므로 온도상승을 막고 용기는 밀전하여 통풍이 잘 되는 찬 곳에 저장한다.

 ㉱ 전기의 불양도체이므로 **정전기** 발생에 주의한다.

$$CH_3 - O - \underset{\displaystyle \underset{CH_3}{|}}{\overset{\displaystyle \overset{CH_3}{|}}{C}} - CH_3$$

[MTBE의 구조식]

참고

① 옥탄의 연소반응식

 $2C_8H_{18} + 25O_2 \rightarrow 16CO_2 + 18H_2O$

 (옥탄) (산소) (이산화탄소) (물)

② 옥탄값 : 이소옥탄($i-C_8H_{18}$)을 100, 노르말헵탄($n-C_7H_{16}$)을 0으로 하여 가솔린의 품질을 정하는 기준

 • 옥탄가가 높은 것일수록 고급 가솔린이라 할 수 있다.

③ 옥탄가 $= \dfrac{\text{이소옥탄(vol\%)}}{\text{이소옥탄(vol\%)} + \text{노르말헵탄(vol\%)}} \times 100$

④ B.T.X : 벤젠, 톨루엔, 크실렌의 약자를 조합한 것이다.

(3) 벤젠(C_6H_6) : 벤졸

① 인화점 −11℃, 융점 5.5℃, 착화점 562℃, 연소범위 1.4~7.1% 비점 80℃, 비중 0.879, 허용
농도 10ppm, 지정수량 200 ℓ

② 무색투명한 액체며 증기는 독성이 있다.

 ㉮ 고농도 증기 : 2%를 5~10분 흡입(치사)

 ㉯ 유해한도(저농도) : 100ppm

 ㉰ 서한도 : 35ppm

③ 저장 및 취급방법

 ㉮ 정전기의 발생에 주의한다.

 ㉯ 증기는 독성이 있으므로 주의한다.

④ 소화방법 : 가솔린에 준한다.

[벤젠의 구조식]

참 고

① 연소반응식 : $2C_6H_6 + 15O_2 \rightarrow 12CO_2\uparrow + 6H_2O$
     (벤젠) (산소) (이산화탄소) (물)

② 치환반응

 $C_6H_6 + Cl_2 \xrightarrow[\text{할로겐화}]{Fe} C_6H_5Cl + HCl$
 (벤젠) (염소)   (클로로벤젠) (염화수소)

 • $C_6H_6 + HNO_3 \xrightarrow[\text{니트로화}]{\text{C+H}_2\text{SO}_4} C_6H_5NO_2 + H_2O$
  (벤젠) (질산)   (니트로벤젠) (물)

 • $C_6H_6 + H_2SO_4 \xrightarrow[\text{술폰화}]{Ni} C_6H_5SO_3H + H_2O$
  (벤젠) (황산)   (벤젠술폰산) (물)

③ 부가반응

 • $C_6H_6 + 3H_2 \xrightarrow[\text{촉매}]{Ni} C_6H_{12}$
  (벤젠) (수소) (시클로헥산)

 • $C_6H_6 + 3Cl_2 \xrightarrow{\text{빛}} C_6H_6Cl_6$
  (벤젠) (염소) (BHC · 벤젠헥사클로라이드)

④ 인체에 대한 위해성 : 피부에 닿으면 탈지작용으로 염증을 일으키며 피부로 흡수되어 중독
을 일으키며 먹거나 증기를 흡입해도 중독을 일으킨다.

 • 증상 : 피로 · 두통 · 현기증 · 흥분 · 의식불명 · 경련을 일으키며 고농도 증기를 흡입으
로 사망할 수 있으며 장시간 노출로 인하여 암 · 백혈병을 일으킬 수도 있다.

(4) 톨루엔($C_6H_5CH_3$) : 메틸벤젠

[톨루엔의 구조식]

① 인화점 4℃, 착화점 552℃, 연소범위 1.4~6.7%,

허용농도 100ppm, 지정수량 200ℓ

② 무색투명하고 독성이 있으며 트리니트로톨루엔(T.N.T.)

의 원료이다.

③ 저장 및 취급법: 필수암기사항참조

④ 소화방법: 가솔린에 준한다.

참고

① 톨루엔 : 벤젠핵의 수소(H)와 CH_3(메틸기)가 치환된 것이다.

• 톨루엔은 독성이 있으나 벤젠보다 약하다.

• 톨루엔의 제법(프리델–크래프트반응) C_6H_6 + CH_3Cl $\xrightarrow[\text{(염화알루미늄)}]{AlCl_3}$ $C_6H_5CH_3$ + $HCl\uparrow$

　　　　　　　　　　　　　　　　　(벤젠)　(염화메탄)　　　　　　　　　(톨루엔)　　(염화수소)

• 연소반응식 : $C_6H_5CH_3$ + $9O_2$ → $7CO_2\uparrow$ + $4H_2O$

　　　　　　　　(톨루엔)　　(산소)　　(이산화탄소)　(물)

② 인체에 대한 위해성 : 벤젠에 준하며 독성은 벤젠의 1/10 정도이다.

---

(5) 초산에스테르류(아세트산 에스테르)

참고

① 에스테르 : 산(무기, 유기)+알코올 $\xrightarrow[\text{(탈수제)}]{\text{농황산}}$ 에스테르+물

② 초산에스테르 : 초산 + 알코올 $\xrightarrow[\text{(탈수제)}]{\text{농황산}}$ 초산에스테르 + 물

• 초산에스테르: 초산과 알코올의 축합물

③ 초산메틸 : CH_3COOH + CH_3OH $\xrightarrow[\text{(탈수제)}]{C-H_2SO_4}$ CH_3COOCH_3 + H_2O

　　　　　　　(초산)　　　　　(메틸알코올)　　　　　(초산메틸)　　(물)

• 초산메틸에스테르는 초산메틸이라고도 한다.

④ 알코올류, 초산에스테르류, 의산에스테르류의 분자량 증가에 따른 공통점

• 인화점 : 높아진다　　• 비점 : 높아진다

• 착화점 : 낮아진다　　• 점도 : 커진다.

• 연소범위 : 감소　　　• 수용성 : 감소

• 비중 : 작아진다　　　• 휘발성 : 감소

• 증기비중 : 커진다　　• 이성질체 : 많아진다

---

① **초산메틸(CH₃COOCH₃) : 아세트산메틸**

$①$ **초산메틸(CH_3COOCH_3) : 아세트산메틸**

| 초산메틸의 일반식 | R–COO–R(※ R : 알킬기) |

초산메틸의 구조식

$$H-\underset{\underset{H}{|}}{\overset{\overset{H}{|}}{C}}-C\overset{O}{\underset{O-C-H}{\diagup}}\qquad 또는\qquad H-\underset{\underset{H}{|}}{\overset{\overset{H}{|}}{C}}-\overset{O}{\overset{\|}{C}}-O-\underset{\underset{H}{|}}{\overset{\overset{H}{|}}{C}}-H$$

㉮ 인화점 −10℃, 착화점454℃, 용해도24.5%, 비점57℃, 허용농도200ppm, **지정수량 200ℓ**

㉯ 초산과 메틸알코올의 축합물로서 **피부**와 접촉하여 **탈지작용**을 한다.

㉰ **마취성** 및 **독성**이 있으므로 취급에 주의한다.

㉱ 초산에스테르류 중에서 **수용성**이 가장 크다.

참 고

• 초산메틸은 수용성이나 위험물안전관리에 관한 세부기준 제13조의 수용성 판정기준에 의하여 **비수용성**으로 분류되므로 **지정수량은 200ℓ** 이다.

• **인체에 대한 위해성** : 고농도 증기는 눈과 목안의 점막을 자극하고 마취작용이 있으며 체내에 흡수되면 초산과 메틸알코올로 가수분해되어 메틸알코올과 같은 중독증상을 일으킨다.

• **증상** : 두통 · 현기증 · 주의력저하 · 시신경 장애로 인하여 실명할 수도 있다.

---

② **초산에틸(CH₃COOC₂H₅) : 아세트산에틸**

$②$ **초산에틸($CH_3COOC_2H_5$) : 아세트산에틸**

㉮ 인화점 −4℃, 착화점 427℃, 용해도 8.7%, 비점 77%, 허용농도 400ppm, **지정수량 200ℓ**

㉯ 수용성이 비교적 적으며 **과일 에센스(파인애플향)**로 사용

참 고

• **과일 에센스** : 과일맛을 내는 인공향료

• **인체에 대한 위해성** : 유독물은 아니나 피부에 묻으면 피부염을 일으키며 증기는 눈 · 코 · 목의 점막을 자극하여 염증을 일으키며 장시간 흡입하면 급성 폐부종 · 간장 및 신장장애를 주며 만성중독일 경우 식욕부진과 혈액장애들을 일으킨다.

③ 초산프로필(CH₃COOC₃H₇) : 아세트산프로필

    ㉮ 인화점 14℃, 착화점 450℃, 용해도 2.3%, 비점 102℃, 지정수량 200ℓ

    ㉯ 불용성이다.

(6) 의산에스테르류(개미산에스테르류, 포름산에스테르류)

> **참고**
>
> • 의산에스테르 : 의산과 알코올의 축합물.
>
> • 의산메틸 : $HCOOH + CH_3OH \xrightarrow[\text{(탈수제)}]{C+H_2SO_4} HCOOCH_3 + H_2O$
>
>   (의산)   (메틸알코올)   (의산메틸)   (물)

① 의산메틸(HCOOCH₃) : 개미산메틸, 포름산메틸

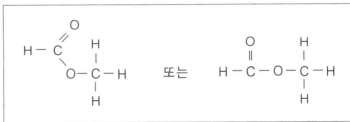

| 의산메틸의 일반식 | R–COO–R′(※ R : 알킬기) |

    ㉮ 인화점 −19℃, 착화점 449℃, 용해도 23.3%, 비점 32℃, 허용농도 100ppm, **지정수량 400ℓ**

    ㉯ 의산에스테르류 중 수용성이 가장 크다.

    ㉰ 의산메틸은 의산과 메틸알코올의 축합물이며 **럼주향**을 갖는다.

    ㉱ 의산메틸을 **가수분해**하면 **의산과 메틸알코올**로 된다.

    ㉲ 소화방법 : 가솔린에 준하나 수용성이므로 포말은 알코올폼을 사용한다.

> **참고**
>
> • 의산메틸은 가수분해하여 **의산과 메틸알코올**이 되므로 **지정수량은 400ℓ**이다.
>
> • 인체에 대한 위해성 : 유독물은 아니나 증기를 흡입하면 마취 및 자극작용으로 시신경 염증과 1%농도에서 2.5시간, 5%농도에서 0.5시간 흡입하면 사망할 수 있다.

② 의산에틸(HCOOC$_2$H$_5$) : 개미산에틸, 포름산에틸

㉮ 인화점 −20℃, 착화점 578℃, 용해도 13.6%, 비점 54℃, **지정수량 200 ℓ**

③ 의산프로필(HCOOC$_3$H$_7$) : 불용성, 인화점 −3℃, 식품첨가물 **지정수량 200 ℓ**

(7) 메틸에틸케톤(CH$_3$COC$_2$H$_5$) : MEK

메틸에틸케톤의 일반식 R─CO─R′(※R : 알킬기)

메틸에틸케톤의 구조식

① 인화점 −1℃, 착화점 516℃, 허용농도 200ppm, **지정수량 200 ℓ**

② **수용성**이며 피부와 접촉하여 **탈지작용**을 한다.

③ 직사일광에서 분해한다.

참고

① 메틸에틸케톤은 수용성이나 위험물안전관리에 관한 세부기준 제13조의 수용성 판정기준에 의하여 비수용성으로 분류되므로 **지정수량은 200 ℓ** 이다.

② MEK : 메틸에틸케톤(Methyl Ethyl Ketone)의 약칭

③ 제법 : 2급(차) 알코올인 제2부틸알코올에 CuO(산화제이구리)를 통과시켜 제조한다.

$$CH_3CH_2CHOHCH_3 \xrightarrow[+이]{가열된 CuO} CH_3COC_2H_5 + H_2O$$
　　(제2부틸알코올)　　　　　(메틸에틸케톤)　　(물)

　• 2급(차) 알코올이 산화되면 케톤이 된다.

④ 연소반응식 : $2CH_3COC_2H_5 + 11O_2 \longrightarrow 8CO_2\uparrow + 8H_2O$
　　　　　　(메틸에틸케톤)　　(산소)　　(이산화탄소)　　(물)

⑤ 인체에 대한 응급조치

　• 피부 · 눈에 닿을 경우: 다량의 물로 충분히 씻는다.

　• 흡입했을 경우 : 신선한 공기가 있는 장소로 옮기고 안정을 취한다.

⑥ 인체에 대한 위해성 : 피부에 닿으면 피부염도 일으키고 고농도 증기는 눈 · 코 · 목의 점막을 자극한다.

(8) 피리딘(C_5H_5N) : 아딘

피리딘의 구조식

① 인화점 20℃, 착화점 482℃, 비중 0.98, 허용농도 5ppm,

지정수량 400ℓ

② 순수한것은 무색투명하며, 불순물로 인하여 황색을 띤다.

③ 수용성, 독성 및 악취

> **참고**
>
> ① 취급주의사항 : 화기 및 점화원으로부터 멀리하고, 증기 및 액체의 누설에 주의하고 독성
> 이 있으므로 보호구를 착용한다.
> ② 연소반응식
>
> $4C_5H_5N + 29O_2 \rightarrow 20CO_2\uparrow + 10H_2O + 4NO_2\uparrow$
> (피리딘)　(산소)　(이산화탄소)　(물)　(이산화질소)
> ③ 인체에 대한 위해성 : 피부에 닿으면 피부염을 일으키고 증기를 흡입하면 기침·두통·구
> 역질을 일으키고 간장·신장의 장애를 일으킨다.

(9) 콜로디온

① 질화도가 낮은 질화면을 에틸알코올 3, 디에틸에테르 1 비율의 혼합액으로 무색의 끈기있는
액체

② 인화점 −18℃

(10) 시안화수소(HCN)

① 인화점 −17℃, 착화점 538℃, 연소범위 5.6~40%, 용해도 96%, 비점 26℃, 비중 0.69, 허
용한도 10ppm, 지정수량 400ℓ

② 약산성으로 강한 독성 및 폭발성을 갖는다.

③ 알코올류　지정수량 : 400ℓ

(1) 메틸알코올(CH_3OH) : 메탄올, 목정

메틸알코올의 일반식　R—OH(※ R : 알킬기)

메틸알코올의 구조식

① 인화점 11℃, 착화점 464℃, 비점 65℃, 연소범위 7.3~36%, 비중 0.79, 허용농도 200ppm

② 독성 : 30~100ml 복용(실명 또는 치사)

③ 수용성이 크므로 소화제는 알코올포가 좋다.

④ 메틸알코올이 산화하면 최종적으로 의산(포름산)이 된다.

참고

① 탄소와 수소비 : 탄소수가 작아 **연소시 불꽃이 잘 안보이므로 취급주의**

② 소화방법 : 질식소화기를 사용하며 포말소화기를 사용할 때 **화학포 및 기계포는 소포되므로 특수포인 알코올폼을 사용한다.**

　• 소포 : 거품이 터짐

③ 산화반응 : 1급(차) 알코올이 산화되면 알데히드를 거쳐 카르복실산이 된다.

$$CH_3OH \xrightarrow[\text{+[O]}]{\text{가열된 CuO}} HCHO + H_2O \xrightarrow[\text{+[O]}]{\text{Pt 촉매}} HCOOH$$
　(메틸알코올)　(포름알데히드)　(물)　　　(포름산)

④ 연소반응식 : $2CH_3OH + 3O_2 \rightarrow 2CO_2\uparrow + 4H_2O$
　　　　　(메틸알코올)　(산소)　(이산화탄소)　(물)

⑤ 인체에 대한 응급조치

　• 피부 · 눈에 닿을 경우 : 다량의 물로 충분히 씻는다.

　• 마셨을 경우 : 다량의 물을 마시게 하며 신속히 의사의 치료를 받는다.

　• 중독환자는 안전한 장소로 옮겨서 안정 · 보온에 힘쓰며 의사의 치료를 받는다.

⑥ 인체에 대한 위해성 : 피부 · 점막을 자극하여 염증을 일으키며 마셨을 경우 30~100㎖에서 사망하며 10㎖에서도 중태를 일으키며 7~8㎖로 실명한 예도 있다.

　• 증상 : 현기증 · 두통 · 구토 · 설사 · 복통 · 시신경 침식으로 실명하게 되며 과량 복용 시 사망하게 된다.

---

(2) 에틸알코올(C_2H_5OH) : 에탄올, 주정

에틸알코올의 일반식　R—OH(※ R : 알킬기)

에틸알코올의 구조식

① 인화점 13℃, 착화점 423℃, 비점 79℃, 연소범위 4.3~19%, 비중 0.79, 허용농도 1,000ppm

② 검출법 : 요오드포름 반응으로 황색침전

③ 에틸알코올이 산화되면 최종적으로 초산이 된다.

참고

① 산화반응 : 1급(차) 알코올이 산화되면 알데히드를 거쳐 카르복실산이 된다.

$$C_2H_5OH \xrightarrow[+[O]]{\text{가열된 CuO}} CH_3CHO + H_2O \xrightarrow[+[O]]{\text{Pt 촉매}} CH_3COOH$$
(에틸알코올)　　　(아세트알데히드) (물)　　　　(아세트산)

② 연소반응식

$$C_2H_5OH + 3O_2 \rightarrow 2CO_2\uparrow + 3H_2O$$
(에틸알코올) (산소) (이산화탄소)　　(물)

③ 축합반응(140℃)

$$2C_2H_5OH \xrightarrow[\text{탈수축합}]{C+H_2SO_4} C_2H_5OC_2H_5 + H_2O$$
(에틸알코올)　　　　　(디에틸에테르)　　(물)

④ 탈수반응(160℃)

$$C_2H_5OH \xrightarrow[\text{탈수}]{C+H_2SO_4} C_2H_4\uparrow + H_2O$$
(에틸알코올)　　　　(에틸렌)　　(물)

⑤ 요오드포름 반응

$$C_2H_5OH + 6KOH + 4I_2 \rightarrow CHI_3\downarrow + 5KI + HCOOK + 5H_2O$$
(에틸알코올) (수산화칼륨)　(요오드)　(요오드포름) (요오드화칼륨) (포름산칼륨)　　(물)
　　　　　　　　　　　　　　〈황색침전물〉

⑥ 인체에 대한 위해성 : 눈·코·목·점막에거듭접촉하면염증을일으키고농후한증기를 흡입하거나 농후한 액체를 마시면 급성 알코올 중독을 일으키며 때로는 호흡을 마비시켜 사망하는 경우도 있다. 일반적으로 중독작용은 뇌와 신경에 이상을 일으키며 마취작용을 나타낸다.

(3) 프로필알코올(C_3H_7OH) : 프로판올

프로필알코올의 일반식	R–OH(※ R : 알킬기)

[n-프로필알코올]   [iso-프로필알코올]

① 프로필알코올은 노르말, 이소 2가지의 이성질체가 있다.

② 소화방법 : 각종 소화기를 사용하며 수용성이므로 알코올폼 사용

참고

① 시성식 및 인화점

- 노르말(n) 프로필알코올 : C_3H_7OH(인화점 15℃)

- 이소(iso) 프로필알코올 : $(CH_3)_2CHOH$(인화점 12℃)

② 산화반응 : 1급(차) 알코올이 산화되면 알데히드가 되며, 알데히드가 산화되면 카르복실산 (유기산)이 된다. 2급(차) 알코올이 산화되면 케톤이 된다.

- 노르말(n) 프로필알코올(1급 알코올)

$$C_3H_7OH \xrightarrow[+[O]]{\text{가열된 CuO}} C_2H_5CHO + H_2O \xrightarrow[+[O]]{\text{Pt 촉매}} C_2H_5COOH$$
(n-프로필알코올) (프로피온알데히드) (물)   (프로피온산)

- 이소(iso) 프로필알코올(2급 알코올)의 산화반응

$$(CH_3)_2CHOH \xrightarrow[+[O]]{\text{가열된 CuO}} CH_3COCH_3 + H_2O$$
(iso-프로필알코올)   (아세톤)   (물)

③ 연소반응식

$$2C_3H_7OH + 9O_2 \rightarrow 6CO_2 \uparrow + 8H_2O$$
(프로필알코올) (산소)   (이산화탄소) (물)

④ 탈수반응

$$C_3H_7OH \xrightarrow[+[O]]{\text{가열된 CuO}} C_3H_6 \uparrow + H_2O$$
(n-프로필알코올)   (프로필렌) (물)

---

⑤ 1가 알코올은 탄소수가 증가하면 상태가 다음과 같이 달라진다.

- $C_1 \sim C_5$: 액체상태
- $C_6 \sim C_{10}$: 기름형태의 점성상태
- $C_{11} \sim$: 고체상태

4 제2석유류

지정수량 : 비수용성(1,000 ℓ), 수용성(2,000 ℓ)

참고

제2석유류의 위험성

- 인화점 이상으로 액온이 높아지면 제1석유류와 같은 위험성이 있다.
- 인화점 이하에서도 안개상으로 부유할 경우에는 인화의 위험성이 있다.
- 정전기 발생에 주의할 것이며 용기의 파손에 의한 누설에 주의해야 한다.

---

(1) 등유 : 케로신

① 주성분 : 탄소수 $C_9 \sim C_{18}$가 되는 포화 · 불포화탄화수소의 혼합물
② 정제한 것은 무색투명하나 오래 두면 연한 담황색을 띤다
③ 인화점 40~70℃, 착화점 220℃ 전후, 연소범위 1.1 ~ 6%, 증기비중 4.5, 유출온도 150~300℃, 지정수량 1,000 ℓ

참고

인체에 대한 위해성 : 인체에는 직접 미치는 유해성은 없으며 가솔린에 준한다.

---

(2) 경유 : 디젤유

① 주성분 : 탄소수 $C_{15} \sim C_{20}$가 되는 포화 · 불포화탄화수소의 혼합물이다.
② 담황색과 담갈색의 액체로 등유와 비슷한 성질의 것이다.
③ 인화점 50~70℃, 착화점 200℃ 전후, 연소범위 1~6%, 증기비중 4.5, 유출온도 200~350℃, 지정수량 1,000 ℓ
④ 폭발력의 기준 : 세탄값($C_{16}H_{34}$)

(3) 의산(HCOOH) : 개미산, 포름산

의산의 일반식	R−COOH(※ R : 알킬기)

의산의 구조식

$$H - C \overset{O}{\underset{O-H}{{\Large{=}}}} \qquad 또는 \qquad H - C - O - H$$

① 인화점 69℃, 착화점 601℃, 연소범위 5.4~16.0%, 비중 1.218, 허용농도 ppm,

지정수량 2,000 ℓ

② 물에 잘 녹으며 물보다 무겁다. 초산보다 강산이며 환원성이 크다.

③ 피부와 접촉하면 수포상의 화상을 입는다.

④ 유기과산화물존재시 폭발의 위험이 있다.

⑤ 저장법 : 액성이 산성이므로 용기는 내산성 용기를 사용한다.

⑥ 연소 시 불꽃색깔 : 푸른색

참고

① 연소반응식 : 2HCOOH + O_2 → 2CO_2↑ + 2H_2O
   　　　　　　　(의산)　　(산소)　(이산화탄소)　(물)

② 의산에 황산을 가하면 독성이 강한 **일산화탄소**(CO)가 발생한다.

　　HCOOH $\xrightarrow[\text{탈수}]{\text{C+H}_2\text{SO}_4}$ H_2O + CO↑
　　(의산)　　　　　　(물)　(일산화탄소)

② 의산에 황산을 가하면 독성이 강한 **일산화탄소**(CO)가 발생한다.

　　HCOOH $\xrightarrow[\text{탈수}]{\text{C+H}_2\text{SO}_4}$ H_2O + CO↑
　　(의산)　　　　　　(물)　(일산화탄소)

④ 수용성인 가연물이어서 포말소화기는 거품이 터지므로 **내알코올성 특수포**인 알코올폼소화
   기를 사용한다.

⑤ **인체에 대한 위해성** : 액체 및 증기가 피부에 수포상의 화상을 입히며 부식성이 강하고 피
   부·눈·점막 등을 강하게 자극한다.

(4) 초산(CH₃COOH) : 빙초산, 아세트산

초산의 일반식	R—COOH(※ R : 알킬기)
초산의 구조식	

$$H - \underset{\underset{H}{|}}{\overset{\overset{H}{|}}{C}} - C \overset{\displaystyle O}{\underset{\displaystyle O-H}{\diagdown}} \quad 또는 \quad H - \underset{\underset{H}{|}}{\overset{\overset{H}{|}}{C}} - \overset{\overset{\displaystyle O}{\|}}{C} - O - H$$

① 인화점 40℃, 착화점427℃, 융점 16.6℃, 비중1.05, 허용농도10ppm, **지정수량 2,000 ℓ**

② 물에 잘 녹으며 물보다 무겁다.

③ 피부와 접촉하면 수포상의 화상과 같은 증세를 보인다.

④ 저장법 : 내산성 용기에 저장한다.

⑤ 소화방법 : 의산에 준한다.

⑥ 쓰이는 곳 : 용제(천연수지, 폴리초산비닐, 에틸셀룰로오스, 니트로셀룰로오스 등), 무수초산, 초산에스테르 등 유기합성의 원료, 식품공업(식초 제조 등)에 쓰이며, **3~5% 수용액을 식초**라 한다.

참고

① 융점 : 16.6℃이므로 겨울에는 얼음과 같은 상태로 존재하므로 **별명을 빙초산**이라 한다.

② 초산 : 무기산 중에서는 질산, 과산화물 중에서는 **과산화나트륨과 반응하여 폭발**을 일으킨다.

③ 연소반응식 : CH₃COOH + 2O₂ → 2CO₂ ↑ + 2H₂O
   (초산)   (산소) (이산화탄소)   (물)

④ 금속(Zn)과 반응식 : Zn + 2CH₃COOH → (CH₃COO)₂Zn + H₂ ↑
   (아연)   (초산)   (초산아연)   (수소)

⑤ 무수초산(CH₃CO)₂O : 초산에서 물이 빠진 상태를 말하며, 초산과 물리적 성질이 다르고 인화점은 54℃, 착화점 390℃로 제2석유류에 속한다.

⑥ 공업용 빙초산 : 중금속을 처리하지 않은 초산으로 **식용에 부적합한** 초산이다.

⑦ 인체에 대한 응급조치 : 농후한 액체를 먹었을 경우 마그네시아 또는 탄산칼슘분을 물에 녹여 먹이고 토하게 한다.

⑧ 인체에 대한 위해성
   • 농후한 액체가 피부에 묻으면 수포상의 화상을 입고 피부에 침투되면 피부염과 궤양을 일으킨다.
   • 농후한 증기는 눈을 자극하여 눈물이 나게 하며 결막염을 일으키고 흡입하면 호흡기·점막에 염증을 일으키고 폐 조직을 해친다.

(5) 테레핀유(C₁₀H₁₆)

① 인화점 35℃, 착화점240℃, 비점153~175℃, 지정수량 1,000ℓ

② 피넨(C₁₀H₁₆) 80~90%가주성분이다

③ 물에녹지않으며 헝겊 및 종이 등에 스며들어 **자연발화한다.**

④ 소화방법 : 가솔린에 준한다.

참고

① 테레핀유 : 소나무 등의 껍질에 상처를 내어 얻은 수지를 수증기로 증류하여 얻으며 독성이 있다.

② 테레핀유의 **자연발화 현상** : 공기와 산화중합하기 때문이다.

③ 중합이 계속되면 점도가 높아지고 무색의 고상물질이 된다.

• 수지 : 나무의 진

---

(6) 스틸렌(C₆H₅CHCH₂)

스틸렌의 구조식]

[폴리스틸렌의 구조식]

① 인화점 32℃, 착화점 490℃, 비점 146℃, 허용도 50ppm, 지정수량 1,000ℓ

② 무색액체로 물에 녹지 않으며 가열, 빛 및 과산화물에 의해서 쉽게 중합된다.

③ 중합이 계속되면 점도가 높아지고 무색의 고상물질이 된다.

④ 스틸렌의 중합체 : 폴리스틸렌

참고

인체에 대한 위해성

• 장시간 또는 반복하여 피부에 닿으면 염증을 일으킨다.

• 증기는 1%농도에서 30~60분 흡입하면 생명이 위험하며 2,500ppm에서 8시간이면 치명적인 장해를 일으킨다.

---

(7) 장뇌유 : 백색유, 적색유, 감색유

① 인화점 47℃, 지정수량 1,000ℓ

② 사용되는 곳

㉮ 백색유 : 방부제 ㉯ 적색유 : 비누향료 ㉰ 감색유 : 선광유

③ 소화방법 : 가솔린에 준한다.

> **참고**
>
> 감색 : 우리가 알고 있는 곤색은 일본말이며 순수한 우리말은 감색이다.

(8) 송근유

① 인화점 54~78℃, 착화점 약 355℃, 비점 155~180℃, **지정수량 1,000ℓ**

② 황갈색의 독특한 냄새를 갖는 액체, 소화방법은 가솔린에 준한다.

(9) 에틸셀르솔브[$C_2H_5OCH_2CH_2OH$, $C_2H_5O(CH_2)_2OH$]

에틸셀르솔브의 구조식

① 인화점 40℃, 착화점 238℃, 비점 135℃, **지정수량 2,000ℓ**

② 분자식 : $C_4H_{10}O_2$

③ 무색의 수용성 액체로 금속 및 유리의 청결제 등으로 쓰이며 에틸알코올과 에틸렌글리콜의 에테르이다.

(10) 메틸셀르솔브[$CH_3OCH_2CH_2OH$, $CH_3O(CH_2)_2OH$]

① 인화점 59℃, 착화점 238℃, 비점 124.4℃, **지정수량 2,000ℓ**

② 분자식 : $C_3H_8O_2$

③ 기타 에틸셀르솔브에 준한다.

(11) 크실렌[$C_6H_4(CH_3)_2$] : 자일렌

① 무색투명하며 마취성이 있으며 톨루엔과 성질이 비슷하다.

② 혼합크실렌의 허용농도 100ppm, **지정수량 1,000ℓ**

③ 소화방법 : 가솔린에 준한다.

④ 크실렌의 이성질체 : 메틸기〈CH₃〉의 위치에 따라 분류

구분＼명칭	O-크실렌	M-크실렌	P-크실렌	비 고
구조식	CH_3 CH_3	CH_3 CH_3	CH_3 CH_3	※ 이성질체 : 분자식은 같으나 구조식이 다른 물질 ※ 희랍어 : 그리스어 ※ 구조식 : 원자가에맞추어 결합선으로 나타낸 화학식
희랍어	O → ortho(기본)	M → meta(중간	P → para(반대	
인화점	30℃	25℃	25℃	
허용농도	200ppm	200ppm	200ppm	

> **참고**
>
> 인체에 대한 위해성 : 피부와 반복접촉하면 피부염을 일으키며, 눈·코·목을자극하고 고농도증기를 흡입하면 흥분상태를 지나 마취상태가 되며 그대로 두면 사망에 이르고 만성증상으로 골수장애를 일으킨다.

(12) 클로로벤젠(C_6H_5Cl) : 염화 벤젠

클로로벤젠의 구조식

① 인화점 32℃, 착화점 593℃, 비중 1.11, 허용농도 75ppm, 지정수량 1,000 ℓ

② 물보다 무겁고 마취성이 있으며 DDT의 원료로 사용한다.

> **참고**
>
> ① 제법 : 라시히법(페놀의 공업적 제법)에 의하여 벤젠(C_6H_6)과 염화수소(HCl)와 산소(O_2)로부터 페놀(C_6H_5OH)을 합성하는 2단계 과정 중 1단계에서 만들어진다.
>
> 1단계(230℃~250℃) : C_6H_6 + HCl $\xrightarrow[+[0]]{CuO}$ C_6H_5Cl + H_2O
>   (벤젠) (염화수소)   (클로로벤젠)   (물)

2단계(400℃~500℃) : C_6H_5Cl + H_2O $\xrightarrow[\text{촉매}]{\text{SiO}_2}$ C_6H_5OH + $HCl\uparrow$

               (클로로벤젠)   (물)   (페놀)   (염화수소)

② 인체에 대한 위해성 : 피부에 접촉하면 피부염을 일으키고 증기를 흡입하면 급성중독을 일으켜 두통 · 현기증 · 구토 · 의식상실을 일으킨다.

---

(13) 히드라진(N_2H_4)

히드라진의 구조식

① 인화점 38℃, 착화점 270℃, 비점 113℃, 비중 1, **지정수량 2,000 ℓ**

② 무색의 독성이 있는 액체로 **수용성**이다.

③ **로켓연료**로 사용되며, 산화제와의 접촉을 피해야 한다.

5 제3석유류

지정수량 : 비수용성(2,000 ℓ), 수용성(4,000 ℓ)

(1) 중유(직류중유, 분해중유)

① 직류중유

  ㉮ 인화점 60~150℃, 착화점 254~405℃, 유출온도300~350℃, **지정수량 2,000 ℓ**

  ㉯ 원유를 300~350℃에서 **추출**하며 이에 경유를 혼합한 것이다.

  ㉰ 주로 **디젤기관의 연료**로 사용하며 분무성이 좋다.

② 분해중유

  ㉮ 인화점 70~150℃, 착화점 380℃, 사용온도80℃, **지정수량 2,000 ℓ**

  ㉯ 중유 또는 경유를 열분해하여 가솔린을 제조한 잔유에 이 계통의 분해경유를 혼합한 것이다.

  ㉰ 주로 **보일러의 연료**로 사용되며 **자연발화**의 위험이 있다.

  ㉱ **소화방법** : 질식소화기를 사용하며 **포말** 및 **수분함유** 물질의 소화는 시간이 지연되면 슬롭오버 현상을 일으킨다(대량의 포사용).

㉮ 등급 : 점도에 의하여 ABC등급으로 나누며 벙커 C유는 C중유다.

<참고>

※ 중유의 화재 시 포말을 사용할 경우 소포되는 현상은 액온이 높기 때문이므로 한 번에 대량 사용한다.

※ 탱크화재시 일어나는 현상

- **슬롭오버(Slop-over)** : 화재면의 액체가 포말과 함께 혼합하여 기름거품이 되어 탱크 밖으로 넘쳐 흐르는 현상이다.
- **보일오버 현상(Boil-over)** : 연소열에 의하여 탱크하부의 수분이 이상 팽창하여 연소유를 탱크 밖으로 비산 시키며 연소하는 현상이다.
- **후로스오버(Froth-over)** : 탱크속의 물이 점성을 가진 뜨거운 기름의 표면 아래에서 끓을 때 화재를 수반하지 않고 기름이 탱크 밖으로 넘쳐 흐르는 현상이다.
- **블레비(Bleve)** : 가연성 액체 저장 탱크 주위의 화재로 탱크 강판의 강도가 약해진 부분의 파열로 인하여 탱크 내부의 가열된 가연성 액체의 증기가 급격히 유출 팽창되어 화구(fire ball)를 형성하며 폭발하는 현상이다.
- **증기운폭발(UVCE)** : 대기중에 대량의 가연성 가스나 인화성 액체가 유출되어 그것으로부터 발생되는 증기가 대기중의 공기와 혼합하여 폭발성인 증기운(lapor cloud)을 형성하고 이 때 착화원에 의해 화구(fire ball) 형태로 폭발하는 현상이다.

(2) 크레오소트유(Creosote oil) : 타르유

① 인화점 74℃, 착화점336℃, 비중 1.05, 지정수량 2,000 ℓ
② 타르산이 함유되어 용기를 부식하므로 내산성 용기에 수납한다.
③ 황색내지는 암록색이며 물보다 무겁고, 독성이 있다.
④ 자체 내에 특수가연물인 나프탈렌 및 안트라센을 포함한다.
⑤ 용도 : 카본블랙 제조 및 목재의 방부제로 사용한다.

<참고>

인체에 대한 위해성 : 피부에 가벼운 자극성이 있고 고농도 증기는 눈·호흡기를 자극한다.

(3) 니트로벤젠(C6H5NO2)

니트로벤젠의 구조식

① 인화점 88℃, 착화점 482℃, 비중 1.2, 지정수량 2,000 ℓ
② 물보다 무겁고 독성이 강하므로 피부 및 호흡기를 보호한다.
③ 벤젠을 니트로화하여 만든다.

참고

① 제법 : $C_6H_6 + HNO_3$ $\xrightarrow[\text{니트로화}]{C+H_2SO_4}$ $C_6H_5NO_2 + H_2O$
　　　　 (벤젠)　 (질산)　　　　　　　　　 (니트로벤젠)　 (물)

② 니트로화 : 유기화합물 분자 중 수소원자(H)를 니트로기(NO2)로 치환한다.

③ 니트로화제 : 진한질산(HNO3) · 진한황산(H2SO4)의 혼산

④ 벤젠핵(C6H6)에는 탄소 6개, 수소 6개가 있으나 이 중 수소 1개가 니트로기(NO2)로 치환된 것을 니트로벤젠이라 한다. 또한 니트로기가 2개 이상 결합한 것은 자기연소를 하는 제5류 위험물인 니트로화합물이 된다(T.N.T. 등이 이에 속한다).

⑤ 인체에 대한 위해성 : 치사량은 15방울 정도이며 피부 · 호흡기 · 소화기 등에 흡수되어 8~24시간 내에 중독증상을 일으킨다.

---

(4) 아닐린(C6H5NH2)

아닐린의 구조식

① 인화점 75℃, 착화점 538℃, 비중 1.022, 융점 −6℃, 지정수량 2,000 ℓ
② 황색 내지는 담황색이며 직사일광에서 적갈색으로 변한다.
③ 물보다 무겁고 독성이 강하며 물에 약간 녹는다.
④ 알칼리금속 및 알칼리토금속과 작용하여 아닐리드 및 수소(H2)발생
⑤ 니트로벤젠을 주석 또는 철과 염산으로 환원시키면 아닐린이 된다.

⑥ 아닐린을 황산용액에서 이산화망간(MnO_2)으로 산화시키면 니트로벤젠이 된다.

⑦ 표백분($CaOCl_2$)용액에서 보라색을 나타낸다(검출방법).

> **참고**
>
> • 제법
>
> $2C_6H_5NO_2 + 3Sn + 12HCl → 2C_6H_5NH_2 + 3SnCl_4 + 4H_2O$
> (니트로벤젠) (주석) (염산)   (아닐린)   (염화주석)   (물)
>
> • 인체에 대한 위해성 : 혈액독·신경독이 있다.

(5) 에틸렌글리콜[($C_2H_4(OH)_2$)]

① 인화점 111℃, 착화점 413℃, 비점 197℃, 비중 1.113, **지정수량 4,000 ℓ**

② 2가 알코올로 독성이 있으며 수용성이다.

③ 황산 또는 알루미나로 탈수하면 디옥산, 아세트알데히드 등을 생성한다.

④ 제5류위험물 니트로글리콜과 자동차용 부동액 등으로 사용된다.

> **참고**
>
> • 2가 알코올 : 수산기(OH)가 2개인 알코올
>
> 에틸렌글리콜의 구조식과 시성식.
>
> ```
>        H
>        |
> H — C — OH  ⟶  CH₂ — OH  ⟶  CH₂OHCH₂OH  ⟶  C₂H₄(OH)₂
>        |              |
> H — C — OH      CH₂ — OH                        〈시성식〉
>        |
>        H
>
>    〈구조식〉
> ```
>
> • 인체에 대한 위해성 : 피부에 접촉시 피부염을 유발하고 눈에 들어간 경우 자극성이 있다.

(6) 글리세린[($C_3H_5(OH)_3$)]

① 인화점 160℃, 착화점 393℃, 비점 290℃, 비중 1.26, **지정수량 4,000 ℓ**

② 단맛을 내는 무색 점조한 액체이다.

③ 3가 알코올로서 물보다 무거우며 수용성이다.

④ 제5류위험물 니트로글리세린(NG) 및 화장품의 원료로 사용한다.

참고

- 3가 알코올 : 수산기(OH)가 3개 있는 알코올
- 글리세린의 구조식과 시성식

$$
\begin{array}{c}
H \\
| \\
H-C-OH \\
| \\
H-C-OH \\
| \\
H-C-OH \\
| \\
H
\end{array}
\quad
\begin{array}{c}
CH_2-OH \\
| \\
CH-OH \\
| \\
CH_2-OH
\end{array}
\longrightarrow CH_2OHCHOHCH_2OH \longrightarrow C_3H_5(OH)_3
$$

〈구조식〉 ⟶ 〈시성식〉

(7) 담금질유

지정수량 : 2,000 ℓ

철, 강철 등 기타 금속을 900℃ 정도로 가열하여 기름 속에 넣어 냉각시키면 금속의 재질이 처리 전보다 단단해진다. 이때 사용하는 기름을 담금질유라 한다.

참고

저장취급법 및 소화방법 : 중유에 준하며 인화점 200℃ 이상 250℃ 미만의 담금질유는 제4석유류에 속한다.

(8) 메타크레졸

인화점 86℃, 융점 4℃, 지정수량 2,000 ℓ

참고

크레졸의 이성질체 : 오르토, 파라는 고체상태이므로 특수가연물 중 가연성 고체류에 속한다.

(9) 히드라진하이드레이트($N_2H_4 \cdot H_2O$) : 하이드라진모노하이드레이트

인화점 74℃, 지정수량 4,000 ℓ

⑥ 제4석유류

지정수량 : 6,000ℓ

(1) 방청유

인화점 200℃ 이상 250℃ 미만

(2) 가소제

① 인화점 200℃ 이상 250℃ 미만

② 가소제의 종류 : DOP, DIDP, TCP 등

③ 용도 : 합성수지, 합성고무 등에 가소성을 주는 기름

(3) 담금질유

인화점이 200℃ 이상 250℃ 미만인 것(제3석유류 담금질유 참고)

(4) 전기 절연유

변압기 등에 쓰이는 인화점 200℃ 이상 250℃ 미만의 광물유

(5) 절삭유

금속재료를 절삭 가공할 때 공구와 재료와의 마찰열을 감소시키고 절삭물을 냉각하기 위하여 사용하는 인화점 200℃ 이상 250℃ 미만의 위험물

(6) 윤활유

① 윤활유의 종류 : 석유계윤활유, 합성윤활유, 혼성윤활유, 지방성윤활유 등

② 석유계 윤활유 : 기어유, 실린더유, 터빈유, 머신유(기계유), 모터유 등

> **참고**
>
> • 윤활유 : 기계부분 중 마찰을 많이 받는 부분의 마찰을 억제하기 위하여 사용하는 기름이다.
>
> • 석유계 윤활유 중 기어유, 실린더유는 제4석유류 지정품목에 해당된다.
>
> • 윤활유 중 스핀들유 : 선반의 주축에 사용하며 제3석유류에 속한다.

7 동 · 식물유류

지정수량 : 10,000 ℓ

(1) 정의

동물의 지육 등 또는 식물의 종자나 과육으로부터 추출한 것으로서 1기압에서 인화점
이 250℃ 미만인 것

> **참고**
>
> ① 제외되는 것 : 행정안전부령이 정하는 용기기준과 수납 · 저장기준에 따라 수납되어 저장 ·
> 보관되고 용기의 외부에 물품의 통칭명, 수량 및 화기엄금의 표시가 있는 경우
>
> ② 기름 : 상온에서 **액체상태**인 고급지방산의 글리세린에스테르
>
> ③ 지방 : 상온에서 **고체상태**인 고급지방산의 글리세린에스테르

(2) 요오드 값(옥소 값)

유지 100g에 부가되는 요오드의 g수

> **참고**
>
> ① 동 · 식물유류중에서도 고체, 반고체 상태의 것은 소방기본법에 해당된다.
>
> • 부가(첨가) : 불포화 혼합물질에 다른 물질의 분자가 결합하여 새로운 물질을 만드는 화학
> 반응, 여기서는 녹아 들어간다는 의미로 생각하는 것이 수험자에게는 이해가 쉽다.
>
> ② 요오드 값에는 단위가 없다(g수이므로 숫자만 표시한다).

(3) 건성유

① 요오드 값(옥소 값) : 130 이상

   ㉮ 동물유 : 정어리 기름, 대구유, 상어유 등

   ㉯ 식물유 : 해바라기유, 동유, 아마인유, 들기름 등

② 위험성 : 자연발화

③ 저장방법

   ㉮ 화기 및 점화원으로부터 멀리한다.

   ㉯ 증기 및 액체의 누설에 주의한다.

참고

- 건성유 : 공기 중에서 단단한 **피막**을 만들며 **헝겊**, 종이에 베어 공기 중에서 **자연발화**한다.
- 보일유 : 건성유가 주성분이며 수지 등과 혼합하여 **페인트의 원료**로 사용된다.
- 중요한 건성유의 요오드 값

품 명	원 료	요오드값	인화점	쓰이는 곳
해바라기유	해바라기씨	125~136		식용
동유	오동종자	145~176	289℃	도료
아미인유	아마의 씨	170~204	222.2℃	도료
들기름	들깨	192~208	279℃	식용 · 도료
정어리기름	정어리	154~196		경화유

---

(4) 반건성유

요오드 값(옥소 값) : 100~130

① 동물유 : 청어유 등

② 식물유 : 쌀겨기름, 면실유, 채종유, 옥수수기름, 참기름, 콩기름 등

> **참고**
>
> • 반건성유 : 건성유보다는 공기중에서 만드는 피막이 얇다.
>
> • 개자유 : 채종유로서 인화점이 46℃이다
>
> • 중요한 반건성유의 요오드 값
>
> | 품 명 | 원 료 | 요오드값 | 인화점 | 쓰이는 곳 |
> |---|---|---|---|---|
> | 청어유 | 청어 | 123~146 | 224℃ | 경화유 |
> | 쌀겨기름 | 쌀겨 | 92~115 | 234℃ | 식용 · 비누 |
> | 면실유 | 목화씨 | 99~113 | 252℃ | 식용 |
> | 채종유 | 채소씨 | 97~107 | 163℃ | 식용 · 담금질유 · 윤활유 |
> | 옥수수기름 | 옥수수 | 109~133 | 254℃ | 식용 |
> | 참기름 | 참깨 | 104~116 | 255℃ | 식용 · 약품 |
> | 콩기름 | 콩 | 117~141 | 282℃ | 식용 |

(5) 불건성유

요오드 값(옥소 값) : 100 이하

① 동물유 : 쇠기름, 돼지기름, 고래기름 등

② 식물유 : 피마자유, 올리브유, 팜유, 땅콩기름, 야자유 등

> **참고**
>
> • 불건성유 : 공기중에서 건성 반건성유와 같이 피막을 만들지 않는 안정된 기름
>
> • 중요한 불건성유의 요오드 값
>
> | 품 명 | 원 료 | 요오드값 | 인화점 | 쓰이는 곳 |
> |---|---|---|---|---|
> | 피마자유 | 아주까리의 씨 | 81~86 | 229℃ | 브레이크유 · 약용 · 화장품 · 도료 |
> | 올리브유 | 올리브 열매 | 79~90 | 225℃ | 약용 · 화장품 |
> | 팜유 | 팜의 열매 | 51~57 | 162℃ | 식용 · 비누 |
> | 낙화생기름 | 땅콩 | 84~102 | 282℃ | 식용 · 약용 |
> | 야자유 | 야자 | 7~10 | 216℃ | 비누 · 고급알코올의 원료 · 라우린산 |

적중예상문제

모든 계산문제는 소수 3째자리까지 계산하고 반올림하여 소수 2째자리를 답으로 합니다.

제4류 위험물의 필수암기 사항

01 제4류 위험물의 위험물 안전관리법상 성질은 무엇인가?

해답 인화성 액체

02 인화성액체의 인화점 측정방법 3가지를 쓰시오.

해답 ① 태그 밀폐식 인화점 측정기에 의한 인화점 측정
② 신속평형법 인화점 측정기에 의한 인화점 측정
③ 클리브랜드개방컵 인화점 측정기에 의한 인화점 측정

03 위험물 안전관리법(시행령 별표1)에서 정하는 제4류 위험물의 위험등급 I과 II의 품명을 쓰시오.

해답 I 등급 : 특수인화물
II 등급 : 제1석유류, 알코올류

04 다음 보기에서 위험등급 I의 위험물을고르시오

이황화탄소, 아세톤, 휘발유, 디에틸에테르,
메틸에틸케톤, 아세트알데히드, 에틸알코올

해답 이황화탄소, 디에틸에티르, 아세트알데히드
참고 제4류 위험물의 위험등급 I 은 특수인화물에 해당된다.

05 제4류 위험물 중에서 위험등급 II에해당하는 위험물의 품명 2가지를 쓰시오.

해답 제1석유류, 알코올류

06 다음 위험물의 지정수량을 쓰시오.

㉮ 특수인화물	㉯ 제1석유류(수용성)
㉰ 알코올류	㉱ 제2석유류(수용성)
㉲ 제3석유류(수용성)	㉳ 제4석유류
㉴ 동식물유류	

해답 ㉮ 50ℓ ㉯ 400ℓ
㉰ 400ℓ ㉱ 2,000ℓ
㉲ 4,000ℓ ㉳ 6,000ℓ
㉴ 10,000ℓ

07 다음 위험물의 지정수량 배수의 합을 구하시오 (단, 1~3석유류는 수용성이다).

특수인화물 200 ℓ
제1석유류 400 ℓ
제2석유류 4,000 ℓ
제3석유류 12,000 ℓ
제4석유류 24,000 ℓ

해답 [계산과정]
지정수량 :
- 특수인화물 50ℓ
- 제1석유류(수용성) 400ℓ
- 제2석유류(수용성) 2,000ℓ
- 제3석유류(수용성) 4,000ℓ
- 제4석유류(수용성) 6,000ℓ

지정수량 배수의 합 =
$$\frac{200}{50} + \frac{400}{400} + \frac{4,000}{2,000} + \frac{12,000}{4,000}$$

$$\frac{24,000}{6,000} = 14(배)$$

[답] 14배

08 산화프로필렌 200ℓ, 벤조알데히드 1,000ℓ, 아세트산 4,000ℓ의 합은 지정수량 몇배에 해당되는가?

해답 [계산과정]

지정수량

- 산화프로필렌 = 특수인화물 (50ℓ)
- 벤조알데히드 = 제2석유류 중 비수용성 (1,000ℓ)
- 아세트산 = 제2석유류 중 수용성(2,000ℓ)

지정수량 배수의 합 =

$$\frac{200}{50} + \frac{1,000}{1,000} + \frac{4,000}{2,000} = 7(배)$$

[답] 7배

09 벤젠, 장뇌유, 테레핀유를 각각 100ℓ씩 저장하면 지정수량 배수의 합은 얼마인가?(단, 벤젠의 지정 수량 : 200ℓ, 장뇌유 및 테핀유의 지정수량 : 1,000ℓ)

해답 [계산과정]

지정수량 배수의 합 =

$$\frac{100}{200} + \frac{100}{1,000} + \frac{100}{1,000} = 0.7(배)$$

[답] 0.7배

10 다음 물질의 지정수량을 쓰시오.

㉮ 클로로벤젠	㉯ 가솔린
㉰ 피리딘	㉱ 니트로벤젠
㉲ 히드라진	

해답 ㉮ 1,000ℓ ㉯ 200ℓ
㉰ 400ℓ ㉱ 2,000ℓ
㉲ 2,000ℓ

참고 지정수량

- 클로로벤젠(비수용성) – 제2석유류 (1,000ℓ)

- 가솔린(비수용성) – 제1석유류(200ℓ)
- 피리딘(수용성) – 제1석유류(400ℓ)
- 니트로벤젠(비수용성) – 제3석유류 (2,000ℓ)
- 히드라진(수용성) – 제2석유류(2,000ℓ)

11 다음 위험물의 지정수량을 쓰시오.

㉮ 아세트산	㉯ 니트로벤젠
㉰ 염화아세틸	㉱ 크레오소오트유

해답 ㉮ 2,000ℓ ㉯ 2,000ℓ
㉰ 200ℓ ㉱ 2,000ℓ

참고 지정수량

- 아세트산(수용성) – 제2석유류(2,000ℓ)
- 니트로벤젠(비수용성) – 제3석유류 (2,000ℓ)
- 염화아세틸(비수용성) – 제1석유류(200ℓ)
- 크레오소오트유(비수용성) – 제3석유류 (2,000ℓ)

12 다음 위험물의 지정수량을 쓰시오.

㉮ 이소프로필아민	㉯ 메틸에틸게톤
㉰ 톨루엔	㉱ 클로로벤젠

해답 ㉮ 50ℓ ㉯ 200ℓ
㉰ 200ℓ ㉱ 1,000ℓ

참고 지정수량

- 이소프로필아민(인화점 –37.2℃, 비점 31.7℃) – 특수인화물50ℓ
- 메틸에틸게톤(비수용성) – 제1석유류 (200ℓ)
- 톨루엔(비수용성) – 제1석유류(200ℓ)
- 클로로벤젠(비수용성) – 제2석유류 (1,000ℓ)

13 다음 위험물의 지정수량을 쓰시오.

> ㉮ CS₂ ㉯ CH₃COCH₃
>
> ㉰ C₆H₅NH₂ ㉱ CH₃COOCH₃

해답 ㉮ 50ℓ ㉯ 400ℓ

㉰ 2,000ℓ ㉱ 200ℓ

참고 지정수량 :

- CS₂(이황화탄소) : 특수인화물(50ℓ)
- CH₃COCH₃(아세톤)〈수용성〉: 제1석유류(400ℓ)
- C₆H₅NH₂(아닐린)〈비수용성〉: 제3석유류(2,000ℓ)
- CH₃COOCH₃(초산메틸)〈비수용성〉: 제1석유류(200ℓ)

14 제4류 위험물의 공통성질 5가지를 쓰시오.

해답 ① 대단히 인화되기 쉽다.

② 착화 온도가낮은 것은 위험하다.

③ 증기는 공기보다 무겁다.

④ 물보다 가볍고 물에 녹기 어렵다.

⑤ 증기는 공기와 약간 혼합되어도 연소의 우려가 있다.

15 제4류 위험물에 대한 물음에 답하시오.

> ㉮ 증기가 공기보다 가벼운 제1석유류의 화학식
>
> ㉯ 물보다 무겁고 물속에 저장하는 특수 인화물의 화학식

해답 ㉮ HCN ㉯ CS₂

16 제4류 위험물이 물보다 가볍고 표면장력이 작다는 것과 연소 시 주수소화하면 안 되는 이유는 무엇인가?

해답 화재면을 확대하므로

17 다음 보기의 위험물 중 수용성인 것을 모두 쓰시오.

> 아세톤, 휘발유, 벤젠, 이소프로필알코올, 시클로헥산, 아세트산

해답 아세톤, 이소프로필알코올, 아세트산

18 다음 물질 중에서 비수용성 물질을 찾으시오.

> 이황화탄소, 벤젠, 아세트알데히드, 에탄올

해답 이황화탄소, 벤젠

19 제4류 위험물의 저장 및 취급법 중 가장 중요한 것 3가지만 쓰시오.

해답 ① 용기는 밀전하여 통풍이 잘 되는 찬곳에 저장한다.

② 화기 및 점화원으로부터 멀리한다.

③ 증기 및 액체의 누설에 주의한다.

20 제4류 위험물인 석유류의 화재의 특징을 4가지로 기술하시오.

해답 ① 증발연소하므로 불티가 나지 않는다.

② 인화성이므로 풍하의 화재에도 인화한다.

③ 유동성액체이므로 연소의 확대가 빠르다.

④ 소화후발화점 이상으로 가열된 물체등에 의하여 재연 또는 폭발한다.

모든 계산문제는 소수 3째자리까지 계산하고 반올림하여 소수 2째자리를 답으로 합니다.

21 제4류 위험물 중 특수인화물의 지정품목 2가지를 쓰시오.

> **해답** ① 이황화탄소 ② 디에틸에테르

22 다음 석유류의 지정품목을 모두 쓰시오.

> | ㉮ 제1석유류 | ㉯ 제2석유류 |
> | ㉰ 제3석유류 | ㉲ 제4석유류 |

> **해답** ㉮ 아세톤 · 휘발유
> ㉯ 등유 · 경유
> ㉰ 중유 · 크레오소오트유
> ㉲ 기어유 · 실린더유

23 석유류를 제1, 제2, 제3, 제4석유류로 분리하는 것은 무엇에 기준을 둔 것인가?

> **해답** 인화점

24 제4류 위험물 중 1기압에서 발화점이 섭씨 100도이하인 것 또는 인화점이 섭씨 영하 20도 이하이고 비점이 섭씨 40도이하인 위험물을 무엇이라 정의하는가?

> **해답** 특수인화물

25 괄호 안에 알맞은 말을 쓰시오.

> "특수인화물"이라함은 이황화탄소, 디에틸에테르 그밖에 1기압에서 발화점이 섭씨 (㉮)도 이하인 것 또는 인화점이 섭씨 영하 (㉯)도 이하이고 비점이 섭씨 (㉰)도 이하인 것을 말한다.

> **해답** ㉮ 100
> ㉯ 20
> ㉰ 40

26 괄호 안에 알맞은 말을 쓰시오.

> "제1석유류"라함은(㉮), (㉯) 그밖에 1기압에서 (㉰)이 섭씨 ㉲도 미만인 것을 말한다.

> **해답** ㉮ 아세톤
> ㉯ 휘발유
> ㉰ 인화점
> ㉲ 21

27 괄호 안에 알맞은 말을 쓰시오.

> ( )라 함은 등유, 경유, 그 밖에 1기압에서 인화점이 섭씨 21도 이상 70도 미만인 것을 말한다. 다만, 도료류 그 밖의 물품에 있어서 가연성 액체량이 40중량퍼센트 이하이면서 인화점이 섭씨 40도 이상인 동시에 연소점이 섭씨 60도 이상인 것은 제외한다.

> **해답** 제2석유류

28 제4류 위험물 중 제4석유류의 정의에 대하여 괄호 안에 알맞은 말을 쓰시오.

> 인화점 (㉮)도 이상 (㉯)도 미만, 도료류는 가연성액체량 (㉰)중량퍼센트 이하 제외

> **해답** ㉮ 200
> ㉯ 250
> ㉰ 40

29 다음은 제4류 위험물 제2석유류 중 제외되는 조건이다. 물음에 답하시오.

> ㉮ 가연성 액체량은 중량%로 몇 % 이하이어야 하는가?
> ㉯ 인화점은 몇 ℃ 이상이어야 하는가?
> ㉰ 연소점은 몇 ℃ 이상이어야 하는가?

해답 ㉮ 40%

㉯ 40℃

㉰ 60℃

특수인화물(이황화탄소)

01 제4류 위험물 중 천연가스의 주성분인 메탄과 황을 가열(900℃)하면 생성되는 물질로서 비스코스레이온의 원료로 사용되는 물질의 명칭과 지정수량을 쓰시오.

해답 ① 물질명칭: 이황화탄소

② 지정수량: 50ℓ

02 증기를 흡입하면 중추신경을 마비시키는 이황화탄소의 인화점은 몇 ℃인가?

해답 −30℃

03 수지, 유지 등을 녹이고, 인화점 −30℃인 특수인화물의 명칭과 보관방법은?

해답 ㉮ 이황화탄소

㉯ 수조(물속)에 넣어 보관한다.

참고 이황화탄소(CS_2)는 인화점 −30℃, 착화점 100℃로 물보다 무겁고 물에 녹지 않으며 휘발성이 매우 강하므로 가연성 증기의 발생을 억제하기 위하여 수조(물속)에 넣어 저장한다.

04 이황화탄소에 녹을 수 있는 황의 동소체 2가지의 명칭을 쓰시오.

해답 ① 사방정계황 ② 단사정계황

참고 비정계황인 고무상황은 이황화탄소에 녹지 않는다.

05 이황화탄소에 관한 물음에 답하시오(단, 공기의 평균 분자량 : 29, 원자량 : C=12, S=32).

㉮ 지정수량	㉯ 인화점
㉰ 착화점	㉱ 증기비중

해답 ㉮ 50ℓ ㉯ −30℃

㉰ 100℃

㉱ [계산과정]

이황화탄소(CS_2)의 분자량 : $12+32×2=76$

증기비중 $= \dfrac{76}{29} = 2.620$

[답] 2.62

06 CS_2의 완전 연소반응식을 쓰시오.

해답 $CS_2 + 3O_2 \rightarrow CO_2 \uparrow + 2SO_2 \uparrow$

참고 • 이황화탄소의 연소반응식

$CS_2 + 3O_2 \rightarrow CO_2 \uparrow + 2SO_2 \uparrow$
(이황화탄소) (산소) (이산화탄소) (이산화황)

07 CS_2가 수조에서 150℃로 가열되었을때 화학반응시 생성물의 화학식을 쓰시오.

해답 H_2S, CO_2

참고 • 이황화탄소의 고온수증기(150℃)에 의한 분해식

$CS_2 + 2H_2O \rightarrow CO_2 \uparrow + 2H_2S \uparrow$
(이황화탄소) (물) (이산화탄소) (황화수소)

08 CS_2의 화재에 물을 사용할 수 있다. 물로 주수할 경우 소화효과를 쓰시오.

해답 CS_2(이황화탄소)는 물보다 무겁고 물에 녹지 않으므로 물을 주수하면 화재면을 덮어 산소 공급을 차단하는 질식소화 효과를 갖는다.

특수인화물(디에틸에테르)

01 특수인화물인 디에틸에테르의 지정수량과 구조식을 쓰시오.

해답 ① 지정수량: 50 ℓ

② 구조식

$$
H-\overset{\overset{\displaystyle H}{|}}{\underset{\underset{\displaystyle H}{|}}{C}}-\overset{\overset{\displaystyle H}{|}}{\underset{\underset{\displaystyle H}{|}}{C}}-O-\overset{\overset{\displaystyle H}{|}}{\underset{\underset{\displaystyle H}{|}}{C}}-\overset{\overset{\displaystyle H}{|}}{\underset{\underset{\displaystyle H}{|}}{C}}-H
$$

02 디에틸에테르는 직사광선을 받으면 햇빛에 분해되어 (㉮)을 형성하므로, (㉯)에 보관하고, 유리병 내부는 (㉰)% 이상을 공간용적 으로 두어야 한다.

해답 ㉮ 과산화물 ㉯ 갈색병 ㉰ 2

03 디에틸에테르에 관한 3가지 질문에 답하시오.

> ㉮ 인화점
> ㉯ 저장하는 용기
> ㉰ 품명

해답 ㉮ −45℃

㉯ 갈색병

㉰ 특수인화물

04 디에틸에테르의 분자량을 구하시오(단,C=12, H=1, O=16).

해답 [계산과정]

$C_2H_5OC_2H_5$(디에틸에테르)의 분자량 : 12×4+5+5+16=74

[답] 74

05 제4류 위험물 중에서 분자량이 74이며 인화점이 −45℃인위험물의 화학식 시성식을 쓰시오.

해답 $C_2H_5OC_2H_5$

06 특수인화물인 디에틸에테르에 대하여 답하시오(단, 계산문제는 반드시 계산식을 쓰고 답은 소수점 셋째자리에서 반올림하여 소수점 둘째자리까지 계산한다. STP상태이며 공기의 평균분자량 : 29, 원자량 : C=12, H=1, O=16).

> ㉮ 인화점   ㉯ 착화점
> ㉰ 연소범위   ㉱ 비점
> ㉲ 운반용기의 공간용적
> ㉳ 일반식   ㉴ 증기비중

해답 ㉮ −45℃

㉯ 180℃

㉰ 1.9~48%

㉱ 34.6℃

㉲ 2% 이상

㉳ R−O−R'

㉴ [계산과정]

디에틸에테르($C_2H_5OC_2H_5$)의 분자량 :12×4+10+16 =74

증기비중 = 74/29 =2.551

[답] 2.55

07 디에틸에테르가 직사광선에 쪼이면 과산화물을 생성하여 폭발의 위험이 있다. 디에틸에테르의 저장용기와 과산화물 검출약품 및 과산화물을 제거하는 약품명을 쓰시오.

> ㉮ 직사광선에 의한 분해를 방지하기 위한 저장용기
> ㉯ 과산화물 검출약품
> ㉰ 과산화물 제거약품 2가지

해답 ㉮ 갈색 유리병
　　　㉯ 옥화칼륨(요오드화칼륨) 10% 수용액
　　　㉰ 환원철, 황산 제1철

08 디에틸에테르는 동물성 섬유로 여과할 때 착화하는 경우가 있다. 그 이유는 무엇 때문인가?

해답 정전기 발생

특수인화물(아세트알데히드)

01 에틸알코올을 가열된 CuO를 통과시켜 산화될 때 생성되는 물질은 무엇인가?

해답 아세트알데히드

참고 $C_2H_5OH \xrightarrow[+이]{가열된 CuO} CH_3CHO + H_2O$
　　　(에틸알코올)　　(아세트알데이드)　(물)

02 에탄올이 1차 산화 후 생기는 물질로써 특수인화물에 속하는 위험물의 화학식(시성식)을 쓰시오.

해답 CH_3CHO

03 아세트알데히드의 산화반응식과 환원반응식을 쓰시오.

해답 • 산화반응식 :
　　　　$CH_3CHO + O \rightarrow CH_3COOH$
　　　• 환원반응식 :
　　　　$CH_3CHO + 2H \rightarrow C_2H_5OH$

04 에틸렌을 산화(왁커어법)시키면 생성되는 물질로써 다음에 답하시오.

> ㉮ 화학식
> ㉯ 에틸렌의 산화 화학반응식
> ㉰ 품명
> ㉱ 지정수량

해답 ㉮ CH_3CHO
　　　㉯ $C_2H_4 + PdCl_2 + H_2O \rightarrow CH_3CHO$
　　　　$+Pd +2HCl\uparrow$
　　　㉰ 특수인화물
　　　㉱ 50 ℓ

참고 • 왁커법에 의한 아세트알데히드 제법
　　　$C_2H_4 + PdCl_2 + H_2O \rightarrow$
　　　(에틸렌)　(염화팔라듐)　　(물)
　　　$CH_3CHO + Pd + 2HCl\uparrow$
　　　(아세트알데히드)　(팔라듐)　(염화수소)

05 연소범위가 4.1∼57%이며 산화중합반응을 하는 위험물은?

해답 아세트알데히드

참고 아세트알데히드(CH_3CHO)는 제4류 위험물 중 특수인화물로서 연소범위가 4.1∼57%로 가장 넓다.

적중예상문제

모든 계산문제는 소수 3째자리까지 계산하고 반올림하여 소수 2째자리를 답으로 합니다.

06 아세트알데히드의 완전연소반응식을 쓰시오.

해답 $2CH_3CHO + 5O_2 \rightarrow 4CO_2 \uparrow + 4H_2O$

참고 • 아세트알데히드의 연소반응식
$2CH_3CHO + 5O_2 \rightarrow 4CO_2 \uparrow + 4H_2O$
(아세트알데히드) (산소) (이산화탄소) (물)

07 1급 알코올이 산화되면 알데히드가 만들어진다. 다음 물음에 답하시오.

㉮ 특수인화물인 아세트알데히드의 구조식을 쓰시오.
㉯ 아세트알데히드 산화반응 후 생성물질의 시성식을 쓰시오.
㉰ 아세트알데히드 환원반응 후 생성물질의 시성식을 씨시오.

해답 ㉮

㉯ CH_3COOH
㉰ C_2H_5OH

08 특수인화물 중 환원성이 좋은 아세트알데히드에 대하여 다음 물음에 답하시오(단, 공기의 평균분자량 : 29, 원자량 : C=12, H=1, O=16).

㉮ 인화점 ㉯ 착화점
㉰ 비점 ㉱ 연소범위
㉲ 증기비중
㉳ 환원성물질 검출방법 2가지

해답 ㉮ $-38℃$
㉯ $185℃$
㉰ $21℃$

㉱ $4.1\sim57\%$
㉲ [계산과정]
아세트알데히드(CH_3CHO)의 분자량 : $12\times2+4+16=44$
증기비중 $=\dfrac{44}{29}=1.517$
[답] 1.52
㉳ 은거울반응, 페엘링반응

09 아세트알데히드에 암모니아성 질산은용액을 반응시키면 (㉮)반응이 일어나서 (㉯)을 석출시키는데 이는 알데히드의 (㉰)때문이다.

해답 ㉮ 은거울 ㉯ 은 ㉰ 환원성

10 특수인화물 중 물과 유기용제에 잘 녹고 수은, 마그네슘과의 접촉으로 중합반응이 일어나며 분자량이 44인 것의 품명과 용기내부에 봉입시키는 불연성가스의 명칭을 쓰시오.

해답 ① 특수인화물
② 질소가스(N_2)

11 다음은 아세트알데히드 취급설비의 재질 및 반응성에 관한 설명이다. ( ) 안에 알맞은 용어를 쓰시오.

"아세트알데히드의 취급설비에 구리, 마그네슘, 은, (㉮) 및 그 합금으로 된 재질을 사용하는 경우 이 두 물질간에 (㉯)반응을 일으켜 구조불명의 폭발성 물질을 생성하기 때문에 이들 금속성분을 포함한 것을 사용할 수 없다."

해답 ㉮ 수은 ㉯ 중합

12 아세트알데히드 저장탱크 재료로 불가능한 금속은 수은, ( ), ( ), ( )이다. 괄호 안에 알맞은 말을 쓰시오.

해답 은, 구리, 마그네슘

특수인화물(산화프로필렌 등)

01 분자량 58, 인화점 −37℃, 연소범위가 2.5∼38.5% 정도인 물질의 품명과 화학식을 쓰시오.

해답 품명 : 특수인화물

화학식 : OCH_2CHCH_3

02 분자량이 58이고, 상온에서 증기압이 445mmHg 이며 피부 접촉 시 동상현상을 일으키는 위험물질의 물질명과 화학식을 쓰시오.

해답 물질명 : 산화프로필렌

화학식 : OCH_2CHCH_3

03 산화프로필렌은 증기압이 대단히 높아 상온에서도 쉽게 위험농도에 이르기 쉽기 때문에 저장시에는 특별한 주의를 요한다. 그 저장법을 간단히 쓰시오.

해답 탱크의 공간을 불연성 가스로 봉입

04 산화프로필렌에 대하여 다음 물음에 답하시오.

㉮ 지정수량	㉯ 인화점
㉰ 비점	

해답 ㉮ 50ℓ   ㉯ −37℃

㉰ 34

05 산화프로필렌의 구조식을 쓰시오.

해답
$$H-\overset{\overset{\displaystyle H}{|}}{C}-\overset{\overset{\displaystyle H}{|}}{\underset{\underset{\displaystyle O}{}}{C}}-\overset{\overset{\displaystyle H}{|}}{\underset{\underset{\displaystyle H}{|}}{C}}-H$$

06 산화프로필렌이 피부와 접촉되었을 때 나타나는 현상은?

해답 동상과 같은 현상

07 산화프로필렌의 증기를 흡입하였을 때의 증상은?

해답 폐부종

08 산화프로필렌을 저장·취급할 경우 사용할 수 없는 금속은?

해답 Cu(구리), Ag(은), Hg(수은), Mg(마그네슘) 또는 이들의 합금

09 산화프로필렌이 구리, 은, 마그네슘과 접촉하여 생성되는 물질은 무엇인가?

해답 아세틸라이드

모든 계산문제는 소수 3째자리까지 계산하고 반올림하여 소수 2째자리를 답으로 합니다.

제1석유류(아세톤)

01 이소프로필알코올을 산화시켜 만든 것으로 요오드포름반응을 하는 제1석유류에 대하여 다음 물음에 답하시오.

> ㉮ 위험물의 명칭
> ㉯ 요오드포름의 화학식
> ㉰ 요오드포름의 색깔

해답 ㉮ 아세톤
　　㉯ CHI_3
　　㉰ 노랑색

02 아세틸렌 가압충전시 습면시킬 때 사용하는 것으로, 요오드포름 반응을 한다. 이 물질은?

해답 아세톤

03 분자구조가 케톤류의 결합을 가진 물질 중 제1석유류에 해당하는 위험물(2가지)의 시성식을 쓰시오.

해답 ① CH_3COCH_3
　　② $CH_3COC_2H_5$

04 제4류 위험물 중 분자량이 58, 인화점이 −18℃, 수용성이며 피부와 접촉하면 탈지현상이 일어나는 위험물의 화학식과 지정수량을 쓰시오.

해답 화학식 : CH_3COCH_3
　　지정수량 : 400ℓ
참고 아세톤(CH_3COCH_3)의 분자량 : $12 \times 3+6+16=58$

05 인화점이 −18℃이고 독특한 향이 있고 제1석유류에 해당하는 것의 구조식을 쓰시오.

해답 본문 내용은 아세톤(CH_3COCH_3)이다.

06 제1석유류 위험물 중 아세톤에 대하여 답하시오.

> ㉮ 화학식　　　　㉯ 지정수량
> ㉰ 인화점　　　　㉱ 보관중 색
> ㉲ 일반식　　　　㉳ 직사일광 위험성

해답 ㉮ CH_3COCH_3
　　㉯ 400ℓ
　　㉰ −18℃
　　㉱ 황색
　　㉲ R−CO−R′
　　㉳ 분해

제1석유류(가솔린)

01 위험물의 위험등급 중 휘발유의 위험등급은 몇 등급인가?

해답 2등급
참고 특수인화물 : 위험등급 1등급
　　제1석유류 및 알코올류 : 위험등급 2등급
　　그 밖의 것 : 위험등급 3등급

02 제1석유류인 가솔린에 관한 물음에 답하시오.

> ㉮ 주성분
> ㉯ 부피팽창률
> ㉰ 다른 명칭 3가지

해답 ㉮ 포화 · 불포화탄화수소의 혼합물

㉯ 0.00135/℃

㉰ 석유벤젠, 석유에테르, 리그로인, 미네
날스피릿, 널리벤젠, 솔벤트나프타 중
3가지

03 가솔린의 다음 사항에 대하여 쓰시오.

> ㉮ 인화점
> ㉯ 발화점
> ㉰ 증기비중
> ㉱ 폭발범위(연소범위)

해답 ㉮ $-43 \sim -20℃$

㉯ 약 300℃

㉰ 3~4

㉱ 1.4~7.6%

04 가솔린에 MTBE 등을 첨가시키는 것은 연소성을 높이기 위한 것이다. 이 연소성의 측정기준을 무엇이라 하는가?

해답 옥탄값

05 가솔린의 폭발지수인 옥탄가 중 옥탄가 100인 물질과 0인 물질을 각각 어떤 물질로 지정되어 있는지 쓰시오.

해답 옥탄가 100인 물질 : 이소옥탄

옥탄가 0인 물질 : 노르말 헵탄

06 옥탄 값의 정의를 쓰시오.

해답 이소옥탄을 100으로 하고 노르말헵탄을 0으로 하여 가솔린의 품질을 정하는 기준

07 가솔린의 제조방법 3가지를 쓰시오.

해답 ① 직류법 또는 분류법

② 열분해법

③ 접촉개질법

08 제4류 위험물로서 무색 투명하고 휘발하기 쉬운 액체로 B.T.X가 있다. B.T.X는 무엇인가?

해답 벤젠, 톨루엔, 크실렌의 혼합물

09 B.T.X 시성식(화학식)을 쓰시오.

해답 C_6H_6, $C_6H_5CH_3$, $C_6H_4(CH_3)_2$

B.T.X란 벤젠, 톨루엔, 크실렌의 혼합물 명칭이다.

제1석유류(벤젠 · 톨루엔)

01 융점이 5.5℃로서 겨울철에 고체상태에서도 가연성 증기를 발생하는 제4류 위험물 중 제1 석유류는 무엇인가?

해답 벤젠

02 니켈 촉매하에서 수소의 첨가반응으로 시클로핵산을 만드는 분자량이 78인 위험물의 명칭과 지정수량을 쓰시오.

해답 명칭 : 벤젠

지정수량 : 200 ℓ

참고 벤젠(C_6H_6)의 분자량 : $12 \times 6 + 6 = 78$

03 벤젠에 대하여 답하시오(단, STP상태이며 공기의 평균분량 = 28.9, 원자량 : C=12, H=1).

㉮ 융점	㉯ 인화점
㉰ 증기비중	㉱ 연소범위

해답 ㉮ 5.5℃   ㉯ −11℃

㉰ [계산과정]

벤젠(C_6H_6)의 분자량 = 12×6+6=78

증기비중 = $\dfrac{78}{28.9}$ = 2.698

[답] 2.70

㉱ 1.4 ~ 7.1%

04 벤젠의 융점이 5.5℃와 위험성과의 관계를기술하시오.

해답 벤젠은 융점이 5.5℃이며 인화점이 −11℃이므로 겨울철에 고체상태에서도 가연성증기를 발생한다.

05 벤젠은 독성이 있다. 증기를 5~10분간 흡입하였을 경우 치명적인 증기농도는 얼마인가?

해답 2% 이상

06 벤젠의 다음 사항을 쓰시오.

㉮ 연소범위	㉯ 비점
㉰ 착화점	㉱ 구조식
㉲ 연소반응식	

해답 ㉮ 1.4~7.1%

㉯ 80℃

㉰ 562℃

㉱ 또는

㉲ $2C_6H_6 + 15O_2 \rightarrow 12CO_2 \uparrow + 6H_2O$

07 벤젠핵 1에 메틸기가 한 개인 것의 구조식과 품명을 쓰시오.

해답 ① 구조식

② 품명: 제1석유류

08 다음 보기에서 설명하는 물질의 명칭을 쓰시오.

㉮ 비수용성이고, 인화점 4℃이다
㉯ 발화점은 552℃이고 비중은0.90이다
㉰ 질산과 황산의 혼합으로 니트로화 시키면 TNT가 된다.

해답 톨루엔

09 톨루엔에 대하여 답하시오(단, STP 상태이며 공기의 평균분자량 : 29, 원자량 : C=12, H=1).

㉮ 인화점	㉯ 착화점
㉰ 연소범위	㉱ 증기비중

해답 ㉮ 4℃   ㉯ 552℃   ㉰1.4~6.7%

㉱ [계산과정]

톨루엔($C_6H_5CH_3$)의 분자량 : 12×7+8 = 92

증기비중 = $\dfrac{92}{29}$ = 3.172

[답] 3.17

10 톨루엔을 주원료로 사용하는 제5류 위험물의 약칭은 무엇인가?

해답 T.N.T.

11 톨루엔의 구조식과 톨루엔 1몰이 완전연소 되었다고 하면 어떤 물질이 나올 수 있는지 연소반응식을 계수에 맞추어 쓰시오.

> ㉮ 톨루엔 구조식 　　 ㉯ 연소반응식

해답 ㉮

CH_3

㉯ $C_6H_5CH_3 + 9O_2 \rightarrow 7CO_2 \uparrow + 4H_2O$

참고 • 톨루엔의 연소반응식

$C_6H_5CH_3 + 9O_2 \rightarrow 7CO_2 \uparrow + 4H_2O$
(톨루엔)　 (산소)　 (이산화탄소) (물)

제1석유류(초산에스테르류)

01 아세트산에스테르류의 일반식을 쓰시오.

해답 $R-COO-R´$

참고 아세트산에스테르 = 초산에스테르

02 초산에스테르류는 초산과 알코올의 축합물이다. 이 중 초산과 메틸알코올의 축합물을 무엇이라 하며 인화점은 몇 ℃인가

해답 ① 초산메틸

② 인화점 $-10℃$

03 다음 화학식을 완결하시오.

> $CH_3COOH + CH_3OH \xrightarrow{C+H_2SO_4}$
> (　㉮　) + (　㉯　)

해답 ㉮ CH_3COOCH_3

㉯ H_2O

04 초산에스테르류 중에서 가장 수용성이 큰 것의 이름과 이것이 피부에 닿았을 때의 현상을 쓰시오.

해답 ① 초산메틸

② 탈지작용

05 아세트산메틸의 시성식과 구조식을 쓰시오.

해답 ㉮ 시성식: CH_3COOCH_3

㉯ 구조식

$$H-\underset{\underset{H}{|}}{\overset{\overset{H}{|}}{C}}-\overset{O}{C}\underset{O-\underset{\underset{H}{|}}{\overset{\overset{H}{|}}{C}}-H}{}$$

참고 아세트산메틸= 초산메틸

06 초산메틸은 수용성이다. 화재시 사용할 수 있는 포말소화기는 무엇인가?

해답 알코올폼 소화기

07 CH_3COOH에 C_2H_5OH를 첨가하여 반응시킨 딸기향이 나는 무색 투명한 물질은 무엇인가?

해답 초산에틸(아세트산에틸)

참고 $CH_3COOH + C_2H_5OH \xrightarrow[\text{에스태르화}]{C+H_2SO_4}$
(초산)　 (에틸알코올)

$CH_3COOC_2H_5 + H_2O$
(초산에틸)　 (물)

• 초산을 아세트산이라 하므로 초산에틸을 아세트산에틸 이라고도 한다.

모든 계산문제는 소수 3째자리까지 계산하고 반올림하여 소수 2째자리를 답으로 합니다.

08 휘발성이 있는 무색 액체로 과일과 같은 냄새가 있으며 비중이 0.899, 인화점이 영하 4℃인 에스테르의 분자식과 시성식을 쓰시오

해답 분자식 : $C_4H_8O_2$

시성식 : $CH_3COOC_2H_5$

09 초산에스테르류에서 분자량이 증가할수록 다음 사항들은 어떻게 되겠는지 간략하게 답하시오.

㉮ 인화점	㉯ 연소범위
㉰ 수용성	㉱ 발화점

해답 ㉮ 높아진다. ㉯ 좁아진다.
㉰ 감소한다. ㉱ 낮아진다.

참고 탄소수의 증가(분자량 증가)에 따른 공통점
① 인화점 높아진다.
② 발화점 낮아진다.
③ 연소범위 좁아진다.
④ 비중 낮아진다.
⑤ 증기비중 높아진다.
⑥ 비등점 높아진다.
⑦ 점도 높아진다.
⑧ 휘발성 낮아진다.
⑨ 수용성 낮아진다.
⑩ 이성질체 많아진다.

제1석유류(의산에스테르류)

01 가수분해하여 CH_3OH와 $HCOOH$로 분해되는 위험물의 시성식과 지정수량을 쓰시오.

해답 $HCOOCH_3$, 400 ℓ

참고 의산메틸($HCOOCH_3$)은 제4류 위험물중 제1석유류로서 수용성이므로 지정수량은 400L이며, 가수분해하면 의산과 메틸알코올이 된다.

02 의산메틸의 구조식과 일반식을 쓰시오.

해답 ㉮ 구조식

㉯ 일반식 : R–COO–R′

03 의산메틸의 화학식과 인화점을 쓰시오.

해답 ① 화학식 : $HCOOCH_3$
② 인화점 : $-19℃$

04 C_2H_5OH와 $HCOOH$가 축합하면 만들어지는 위험물은 무엇인가? 괄호 안을 채우시오.

$HCOOH + C_2H_5OH \rightarrow ($ $) + H_2O$

해답 $HCOOC_2H_5$

참고 의산($HCOOH$)과 에틸알코올(C_2H_5OH) 혼합액에 진한 황산을 가하여 축합시키면 의산에틸($HCOOC_2H_5$)과 물(H_2O)이 되며, 의산에틸($HCOOC_2H_5$)이 가수분해 하면 의산($HCOOH$)과 에틸알코올 (C_2H_5OH)이 된다.

제1석유류(메틸에틸케톤 · 피리딘 등)

01 메틸에틸케톤의 화학식과 약칭을 쓰시오.

[해답] ① 화학식 : $CH_3COC_2H_5$

② 약칭 : MEK

02 제4류 위험물 중 $CH_3COC_2H_5$에 대하여 다음 물음에 답하시오.

> ㉮ 인화점
> ㉯ 지정수량
> ㉰ 피부와 접촉 시 현상
> ㉱ 저장 시 주의사항 3가지

[해답] ㉮ $-1℃$ 　㉯ $200\,ℓ$

㉰ 탈지현상

㉱ －화기 및 점화원으로부터 멀리할 것

－ 증기 및 액체의 누설에 주의할 것

－ 용기는 밀전하여 통풍이 잘 되는 찬 곳에 저장할 것

[참고] 메틸에틸케톤($CH_3COC_2H_5$)은 수용성이지만 용해도가 23%이므로 비수용성으로 구분되어 지정수량은 $200\,ℓ$ 이다.

03 다음 보기를 만족하는 물질의 명칭과 시성식을 쓰시오.

> • 지정수량이 $200\,ℓ$, 비중 0.8, 비점이 80℃, 증기비중이 2.5이다.
> • 휘발성이 강한 무색액체이다.
> • 제2부틸알코올을 탈수시켜 얻는다.

[해답] ① 명칭 : 메틸에틸케톤

② 시성식 : $CH_3COC_2H_5$

[참고] • 메틸에틸케톤의 제법

$$CH_3CH_2CHOHCH_3 \xrightarrow[+이]{가열된\ CuO}$$
(제2부틸알코올)

$$CH_3COC_2H_5\quad+\quad H_2O$$
(메틸에틸케톤)　　(물)

04 메틸에틸케톤의 구조식과 일반식을 쓰시오.

[해답] ① 구조식

$$\begin{array}{ccccccccc}
 & H & & H & & H & & H & \\
 & | & & | & & | & & | & \\
H- & C & - & C & - & C & - & C & -H \\
 & | & & \| & & | & & | & \\
 & H & & O & & H & & H & \\
\end{array}$$

② 일반식 : $R-CO-R'$

05 메틸에틸케톤의 인화점과 증기비중은 얼마인가?(단, 증기비중은 계산식을 반드시 쓰고 답은 소수점 셋째 자리에서 반올림하여 소수점 둘째 자리까지 계산한다. 공기의 평균분자량 : 29, 원자량 : C = 12, O = 16

[해답] ① 인화점 : $-1℃$

② [계산과정]

메틸에틸케톤($CH_3COC_2H_5$)의 분자량

$= 12×4+8+16=72$

증기비중 $= \dfrac{72}{29} = 2.482$

[답] 2.48

06 순수한 것은 무색 액체로 심한 악취가 나며, 분자량 79, 비점 115℃, 증기비중2.73이며 인화점이 20℃ 정도로 상온에서 인화의 위험이 있는 제1석유류는 무엇인가?

[해답] 피리딘(C_5H_5N)

07 피리딘의 별명과 연소시 발생되는 유독가스는?

> **해답** ① 별명: 아딘
>
> ② 유독가스: NO_2
>
> **참고** $4C_5H_5N + 29O_2 \rightarrow 20CO_2\uparrow +$
> (피리딘)　　(산소)　　(이산화탄소)
> $10H_2O + 4NO_2\uparrow$
> (물)　　(이산화질소)

08 약알칼리성을 나타내고 독성을 가진 피리딘의 분자식, 인화점은?

> **해답** ① 분자식: C_5H_5N
>
> ② 인화점: $20℃$

09 제4류 위험물 중 피리딘에 대하여 다음 물음에 답하시오.

> ㉮ 구조식
> ㉯ 분자량을 구하시오
> ㉰ 지정수량은 얼마인가?

> **해답** ㉮

> ㉯ C_5H_5N : $12×5+5+14=79$
>
> ㉰ $400\,\ell$

> **참고** 피리딘(C_5H_5N)은 제4류 위험물(인화성액체) 제1석유류 중 수용성이므로 지정수량은 $400\,\ell$ 이다.

10 피리딘의 취급 시 특히 주의할 사항은 무엇인가?

> **해답** 피부와 호흡기를 주의하고 보호구를 착용한다.

11 질화도가 낮은 약질화면에 디에틸에테르와 알코올의 비율을 1:3으로 용해시켜 제조하며 인화점이 −18℃ 이하인 위험물은?

> **해답** 콜로디온

12 상온에서 무색의 액체이며 분자량이 27이고 인화점이 −18℃, 끓는점이 26℃이며 맹독성인 위험물의 화학식과 지정수량을 쓰시오.

> **해답** 화학식 : HCN
>
> 지정수량 : $400\,\ell$

> **참고** HCN(시안화수소)의 분자량 : $1 + 12 + 14 = 27$
>
> HCN은 수용성이므로 제1석유류 수용성의 지정수량 $400\,\ell$ 에 해당된다.

알코올류

01 위험물 안전관리법상 규정된 알코올이라 함은 1분자를 구성하는 탄소원자의 수가 몇 개까지의 포화 1가 알코올을 말하는가?

> **해답** 1~3개
>
> **참고** 알코올류: 1분자를 구성하는 탄소원자의 수가 1개부터 3개까지인 포화 1가 알코올(변성알코올을 포함한다)을 말한다.

02 위험물 안전관리법상 알코올류라함은 1분자를 구성하는 탄소원자수가 (㉮)개 내지 (㉯)개의 (㉰) 1가 알코올과 (㉱)을 포함하며 알코올 수용액의 농도가 (㉲) 이상인 것을 말한다.

해답 ㉮ 1　　　　　㉯ 3
　　　 ㉰ 포화　　　 ㉱ 변성알코올
　　　 ㉲ 60중량%

03 알코올류의 기준에게 1가, 2가, 3가의 알코올의 기준은 무엇인가?

해답 수산기(OH)의 개수

04 위험물 안전관리법상 알코올류 중 그 농도가 60중량 % 미만인것은 어느곳에 속하는가?

해답 석유류

05 제4류 위험물 중 알코올류의 지정수량은 얼마이며 이에 속하는 물질을 3종류만 쓰시오.

해답 ① 지정수량: $400\,\ell$
　　　 ② 메틸알코올, 에틸알코올, 프로필알코올

06 변성 알코올의 주성분은 무엇인가?

해답 에틸알코올

07 알코올류 중에서 인화점이 11℃이며 독성이 강하여 30㎖~100㎖를 마시면 실명 또는 치사하는 것의 명칭을 쓰시오.

해답 메틸알코올(메탄올)

08 메틸알코올의 산화 시 최종적으로 생성되는 물질 명칭을 쓰시오.

해답 포름산(의산)

참고 메틸알코올의 산화현상

$$CH_3OH \xrightarrow[+[O]]{CuO} HCHO + H_2O$$
(메틸알코올)　　　 (포름알데히드)　 (물)

$$\xrightarrow[\text{촉매}]{Pt} HCOOH$$
　　　 (포름산)

09 알코올류 중 독성이 있으며 수용성이 가장 강한 것은?

해답 메틸알코올

10 메틸알코올에 관한 물음에 답하시오.

㉮ 별명	㉯ 인화점
㉰ 착화점	㉱ 비점
㉲ 치사량	㉳ 최종산화물
㉴ 연소범위	

해답 ㉮ 목정　　　　　 ㉯ 11℃
　　　 ㉰ 464℃　　　　 ㉱ 65℃
　　　 ㉲ 30~100mℓ　 ㉳ 의산(포름산)
　　　 ㉴ 7.3~36%

11 메틸알코올의 화학식 중 시성식은 CH_3OH이다. 구조식과 일반식을 쓰시오.

해답 ① 구조식

$$H - \overset{\displaystyle H}{\underset{\displaystyle H}{C}} - OH$$

　　　 ② 일반식: R-OH

모든 계산문제는 소수 3째자리까지 계산하고 반올림하여 소수 2째자리를 답으로 합니다.

12 메틸알코올의 완전연소 반응식을 쓰시오.

해답 $2CH_3OH + 3O_2 \rightarrow 2CO_2\uparrow + 4H_2O$

13 알코올류 중에서 증기비중이 1.590이고 인화점이 13℃, 착화점이 423℃인 위험물의 화학식은?

해답 C_2H_5OH

참고 C_2H_5OH = 에틸알코올

14 에틸알코올에 대한 물음에 답하시오(단, 공기의 평균분자량 : 29, 원자량 : C=12, H=1, O=16).

㉮ 별명	㉯ 인화점
㉰ 착화점	㉭ 비점
㉱ 증기비중(공기의 평균분자량 29)	

해답 ㉮ 주정   ㉯ 13℃

㉰ 423℃   ㉭ 79℃

㉱ [계산과정]

에틸알코올(C_2H_5OH)의 분자량 : $12\times2+6+16=46$

증기비중 $=\dfrac{46}{29}=1.586$

[답] 1.59

15 에틸알코올의 구조식을 쓰시오.

해답

$$\begin{array}{ccc} & H & H \\ & | & | \\ H - & C - & C - OH \\ & | & | \\ & H & H \end{array}$$

16 에탄올의 완전연소 반응식을 쓰시오.

$$2C_2H_5OH + (㉮) \rightarrow (㉯) + (㉰)$$

해답 ㉮ $6O_2$ ㉯ $4CO_2$ ㉰ $6H_2O$

참고 ㉯와 ㉰의 순서는 바뀌어도 되며, 계수는 문제에 맞춘다.

17 에탄올과 황산의 반응으로 나오는 제4류 위험물의 화학식을 쓰시오.

해답 $C_2H_5OC_2H_5$

참고 $2C_2H_5OH$ $\xrightarrow[\text{(탈수제)}]{C-H_2SO_4}$ $C_2H_5OC_2H_5 + H_2O$

(에틸알코올)   (디에틸에테르) (물)

18 증기는 마취성 있고 요오드포름 반응하며, 화장품의 원료로 사용되는 물질에 대하여 다음 물음에 답하시오.

㉮ 설명하는 위험물의 명칭
㉯ 지정수량
㉰ 이 화합물의 구조이성질체인 디메틸에테르의 화학식

해답 ㉮ 에틸알코올

㉯ $400\,\ell$

㉰ CH_3OCH_3

19 에틸알코올에 대해 답하시오.

㉮ 지정수량
㉯ 금속나트륨과 반응식
㉰ 진한황산과 160℃ 이상가열시생성물
㉭ 메틸알코올과 에틸알코올 구별방법
㉱ 산화제이구리분말과 반응하고 백금 촉매하에 산화 시 생성물

해답 ㉮ $400\,\ell$

㉯ $2C_2H_5OH + 2Na \rightarrow 2C_2H_5ONa + H_2\uparrow$

㉲ 에틸렌(C_2H_4)과 물(H_2O)

㉳ 요오드포름 반응

㉴ 아세트산(CH_3COOH)

20 비중 0.79인 에틸알코올(C_2H_5OH) 2,000㎖와 물 1,500㎖를 혼합하였을 때 용매 중의 알코올의 중량%와 이 혼합물이 제4류 위험물중 알코올류에 해당되는가를 판별하고, 그 이유를 쓰시오.

해답 [계산과정]

$$용액의\ 중량\% = \frac{용질의\ 질량}{용액의\ 질량}$$

$$\times 100 = \frac{2,0000 \times .79}{2,000 \times 0.79 + 1,500} \times 100$$

$$= 51.298$$

[답] 51.3wt%

알코올류 판별 : 용액이 60wt% 미만이므로 알코올류에 해당되지 않는다.

21 노르말 프로필알코올은 산화하면 (㉮)를거쳐 (㉯)으로 되며, 황산으로 탈수시키면 (㉰)이 된다.

해답 ㉮ 프로피온알데히드

㉯ 프로피온산

㉰ 프로필렌

22 $(CH_3)_2CHOH$의 명칭은 무엇인가?

해답 이소프로필알코올

23 이소프로필 알코올의 화학식(구조식)을 쓰시오.

해답

24 이소프로필알코올이 산화되면 무엇이 되는가?

해답 아세톤(디메틸케톤, CH_3COCH_3)

25 다음 물질의 시성식을 쓰시오.

① 이소프로필알코올

② 디에틸에테르

③ 아세톤

해답 ① $(CH_3)_2CHOH$

② $C_2H_5OC_2H_5$

③ CH_3COCH_3

26 알코올류에서 C(탄소)가 증가함에 따른 공통 사항을 쓰시오.

㉮ 착화점 ㉯ 비등점

㉰ 연소열 ㉱ 폭발범위

해답 ㉮ 낮아진다. ㉯ 높아진다.

㉰ 커진다. ㉱ 작아진다.

제2석유류(등유 · 경유)

01 제4류 위험물인 제2석유류에 대하여 물음에 답하시오.

㉮ 등유의 지정수량 ㉯ 등유의 주성분

㉰ 등유의 유출온도

해답 ㉮ 1,000 ℓ

㉯ 포화 · 불포화탄화수소의 혼합물

㉰ 150~300℃

02 제2석유류로서 인화점이 약 40~70℃이며 무색투명하나 장시간 방치하면 담황색인 물질은 무엇인가?

해답 등유

참고 등유는 제2석유류 지정품목으로 인화점은 약 40~70℃이며, 무색 투명하나 장시간 방치하면 담황색으로 변한다.

03 제4류 위험물 중 제2석유류인 등유에 대하여 물음에 답하시오.

㉮ 별명	㉯ 인화점
㉰ 착화점	㉱ 증기비중

해답 ㉮ 케로신 ㉯ 40~70℃
㉰ 220℃ 전후 ㉱ 4.5

04 주성분이 C_{15}~C_{20}인 각종 탄화수소의 혼합물로 디젤기관의 연료로 사용되는 제 2석유류에 대하여 다음 물음에 답하시오.

㉮ 위험물의 명칭	㉯ 인화점
㉰ 폭발범위	

해답 ㉮ 경유(디젤유) ㉯ 50~70℃
㉰ 1~6%

05 경유에 대하여 물음에 답하시오.

㉮ 별명	㉯ 폭발력의 기준값

해답 ㉮ 디젤유 ㉯ 세탄 값

제2석유류(의산·초산)

01 제2석유류 중 초산보다 강산이며 피부에 닿으면 수포상의 화상을 입는 유기산의 명칭과 일반식을 쓰시오.

해답 명칭 : 의산(개미산·포름산)
일반식 : R-COOH

02 의산이 연소할 경우 불꽃의 색깔은?

해답 푸른색

03 제4류 위험물 중 제2석유류인 의산에 대한 물음에 답하시오.

㉮ 화학식	㉯ 다른 명칭 2가지
㉰ 지정수량	㉱ 저장용기

해답 ㉮ HCOOH ㉯ 개미산, 포름산
㉰ 2,000 ℓ ㉱ 내산성 용기

04 의산의 화학식과 증기 비중은?(단, 공기의 평균 분자량을 29로 하며 답은 소수점 셋째 자리에서 반올림하여 소수점 둘째 자리까지 구할 것)

해답 ① 화학식: HCOOH
② [계산과정]
의산(HCOOH)의 분자량 :
$12+2+16×2=46$
증기비중 $= \dfrac{46}{29} = 1.586$
[답] 1.59

05 의산에 황산을 가하여 발생되는 독가스의 화학 명칭을 쓰시오.

해답 CO

참고 의산의 탈수반응식

$$HCOOH \xrightarrow[\text{탈수}]{C-H_2SO_4} CO\uparrow + H_2O\uparrow$$

※ CO(일산화탄소)는 독성이 매우 강하다.

06 제4류 위험물 제2석유류인 초산에 대하여 다음 물음에 답하시오.

㉮ 인화점	㉯ 융점	㉰ 일반식

해답 ㉮ 40℃

㉯ 16.6℃

㉰ R－COOH

07 제2석유류인 초산을 빙초산이라 하는 이유는 무엇인가?

해답 초산의 융점이 16.6℃이므로 융점 이하가 되는 겨울철에는 고체로 존재하기 때문

08 식초는 초산의 수용액을 말한다. 몇 % 수용액인가?

해답 3~5% 수용액

09 초산이 피부에 묻었을 때 인체에는 어떠한 반응이 있는가?

해답 수포상의 화상과 같은 현상

10 초산의 다른 이름을 두 가지만 쓰시오.

해답 ① 빙초산　　　② 아세트산

11 물에 잘 녹으며 분자량이 60, 융점이 16.6℃로 무색투명한 자극성 냄새가 나고 융점 이하에서 얼음과 같은 상태인 제2석유류의 화학식을 쓰시오.

해답 CH_3COOH

12 제2석유류로서 분자량이 60이고 지정수량이 2,000ℓ이며, 융점이 16.6℃인 인화성 액체에 대하여 다음 물음에 답하시오.

㉮ 완전연소시 생성되는 물질 2가지를 화학식으로 답하시오.

㉯ Zn과 반응시 생성되는 가연성가스는 무엇인가?

해답 ㉮ CO_2, H_2O　　　㉯ H_2

참고 • 초산의 연소반응식

$$CH_3COOH + 2O_2 \rightarrow 2CO_2\uparrow + 2H_2O$$
　(초산)　　(산소)　(이산화탄소)　(물)

• 초산(아세트산)과 아연의 치환반응식

$$Zn+2CH_3COOH \rightarrow (CH_3COO)_2Zn+H_2\uparrow$$
(아연)　(초산)　　　(초산아연)　(수소)

13 다음 보기 중 수용성이며 물보다 무거운 것으로 제2 석유류에 해당되는 것은?

테레핀유, 아세트산, 글리세린, 클로로벤젠, 포름산

해답 아세트산, 포름산

참고 • 테레핀유(제2석유류) : 비수용성, 비중 0.860

• 아세트산(제2석유류) : 수용성, 비중 1.05

- 글리세린(제3석유류) : 수용성, 비중 1.26
- 클로로벤젠(제2석유류) : 비수용성, 비중 3.9
- 포름산(제2석유류) : 수용성, 비중 1.218

제2석유류(기타)

01 소나무과 식물에서 채취한 주성분이 $C_{10}H_{16}$인 물질로 연소범위가 0.8~0.86%로 낮아 위험한 제2석유류의 품명은 무엇인가?

해답 테레핀유

02 테레핀유의 위험성은 공기중에서 산화, (㉮)하는 성질이 있으므로 이것을 천에 묻혀서 방치하면 (㉯)의 위험이 있다.

해답 ㉮ 중합
㉯ 자연발화

03 테레핀유와 등유의 위험성은 서로 비슷하나 테레핀유의 성질상 등유와 다른 위험성을 쓰시오.

해답 자연발화의 위험이 있다.

04 제2석유류인 테레핀유에 대한 물음에 답하시오.

| ㉮ 주성분의 명칭 | ㉯ 화학식 |

해답 ㉮ 피넨
㉯ $C_{10}H_{16}$

05 제2석유류인 스틸렌에 대하여 물음에 답하시오(단 STP상태).

| ㉮ 화학식 | ㉯ 중합체의 명칭 |

해답 ㉮ $C_6H_5CHCH_2$
㉯ 폴리스틸렌

06 제4류 위험물 중 제2석유류에서 분자량이 104인 것으로 물에 녹지 않으며 가열, 빛 및 과산화물에 의하여 쉽게 중합되고 중합이 계속되면 점도가 높아지고 무색의 고상물질이 되는 물질의 명칭을 쓰시오.

해답 스틸렌

참고 • 스틸렌($C_6H_5CHCH_2$)의 분자량 : $(12 \times 8)+(1 \times 8) = 104$
• 스틸렌이 중합되면 폴리스틸렌이 된다.
*폴리스틸렌 : 스틸렌의 중합체

07 다음 구조식은 제 몇 석유류에 속하며 명칭은 무엇인가?

해답 제2석유류, 스틸렌

08 제2석유류인 스틸렌의 중합체인 플리스틸렌의 구조식을 쓰시오.

해답

09 무색투명하고 톨루엔과 비슷한 성질이며 벤젠핵의 수소 2개와 메틸기 2개가 치환된 벤젠핵의 유도체 이름은?

해답 크실렌

10 크실렌의 이성질체의 종류를 3가지 쓰시오.

해답 ① 오르토크실렌
② 메타크실렌
③ 파라크실렌

참고 오르토(ortho) : 기본
메타(meta) : 중간
파라(para) : 반대

11 크실렌의 시성식을 쓰시오.

해답 $C_6H_4(CH_3)_2$

12 크실렌의 3가지 이성체의 명칭과 구조식을 쓰시오.

해답

o-크실렌	m-크실렌	p-크실렌
CH₃ CH₃	CH₃ CH₃	CH₃ CH₃

13 정제과정에 따라 백색유, 적색유, 감색유로 나누는 제2석유류는 무엇인가?

해답 장뇌유

14 장뇌유는 정제과정에 따라 백색유, 적색유, 감색유 3종류로 나눈다. 이들을 사용하는 용도를 쓰시오.

해답 ① 백색유 : 방부제
② 적색유 : 비누향료
③ 감색유 : 선광유

15 무색의 수용성 액체로 금속 및 유리의 청결제로 쓰이는 에틸셀르솔브의 구조식을 쓰시오.

해답
$$H-\overset{\overset{\displaystyle H}{|}}{\underset{\underset{\displaystyle H}{|}}{C}}-\overset{\overset{\displaystyle H}{|}}{\underset{\underset{\displaystyle H}{|}}{C}}-O-\overset{\overset{\displaystyle H}{|}}{\underset{\underset{\displaystyle H}{|}}{C}}-\overset{\overset{\displaystyle H}{|}}{\underset{\underset{\displaystyle H}{|}}{C}}-OH$$

16 에틸셀르솔브의 화학식(시성식) 및 인화점은 몇 ℃인가?

해답 ① 화학식: $C_2H_5O(CH_2)_2OH$
② 인화점: 40℃

17 에틸렌글리콜과 에틸알코올에 황산을 가할 때 생성되는 것은?

해답 에틸셀르솔브

18 메틸셀르솔브의 화학식(시성식)을 쓰시오.

해답 $CH_3O(CH_2)_2OH$

19 다음 제2석유류에 대해 답하시오.

> ㉮ 메틸셀르솔브의 분자식을 쓰시오.
> ㉯ 초산비닐을 생성하는 위험물 명칭을 쓰시오.

적중예상문제

소수 계산문제는 소수 3째자리까지 계산하고 반올림하여 소수 2째자리를 답으로 합니다.

해답 ㉮ $C_3H_8O_2$ ㉯ 초산

참고 $CH_3OCH_2CH_2OH$는 메틸셀르솔브의 시성
식이며 분자식은 시성식의 원자를 원자별
로 개수를 모두 더한 것이다.

20 클로로벤젠의 분자식, 인화점은?

해답 ① 분자식 : C_6H_5Cl

② 인화점 : $32℃$

21 클로로벤젠의 구조식을 쓰시오.

해답

22 제4류 위험물 중 C_6H_5Cl에 대하여 다음 물음
에 답하시오.

㉮ 인화점　　㉯ 지정수량　　㉰ 제조반응식

해답 ㉮ $32℃$

㉯ 지정수량 : $1,000\ \ell$

㉰ $C_6H_6 + Cl_2 \xrightarrow[\text{할로겐화}]{\text{Fe}} C_6H_5Cl + HCl \uparrow$

참고 클로로벤젠(C_6H_5Cl)은 제2석유류이며 비
수용성이므로 지정수량은 $1,000\ \ell$ 이다.

23 클로로벤젠은 벤젠, 염화수소, 산소로 만들어
진다. 그 제조 반응식을 쓰시오.

해답 $C_6H_6 + HCl \xrightarrow[\text{+[O]}]{\text{가열된 CuO}} C_6H_5Cl + H_2O$

참고 벤젠(C_6H_6)과 염화수소(HCl)와 산소(O)로
클로로벤젠(C_6H_5Cl)을 제조하는 방법은
페놀(C_6H_5OH)을 합성하는 공업적 방법인

라시히법에서 2단계 반응 중 1단계 반응
과정에서 클로로벤젠이 생성된다.

제3석유류(중유 · 크레오소오트유)

01 제3석유류의 지정 품목은 무엇이며, 지정수량
은 얼마인가?

해답 ① 지정품목: 중유, 크레오소오트유

② 지정수량: $2,000\ \ell$

참고 중유와 크레오소오트유는 비수용성이므로
지정수량은 $2,000\ \ell$ 이다.

*제3석유류 중 수용성인 것의 지정수량
$= 4,000\ \ell$

02 다음 보기에서 제4류 위험물 중 제3석유류를
모두 쓰시오.

디에틸에테르, 클로로벤젠, 니트로벤젠, 글 리세린, 테레핀유, 아닐린, 아세톤, 스틸렌, 니트로톨루엔, 에틸렌글리콜

해답 니트로벤젠, 글리세린, 아닐린, 니트로톨
루엔, 에틸렌글리콜

03 원유를 $300℃$ 내지 $350℃$ 사이에서추출한 유
분을 무엇이라고 하는가?

해답 직류중유

04 제3석유류인 중유에 대하여 물음에 답하시오.

㉮ 2가지로 분류하시오. ㉯ A등급, B등급, C등급의 분류기준은 무엇 으로 하는가? ㉰ 소화방법

해답 ㉮ 직류중유, 분해중유

㉯ 점도차

㉰ 질식소화

05 제3석유류인 중유 화재시 적절한 소화방법을 쓰고, 중유탱크 화재 발생시 일어나는 현상(2가지)을 쓰시오.

해답 소화방법 : 포말에 의한 질식소화방법

현상 : 슬롭오버, 보일오버

06 중유의 화재시 포말소화기를 사용하면 수분이 비등 증발하고 포가 파괴되고 중유와 함께 혼합되어 넘쳐흐르는 현상을 무엇이라 하는가?

해답 슬롭오버 현상

07 유류탱크 화재시 보일오버(Boil Over)의 현상을 쓰시오.

해답 연소열에 의하여 탱크 내부의 수분층이 이상팽창하여 연소유를 탱크 밖으로 비산시키며 연소하는 현상

08 목재의 방부제로 사용하여 타르산을 많이 함유하고 인화점이 74℃인 제3석유류는 무엇인가?

해답 크레오소트유

09 제3석유류인 크레오소트유에 대하여 물음에 답하시오.

㉮ 별명

㉯ 색깔

㉰ 내산성 용기에 저장하는 이유

㉱ 크레오소트에 함유되어 있는 가연성 고체류 2가지

해답 ㉮ 타르유   ㉯ 암록색

㉰ 타르산이 포함되어 철제용기를 부식하므로

㉱ 나프탈렌, 안트라센

제3석유류(니트로벤젠 · 아닐린)

01 제4류 위험물 중 니트로벤젠에 대하여 다음 물음에 답하시오.

㉮ 석유류 구분   ㉯ 화학식

㉰ 지정수량

해답 ㉮ 제3석유류

㉯ $C_6H_5NO_2$

㉰ 2,000 ℓ

참고 니트로벤젠은 제3석유류 중 비수용성액체로서 지정수량은 2,000 ℓ 이다.

02 제4류 위험물 중 제3석유류인 니트로벤젠에 대하여 물음에 답하시오.

㉮ 화학식

㉯ 인화점

㉰ 착화점

㉱ 취급시 주의사항

㉲ 증기비중(공기의 평균분자량 29)

해답 ㉮ $C_6H_5NO_2$

㉯ 88℃

㉰ 482℃

㉱ 증기는 독성이 있으므로 피부와 호흡기를 보호해야 한다.

모든 계산문제는 소수 3째자리까지 계산하고 반올림하여 소수 2째자리를 답으로 합니다.

㉺ [계산과정]

니트로벤젠($C_6H_5NO_2$)의 분자량 :

$12 \times 6 + 5 + 14 + 16 \times 2 = 123$

증기비중 $= \dfrac{123}{29} = 4.241$

[답] 4.24

03 니트로벤젠의 제조시 사용하는 니트로화제는 무엇인가?

해답 농황산과 농질산

04 니트로벤젠의 제조하는 방법을 반응물을 중심으로 설명하시오.

해답 벤젠에 니트로화제인 질산과 황산을 혼합하여 탈수시켜 만든다.

참고 니트로벤젠의 제법

$C_6H_6 + HNO_3 \xrightarrow[\text{탈수}]{C+H_2SO_4} C_6H_5NO_2 + H_2O$

(벤젠)　　(질산)　　　　　　(니트로벤젠)　　(물)

05 니트로벤젠이 제5류 위험물인 T.N.T와 같은 위험성이 없는 이유를 기술하시오.

해답 니트로기가 1개이므로 자기연소 및 폭발성이 없다.

06 벤젠핵에 아미노기가 결합된 상태의 것을 무엇이라 하는가?

해답 아닐린

07 아닐린에 대하여 다음 물음에 답하시오.

> ㉮ 품명
> ㉯ 지정수량
> ㉰ 분자량

해답 ㉮ 제3석유류

㉯ 2,000ℓ

㉰ 아닐린의 화학식 $C_6H_5NH_2$에서 분자량
: $12 \times 6 + 7 + 14 = 93$

08 제3석유류 중 인화점 75℃, 착화점이538℃이며 황색내지 담황색의 액체는 무엇인가?

해답 아닐린

09 아닐린의 분자식과 구조식을 쓰시오.

해답 ① 분자식 C_6H_7N

② 구조식:

참고 아닐린의 화학식 〈시성식〉 :
$C_6H_5NH_2$, 분자식 : C_6H_7N

※ 분자식은 같은 원자의 갯수를 더한 값이다.

10 아닐린은 무엇과 반응해서 아닐리드를 만드는가?

해답 알칼리금속 또는 알칼리토금속

11 아닐린이 알칼리금속과 알칼리토금속과 반응하여 생성하는 물질 2가지는 무엇인가?

해답 ① 수소가스　　② 아닐리드

12 다음 아닐린에 관한 물음에 답하시오.

> ㉮ 황산용액 내에서 MnO_2로 산화시키면 어떤 물질이 되는가?
> ㉯ 아닐린은 표백분($CaOCl_2$)과 접촉하면 무슨 색으로 변하는가?
> ㉰ 아닐린의 증기비중은 얼마인가? (단, 공기의 평균 분자량: 29, 원자량 : C=12, H=1, N=14)

해답 ㉮ 니트로벤젠

㉯ 보라색

㉰ [계산과정]

아닐린($C_6H_5NH_2$)의 분자량 : $12 \times 6+7+14=93$

증기비중 $= \dfrac{93}{29} = 3.206$

[답] 3.21

13 제3석유류 중에서 지방족 아민에 비하여 염기성이 약하고, 커플링 반응에 의하여 아조화합물을 생성하는 물질의 분자식을 쓰시오.

해답 C_6H_7N

참고 아닐린 ($C_6H_5NH_2$)의 분자식 : C_6H_7N

제3석유류(에틸렌글리콜 · 글리세린)

01 2가 알코올로서 유독하고 무색 끈끈하며 흡습성이 있고 단맛이 있는 액체이며 알코올, 아세톤, 글리세린 등에 잘 녹는 석유류의 위험물 이름은?

해답 에틸렌글리콜

02 에틸렌글리콜의 인화점은 몇 ℃이며 몇가 알코올인가?

해답 ① 인화점111℃

② 2가알코올

03 에틸렌글리콜의 화학식(시성식)을 쓰시오.

해답 $C_2H_4(OH)_2$

04 제3석유류 중에서 황산이나 알루미나로 탈수하면 디옥산, 아세트알데히드, 글리콜아세탈이 생기는 에틸렌글리콜의 분자식을 쓰시오.

해답 $C_2H_6O_2$

참고 $C_2H_4(OH)_2 = C_2H_6O_2$

(시성식)　　(분자식)

05 에틸렌글리콜과 글리세린은 같은 알코올 계통이나 에틸렌글리콜에만 있는 특징은 무엇인가?

해답 독성

06 제3석유류 중 수용성이며 물보다 비중이 크며 화장품과 폭약의 원료로 사용되는 3가 알코올인 위험물의 명칭은 무엇인가?

해답 글리세린

07 제3석유류인 글리세린에 대하여 물음에 답하시오.

> ㉮ 수산기가 몇 개 결합한 알코올인가?
> ㉯ 화학식(시성식)을 쓰시오.
> ㉰ 인화점

모든 계산문제는 소수 3째자리까지 계산하고 반올림하여 소수 2째자리를 답으로 합니다.

해답 ㉮ 3개

㉯ $C_3H_5(OH)_3$

㉰ 160℃

08 무색의 단맛이 있는 액체로서 3가 알코올이며 분자량이 92, 비중이 1.26인 제3석유류의 명칭과 구조식을 쓰시오.

해답 명칭 : 글리세린

구조식 :

$$H-\overset{\overset{\displaystyle H}{|}}{C}-\overset{\overset{\displaystyle H}{|}}{C}-\overset{\overset{\displaystyle H}{|}}{C}-H$$
$$\quad\;\; \overset{|}{OH}\;\;\overset{|}{OH}\;\;\overset{|}{OH}$$

참고 글리세린의 화학식 : $C_3H_5(OH)_3$

글리세린의 분자량 : $12\times3+5+3+16\times3$
$= 92$

09 철 등 기타 금속을 고온으로 가열하여 기름 속에 넣어 냉각시켜 금속의 재질을 처리 전보다 강하게 하는 기름을 무엇이라 하는가?

해답 담금질유

10 메타크레졸은 제4류 위험물 중 어디에 속하는가?

해답 제3석유류

참고 메타크레졸의 인화점 : 86℃

11 히드라진하이드레이트의 지정수량은?

해답 4,000 ℓ

참고 히드라진하이드레이트($N_2H_4 \cdot H_2O$)는 제3석유류 수용성이므로 지정수량은 4,000 ℓ 이다.

제4석유류

01 제4석유류인 방청유의 정의를 기술하시오.

해답 수분의 침투를 방지하여 철제에 녹이 나지 않게 하는 기름

02 합성수지 및 합성고무에 가소성을 주어 물리적 성질을 변화시켜 주는 기름을 무엇이라 하는가?

해답 가소제

03 가소제(Plasticizer)는 몇 류 위험물이며, 그 용도는?

해답 ① 제4류 위험물

② 합성수지 또는 합성고무에 가소성을 주는 기름

04 가소제의 종류 3가지를 약칭으로 쓰시오.

해답 ① DOP   ② DIDP

③ TCP

05 프탈산디옥틸(DOP)의 지정수량은 얼마인가?

해답 6,000 ℓ

참고 프탈산디옥틸 : 제4석유류

06 담금질유는 인화점의 폭이 넓고 종류가 많다. 1기압에서 인화점이 몇 (①)℃ 이상 몇(②)℃ 미만인 것이 제4석유류에 해당되는가 괄호 안을 채우시오.

해답 ① 200   ② 250

07 윤활유의 정의를 기술하시오.

해답 기계부분 중 마찰을 많이 받는 부분의 마찰을 적게 하기 위하여 사용하는 기름

08 윤활유의 종류 4가지를 쓰시오.

해답 ① 석유계윤활유　② 지방성윤활유
③ 합성윤활유　④ 혼성윤활유

09 석유계 윤활유의 종류 5가지를 쓰시오.

해답 ① 기어유　② 실린더유
③ 터빈유　④ 머신유
⑤ 모터유

10 제4류 위험물 중 제4석유류에 속하는 기계유의 인화점 범위를 적으시오.

해답 200℃ 이상 250℃ 미만

동·식물유류

01 동·식물유류는 동물의 지육 등 또는 식물의 종자나 과육으로부터 추출한 것으로서 인화점이 몇 ℃ 미만인 것인가?

해답 250℃

02 동·식물유류의 정의를 쓰시오

해답 동물의 지육 등 또는 식물의 종자나 과육으로부터 추출한 것으로서 1기압에서 인화점이 250℃ 미만인 것

03 동·식물유를 건성유 반건성유 및 불건성유로 분류하는 기준은 무슨 값인가?

해답 요오드 값(옥소값)

04 일반적으로 동·식물유류를 건성유 반건성유, 불건성유로 분류할 때 기준이 되는 요오드가의 범위를 쓰시오.

㉮ 건성유	㉯ 반건성유	㉰ 불건성유

해답 ㉮ 130 이상
㉯ 100~130
㉰ 100 이하

05 유지류의 불포화도를 측정하는 기준은 무엇인가?

해답 요오드값(옥소값)

06 요오드 값의 정의를 간단히 쓰시오.

해답 유지 100g에 부가되는 요오드의 g수

07 동·식물유 중 건성유의 위험성을 쓰시오.

해답 자연발화

참고 건성유는 요오드값이 130 이상으로 불포화도가 크므로 종이, 헝겊 등에 스며베어 있을 경우 공기 중에서 산화하여 자연발화의 위험이 있다.

08 다음 동 · 식물유류에서 건성유로 옳은 것 3가지를 고르시오.

> 참기름, 들기름, 해바라기유, 채종유, 피마자유, 동유, 옥수수유, 올리브유, 아마인유

해답 들기름, 해바라기유, 동유, 아마인유(중3가지)

09 건성유가 공기 중에서 자연발화하는 이유는 무엇인가?

해답 불포화결합 부분의 산화 중합반응에 의한 산화열의 축적

10 다음은 동 · 식물유류에 대한 문제이다 물음에 답하시오.

> ㉮ 반건성유의 요오드값은?
> ㉯ 지정수량은?
> ㉰ 불포화도가 증가할 경우 요오드값은 어떻게 되는가?

해답 ㉮ 100~130
㉯ 10,000 ℓ
㉰ 증가한다.

11 다음 보기 중에서 반건성유 5종류를 찾아 쓰시오.

> 피마자유, 참기름, 들기름, 콩기름, 땅콩기름, 해바라기유, 옥수수기름, 정어리기름,청어유, 고래기름, 면실유, 동유, 올리브유, 아마인유

해답 ① 참기름 ② 콩기름
③ 옥수수기름 ④ 청어유
⑤ 면실유

12 동 · 식물유류중 불건성유에서 동물유 3가지 식물유 5가지를 쓰시오.

해답 ① 동물유: 쇠기름, 돼지기름, 고래기름
② 식물유: 피마자유, 올리브유, 팜유, 땅콩기름, 야자유

13 동 · 식물유류 중 인화점이 가장 낮은 것은 무엇이며, 그 인화점은 몇 ℃인가?

해답 ① 개자유
② 인화점 : 46℃

기타 제4류 위험물

01 다음 표의 괄호를 채우시오.

품명	지정수량(L)	명칭	위험등급
(㉮)	50	디에틸에테르	1
제3석유류	(㉯)	중유	(㉰)
(㉱)	(㉲)	실린더유	3

해답 ㉮ 특수인화물 ㉯ 2,000
㉰ 3 ㉱ 제4석유류
㉲ 6,000

02 다음 보기 중에서 인화점 21도씨 이상 70도씨 미만이고 수용성인 물질을 고르시오.

> 메탄올, 아세트산, 벤젠, 에틸렌글리콜, 포름산

해답 아세트산, 포름산

03 클로로벤젠, 메틸알코올, 산화프로필렌, 니트로벤젠을 인화점이 낮은 순대로 나열하시오.

해답 산화프로필렌–메틸알코올–클로로벤젠–
니트로벤젠

참고 제4류 위험물의 인화점

산화프로필렌(−37℃)

메틸알코올(11℃)

클로로벤젠(32℃)

니트로벤젠(88℃)

04 다음 가연성 액체를 인화점이 높은 것부터 낮은 것으로 순서대로 쓰시오.

| ㉮ 초산에틸 | ㉯ 메탄올 |
| ㉰ 에틸렌글리콜 | ㉱ 니트로벤젠 |

해답 ㉰ → ㉱ → ㉯ → ㉮

참고 인화점

| ㉮ −4℃ | ㉯ 11℃ |
| ㉰ 111℃ | ㉱ 88℃ |

05 다음 물질의 시성식을 쓰시오.

㉮ 이소프로필알코올	㉯ 초산메틸
㉰ 피리딘	㉱ 니트로벤젠
㉲ 톨루엔	

해답 ㉮ $(CH_3)_2CHOH$　㉯ CH_3COOCH_3
㉰ C_5H_5N　㉱ $C_6H_5NO_2$
㉲ $C_6H_5CH_3$

06 보기에 있는 인화성액체의 화학식(시성식)을 쓰시오.

| ㉮ 글리세린 | ㉯ 에틸알코올 |
| ㉰ 클로로벤젠 | ㉱ 에틸렌글리콜 |

해답 ㉮ $C_3H_5(OH)_3$　㉯ C_2H_5OH
㉰ C_6H_5Cl　㉱ $C_2H_4(OH)_2$

07 다음 물질의 시성식을 쓰시오.

| ㉮ 디에틸에테르 | ㉯ 스틸렌 |
| ㉰ 아세톤 | ㉱ 아세트알데히드 |

해답 ㉮ $C_2H_5OC_2H_5$　㉯ $C_6H_5CHCH_2$
㉰ CH_3COCH_3　㉱ CH_3CHO

제6장 > 제5류 위험물

1 제5류 위험물의 필수 암기사항

1 제5류 위험물(자기반응성 물질)

자기반응성 물질 또는 내부 연소성 물질이라 하며 가연물인 동시에 대부분 자체 내에 산소 공급체가 공존하므로 화약의 원료로 많이 쓰인다.

자기 반응성(내부연소성) 물질 : 가연물이며 산소함유 물질

2 제5류 위험물의 품명 및 지정수량

유별 및 성질	위험등급	품명	지정수량
제5류 (자기반응성 물질)	I	1. 질산에스테르류 2. 유기과산화물	10kg 10kg
	II	3. 니트로화합물 4. 니트로소화합물 5. 아조화합물 6. 디아조화합물 7. 히드라진 유도체 8. 히드록실아민 9. 히드록실아민염류	200kg 200kg 200kg 200kg 200kg 100kg 100kg
	I ~ II	10. 그 밖에 행정안전부령이 정하는 것 11. 제1호 내지 제10호의 1에 해당하는 어느 하나 이상을 함유한 것	10kg, 100kg 또는 200kg

> **참고**
> • 그 밖에 행정안전부령이 정하는 것의 지정수량
>   ① 금속의 아지화합물 : NaN_3 등(200kg)
>   ② 질산구아니딘 : $HNO_3 \cdot C(NH)(NH_2)_2$(200kg)

3 제5류 위험물의 공통성질

① 자기연소를 일으키며 연소의 속도가 대단히 빠르다.

② 대부분 유기질화물이므로 가열, 충격, 마찰 등으로 인한 폭발의 위험이 있다.

③ 시간의 경과에 따라 자연발화의 위험성을 갖는다.

❹ 제5류 위험물의 저장 및 취급법

① 용기는 밀전, 밀봉하여 저장한다.

② 용기의 파손 및 균열에 주의하며 실온, 습기, 통풍에 주의한다.

③ 화재발생시 소화가 곤란하므로 소분하여 저장한다.

④ 점화원 및 분해를 촉진시키는 물질로부터 멀리 한다.

② 제5류 위험물의 성질

❶ 질산에스테르류

지정수량 : 10kg

참고

질산에스테르류 : HNO_3(질산)의 수소(H)를 알킬기로 치환한 형태의 화합물의 총칭

• 질산과 알코올의 축합물을 말한다.

---

(1) 질산메틸(CH_3ONO_2)

① 비점 66℃, 증기비중 2.65

② 무색투명한 액체로 방향이 있다.

③ 비점 이상 가열하면 폭발하며, 제4류 위험물과 같은 위험성을 갖는다.

질산메틸의 구조식

$$H - \overset{\overset{\displaystyle H}{|}}{\underset{\underset{\displaystyle H}{|}}{C}} - O - N \overset{O}{\underset{O}{\diagdown}}$$

(2) 질산에틸($C_2H_5ONO_2$)

① 인화점 10℃, 융점 −94. 6℃, 비점 88℃, 증기비중 3.14

② 무색투명한 액체로 방향과 단맛을 가지며 알코올에 녹고 물에 녹지 않는다.

③ 아질산과 같이 있으면 폭발하며, 제4류 위험물 제1석유류와 같은 위험이 있다.

참고

① 방향 : 향긋한 냄새를 낸다.

② 메틸알코올과 질산의 에스테르화

$$CH_3OH + HNO_3 \xrightarrow[\text{에스테르화}]{C-H_2SO_4} CH_3ONO_2 + H_2O$$
(메틸알코올)　　(질산)　　　　　　　　(질산메틸)　　　(물)

③ 에틸알코올과 질산의 에스테르화

$$C_2H_5OH + HNO_3 \xrightarrow[\text{에스테르화}]{C-H_2SO_4} C_2H_5ONO_2 + H_2O$$
(에틸알코올)　　(질산)　　　　　　　(질산에틸)　　　(물)

---

(3) 니트로글리세린[$C_3H_5(ONO_2)_3$] : NG

① 라빌형의 융점 2.8℃, 스타빌형의 융점 13.5℃, 비점 160℃, 허용농도 0.02ppm

② 무색투명한 기름형태의 액체(공업용은 담황색)로 약칭은 NG이다.

③ 규조토에 흡수시킨 것을 다이너마이트라 한다.

④ 연소가 시작되면 폭발적이기 때문에 소화의 여유가 없으므로 연소위험이 있는 주위의 소화를 생각하여야 한다.

⑤ 용제 : 메탄올, 에탄올, 벤젠, 아세톤, 클로로포름

참고

① 제법

$$C_3H_5(OH)_3 + 3HNO_3 \xrightarrow[\text{에스테르화}]{C-H_2SO_4} C_3H_5(ONO_2)_3 + 3H_2O$$
(글리세린)　　　(질산)　　　　　　(니트로글리세린)　　(물)

② 폭발할 때의 온도 : 4,000℃

③ 폭발할 때 최고 풍속 : 7,500m/sec

④ 폭발반응식

$$4C_3H_5(ONO_2)_3 \rightarrow 12CO_2\uparrow + 10H_2O\uparrow + 6N_2\uparrow + O_2\uparrow$$
(니트로글리세린)　　　(이산화탄소)　　(수증기)　　(질소)　　(산소)

---

(4) 니트로셀룰로오스[$C_6H_7O_2(ONO_2)_3$]n, $C_{24}H_{29}O_9(ONO_2)_{11}$: 질화면, 면화약, NC

① 분해온도온도 130℃, 자연발화온도 180℃, 강면약의 질화도 N>12.76, 약면약의 질화도 N<10.18~12.76, 약면약은 에테르와 에틸알코올 혼합액(2:1)에 녹는다.

② 셀룰로오스(정제된 목화솜)를 진한 질산과 진한 황산에 혼합시켜 제조한 것으로 약칭은 NC이다.

③ 저장ㆍ수송 중에는 물이나 알코올(함수알코올)로 습면시킨다.

④ 물에녹지않고 직사일광 및 산의 존재 하에서 **자연 발화**한다.

⑤ 용제 : 초산에틸, 초산아밀, 아세톤

참고

① 질화도 : 니트로셀룰로오스 중의 질소의 농도(%)이다.

② 완전분해반응식

$$2C_{24}H_{29}O_9(ONO_2)_{11} \rightarrow 24CO_2\uparrow + 24CO\uparrow + 12H_2O\uparrow + 11N_2\uparrow + 17H_2\uparrow$$
(니트로셀룰로오스) (이산화탄소) (일산화탄소) (수증기) (질소) (수소)

---

(5) 셀룰로이드류

① 분해온도 180℃, 비중 1.32~1.35

② 니트로셀룰로오스를 주재로 장뇌와 알코올의 수용액에 녹여 교질상태로 만든 것을 압연, 압착, 제단하여 건조시켜 만든 것으로 순수한 것은 **무색투명**, 열ㆍ빛 등에 의하여 **황색**으로 변색한다.

2 유기과산화물

지정수량 : 10kg

(1) 과산화벤조일[$(C_6H_5CO)_2O_2$] : 벤조일퍼옥사이드

① 무미 무취의 백색분말 또는 결정으로 물에 녹지 않는다.

② 분해온도 75~80℃, 발화점 125℃, 융점 106~108℃, 비중 1.33

③ 가열하면 100℃에서 흰연기를 내며 분해한다.

④ 소맥분 및 압맥의 표백제로 사용할 때 1kg당 0.3g 이하로 사용한다.

⑤ 분해ㆍ폭발을 억제하기 위하여 수분을 함유하거나 희석제를 첨가한다.

⑥ 시판품의 희석제 : 프탈산디메틸, 프탈산디부틸

참고

- 과산화벤조일의 구조식

$$O = C - O - O - C = O$$

- 위험물로서 제외조건 ; 함유율 35.5중량% 미만인 것으로서 전분가루, 황산칼슘2수화물 또는 인산1수소칼륨2수화물과의 혼합물
- 인체에 대한 응급조치 : 다량의 물·비눗물로 충분히 씻는다.
- 인체에 대한 위해성 : 피부·눈에 접촉하면 염증을 일으키며 분말 흡입 시 점막을 자극한다.

---

(2) 과산화메틸에틸케톤[$(CH_3COC_2H_5)_2O_2$] : MEKPO, 메틸에틸케톤퍼옥사이드

① 무색의 독특한 냄새가 나는 기름형태의 액체, 물에 일부 녹고, 식용유에 녹지 않는다.

② 분해온도 40℃, 인화점 58℃ 이상, 발화점 205℃, 융점 −0℃ 이하

③ 헝겊, 탈지면이나 쇠녹 및 규조토와의 접촉으로 30℃에서 분해

④ 시판품의 희석제 : 프탈산디메틸, 프탈산디부틸 50~60%

참고

- 과산화 메틸에틸케톤의 구조식

$$\begin{array}{ccc} H_3C & O-O & CH_3 \\ & C \qquad C & \\ H_5C_2 & O-O & C_2H_5 \end{array}$$

- 인체에 대한 위해성 : 과산화벤조일에 준한다.

---

(3) 과산화아세틸[$(CH_3CO)_2O_2$]아세틸퍼옥사이드, 프로피오닐퍼옥사이드

유기 과산화물 중 가장 위험한 과산화물로 함유율은 25%이다.

③ 니트로화합물

지정수량 : 200kg

(1) 트리니트로톨루엔[$C_6H_2CH_3(NO_2)_3$] : T.N.T

① 착화점 약 300℃, 융점 81℃, 비점 280℃, 비중 1.66, 허용농도 0.2ppm

② 담황색의 주상결정이며 일광하에서 다갈색으로 변하며, 약칭은 T.N.T. 이다.

③ 강력한 폭약이며 폭발력의 표준으로 사용된다.

④ 물에 녹지 않고 아세톤, 벤젠, 알코올, 에테르에 잘 녹으며 가열ㆍ타격 등에 의하여 폭발한다.

③ 완전분해반응식

$$2C_6H_2CH_3(NO_2)_3 \xrightarrow{\triangle} 12CO\uparrow + 5H_2\uparrow + 2C + 3N_2\uparrow$$

 (T.N.T)　　　　(일산화탄소) (수소)　(탄소)　(질소)

④ 저장 취급 시 주의사항

- 타격, 마찰, 충격을 피한다.
- 화기로부터 멀리한다.
- 순간적으로 사고가 발생하므로 취급에 주의한다.

(2) 트리니트로페놀[$C_6H_2OH(NO_2)_3$] : TNP, PA

① 착화점 약 300℃, 융점 122.5℃, 비점 255℃, 비중 1.8, 허용농도 0.1ppm

② 휘황색의 침상결정으로 별명은 피크린산 또는 피크르산이라고 한다.

③ 쓴맛과 독성이 있으며 폭약 및 황색염료 등으로 쓰인다.

④ 단독으로는 마찰·충격에 안정하며 구리·납·아연과 작용하여 피크린산염을 만든다.

⑤ 금속염, 요오드, 가솔린, 알코올, 황 등과의 혼합물은 마찰, 충격에 의하여 폭발한다.

⑥ 연소할 때에는 검은연기를 내며 타지만 폭발은 하지 않는다.

⑦ 찬물에는 극히 적게 녹으나 더운물, 알코올, 에테르, 벤젠에는 잘 녹는다.

참고

- 제법 : 페놀을 술폰화한 후 니트로화 한다.

[피크린산의 구조식]

- 분해반응식

$$2C_6H_2OH(NO_2)_3 \xrightarrow{\triangle} 6CO\uparrow + 4CO_2\uparrow + 3H_2\uparrow + 2C + 3N_2\uparrow$$

 (피크린산)　　　　(일산화탄소) (이산화탄소) (수소)　(탄소) (질소)

④ 니트로소화합물

지정수량 : 200kg

> **참고**
>
> 니트로소화합물류 : 하나의 벤젠핵에 2 이상의 니트로소기(−NO)가 결합된 것을 말한다.

① 파라디니트로소벤젠 : 고무가황제 및 퀴논디옥시움의 원료로 사용된다.

② 디니트로소레조르신 : 목면의 나염에 사용된다.

③ 니트로소아세트 페논 : 황산, 질산, 취소와 폭발하며 착화점은 120~130℃이다.

> **참고**
>
> ※ 니트로화합물과 니트로소화합물의 비교표

니트로화합물	니트로소화합물
① 구조식 $-N\diagvert\,^{O}_{O}$ ② 질소의 원자가는 5가	① 구조식 $-N=O$ ② 질소의 원자가는 3가

	파라디니트로소벤젠 $[C_6H_4(NO)_2]$	디니트로소레조르신 $[C_6H_2(OH)_2(NO)_2]$
구조식		

⑤ 아조화합물

지정수량 : 200kg

> **참고**
>
> 아조화합물류 : 아조기(−N=N−)가 알킬기의 탄소원자와 결합해 있는 유기화합물

- 아조벤젠($C_6H_5N=NC_6H_5$), 히드록시아조벤젠($C_6H_5N=NC_6H_4OH$) 등

⑥ 디아조화합물

지정수량 : 200kg

> **참고**
>
> 디아조화합물류 : 탄소섬유에 결합한 디아조기($=N_2$)를 갖는 쇄식 화합물

- 디아조메탄(CH_2N_2), 디아조카르복실산 에스테르 등

⑦ 히드라진 유도체

지정수량 : 200kg

> **참고**
>
> - 히드라진(N_2H_4) : 제4류 위험물 제2석유류에 해당된다.
> - 히드라진 유도체류의 수용액으로서 80용량% 미만은 제5류 위험물에서 제외한다. 다만, 40 용량% 이상의 수용액은 제4류 위험물의 석유류로 본다.

- 페닐히드라진($C_6H_5NHNH_2$), 히드라조벤젠($C_6H_5NHHNC_6H_5$), 히드라지드 등

⑧ 히드록실아민

지정수량 : 100kg

> **참고**
>
> 히드록실아민(NH_2OH) : 유기합성 · 사진정착액으로 사용하며 가열하면 심하게 폭발할 수 있다(129℃에서폭발).

⑨ 히드록실아민염류

지정수량 : 100kg

> **참고**
>
> 히드록실아민(NH_2OH)과 황산(H_2SO_4), 염산(HCl), 질산(HNO_3)의 염류

- 황산히드록실아민($NH_2OH \cdot H_2SO_4$), 염산히드록실아민($NH_2OH \cdot HCl$), 질산히드록실아민 ($NH_2OH \cdot HNO_3$)

적중예상문제

모든 계산문제는 소수 3째자리까지 계산하고 반올림하여 소수 2째자리를 답으로 합니다.

제5류 위험물의 필수 암기사항

01 제5류 위험물 중 지정수량이 10kg인 위험물로서 위험등급 1등급인 위험물의 품명 2가지를 쓰시오.

해답 질산에스테르, 유기과산화물류

02 다음 제5류 위험물의 지정수량을 쓰시오.

> ㉮ 유기과산화물　　㉯ 질산에스테르류
> ㉰ 니트로화합물　　㉱ 아조화합물
> ㉲ 히드록실아민

해답 ㉮ 10kg　㉯ 10kg　㉰ 200kg
　　㉱ 200kg　㉲ 100kg

03 제5류 위험물 유기과산화물 50kg, 니트로화합물 100kg, 아조화합물 100kg은 지정수량 배수의 합은 얼마인가?(지정수량 :유기과산화 물 10kg, 니트로화합물 200kg, 아조화합 물 200kg)

해답 [계산과정]

지정수량 배수의 합 =

$$\frac{50}{10} + \frac{100}{200} + \frac{100}{200} = 6배$$

[답] 6배

04 제5류 위험물인 니트로글리세린 · 과산화벤조일 · TNT · 아조벤젠 · 디아조메탄을 각각 20kg씩 한 곳에 저장하고자 한다. 지정수량 배수의 합은 얼마인가?

해답 [계산과정]

지정수량

- 니트로글리세린 : 질산에스테르류 (10kg)
- 과산화벤조일 : 유기과산화물(10kg)
- T.N.T : 니트로화합물(200kg)
- 아조벤젠 : 아조화합물(200kg)
- 디아조메탄 : 디아조화합물(200kg)

지정수량 배수의 합 =

$$\frac{20}{10} + \frac{20}{10} + \frac{20}{200} + \frac{20}{200} + \frac{20}{200} = 4.3배$$

[답] 4.3배

05 자기 연소성 물질이라 하며 가연물인 동시에 대부분 자체 내에 산소 공급체가 공존하므로 화약의 원료로 많이 쓰이는 위험물은 몇 류인가?

해답 제5류 위험물

06 제5류 위험물은 연소의 속도가 대단히 빠른 폭발성을 갖는다. 제5류 위험물은 위험물안전관리법상 어떠한 성질을 갖는가?

해답 자기반응성

07 자기반응성 물질이란 어떠한 것을 의미하는가?

해답 자체 내부에 산소를 함유한 가연물로서 외부의 산소공급 없이 타격, 마찰 등에 의하여 폭발할 수 있는 물질

08 다음은 제5류 위험물에 대한 설명이다. (　) 안에 들어갈 단어를 쓰시오.

> (㉮)로서 그 자체가 대부분 (㉯)를 함유하므로 자기연소를 일으키기 쉬운 (㉰) 물질이다. 또한 가열, 마찰, 충격에 의해
> (㉱)의 위험이 있으며 장기간 공기 노출시
> (㉲)를 일으킬 수 있다.

모든 계산문제는 소수 3째자리까지 계산하고 반올림하여 소수 2째자리를 답으로 합니다.

해답 ㉮ 자기반응성물질 ㉯ 산소
　　㉰ 자기반응성 ㉱ 폭발
　　㉲ 자연발화

참고 시성식 : CH_3ONO_2
　　• 분자식(CH_3NO_3)은 시성식의 같은 원자
　　의 개수를 모두 더한 화학식

질산에스테르류

01 질산의 수소를 알킬기로 치환한 형태의 화합
물을 무엇이라 하는가?

　　해답 질산에스테르류

02 제5류 위험물 중 알코올에 질산을 반응시켜
만들어지는 생성물에 대하여 다음 물음에 답
하시오.

㉮ 품명	㉯ 지정수량	㉰ 반응식

　　해답 ㉮ 질산에스테르
　　　　㉯ 10kg
　　　　㉰ $ROH + HNO_3 \rightarrow RONO_2 + H_2O$

03 질산에스테르류 종류를 3가지 쓰시오.

　　해답 질산메틸, 질산에틸, 니트로글리콜, 니트
　　로글리세린, 니트로셀룰로오스(중 3가지)

04 질산메틸과 질산에틸은 몇 류 위험물이며, 어
느 류에 속하는가?

　　해답 ① 제5류위험물　　② 질산에스테르류

05 무색투명한 액체로 방향이 있으며 비점 66℃,
증기비중 2.65인 질산에스테르류는 무엇인
가? (명칭과 분자식)

　　해답 ① 질산메틸　　② CH_3NO_3

06 분자량이 77이고 위험성이 질산에스테르류에
속하는 물질의 분자식과 구조식을 쓰시오.

　　해답 ① 분자식: $CH_3 NO_3$
　　　　② 구조식

　　참고 질산메틸(CH_3ONO_2)의 분자량 :
　　　　$12+3+16 \times 3+14=77$

07 제5류 위험물 중 질산에스테르에 속하는 질산
메틸의 증기비중을 구하시오(단, 공기의 평균
분자량은 29이다).

　　해답 [계산과정]
　　　　질산메틸(CH_3ONO_2)의 분자량 :
　　　　$12+3+(16 \times 3)+14 = 77$
　　　　증기비중 $= \dfrac{77}{29} = 2.655$
　　　　[답] 2.66

08 질산에틸의 화학식(시성식)을 쓰시오.

　　해답 $C_2H_5ONO_2$

09 질산에틸의 제조 화학반응식을 쓰시오.

　　해답 $C_2H_5OH + HNO_3 \xrightarrow[에스테르화]{C-H_2SO_4} C_2H_5ONO_2$
　　　　$+ H_2O$

참고 질산에틸의 제조 화학반응식

$$C_2H_5OH + HNO_3 \xrightarrow[\text{에스테르화}]{\text{C-H}_2SO_4}$$
(에틸알코올) (질산)

$$C_2H_5ONO_2 + H_2O$$
(질산에틸) (물)

10 제5류 위험물 중 무색투명한 기름형태의 액체로서 다이너마이트의 원료로 사용되는 것은 무엇인지 명칭과 화학식을 쓰시오.

해답 ① 명칭 : 니트로글리세린

② 화학식 : $C_3H_5(ONO_2)_3$

11 제5류 위험물인 니트로글리세린에 대하여 물음에 답하시오.

> ㉮ 약칭
> ㉯ 다이너마이트는 니트로글리세린을 무엇에 흡수시킨 것인가?

해답 ㉮ NG   ㉯ 규조토

12 니트로글리세린에 대하여 다음 물음에 답하시오.

> ㉮ 순수한 것과 공업용 니트로글리세린의 색상은?
> ㉯ 폭발할 때의 온도와 최고 풍속은?
> ㉰ 폭발 반응식을 쓰시오.

해답 ㉮ 순수한 것 : 무색투명, 공업용 : 담황색

㉯ 4000℃, 7500m/sec

㉰ $4C_3H_5(ONO_2)_3 \rightarrow 12CO_2\uparrow + 10H_2O\uparrow + 6N_2\uparrow + O_2\uparrow$

13 니트로셀룰로오스의 제조방법은 (㉮)에 진한 질산과 (㉯)을 (㉰):1로 혼합하여 제조한다. 괄호 안에 알맞은 말을 적으시오.

해답 ㉮ 정제된 목화솜   ㉯ 진한 황산

㉰ 1

14 니트로셀룰로오스를 저장 · 수송할 때 타격과 마찰에 의한 폭발을 막기 위하여 특별히 조치해야 할 사항은?

해답 물이나 알코올로 습면시킨다.

15 니트로셀룰로오스의 다른 명칭 2가지를 쓰시오.

해답 ① 질화면   ② 면화약

16 질화면에서 강질화면과 약질화면을 구분하는 기준은 무엇인가?

해답 질소함류량으로 구분한다.

17 니트로셀룰로오스의 화학식을 쓰시오.

해답 $[(C_6H_7O_2(ONO_2)_3]n$

18 니트로셀룰로오스가 완전 분해하면 기체의 부피는 몇 배가 되는가?

해답 [계산과정]

$2C_{24}H_{29}O_9(NO_3)_{11} \rightarrow 24CO_2\uparrow + 24CO\uparrow + 12H_2O + 11N_2\uparrow + 17H_2\uparrow$ 에서 니트로셀룰로오스 2몰이 분해하여 88몰의 기체가 발생하므로 88÷2=44

[답] 44배

19 니트로셀룰로오스를 주제로 한 장뇌·알코올수용액에 녹여 교질상태로 만든 것을 압연, 압착, 제단하여 건조시킨 것을 무엇이라 하는가?

해답 셀룰로이드

유기과산화물

01 벤조일 퍼옥사이드의 상태와 연기색을 쓰시오.

해답 상태 : 고체, 연기색 : 백색

02 과산화벤조일의 함유량이 얼마일 때 위험물이 되는가?

해답 35.5 중량퍼센트 이상

03 과산화벤조일의 화학식(시성식), 구조식, 불활성 희석제(2가지)를 쓰시오.

해답 ① 화학식($C_6H_5CO)_2O_2$

② 구조식:

$$O = C - O - O - C = O$$

③ 희석제 : 프탈산디메틸, 프탈산디부틸

04 유기과산화물인 과산화벤조일 등의 저장소로 가장 적당한 곳과 분해온도를 쓰시오.

해답 습기가 없는 냉암소, 100℃

05 소맥분 및 압맥을 표백하기 위한 식품첨가제로서 과산화벤조일은 이를 1kg당 몇 g 이하로 첨가할 수 있는가?

해답 0.3g 이하

06 유기과산화물인 메틸에틸케톤퍼옥사이드(과산화메틸에틸케톤)의 약칭을 쓰시오.

해답 MEKPO

07 아세틸퍼옥사이드의 구조식을 쓰시오.

해답
$$H_3C - \underset{\underset{O}{\|}}{C} - O - O - \underset{\underset{O}{\|}}{C} - CH_3$$

니트로화합물

01 제5류 위험물 중 니트로기가 2개 이상인 유기화합물을 무엇이라 하는가?

해답 니트로화합물

02 니트로화합물 중 폭약의 폭발력의 기준으로 사용되는 위험물에 대하여 기술하시오.

㉮ 명칭	㉯ 약칭
㉰ 화학식	㉱ 지정수량

해답 ㉮ 트리니트로톨루엔

㉯ T.N.T

㉰ $C_6H_2CH_3(NO_2)_3$

㉱ 200kg

03 제5류 위험물 중 착화점이 300℃, 융점81℃, 비점이 280℃이며 물에 녹지 않는 것은 무엇인가?

해답 트리니트로톨루엔

04 다음의 제5류 위험물 중 니트로화합물에 대한 설명을 읽고 물음에 답하시오.

> - 담황색의 주상결정으로 햇빛에 쪼이면 다갈색으로 변한다.
> - 물에는 녹지 않으나 아세톤, 벤젠, 에테르 및 가열된 알코올에는 잘 녹는다.
> - 충격에는 민감하지 않지만 급격한 타격에 의하여 폭발한다.
> - 융점이 81℃이다
> ㉮ 이 위험물의 구조식은?
> ㉯ 발화점은?
> ㉰ 저장취급 시의 주의 점은?

해답 ㉮

$$CH_3$$
$$O_2N \qquad NO_2$$
$$NO_2$$

㉯ 약 300℃

㉰ 타격, 마찰, 충격 및 화기로부터 멀리한다.

05 톨루엔과 진한질산, 진한황산을 반응하면 생성되는 물질의 명칭을 쓰시오.

해답 트리니트로톨루엔

06 톨루엔에 질산, 황산을 첨가시켜 탈수시키면 니트로화하여 트리니트로톨루엔이 만들어진다. 제조반응식과 지정수량을 쓰시오.

해답 ① 제조반응식: $C_6H_5CH_3 + 3HNO_3$

$$\xrightarrow[\text{니트로화}]{C + H_2SO_4} C_6H_2CH_3(NO_2)_3 + 3H_2O$$

② 지정수량: 200kg

07 톨루엔으로부터 T.N.T를 합성하는 반응을 구조식을 써서 설명하시오.

해답

$$CH_3$$ (톨루엔) $+ 3HNO_3$ (질산) $\xrightarrow[\text{니트로화}]{C + H_2SO_4}$ $O_2N \quad CH_3 \quad NO_2$ / NO_2 (T.N.T) $+ 3H_2O$ (물)

08 T.N.T가 폭발할 때 분해반응식과 발생하는 가스의 종류를 쓰시오.

해답 ① 분해반응식 : $2C_6H_2CH_3(NO_6)_3 \rightarrow$ $12CO\uparrow + 5H_2\uparrow + 2C + 3N_2\uparrow$

② 발생가스의 종류 : 일산화탄소, 수소, 질소

09 피크린산의 화학명과 화학식을 쓰시오.

해답 ① 화학명: 트리니트로페놀

② 화학식: $C_6H_2OH(NO_2)_3$

10 휘황색 침상결정이고 발화점이 300℃인 제5류 위험물을 쓰시오.

해답 트리니트로페놀(피크린산)

11 제5류 위험물 중 트리니트로페놀의 구조식과 지정수량을 쓰시오.

해답

해답 지정수량 : 200kg

12 다음의 제5류 니트로화합물에 대한 설명을 읽고 물음에 답하시오.

> • 편편한 침상결정이고 쓴 맛이 나는 독성의 침상결정이다.
> • 찬물에는 잘 녹지 않으나 더운물, 알코올, 벤젠, 에테르에 잘 녹는다.
> • 금속과 반응하여 폭발성의 염을 만든다.
> ㉮ 이 위험물의 명칭은?
> ㉯ 이 위험물의 구조식은?
> ㉰ 소화방법은?

해답 ㉮ 피크린산(트리니트로페놀)

㉯

㉰ 냉각소화

니트로소화합물

01 니트로소화합물의 정의를 쓰시오.

해답 하나의 벤젠핵에 2 이상의 니트로소기가 결합된 것을 말한다.

02 제5류 위험물 중 고무가황제 및 퀴논디옥시움의 원료로 사용하는 것은 무엇인가?

해답 파라디니트로소벤젠

03 목면의 나염에 사용하는 제5류 위험물의 명칭은 무엇인가?

해답 디니트로소레조르신

04 제5류 위험물의 구조식을 쓰시오.

> ㉮ 파라디니트로소벤젠
> ㉯ 디니트로소레조르신

해답 ㉮

㉯

05 위험물인 니트로소화합물과 위험물인 니트로화합물에 대하여 다음을 쓰시오.

> ㉮ 니트로소기의 구조
> ㉯ 니트로기의 구조
> ㉰ 벤젠핵에 니트로소기와 니트로기가 몇 개 이상일 때 위험물로 보는가?

해답 ㉮ $-N=O$

④
N
O
O

㉮ 2개

06 제5류 위험물인 니트로소화합물과 니트로화합물을 비교하시오.

구분	니트로소화합물	니트로화합물
분자구조	$-N=O$	①
질소의 원자가	②	5가

해답 ①

② 3가

07 니트로소아세트페논과 혼촉할 경우 폭발위험이 있는 것 3가지를 쓰시오.

해답 ① 질산 ② 황산 ③ 취소(브롬)

기타 제5류 위험물

01 그밖의 행정안전부령이 정하는 제5류 위험물 2가지를 쓰시오.

해답 금속의 아지화합물, 질산구아니딘

02 제5류 위험물인 히드록실아민의 화학식과 지정수량을 쓰시오.

해답 ① 화학식: NH_2OH
② 지정수량: 100kg

03 제5류 위험물인 히드록실아민염류의 지정수량과 3가지의 명칭을 쓰시오.

해답 지정수량 : 100kg
황산히드록실아민, 염산히드록실아민, 질산히드록실아민

1 제6류 위험물의 필수 암기사항

① 제6류 위험물(산화성 액체)

제6류 위험물은 강산성 물질이라고 하며 불연성 물질로서 강한 부식성을 갖는 물질로 많은 산소를 함유하고 있는 물질이다.

② 제6류 위험물의 품명

유별 및 성질	위험등급	품명	지정수량
제6류 (산화성 액체)	I	1. 질산 2. 과산화수소 3. 과염소산	300kg 300kg 300kg
		4. 그 밖에 행정안전부령이 정하는 것 5. 제1호 내지 제4호의1에 해당하는 어느 하나 이상 을 함유한 것	300kg

- 그 밖에 행정안전부령이 정하는 것의 지정수량

  할로겐간화합물(둘 이상의 할로겐원소 간의 화합물) : BrF_3, BrF_5, IF_5, ICI, IBr 등(300kg)

③ 제6류 위험물의 공통성질

① 부식성 및 유독성이 강한 강산화제이다.

② 산소를 많이 포함하여 다른 가연물의 연소를 돕는다.

③ 비중이 1보다 크며 물에 잘 녹고 물과 발열반응한다.

④ 가연물 및 분해를 촉진하는 약품과 분해폭발한다.

④ 제6류 위험물의 저장 및 취급방법

① 용기는 밀전, 밀봉하여 누설에 주의한다.

② 저장용기는 내산성이어야 한다.

③ 물, 가연물, 유기물, 분해를 촉진하는 약품과 접촉을 피한다.

② 제6류 위험물의 성질

◼ 질산(HNO₃)

지정수량 : 300kg

① 융점 -42℃, 비점 86℃, **비중 1.49**, 응축결정이 되는 온도 -40℃

② **질산의 실험실적 제법** : **칠레초석**(NaNO₃)에 **진한황산**(H₂SO₄)를 가하고 가열하여 제조한다.

③ **질산의 공업적 제법**(오스트왈트법) : 백금(Pt)을 촉매로하여 **암모니아**(NH₃)를 공기와 혼합하여 산화시켜 **일산화질소**(NO)를 생성시키고, 이것을 공기중에서 다시 산화시켜 **이산화질소**(NO₂)를 만들어 가열한 물과 반응시켜 만든다.

④ **무색 액체**이나 보관중 **담황색**으로 된다.

⑤ **직사일광**에서 분해하며 갈색의 **이산화질소**(NO₂)를 발생하므로 **갈색병**에 넣어 냉암소에 보관한다.

⑥ 액체·증기 및 질소산화물은 유독성이 있으므로 인체에 대단히 해롭다.

⑦ 금속과 작용하여 **질산염**을 생성한다.

⑧ Fe(철), Co(코발트), Ni(니켈), Al(알루미늄), Cr(크롬) 등은 **묽은 질산**에는 녹으나 **진한 질산**에서는 **부식되지 않는 얇은 피막**이 금속표면에 생겨 **부동태**가 되므로 녹지 않는다.

⑨ 부식성이 강하나 금·백금은 부식시키지 못한다(금, 백금은 **왕수**에 녹는다).

⑩ 탄화수소·황화수소·이황화수소·히드라진류·아민류 등 환원성물질과 혼합하면 발화 및 폭발한다.

⑪ 톱밥, 대패밥, 나무조각, 나무껍질 종이 섬유 등 유기물질과 **혼합하면 발화**한다.

⑫ 테레핀유 카아바이드 금속분 및 가연성물질과는 멀리 저장한다.

⑬ 단백질과는 **크산토프로테인반응**을 일으켜 **노란색**으로 반응한다.

참고

① 질산의 실험실적 제법(저온)

$NaNO_3$ + H_2SO_4 → $NaHSO_4$ + HNO_3
(질산나트륨) (황산) (황산수소나트륨) (질산)

② 질산의 실험실적 제법(고온)

$2NaNO_3$ + H_2SO_4 → Na_2SO_4 + $2HNO_3$
(질산나트륨) (황산) (황산나트륨) (질산)

③ 질산의 공업적제법(오스트왈트법)

NH_3 + $2O_2$ → HNO_3 + H_2O
(암모니아) (산소) (질산) (물)

④ 공기중(직사일광)에서 분해

$4HNO_3$ → $4NO_2\uparrow$ + $2H_2O$ + $O_2\uparrow$
(질산) (이산화질소) (물) (산소)

⑤ 유기물(목탄)과의 반응식

C + $4HNO_3$ → $CO_2\uparrow$ + $2H_2O$ + $4NO_2\uparrow$
(탄소) (질산) (이산화탄소) (물) (이산화질소)

⑥ 인(P)과의 반응식(인산의 제법)

$3P + 5HNO_3 + 2H_2O → 3H_3PO_4 + 5NO\uparrow$
(인) (질산) (물) (인산) (일산화질소)

⑦ 황(S)과의 반응식(황산의 제법)

$S + 6HNO_3 → H_2SO_4 + 2H_2O + 6NO_2\uparrow$
(황) (질산) (황산) (물) (이산화질소)

⑧ 진한 질산과 구리의 화학반응 메카니즘(NO_2의 제법)

$2HNO_3 → H_2O + 2NO_2\uparrow + O$ ────────────── 분해
$Cu + O → CuO$ ─────────────────── 산화
+ $CuO + 2HNO_3 → Cu(NO_3)_2 + H_2O$ ─────────중화

$Cu + 4HNO_3 → Cu(NO_3)_2 + 2NO_2\uparrow + 2H_2O$

(구리) (질산) (질산구리) (이산화질소) (물)
반응식에서 좌우변의 같은 물질을 소거하고 남은 것

⑨ 묽은 질산과 구리의 화학반응 메카니즘(NO의 제법)

$$2HNO_3 \rightarrow H_2O + 2NO\uparrow + 3O ----------- 분해$$

$$3Cu + 3O \rightarrow 3CuO ------------------ 산화$$

+ $$3CuO + 6HNO_3 \rightarrow 3Cu(NO_3)_2 + 3H_2O --------- 중화$$

$$3Cu + 8HNO_3 \rightarrow 3Cu(NO_3)_2 + 2NO\uparrow + 4H_2O$$

(구리) (질산)　(질산구리) (일산화질소) (물)

반응식에서 좌우변의 같은 물질을 소거하고 남은 것

⑩ 수용액 중에서의 강한 산성을 나타내는 반응식

$$HNO_3 \rightleftarrows H^+ + NO_3^-$$

⑪ 왕수 : 진한 질산 1대 진한염산 3의 혼합산으로, 이때 발생된 **발생기 염소가 금(Au)과 백금**

(Pt)을 녹인다.

$$HNO_3 + 3HCl \rightleftarrows NOCl + 2H_2O + 2[Cl]$$
(질산) (염산)　(염화니트로실) (물) (발생기염소)

$$AU + 3[Cl] \rightarrow AUCl_3, \quad Pt + 4[Cl] \rightarrow PtCl_4$$
(금) (발생기염소)　(염화금) (백금) (발생기염소) (염화백금)

⑫ 질산의 에스테르화 및 니트로화

$$C_3H_5(OH)_3 + 3HNO_3 \xrightarrow[\text{니트로화}]{C-H_2SO_4} C_3H_5(ONO_2)_3 + 3H_2O$$
(글리세린)　(질산)　(니트로글리세린)　(물)

$$C_6H_5CH_3 + 3HNO_3 \xrightarrow[\text{니트로화}]{C-H_2SO_4} C_6H_2CH_3(NO_2)_3 + 3H_2O$$
(톨루엔)　(질산)　(트리니트로톨루엔)　(물)

⑬ 증기를 흡입했을 경우 응급처치 : 순수한 에틸알코올을 거즈에 적셔 흡입하게 하며, 증세가

심할 때는 산소공급을 한다.

⑭ 크산토프로테인반응(Xanthoprotein) : **단백질 검출방법**으로 단백질에 진한 질산을 작용시

키면 **노란색**으로 되는 반응

⑮ 인체에 대한 응급조치 및 위해성 : 발연황산에 준한다.

•피부에 닿았을 경우 : 약화상을 넣는다.

•먹었을 경우 : 7.7g으로 어린이가 사망한 예가 있다.

② 발연질산($HNO_3 + nNO_2$)

지정수량 : 300kg

① 진한 질산에 이산화질소를 과잉으로 녹인 무색 또는 **적갈색의 발연성 액체**로 공기 중에서 갈색 증기(NO_2)를 낸다.

② 비중: 약1.52~1.54

③ 인체에 유독하며 **진한 질산보다 산화력이 세다.**

③ 과산화수소(H_2O_2)

지정수량 : 300kg

> **참고**
> • 위험물로서 H_2O_2의 농도는 **36중량% 이상**이다.
> • 약국에서 시판하는 옥시풀은 3% 수용액이다.

① 융점−0.89℃, 비점80.2℃, 비중1.465

② 순수한 것은 점성이 있는 무색 액체

③ 양이 많을 경우 **청색**

④ 시판품의 농도 30~40% 수용액

⑤ 단독 폭발농도 **60중량% 이상**

⑥ 피부와 접촉하여 수종(물질)이 생김

⑦ 물 에테르 알코올에용해

⑧ 석유 벤젠에불용해

⑨ 금속의 미립자 및 알칼리성 용액에의하여분해

⑩ 안정제 : 인산(H_3PO_4) , 요산($C_5H_4N_4O_3$)

⑪ 용기 : 갈색 유리병

⑫ 용기는 밀전하지 말고 **구멍이 뚫린 마개를 사용**

⑬ 분해를 증가시키는 물질(정촉매) : 이산화망간(MnO_2), **요오드화칼륨**(KI), 산화코발트(CoO), 알칼리, 백금분말 등

참고

① 과산화수소의 실험실적 제법

Na_2O_2 + H_2SO_4 → Na_2SO_4 + H_2O_2
(과산화나트륨) (황산) (황산나트륨) (과산화수소)

BaO_2 + H_2SO_4 → $BaSO_4$ + H_2O_2
(과산화바륨) (황산) (황산바륨) (과산화수소)

② 과산화수소의 공업적 제법(뮌헨법)

$(NH_4)_2SO_4$ + H_2SO_4 + $[O]$ → $(NH_4)2S_2O_8$ + H_2O
(황산암모늄) (황산) (발생기산소) (과황산암모늄) (물)

$(NH_4)_2S_2O_8$ + $2KHSO_4$ → $(NH_4)_2SO_4$ + H_2SO_4 + $K_2S_2O_8$
(과황산암모늄) (황산수소칼륨) (황산암모늄) (황산) (과황산칼륨)

$K_2S_2O_8$ + $2H_2O$ → $2KHSO_4$ + H_2O_2
(과황산칼륨) (물) (황산수소칼륨) (과산화수소)

③ 과산화수소의 공업적 제법(바이센슈타인법)

$2H_2SO_4$ + $[O]$ → $H_2S_2O_8$ + H_2O
(황산) (발생기산소) (과산화이황산) (물)

$H_2S_2O_8$ + $2H_2O$ → $2H_2SO_4$ + H_2O_2
(과산화이황산) (물) (황산) (과산화수소)

④ 과산화수소와 히드라진의 혼촉발화

$2H_2O_2$ + N_2H_4 → $N_2\uparrow$ + $4H_2O$
(과산화수소) (히드라진) (질소) (물)

⑤ 과산화수소의 분해반응식

$2H_2O_2$ $\xrightarrow[\text{정촉매}]{MnO_2}$ $2H_2O$ + $O_2\uparrow$
(과산화수소) (물) (산소)

⑥ 과산화수소와 요오드화 칼륨 녹말종이의 반응(푸른색변색)

$2KI$ + H_2O_2 → I_2 + $2KOH$
(요오드화칼륨) (과산화수소) (요오드) (수산화칼륨)

4 과염소산(HClO₄)

지정수량 : 300kg

(1) 융점 −112℃, 비점39℃, 비중1.76

(2) 무색의 액체로 공기중에서 세게 연기를 낸다.

(3) 위험성

① 가열하면 폭발한다.

② 산화력이 강하다.

③ 종이, 나무조각 등과 접촉하면 **연소한다.**

④ 물과 접촉하여 심하게 발열하며 **6종류의 안정된 고체수화물**을 만든다.

⑤ 용기는 내산성 용기를 사용한다.

참고

① 과염소산의 가열 분해식

$$HClO_4 \rightarrow HCl \uparrow + 2O_2 \uparrow$$
(과염소산)　(염화수소)　(산소)

② 과염소산과 염화바륨의 반응식

$$2HClO_4 + BaCl_2 \rightarrow Ba(ClO_4)_2 + 2HCl$$
(과염소산)　(염화바륨)　(과염소산바륨)　(염화수소)

③ 과염소산의 6종의 고체수화물

- $HClO_4 \cdot H_2O$
- $HClO_4 \cdot 2H_2O$
- $HClO_4 \cdot 2.5H_2O$
- $HClO_4 \cdot 3H_2O$(2종류가 있음)
- $HClO_4 \cdot 3.5H_2O$

제6류 위험물의 필수 암기사항

01 위험물안전관리법 시행령 별표 1의 제6류 위험물의 성질을 쓰시오.

해답 산화성 액체

02 다음 설명을 보고 괄호 안에 알맞은 말을 쓰시오.

> ㉮ 인화성고체라함은 고형알코올 그밖에 인화점이 섭씨 ( )도 미만인 고체를 말한다.
> ㉯ 철분이라 함은 철의 분말로서 ( )㎛의 표준체를 통과하는 것의 ( )중량퍼센트 미만인 것은 위험물에서 제외한다.
> ㉰ 특수인화물이라함은 이황화탄소, 디에틸에테르, 그 밖에 1기압에서 발화점이 섭씨 ( )도 이하인 것 또는 인화점이 섭씨 영하 ( )도 이하이고, 비점이 섭씨 ( )도 이하인 것을 말한다.

해답 ㉮ 40   ㉯ 53, 50   ㉰ 100, 20, 40

03 다음 중위험물에서 제외되는 물질을 모두 선택하시오.

> 황산, 질산구아딘, 금속의 아지드화물, 구리분, 과요오드산

해답 황산, 구리분

참고 그 밖에 행정안전부령이 정하는 위험물

- 제1류 위험물
  차아염소산염류
  과요오드산
  과요오드산염류
  아질산염류
  크롬 · 납 · 요오드의 산화물
  퍼옥소붕산염류
  퍼옥소이황산염류
  염소화이소시아눌산
- 제3류 위험물
  염소화규소화합물
- 제5류 위험물
  질산구아니딘
  금속의 아지화합물
- 제6류 위험물
  할로겐간화합물

04 위험물안전관리법에서 정하는 제6류 위험물 중 위험등급 Ⅰ등급인 것 3가지를 쓰시오.

해답 ㉮ 질산   ㉯ 과산화수소   ㉰ 과염소산

05 제6류 위험물의 대표적인 위험물 3가지의 화학식을 쓰시오.

해답 HNO_3, H_2O_2, $HClO_4$

06 화공 약품상에서 과산화수소 100kg, 진한질산 200kg, 과염소산 30kg을 판매하기 위해 판매 취급소의 허가를 받았다. 지정수량 몇 배의 판매 허가를 받았는가?

해답 [계산과정]

지정수량 배수의 합

$$= \frac{100}{300} + \frac{200}{300} + \frac{30}{300} = 1.1배$$

[답] 1.1배

참고 지정수량 : 제6류 위험물 모두 300kg

07 제6류 위험물 중 그 밖에 행정안전부령이 정하는 위험물을 쓰시오.

해답 할로겐간화합물

참고 그 밖에 행정안전부령이 정하는 제6류 위험물은 "할로겐간화합물"임

08 다음 괄호 안에 알맞은 말을 넣으시오.

> 제6류 위험물은 (㉮)의 물질로 많은 (㉯)를 함유하고 있어 다른 가연물의 (㉰)를 돕는다.

해답 ㉮ 불연성   ㉯ 산소   ㉰ 연소

09 제6류 위험물이 물과 접촉시 일반적으로 일어나는 현상을 쓰시오.

해답 발열현상

10 제6류 위험물에 대한 설명이다. 다음 물음에 답하시오.

> ㉮ 저장용기의 재질은?
> ㉯ 누출 시 사용되는 중화제 2가지는?
> ㉰ 유기화합물과 접촉 시 발생하는 위험성은?

해답 ㉮ 내산성용기   ㉯ 소석회, 소다회
　　　㉰ 발화

질산 · 발연질산

01 분자량이 63이며, 염산과 혼합하여 금, 백금을 부식시키는 위험물의 화학식과 지정수량을 쓰시오.

해답 ① 화학식 : HNO_3
　　　② 지정수량 : 300kg

02 위험물안전관리법상 제6류 위험물에 속하는 진한 질산의 비중은 얼마인가?

해답 1.49 이상

03 제6류 위험물 중 질산의 색과 분자식을 쓰시오.

해답 ① 색 : 무색   ② 분자식 : HNO_3

04 질산은 물과 섞어서 수용액을 만들면 이것은 강한 산성을 나타낸다. 질산이 산성임을 알 수 있는 이유를 화학반응식으로 표현하시오.

해답 $HNO_3 \rightleftarrows H^+ + NO_3^-$

05 질산의 보관방법을 쓰시오.

해답 직사일광을 피해 갈색 병에 넣어 냉암소에 보관한다.

06 질산을 갈색병에 넣어 어두운 곳에 보관하는 이유는?

해답 직사일광에 분해하여 이산화질소가 발생하므로

07 질산을 가열할 경우 발생하는 유독가스의 명칭을 쓰시오.

해답 이산화질소

참고 • 질산의 열분해반응식
　　　$4HNO_3 \rightarrow 4NO_2\uparrow + 2H_2O + O_2\uparrow$
　　　(질산)　(이산화질소)　(물)　(산소)

08 진한 질산에 대하여 다음 물음에 답하시오.

> ㉮ 공기 중에서 내는 갈색 증기는 무엇인가?
> ㉯ 몇 ℃에서 응축 결정이 되는가?
> ㉰ 보관장소는 어떤 곳이 적당한가?

해답 ㉮ 이산화질소(NO_2)
　　　㉯ $-40℃$
　　　㉰ 냉암소

09 질산에 대하여 다음 물음에 답하시오.

> ㉮ 증기 및 액체의 인체에 대한 위험성
> ㉯ 금속과의 생성물
> ㉰ 부식시키지 못하는 금속 2가지

해답 ㉮ 유독성   ㉯ 질산염   ㉰ 금, 백금

10 금(Au)과 백금(Pt)은 강산에 녹지 않으나 질산과 염산의 혼합액인 왕수에는 녹는다. 왕수의 질산과 염산의 비를 쓰시오.

해답 질산:염산 = 1:3

11 Al · Fe · Cr 등은 묽은질산에는 녹으나 진한질산에 녹지 않는 이유는 금속표면에 (㉮)이 생겨 (㉯)가 되기 때문이다.

해답 ㉮ 부식되지 않는 얇은 피막
　　　 ㉯ 부동태

12 다음 물음에 답하시오.

> ㉮ 질산과 톱밥이나 대패밥과 접촉하면 발생되는 현상은 무엇인가?
> ㉯ 질산이 아민류나 히드라진류와 접촉하면 발생되는 현상은 무엇인가?

해답 ㉮ 혼촉발화   ㉯ 발화 및 폭발

13 위험물의 시험 및 판정규정에서 제6류 위험물인 산화성액체의 연소 시간의 측정시험에 사용하는 물질은 무엇인가?

해답 목분, 질산

참고 시험에서는 목분과 90% 질산수용액을 사용한다.

※ 위험물안전관리에 관한 세부기준 제22조(산화성 액체의 시험방법 및 판정기준)에 의한 제23조(연소시간의 측정시험)에 의한 물질

14 유기물(탄소)과 질산과의 반응식을 쓰시오.

해답 $C + 4HNO_3 \rightarrow CO_2 \uparrow + 2H_2O + 4NO_2 \uparrow$

참고 • 탄소와 질산의 화학반응식
　　　$C + 4HNO_3 \rightarrow CO_2 \uparrow + 2H_2O + 4NO_2 \uparrow$
　　　(탄소) (질산) (이산화탄소) (물) (이산화질소)

15 다음은 질산을 취급할 때 손에 묻어 노란색으로 변하는 현상에 대한 물음에 답하시오.

> ㉮ 이 반응은 무슨 반응인가?
> ㉯ 피부 접촉시 인체의 어떤 성분과 반응 하는가?

해답 ㉮ 크산토프로테인 반응
　　　 ㉯ 단백질

16 진한 질산이 햇빛이나 공기와 만나 갈색 증기를 내고 분해하는 화학반응식은?

해답 $4HNO_3 \rightarrow 4NO_2 \uparrow + O_2 \uparrow + 2H_2O$

참고 • 질산의 분해반응식
　　　$4HNO_3 \rightarrow 4NO_2 \uparrow + O_2 \uparrow + 2H_2O$
　　　(질산)　(이산화질소)　(산소)　　(물)

17 묽은 질산과 구리의 화학반응식이다. 각 단계 반응의 반응명칭을 쓰시오.

> $2HNO_3 \rightarrow H_2O + 2NO \uparrow + 3O \cdots$ (㉮)
> $3Cu + 3O \rightarrow 3CuO \cdots$ (㉯)
> $+$　$3CuO + 6HNO_3 \rightarrow 3Cu(NO_3)_2 + 3H_2O \cdots$ (㉰)
> $3Cu + 8HNO_3 \rightarrow 3Cu(NO_3)_2 + 2NO \uparrow + 4H_2O$

해답 ㉮ 분해   ㉯ 산화   ㉰ 중화

모든 계산문제는 소수 3째자리까지 계산하고 반올림하여 소수 2째자리를 답으로 합니다.

18 묽은 질산과 구리의 화학반응식을 쓰시오.

해답 $3Cu + 8HNO_3 \rightarrow 3Cu(NO_3)_2 + 2NO\uparrow + 4H_2O$

참고 • 묽은 질산과 구리의 화학반응식
$$3Cu + 8HNO_3 \rightarrow 3Cu(NO_3)_2 +$$
(구리)　(질산)　　　(질산구리)
$$2NO\uparrow　+　4H_2O$$
(일산화질소)　(물)

19 발연질산을 구성하는 것은 무엇인가?

해답 질산(HNO_3), 이산화질소(NO_2)

참고 발연질산 : $HNO_3 + nNO_2$

20 진한질산과 발연질산 중 산화력이 강한 것은?

해답 발연질산($HNO_3 + nNO_2$)

참고 질산에(HNO_3) 이산화질소(NO_2)를 과잉으로 녹여 만든 것이 발연질산이다.

21 발연질산은 유기물이나 환원성 물질과 혼합하면 위험하다. 그 이유를 화학반응식으로 쓰시오 (단, 탄소와 질산의 작용).

해답 $C + 4HNO_3 \rightarrow CO_2 + 2H_2O + 4NO_2$

참고 • 유기물(C)과 질산의 화학반응식
$$C + 4HNO_3 \rightarrow CO_2\uparrow + 2H_2O + 4NO_2\uparrow$$
(탄소) (질산) (이산화탄소) (물) (이산화질소)

22 발연질산에 대하여 물음에 답하시오.

> ㉮ 색깔
> ㉯ 질산과의 산화력 비교

해답 ㉮ 무색 또는 적갈색
　　㉯ 발연질산이 더 세다.

23 발연질산의 화학식은 $HNO_3 + n(\quad)$로 표시된다. 괄호 안을 완성하시오.

해답 NO_2

24 발연질산의 화학식과 제법을 설명하시오.

해답 ① 화학식 : $HNO_3 + nNO_2$
② 제법 : 진한 질산에 이산화질소를 과잉으로 녹인 것이다.

과산화수소

01 위험물로서 농도가 36중량% 이상이고 수수한 것은 점성이 있는 무색 액체이며, 양이 많을 경우 청색을 띠는 물질의 명칭과 지정수량은 얼마인가?

해답 명칭 : 과산화수소
지정수량 : 300kg

02 과산화수소가 위험물안전관리법상 위험물이 되기 위한 농도는 몇 중량% 이상이며 시판품의 농도는 몇 중량%인가?

해답 ① 위험물의 농도 : 36중량% 이상
② 시판품의 농도 : 30~40중량%

03 강력한 산화제인 과산화수소가 분해되었을 때 발생하는 기체로서 표백작용을 일으키는 기체는 무엇인가?

해답 발생기산소[O]

04 약국에서 판매하는 옥시풀은 과산화수소 몇 % 농도의 수용액인가?

해답 3% 수용액

05 제6류 위험물인 과산화수소에 대하여 쓰시오.

① 분자식	② 양이 많을 때 색

해답 ① H_2O_2　　② 청색

06 제6류 위험물 중 순수한 것은 무색이며 양이 많을 때는 청색을 나타내는 점조한 액체는 무엇인가?

해답 과산화수소

07 과산화수소는 시판품의 농도가 30~40중량%이다. 충격으로 인하여 단독으로 폭발할 수 있는 농도는 몇 %인가?

해답 60중량% 이상

08 과산화수소는 스스로 분해하여 산소를 방출하므로 용기의 마개는 구멍 뚫린 것을 사용하여 용기내부의 압력상승을 방지하며, 안정제를 첨가시켜 분해를 억제시킨다. 안정제로 사용하는 물질 2가지를 쓰시오.

해답 인산, 요산

참고 • 인산의 화학식 : H_3PO_4

　　• 요산의 화학식 : $C_5H_4N_4O_3$

09 과산화수소는 저장 및 취급시 액상이므로 서서히 분해된다. 분해를 방지시키는 안정제 2개를 화학식으로 쓰시오.

해답 ① H_3PO_4　　② $C_5H_4N_4O_3$

10 과산화수소는 직사일광에서 분해하므로 저장시 주의를 요한다. 저장용기의 색과 마개는 무엇이 좋은가?

해답 ① 저장용기: 갈색병

　　② 마개: 구멍 뚫린 마개

11 과산화수소의 분해반응식과 발생기체의 명칭을 쓰시오.

해답 • 분해반응식 : $2H_2O_2 \rightarrow 2H_2O + O_2 \uparrow$

　　• 발생기체의명칭: 산소

12 과산화수소는 이산화망간 하에서 분해가 촉진된다. 이산화망간의 역할을 쓰시오.

해답 정촉매

13 다음 물음에 답하시오.

㉮ 히드라진을 이것과 화합하면 로켓의 연료로 사용할 수 있다. 이것의 명칭을 쓰시오.
㉯ 히드라진과 이것이 화합했을 때 혼촉 발화 반응식을 쓰시오.

해답 ㉮ 과산화수소

　　㉯ $N_2H_4 + 2H_2O_2 \rightarrow N_2 \uparrow + 4H_2O$

참고 • 히드라진과 과산화수소의 화학반응식

　　$N_2H_4 + 2H_2O_2 \rightarrow N_2 \uparrow + 4H_2O$

　　(히드라진) (과산화수소) (질소)　(물)

과염소산

01 제6류 위험물인 과염소산의 분자식과 지정수량은 얼마인가?

해답 ① 분자식 : $HClO_4$

② 지정수량 : 300kg

02 제6류 위험물인 과염소산의 색깔과 비점은 얼마인가?

해답 ① 색깔: 무색   ③ 비점: 39℃

03 염소산 중 가장 강한 산성을 띠는 것은 무엇인가?

해답 과염소산($HClO_4$)

참고 염소산의 산의 세기

과염소산 〉 염소산 〉 아염소산 〉 차아염소산

04 다음 산의 세기를 화학식으로 순서대로 쓰시오 (강산에서 약산 순으로 나열하시오).

> 치아염소산, 아염소산, 염소산, 과염소산

해답 $HClO_4$ 〉 $HClO_3$ 〉 $HClO_2$ 〉 $HClO$

참고 치아염소산($HClO$), 아염소산($HClO_2$), 염소산($HClO_3$), 과염소산($HClO_4$)

05 비중이 1.76, 융점이 −112℃이며 분자량이 100.5인 무색의 액체로 공기 중에서 세게 연기를 내는 것의 명칭을 쓰시오.

해답 과염소산

참고 과염소산($HClO_4$)의 분자량

$1+35.5+16×4 = 100.5$

06 제6류 위험물 중 융점이 가장 낮은 위험물은 어느 것인가?

해답 과염소산

참고 제6류 위험물의 융점 : 질산(−42℃), 과산화수소(−0.89℃), 과염소산(−112℃)

07 부식작용이 있으므로 강산의 저장용기는 ( ) 이 있어야 한다. ( ) 안에 맞는 답을 써 넣으시오.

해답 내산성

08 과염소산의 고체수화물 5가지를 쓰시오.

해답 ① $HClO_4 \cdot H_2O$

② $HClO_4 \cdot 2H_2O$

③ $HClO_4 \cdot 2.5H_2O$

④ $HClO_4 \cdot 3H_2O$

⑤ $HClO_4 \cdot 3.5H_2O$

기출 · 종합예상문제

01 다음 제시한 위험물의 화학식과 지정수량을 쓰시오.

> 아세틸퍼옥사이드, 과망간산암모늄, 칠황화린

해답 아세틸퍼옥사이드 : $(CH_3CO)_2O_2$, 10kg

과망간산암모늄 : NH_4MnO_4, 1000kg

칠황화린 : P_4O_7, 100kg

제3편 위험물의 저장 및 취급

제1장 > 용어의 정의

■ 위험물안전관리법의 목적

위험물의 저장·취급 및 운반과 이에 따른 안전관리에 관한 사항을 규정함으로써 위험물로 인한 위해를 방지하여 공공의 안전을 확보함을 목적으로 한다.

② 제조소등

제조소, 저장소, 취급소

③ 제조소

위험물을 제조할 목적으로 지정수량 이상의 위험물을 취급하기 위하여 허가를 받은 장소

④ 저장소

지정수량 이상의 위험물을 저장하기 위한 대통령령이 정하는 장소로서 허가를 받은 장소

(1) 옥내저장소

옥내(지붕과 기둥 또는 벽 등에 의하여 둘러 쌓인 곳을 말한다)에 위험물을 저장하는 장소

(2) 옥외저장소

옥외의 장소에서 다음의 위험물을 저장하는 장소

① 제2류 위험물 중 유황 또는 인화성고체(인화점0℃ 이상 인 것에 한한다.)

② 제4류 위험물 중 제1석유류(인화점 0℃ 이상인 것에 한한다), 알코올류, 제2석유류, 제3석유류, 제4석유류, 동·식물유류

③ 제6류 위험물

④ 제2류 위험물, 제4류 위험물 중 특별시·광역시 또는 도의 조례로 정하는 위험물(관세법 제154조의 규정에 의한 보세구역 안에 저장하는 경우에 한한다)

⑤ 국제해사기구에관한협약에의하여설치된국제해사기구에서채택한국제해상위험물규칙(IMDG Code)에 적합한 용기에 수납된 위험물

(3) 옥내탱크 저장소

옥내에 있는 탱크에 위험물을 저장하는 장소

(4) 옥외탱크 저장소

옥외에 있는 탱크에 위험물을 저장하는 장소

(5) 지하탱크 저장소

지하에 매설한 탱크에 위험물을 저장하는 장소

(6) 이동탱크 저장소

차량에 고정시킨 탱크에 위험물을 저장하는 장소

(7) 간이탱크 저장소

간이탱크에 위험물을 저장하는 장소

(8) 암반탱크 저장소

암반내의 공간을 이용한 탱크에 액체 위험물을 저장하는 장소

5 취급소

지정수량 이상의 위험물을 제조외의 목적으로 취급하기 위한 대통령령이 정하는 장소로서 허가를 받은 장소

(1) 주유 취급소

고정된 주유설비에 의하여 위험물을 자동차, 항공기, 선박 등의 연료탱크에 직접 주유하기 위하여 위험물을 취급하는 장소(위험물을 용기에 옮겨 담거나 차량에 고정된 5,000ℓ 이하의 탱크에 주입하기 위하여 고정된 급유설비를 병설한 장소를 포함한다.)

(2) 판매 취급소

점포에서 위험물을 용기에 담아 판매하기 위하여 지정수량의 40배 이하의 위험물을 취급하는 장소

> **참고**
>
> - 위험물을 용기에 채우거나 **차량**에 고정된 3,000 ℓ 이하의 탱크에 주입하기 위하여 고정된 주유설비를 병설한 장소를 포함한다.
> - 제1종 판매 취급소 : 저장 또는 취급하는 위험물의 수량이 지정수량의 20배 이하인 판매취급소
> - 제2종 판매 취급소 : 저장 또는 취급하는 위험물의 수량이 지정수량의 40배 이하인 판매취급소

(3) 이송 취급소

배관 및 이에 부속된 설비에 의하여 위험물을 이송하는 장소

(4) 일반 취급소

주유 취급소, 판매 취급소, 이송 취급소 외의 장소

01 위험물안전관리법의 정의를 쓰시오.

해답 위험물의 저장·취급 및 운반과 이에 따른 안전관리에 관한 사항을 규정함으로써 위험물로 인한 위해를 방지하여 공공의 안전을 확보함을 목적으로 한다.

02 제조소등이란 무엇인가?

해답 제조소·저장소·취급소

03 제조소란 무엇인가?

해답 위험물을 제조할 목적으로 지정수량 이상의 위험물을 취급하기 위하여 허가를 받은 장소

04 저장소의 정의를 쓰시오.

해답 지정수량 이상의 위험물을 저장하기 위한 대통령령이 정하는 장소로서 허가를 받은 장소

05 저장소의 종류 8가지를 쓰시오.

해답 ① 옥내저장소
② 옥외저장소
③ 옥내탱크저장소
④ 옥외탱크저장소
⑤ 지하탱크저장소
⑥ 이동탱크저장소
⑦ 간이탱크저장소
⑧ 암반탱크저장소해답

06 옥내저장소란 무엇인가?

해답 옥내에 위험물을 저장하는 장소

07 옥내에 있는 탱크에 위험물을 저장 취급하는 곳의 명칭은?

해답 옥내탱크 저장소

08 옥외저장소에서 저장할 수 있는 제4류위험물을 모두 쓰시오.

해답 제1석유류(인화점0℃ 이상인 것에 한한다), 알코올류 제2석유류·제3석유류·제4석유류·동식물유류

참고 옥외저장소에 저장할 수 있는 제2류 위험물 : 유황, 인화성고체(인화점이 0℃ 이상인 것에 한한다)

09 옥외에 있는 탱크에 위험물을 저장 또는 취급하는 저장소는 무엇인가?

해답 옥외 탱크 저장소

10 지하탱크 저장소란 무엇인가?

해답 지하에 매설한 탱크에 위험물을 저장하는 장소

11 이동탱크 저장소란 무엇인가?

해답 차량에 고정시킨 탱크에 위험물을 저장하는 장소

모든 계산문제는 소수 3째자리까지 계산하고 반올림하여 소수 2째자리를 답으로 합니다.

12 간이탱크에 위험물을 저장하는 저장소의 명칭은?

해답 간이탱크 저장소

13 암반 내의 공간을 이용한 탱크에 액체 위험물을 저장하는 장소의 명칭은?

해답 암반탱크 저장소

14 취급소의 정의를 쓰시오.

해답 지정수량 이상의 위험물을 제조외의 목적으로 취급하기 위한 대통령령이 정하는 장소로서 허가를 받은 장소

15 위험물 안전관리법에서 지정수량 이상의 위험물을 취급하는 취급소의 종류를 4가지를 쓰시오.

해답 ① 주유취급소　② 판매취급소
　　③ 이송취급소　④ 일반취급소

16 주유 취급시설이란 무엇인가?

해답 고정된 주유설비에 의하여 위험물을 자동차, 항공기, 선박 등의 연료탱크에 직접 주유하기 위하여 위험물을 취급하는 장소

17 주유 취급소 중 차량에 고정된 탱크에 고정주유설비를 설치할 경우 탱크의 저장 용량은 얼마인가?

해답 5,000ℓ 이하

18 판매취급소란 무엇인가?

해답 점포에서 위험물을 용기에 담아 판매하기 위하여 지정수량 40배 이하의 위험물을 취급하는 장소

19 판매 취급소를 2가지로 구분하시오.

해답 ① 제1종 판매 취급소
　　② 제2종 판매 취급소

20 제1종 취급소란 무엇인가?

해답 저장 또는 취급하는 위험물의 수량이 지정수량의 20배 이하인 판매 취급소

21 제2종 판매 취급소에서 저장·취급할수있는 위험물의 수량은 지정수량의 몇 배 이하인가?

해답 40배 이하

22 이송 취급소란 무엇인가?

해답 배관 및 이에 부속된 설비에 의하여 위험물을 이송하는 장소

제2장 ▶ 위험물의 저장 및 취급기준

1 위험물의 취급

(1) 지정수량 이상의 위험물

제조소 등에서 취급(위반시 3년 이하 징역, 3,000만원 이하 벌금)

(2) 지정수량 미만의 위험물

시·도의조례에 의하여 취급

(3) 지정수량 이상의 위험물을 임시로 저장할 경우

관할 소방서장에게 승인 후 90일 이내(위반시 200만원 이하 과태료)

> **참고**
> 시·도 : 특별시·광역시·도

2 위험물의 저장 및 취급 공통기준

① 제조소 등에서는 신고와 관련되는 품명외의 위험물 또는 이러한 허가 및 신고와 관련되는 수량 또는 지정수량의 배수를 초과하는 위험물을 저장 또는 취급하지 아니하여야 한다.

② 위험물의 쓰레기, 찌꺼기 등은 1일 1회 이상 당해 위험물의 성질에 따라 안전한 장소에서 폐기하거나 적당한 방법으로 이를 처리하여야 한다.

③ 위험물을 저장 또는 취급하는 건축물 그 밖의 공작물 또는 설비는 당해 위험물의 성질에 따라 차광 또는 환기를 하여야 한다.

④ 위험물은 온도계, 습도계, 압력계 그 밖의 계기를 감시하여 당해 위험물의 성질에 맞는 적당한 온도·습도 또는 압력을 유지하도록 저장 또는 취급하여야 한다.

⑤ 위험물을 저장 또는 취급하는 경우에는 위험물의 변질, 이물의 혼입 등에 의하여 당해 위험물의 위험성이 증대되지 아니하도록 필요한 조치를 강구하여야 한다.

⑥ 위험물이 남아있거나 남아있을 우려가 있는 설비 · 기계 · 기구 · 용기 등을 수리하는 경우에는 안전한 장소에서 위험물을 완전히 제거한 후에 실시하여야 한다.

⑦ 위험물을 용기에 수납하여 저장 또는 취급할 때에는 그 용기는 당해 위험물의 성질에 적응하고 파손 · 부식 · 균열 등이 없는 것으로 하여야 한다.

⑧ 가연성의 액체 · 증기 또는 가스가 새거나 체류할 우려가 있는 장소 또는 가연성의 미분이 현저하게 부유할 우려가 있는 장소에서는 전선과 전기 기구를 완전히 접속하고 불꽃을 발하는 기계 · 기구 · 공구 등을 사용하거나 마찰에 의하여 불꽃을 발산하는 기계 · 기구 · 공구 · 신발 등을 사용하지 아니하여야 한다.

⑨ 위험물을 보호액 중에 보존하는 경우에는 당해 위험물이 보호액으로 부터 노출되지 아니하도록 하여야 한다.

③ 위험물 안전관리자

❶ 위험물 안전관리자의 선임

(1) 위험물 안전관리자를 선임할 곳

제조소 등의 설치자는 국가기술자격법에 의한 당해 위험물 자격증 취득자와 행정안전부령이 정하는 자를 위험물 안전관리자로 선임하여야 한다.

(2) 위험물 안전관리자의 선임기간

① 관할 소방본부장 또는 소방서장에게 30일 이내(해임신고 14일 이내)
② 미선임 시 벌칙 : 1,500만원 이하의 벌금

❷ 위험물 안전관리자가 안전관리 및 감독할 수 있는 위험물

(1) 위험물기능장 및 위험물산업기사

제1류에서 제6류 위험물까지 전체 위험물(지정수량에 제한없음)

(2) 위험물기능사

제1류에서 제6류 위험물까지 전체 위험물(지정수량에 제한있음)

❸ 위험물 안전관리자의 업무

① 화재 등의 재해방지에 관하여 인접한 제조소 등과 그 밖의 관련되는 시설의 관계자와 협조체제를 유지하는 일

② 화재예방규정에 적합하도록 작업자에 대하여 필요한 지시와 감독을 하는 일

③ 위험물시설의 안전을 담당하는 자를 따로 두는 제조소 등에 있어서는 그 담당자에게 필요한 업무 지시

④ 화재 등의 재난이 발생한 경우 응급조치 및 소방관서 등에 연락업무

⑤ 위험물 취급에 관한 일지 작성 · 기록하는 일

⑥ 그 밖의 위험물의 취급 작업의 안전에 관하여 필요한 감독의 수행

참고

※ 화재예방규정의 내용

① 위험물의 안전관리업무를 담당하는 사람의 **직무** 및 **조직**에 관한 사항

② 위험물 안전관리자가 그 직무를 **수행할 수 없는 경우** 그 직무를 **대행**하는 사람에 관한 사항

③ **자체소방조직**(이하 "자체소방대"라 한다)을 두어야 하는 제조소 등의 경우에는 자체 소방대의 편성 및 화학소방자동차의 **배치**에 관한 사항

④ 위험물관리작업에 종사하는 **사람**에 대한 **안전교육**에 관한 사항

⑤ 제조소 등의 시설 및 **사업장**에 대한 **안전순찰**에 관한 사항

⑥ 제조소 등의 시설 · 소방시설 그 밖의 **관련시설**에 대한 **점검** 및 **정비**에 관한 사항

⑦ 제조소 등의 시설의 **운전** 또는 조작에 관한 사항

⑧ **위험물관리작업의 기준**에 관한 사항

⑨ 재난 그 밖의 비상시 **화재진압** · **인명구조** 등 조치에 관한 사항

⑩ 위험물 안전관리의 **일지작성**에 관한 사항

⑪ 제조소 등의 위치 · 구조 및 설비를 명시한 **서류** 및 **도면정비**에 관한 사항

⑫ 그 밖의 위험물의 안전관리에 관하여 필요한 사항

※ KSA-3501(안전색채 사용통칙) 중 **적황색**은 위험을 **표시**한다.

위험물의 취급

01 지정수량 이상의 위험물을 취급할 수 있는 곳은 어디인가?

해답 제조소등

02 지정수량 미만의 위험물을 취급할 수 있는 기준을 정할 수 있는 것은 무엇인가?

해답 시 · 도조례

03 지정수량 이상의 위험물을 임시로 저장할 경우 소방서장의 승인 후 며칠동안 저장할 수 있는가?

해답 90일 이내
제조과정 · 소비작업 · 위험물을 옮겨담는 작업

위험물의 저장 및 취급 공통기준

01 다음은 위험물의 저장 및 취급에 관한 공통기준이다. 보기에서 괄호를 완성하시오.

> 제조소등에 있어서는 (㉮)와 관련되는 품명 외의 위험물 또는 이러한 (㉯) 및 (㉰) 와 관련되는 수량 또는 (㉱)의 배수를 초과하는 위험물을 저장 또는 취급하지 아니하여야 한다

해답 ㉮ 신고 　㉯ 허가
㉰ 신고 　㉱ 지정수량

02 다음은 위험물의 저장 및 취급에 관한 공통기준이다. 보기에서 괄호안을 완성하시오.

> 위험물을 저장 또는 취급하는 건축물 그 밖의 공작물 또는 설비는 당해 위험물의 성질에 따라 (㉮) 또는 (㉯)를 하여야 한다.

해답 ㉮ 차광
㉯ 환기

03 다음 보기에서 (　) 안에 들어갈 낱말은 무엇인가?

> 위험물의 쓰레기, 찌꺼기 등은 (㉮) 이상 (㉯)의 성질에 따라 (㉰)에서 폐기하거나 (㉱) 방법으로 이를 처리한다.

해답 ㉮ 1일 1회
㉯ 당해 위험물
㉰ 안전한 장소
㉱ 적당한

04 위험물을 저장 또는 취급하는 건축물 안에 꼭 비치하여야 할 계기 3가지를 쓰시오.

해답 온도계, 습도계, 압력계

05 다음 보기에서 (　) 안에 들어가야 할 것은 무엇인가?

> 위험물은 온도계, 습도계, 압력계 그 밖에 계기를 감시하여 당해 위험물의 성질에 맞는 적당한 (㉮), (㉯) 또는 (㉰)을 유지 하도록 저장 또는 취급하여야 한다.

모든 계산문제는 소수 3째자리까지 계산하고 반올림하여 소수 2째자리를 답으로 합니다.

해답 ㉮ 온도

㉯ 습도

㉰ 압력

06 다음 (   ) 안에 들어갈 말은 무엇인가?

> ① 위험물을 저장 또는 취급하는 경우에는 위험물의 (㉮), 이물의 혼입 등에 의하여 당해 위험물의 위험성이 증대 하지 아니하도록 (㉯)를 강구하여야 한다.
> ② 위험물을 용기에 수납하여 저장 또는 취급할 때에는 그 용기는 당해 위험물의 성질에 적응하고 (㉰), (㉱), (㉲) 등이 없는 것으로 하여야 한다.

해답 ㉮ 변질

㉯ 필요한 조치

㉰ 파손

㉱ 부식

㉲ 균열

07 다음 보기에서 (   ) 안에 들어갈 말은 무엇인가?

> 위험물이 남아 있거나 남아 있을 우려가 있는 설비, 기계, 기구, 용기 등을 수리하는 경우에는 (㉮)에서 위험물을 안전하게 (㉯) 후에 실시 한다.

해답 ㉮ 안전한 장소

㉯ 제거한

08 다음 보기에서 (   ) 안에 들어갈 말은 무엇인가?

> 가연성의 액체·증기 또는 (㉮)가 새거나 체류할 우려가 있는 장소 또는 가연성의 미분이 현저하게 부유할 우려가 있는 장소에서는 (㉯)과 (㉰)를 완전히 이어야 하고 불꽃을 발하는 (㉱), (㉲), (㉳), (㉴) 등을 사용하지 아니하여야 한다.

해답 ㉮ 가스   ㉯ 전선

㉰ 전기기구   ㉱ 기계

㉲ 기구   ㉳ 공구

㉴ 신발

09 위험물을 보호액 속에 보존할 경우에는 어떻게 하여야 하는지를 쓰시오.

해답 당해 위험물이 보호액으로부터 노출되지 못하도록 하여야 한다.

위험물의 안전관리자

01 위험물 안전관리자를 선임하여야 할 곳은 어느 곳인가?

해답 제조소 등

02 위험물 안전관리자의 해임 후 선임 신고는 며칠 이내에 어디에 하여야 하는가?

해답 30일 이내 관할소방서

참고 해임신고기간 : 14일 이내

03 위험물 안전관리자가 취급할 수 있는 위험물의 자격구분은 무엇으로 정하는가?

해답 행정안전부령

04 화재예방규정을 정하여야 할 제조소·일반취급소의 지정수량은 얼마인가?

해답 지정수량 10배 이상

05 다음은 화재예방규정을 정하여야 할 곳이다. 지정수량을 쓰시오

> ㉮ 제조소
> ㉯ 일반 취급소
> ㉰ 옥외저장소
> ㉱ 옥내저장소
> ㉲ 옥외탱크 저장소

해답 ㉮ 10배 이상
　　　㉯ 10배 이상
　　　㉰ 100배 이상
　　　㉱ 150배 이상
　　　㉲ 200배 이상

제3장 >> 위험물제조소등 및 제조소

1 위험물제조소등의 설치기준

1 위험물제조소등의 설치기준 및 허가
① 제조소등의 설치기준은 행정안전부령으로 정한다.
② 제조소등의 설치허가 및 용도폐지 신고는 시 · 도지사가 한다.
③ 제조소등의 설치허가를 받지 않고 지정수량 이상의 위험물을 취급할 경우 : 5년 이하 징역 또는 1억원 이하의 벌금에 처한다.

2 제조소의 설치기준

제조소라 함은 위험물 혹은 비위험물을 원료로 하여 위험물을 제조할 목적으로 지정수량 이상의 위험물을 취급하는 건축물 · 공작물및그에부속하는설비일체를말하며 제조소는 위험물을 제조하는 시설로서 생산제품이 위험물이다.

2 안전거리
제조소(제6류 위험물 제외) 외의 건축물의 외벽 또는 이에 상당하는 공작물의 외측으로부터 당해 제조소의 외벽 또는 이에 상당하는 공작물의 외측까지의 수평거리

① 위험물제조소등의 설치기준

① 위험물제조소등의 설치기준 및 허가

① 제조소등의 설치기준은 행정안전부령으로 정한다.

② 제조소등의 설치허가 및 용도폐지 신고는 시·도지사가 한다.

③ 제조소등의 설치허가를 받지 않고 지정수량 이상의 위험물을 취급할 경우 : 1년 이하 징역 또는 1,000만원 이하의 벌금에 처한다.

② 제조소의 설치기준

제조소라 함은 위험물 혹은 비위험물을 원료로 하여 위험물을 제조할 목적으로 지정수량 이상의 위험물을 취급하는 건축물·공작물및그에부속하는설비일체를말하며 제조소는 위험물을 제조하는 시설로서 생산제품이 위험물이다.

☑ 안전거리

제조소(제6류 위험물 제외) 외의 건축물의 외벽 또는 이에 상당하는 공작물의 외측으로부터 당해 제조소의 외벽 또는 이에 상당하는 공작물의 외측까지의 수평거리

① 특고압가공전선(7,000V 초과 35,000V 이하) : 3m 이상

② 특고압가공전선(35,000V 초과) : 5m 이상

③ 제조소의 동일부지 이외의 주택 : 10m 이상

④ 고압가스 등을 제조, 저장 또는 취급하는 시설(지하 탱크저장시설 제외) : 20m 이상

⑤ 학교, 병원, 극장(300명 이상), 다수인이 출입하는 곳(20명 이상) : 30m 이상

⑥ 유형문화재 · 지정문화재: 50m 이상

참고

- 히드록실아민 제조소의 안전거리

  $D = 51.1\sqrt[3]{N}$ (D : 안전거리, N : 취급하는 히드록실아민의 지정수량의 배수)

- 고압가스등 : 고압가스, 액화석유가스, 도시가스

참고

위험물제조소 등의 안전거리의 단축 기준

① 방화상 유효한 담을 설치한 경우의 안전거리는 다음 표와 같다.

구 분	취급하는 위험물의 최대수량 (지정수량의 배수)	안전거리(이상)		
		주거용 건축물	학교·유치원등	문화재
제조소·일반취급소(취급하는 위험물의 양이 주거지역에 있어서는 30배, 상업지역에 있어서는 35배, 공업지역에 있어서는 50배 이상인 것을 제외)	10배 미만 10배 이상	6.5 7.0	20 22	35 38 (82. 9. 15 관보 참조)
옥내저장소(취급하는 위험물의 양이 주거지역에 있어서는 지정수량의 120배, 상업지역에 있어서는 150배, 공업지역에 있어서는 200배 이상인 것을 제외)	5배 미만 5배 이상 10배 미만 10배 이상 20배 미만 20배 이상 50배 미만 50배 이상 200배 미만	4.0 4.5 5.0 6.0 7.0	12.0 12.0 14.0 18.0 22.0	23.0 23.0 26.0 32.0 38.0
옥외탱크저장소(취급하는 위험물의 양이 주거지역에 있어서는 지정수량의 600배, 상업지역에 있어서는 700배, 공업지역에 있어서는 1,000배 이상인 것을 제외)	500배 미만 500배 이상 1,000배 미만	6.0 7.0	18.0 22.0	32.0 38.0
옥외저장소(취급하는 위험물의 양이 주거지역에 있어서는 지정수량의 10배, 상업지역에 있어서는 15배, 공업지역에 있어서는 20배 이상인 것을 제외)	10배 미만 10배 이상 20배 미만	6.0 8.5	18.0 25.0	32.0 44.0

참고

② 방화상 유효한 담의 높이는 다음에 의하여 산정한 높이 이상으로 한다.

- $H \leq PD^2 + a$인 경우 $h = 2m$ 이상
- $H > PD^2 + a$인 경우 $h = H - P(D^2 - d^2)$

a : 제조소 등의 외벽의 높이(m)
H : 인근 건축물 또는 공작물의 높이(m)
h : 방화상 유효한 담의 높이(m)
d : 제조소 등과 방화상 유효한 담과의거리(m)
D : 제조소 등과 인근 건축물 또는 공작물과의 거리(m)
p : 상수

연소우려대상 인접건축물의 구분	P의 값
• 학교·주택·문화재 등의 건축물이 목조인 경우 • 학교·주택·문화재 등의 건축물이 방화 구조 또는 내화구조이고 제조소 등에 면한 부분의 개구부에 방화문이 설치되지 않은 경우	0.04
• 학교·주택·문화재 등의 건축물이 방화 구조인 경우 • 학교·주택·문화재 등의 건축물이 방화구조 또는 내화구조이고 제조소 등에 면한 부분의 개구부에 을종방화문이 설치된 경우	0.15
• 학교·주택·문화재 등의 건축물이 내화구조이고 제조소 등에 면한 개구부에 갑종방화문이 설치된 경우	∞

② 보유공지

① 위험물을 취급하는 건축물, 그 밖의 시설(이송배관 제외)의 주위에 그 취급하는 위험물의 최대 수량에 따라 보유하여야 할 공지

위험물의 취급 최대수량	보유공지의 너비
지정수량의 10배 이하의 수량	3m 이상
지정수량의 10배 초과의 수량	5m 이상

② 제외되는 경우 행정안전부령이 정하는 방화상 유효한 격벽을 내화구조로 설치하였을 경우. 단, 제6류 위험물은 불연재료

참고
방화벽의 설치기준
• 출입구 : 자동폐쇄식 갑종방화문
• 돌출기준 : 방화벽의 양단 및 상단이 외벽·지붕으로부터 50cm 이상 돌출시킬 것

❸ 건축물의 구조

(1) 지하층이 없도록 한다.

(2) 재질

    ① 벽 · 기둥 · 바닥 · 보 · 서까래 · 계단 : 불연재료

    ② 지붕 : 폭발력이 위로 방출될 정도의 가벼운

       불연재료

(3) 연소의 우려가 있는 외벽 : 개구부 없는 내화구조

(4) 액체 위험물을 취급하는 건축물의 바닥

    ① 위험물이 침윤하지 못하는 재료를 사용한다.

    ② 적당한 경사를 둔다.

    ③ 최저부에 집유설비를 한다.

[바닥의 구조]

❹ 출입구(갑종 방화문 또는 을종 방화문을 사용)

(1) 갑종 방화문

    비차열 1시간 이상의 성능의 것

(2) 을종 방화문

    비차열 30분 이상의 성능의 것

(3) 연소의 우려가 있는 곳의 출입구 : 자동폐쇄식 갑종방화문

[선입형]

[크로스형]

[망입유리의 종류]

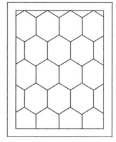

[거북무늬형]

> **참고**
>
> 비차열(방화문 시험에서 불을 피우는 반대편의 온도(이면온도)를 측정하지 않는 시험)
> - 시험 중 문지방 부위를 제외하고 이면에 발생되는 모든 개구부에 6mm 균열 게이지를 적용하고 게이지가 시험체를 관통하여 길이 150mm 이상 수평 이동되지 않아야 한다.
> - 시험 중 이면에 발생되는 모든 개구부에 25mm 균열 게이지를 적용하고 게이지가 시험체를 관통하지 않아야 한다.
> - 시험 중 이면에 10초 이상 지속되는 화염발생이 없어야 한다.

5 환기설비

① 자연 배기방식으로 한다.

② 환기구 : 지붕 위 또는 지상 2m 이상 높이에 회전식 고정 벤티레이터, 루프팬을 설치한다.

③ 급기구의 설치 : 바닥면적 150m²마다 1개 이상으로 하되, 그 크기는 800cm² 이상이어야 한다.

④ 급기구는 가는 눈의 동망(구리)으로 인화방지망을 설치한다.

> **참고**
>
> 바닥면적 150m² 미만인 경우의 급기구 면적
>
> | 바닥면적 | 급기구의 면적 |
> |---|---|
> | 60m² 미만 | 150cm² 이상 |
> | 60m² 이상 90m² 미만 | 300cm² 이상 |
> | 90m² 이상 120m² 미만 | 450cm² 이상 |
> | 120m² 이상 150m² 미만 | 600cm² 이상 |

⑥ 배출설비(가연성 증기 및 미분이 체류할 우려가 있는 건축물에 설치)

[배출설비]

① 배출설비 : 배풍기, 배출덕트, 후드
② 배출능력 : 1시간당 배출장소 용적의 20배 이상이어야 한다(단, 전역방식의 경우에는 바닥 면적 1m²당 18m³ 이상으로 할 수 있다).
③ 배출구의 높이 : 지상 2m 이상
④ 급기구의 위치 : 높은 곳에 설치한다.

⑦ 피뢰설비

① 지정수량 10배 이상의 위험물을 저장 취급하는 곳에는 피뢰설비를 설치한다.
② 제외되는 곳 : 제6류 위험물을 저장 또는 취급하는 곳

⑧ 옥외시설의 바닥(액체위험물에 한한다)

[유분리 장치의 단면도]
(20℃ 물 100g에 용해되는 양이
1g 미만인 것에 한한다.)

① 바닥둘레의 턱높이 : 0.15m 이상
② 바닥의 재질 : 콘크리트 · 기타불침윤재료

③ 턱이 있는 쪽이 낮게 경사져야 한다.

④ 바닥의 최저부에 집유설비를 한다.

⑤ 제4류 위험물을 취급하는 설비에는 유분리장치를 설치한다.

🟦 배관

① 재질 : 강관, 기타 유사한 금속성으로 한다.

② 내압시험압력 : 최대 상용압력의 1.5배 이상에서 누설이 없어야 한다.

③ 배관의 외면 : 부식방지 도장

④ 지하에 매설할 경우 : 부식방지를 위하여 도장 · 코팅 · 전기방식 등 및 필요한 조치

[배관의 수압시험]   [부식방지를 위한 조치]

🔟 안전장치

[파괴판의 구조도]

① 자동적으로 압력의 상승을 정지시키는 장치

② 감압측에 안전밸브를 부착하는 감압밸브

③ 안전밸브를 병용하는 경보장치

④ 파괴판

- 파괴판 : 위험물의 성질에 따라 안전밸브의 작동이 곤란한 가압설비에 한하여 설치한다.
- 위험물을 가압하는 설비나 위험물의 압력이 상승할 우려가 있는 설비에는 압력계 및 안전장치를 설치하여야 한다.

11 위험물의 누출 · 비산방지를 위한 설비

① 되돌림관
② 수막

12 아세트알데히드 · 산화프로필렌 취급설비의 금속사용 제한

① 사용제한 금속 : 은 · 수은 · 동 · 마그네슘 또는 이의 합금
② 사용제한 이유 : 폭발성 화합물을 생성하므로 사용을 제한한다.

13 아세트알데히드·산화프로필렌 취급설비의 불활성가스 봉입장치 등

[불활성 가스의 봉입장치]

① 봉입가스 : 불활성 가스 · 수증기
② 봉입압력 : 취급설비의 상용압력 이하
③ 냉동기를 이용한 냉각장치 및 저온을 유지하기 위한 장치(보냉장치)를 하여야 한다.

14 제조소의 액체위험물 저장탱크의 방유제 용량

① 하나의 취급탱크 : 당해 탱크용량의 50% 이상

② 둘 이상의 취급탱크 : 용량이 최대인 것의 50%에 나머지 탱크용량 합계의 10%를 가산한 양 이상

[옥외 제조소에 있는 액체위험물 취급탱크의 방유제 용량]

참고

① 이황화탄소 저장탱크에는 방유제를 설치하지 아니한다.

② 옥내에 설치된 탱크 저장시설의 방유턱 용량(저장수량 1/5 미만인 것 제외)

· 탱크 1기 : 탱크에 수납하는 위험물의 양을 **전부 수용**할 수 있는 양

· 탱크 2기 이상 : 당해 탱크 중 실제로 수납하는 위험물의 양이 **최대인 탱크**의 양을 **전부 수용**할 수 있는 양

---

15 위험물 저장탱크의 용량

(1) 위험물 저장탱크의 용량(탱크의 내용적×용적률)

탱크의 내용적 – 탱크의 공간용적

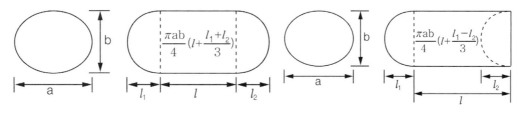

[양쪽이 볼록한 저장탱크]   [한쪽은 볼록하고 다른 한쪽은 오목한 저장탱크]

[횡으로 설치된 저장탱크]　　　　　[종으로 설치된 저장탱크]

(2) 위험물 저장탱크의 공간용적

① 탱크용적의 5/100 이상 10/100 이하

② 소화설비를 설치한 탱크(소화약제 방출구를 탱크 안의 윗부분에 설치한 탱크) : 당해 탱크의 내용적 중 당해 소화약제 방출구의 아래 0.3m 이상 1m 미만의 면으로부터 윗부분의 용적

③ 표면하 주입방식(저부포주입방식)의 탱크(탱크의 소화약제 방출구가 탱크의 밑부분에 있는 경우) : 5/100 이상

④ 암반탱크에 있어서는 용출하는 7일간의 지하수의 양에 상당하는 용적과 당해 탱크 내용적의 1/100의 용적 중에서 보다 큰 용적

[탱크의 공간용적]

16 제조소등의 표지판 및 게시판

(백색바탕 흑색문자)

[위험물 제조소의 표지판]

바닥면적	급기구의 면적
유　　　　　　별	제4류위험물
품　　　　　　명	제1석유류(가솔린)
취 급 최 대 수 량	10,000ℓ
지정수량의 배수	500배
안 전 관 리 자	홍길동

(백색바탕 흑색문자)

[위험물 제조소의 게시판]

(1) 표지판 및 게시판의 규격

한변의 길이 0.3m 이상, 다른 한변의 길이 0.6m 이상 직사각형

(2) 색깔 : 백색바탕에 흑색문자

(3) 표지판 기재사항 : 제조소 등의 명칭

(4) 게시판 기재사항

① 취급위험물의 유별 및 품명

② 저장최대수량 및 취급최대수량, 지정수량의 배수

③ 안전관리자 성명 및 직명

참고

① 표지판 및 게시판의 규격 및 색깔은 모든 제조소 등에서 동일하다.

단, 이동탱크저장소 제외

② 인화점 21℃ 미만의 옥내·옥외 탱크저장소의 주입구 및 펌프설비 표지판 등

• 표지판 : 백색바탕 흑색문자

• 방화에 관하여 필요한 사항을 기재한 게시판 : 백색바탕 흑색문자

• 주의사항 : 백색바탕 적색문자(화기엄금)

유 별	제4류 위험물
품 명	제1석유류( )
취급최대수량	100,000ℓ
안 전 관 리 자	홍 길 동

(백색바탕 흑색문자) [화기엄금 : 적색 문자]   (백색바탕 흑색 문자)

[표지판]   [방화에 관한게시판]

---

17 이동탱크저장소의 표지판 및 게시판(이동저장소 포함)

(흑색바탕에 황색의 반사도료 기타 반사성이 있는 재료)

[표지판]

유 별	제		류
품 명			
최 대 수 량			

(백색바탕 흑색문자)

[게시판]

(1) 표지판

① 차량의 전후방에 설치

② 규격 : 사각형(한 변의 길이 0.6m 이상, 다른 한 변의 길이 0.3m 이상)

③ 색깔 : 흑색바탕, 황색반사도료 또는 기타 반사성이 있는 재료로 "위험물"표시

(2) 게시판

① 탱크의 뒷면 보기 쉬운 곳에 사각형으로 표시

② 표지사항

㉮ 유별 ㉯ 품명 ㉰ 최대 수량 또는 적재중량

18 주의사항 게시판

방화에 관하여 필요한 사항을 기재한 게시판 이외의 것

(1) 화기엄금(적색바탕 백색문자)

① 제2류 위험물 중 인화성 고체

② 제3류 위험물 중 자연 발화성 물품

③ 제4류 위험물

④ 제5류 위험물

(2) 화기주의(적색바탕 백색문자) : 제2류 위험물(인화성 고체 제외)

(3) 물기엄금(청색바탕 백색문자)

① 제1류 위험물 중 알칼리금속의 과산화물

② 제3류 위험물 중 금수성 물질

[적색바탕 백색문자]   [적색바탕 백색문자]

[청색바탕 백색문자]

🔟 주유중 엔진정지 게시판

황색바탕 흑색문자로 '주유중엔진정지'라 표시하여 게시한다.

[황색바탕 흑색문자]

참고

- 이동탱크 저장소의 표지판과 반대색이므로 참고한다.
- 규격 : 주의사항 게시판과 같다.

제조소 등의 설치기준

01 제조소등의 설치기준은 어디에 준하는가?

해답 행정안전부령

02 안전거리란 무엇인가?

해답 제조소 외의 건축물의 외벽 또는 이에 상당하는 공작물의 외측으로 부터 당해 제조소의 외벽 또는 이에 상당하는 공작물의 외측까지의 수평거리

03 보유공지란 무엇인가?

해답 위험물을 취급하는 건축물, 그 밖의 시설 (이송배관 제외)의 주위에 취급하는 위험물의 최대 수량에 따라 보유하여야 할 공지

04 다음 보기에서 제조소와의 안전거리를 쓰시오.

> ㉮ 특고압 가공전선 7,000V 초과 35,000V이하
> ㉯ 특고압 가공전선 35,000V 초과
> ㉰ 주거용 시설
> ㉱ 유형·지정문화재

해답 ㉮ 3m 이상 ㉯ 5m 이상
　　　㉰ 10m 이상 ㉱ 50m 이상

05 다음 보기와 제조소와의 안전거리는 얼마인가?

> ㉮ 가연성 가스 제조소
> ㉯ 학교, 병원, 극장, 다수인이 출입하는 곳

해답 ㉮ 20m 이상
　　　㉯ 30m 이상

06 안전거리를 반드시 지켜야 할 제조소등을 5가지만 쓰시오.

해답 ① 제조소
　　　② 일반 취급소
　　　③ 옥내저장시설
　　　④ 옥외저장시설
　　　⑤ 옥외탱크 저장시설

07 제조소의 안전거리 제외대상 위험물을 쓰시오.

해답 제6류 위험물

08 다음은 제조소와 인접한 목조의 학교건축물과의 안전거리를 단축하기 위한 방화상 유효한 담을 설치하는 방법을 기술하였다. 이 담의 높이는 몇 m 이상이어야 하는가? (단, 건축물의 높이 9m, 목조 학교 건축물과 제조소와의 거리 : 13m, 제조소와 방화상 유효한 담과의 거리 : 4m, 제조소의 높이 : 2m, 상수값 : 0.04)

D : 제조소등과 인근 건축물 또는 공작물과의 거리(m)

H : 인근 건축물 또는 공작물의 높이(m)

a : 제조소등의 외벽의 높이(m)

d : 제조소등과 방화상 유효한 담과의 거리(m)

h : 방화상 유효한 담의 높이(m)

p : 상수(m)

⑦ H≦PD^2 + a인 경우 h=2

⑭ H>PD^2 + a인 경우 h=H−P(D^2−d^2)

해답 [계산과정]

⑦ H≦ PD^2 +a에서 9≦0.04×13^2+2

9≦8.76이므로 h=2m 규정에 해당없음

⑭ H>PD^2+a에서 9>0.04×13^2+2

9>8.76이므로 h=H−P(D^2−d^2)에서 h=9−

0.04(13^2−4^2)=2.88m

[답] 2.88m

09 제조소의 보유공지를 쓰시오.

⑦ 지정수량 10배 이하

⑭ 지정수량 10배 초과

해답 ⑦ 3m 이상   ⑭ 5m 이상

10 제조소에 있어서 방화상 유효한 격벽을 설치할 경우 보유공지를 설치하지 않을 수 있다. 방화벽의 설치기준에 대하여 다음 물음에 답하시오.

⑦ 방화벽에 설치하는 출입구의 종류를 쓰시오.

⑭ 외벽 · 지붕으로부터 돌출길이는 몇 cm인가?

해답 ⑦ 자동폐쇄식 갑종방화문   ⑭ 50cm 이상

11 액체위험물을 취급하는 제조소 건축물의 바닥 조건 3가지를 쓰시오.

해답 ① 위험물이 침윤하지 못하는 재료를 사용한다.

② 적당한 경사를 둔다.

③ 최저부에 집유설비를 한다.

12 제6류 위험물 취급 건축물에서 위험물 침윤부분은 (　　　)할 수 있다. 괄호 안에 알맞은 말을 쓰시오.

해답 아스팔트나 부식되지 않는 재료로 피복

13 제조소의 건축물 중 연소우려가 있는 곳과 연소우려가 없는 곳의 재질을 쓰시오.

해답 ① 연소우려가 있는 곳 : 내화구조

② 연소우려가 없는 곳 : 불연재료

14 제조소의 출입구 중 방화문의 기준에 대하여 쓰시오.

⑦ 갑종방화문   ⑭ 을종방화문

해답 ⑦ 비차열 1시간 이상의 성능의 것

⑭ 비차열 30분 이상의 성능의 것

15 다음 방화문의 비차열 시험에 대한 물음에 답하시오.

① 비차열 시험 중 문지방 부위를 제외하고 이면에 발생되는 모든 개구부에 (⑦) 균열 게이지를 적용하고 게이지가 시험체를 관통하여 길이 (⑭) 이상 수평 이동되지 않아야 한다.

② 시험 중 이면에 발생되는 모든 개구부에 (⑭) 균열게이지를 적용하고 게이지가 시험체를 관통하지 않아야 한다.

③ 시험 중 이면에 (⑭)초 이상 되는 화염발생이 없어야 한다.

해답 ⑦ 6mm   ⑭ 150mm

⑭ 25mm   ⑭ 10

16 제조소의 환기시설의 기준에 대하여 다음 물음에 답하시오.

> ㉮ 제조소의 환기설비의 방식을 쓰시오.
> ㉯ 제조소의 급기구는 바닥 면적 150m² 당 그 크기가 몇 cm² 이상인가?

해답 ㉮ 자연배기방식

㉯ 800cm²

17 제조소 환기설비의 설치기준에 대하여 다음 물음에 답하시오.

> ㉮ 환기구의 설치높이(지상으로부터)는 몇 m 이상인가?
> ㉯ 환기구의 종류 2가지를 쓰시오.
> ㉰ 급기구는 바닥면적 150m²마다 몇 개 이상 설치하는가?
> ㉱ 급기구 1개의 크기는 몇 cm² 이상인가?

해답 ㉮ 2 m

㉯ 회전식고정 벤티레이터 · 루프펜

㉰ 1개 이상

㉱ 800cm²

18 바닥면적 120m²인 제조소에 설치할 환기설비인 급기구의 면적은 몇 cm² 이상으로 하여야 하는가?

해답 600cm² 이상

참고 바닥면적 150m² 미만인 건축물의 급기구 면적

바닥면적	바닥면적
60m² 미만	150cm² 이상
60m² 이상 90m² 미만	300cm² 이상
90m² 이상 120m² 미만	450cm² 이상
120m² 이상 150m² 미만	600cm² 이상

※ 바닥면적 150m² 이상인 경우 급기구의 면적 : 800cm² 이상

19 제조소 등에 배출설비를 설치하는 이유는?

해답 가연성 증기 또는 미분의 체류를 방지하기 위해

20 제조소의 배출설비의 배출능력은 국소방식일 경우 1시간당 배출장소 능력의 몇 배 이상이어야 하는가?

해답 20배

참고 전역방식의 경우 배출능력은 바닥면적 1m²당 18m³ 이상으로 한다.

21 제조소에 있어서 피뢰설비의 설치기준에 대하여 다음 물음에 답하시오.

> ㉮ 지정수량 몇 배 이상인 곳에 설치하는가?
> ㉯ 설치하지 아니하여도 되는 위험물은 제 몇 류 위험물을 저장 · 취급하는 곳인가?

해답 ㉮ 10배 이상 ㉯ 제6류 위험물

22 제조소에서 옥외시설의 바닥기준이다. 다음 물음에 답하시오.

> ㉮ 바닥 둘레의 턱 높이는 몇 m 이상인가?
> ㉯ 바닥의 재질 2가지를 쓰시오.
> ㉰ 제4류 위험물을 취급하는 설비에 설치 하는 설비를 쓰시오

해답 ㉮ 0.15m 이상

㉯ 콘크리트 · 기타 불침윤재료

㉰ 유분리장치

23 다음은 제조소 배관의 설치기준이다. 물음에 답하시오.

> ㉮ 재질 2가지를 쓰시오.
> ㉯ 내압시험압력은 최대 상용압의 몇 배 이상으로 하여 누설이 없어야 하는가?
> ㉰ 배관의 외면처리 방법을 쓰시오.

해답 ㉮ 강관, 기타 이와 유사한 금속성의 것
　　　㉯ 1.5배 이상
　　　㉰ 부식방지도장

24 다음은 아세트알데히드·산화프로필렌을 저장·취급하는 탱크에 대한 취급기준이다 물음에 답하시오.

> ① 사용 제한 금속 4가지를 쓰시오
> ② 불활성 가스 봉입장치의 봉입가스를 쓰시오.
> ③ 냉각장치 및 (　)에 의한 저온을 유지하기 위한 장치를 하여야 한다.

해답 ① 구리·은·수은·마그네슘
　　　② 질소
　　　③ 보냉장치

25 제조소에서 옥외에 있는 위험물 취급탱크로서 액체 위험물을 취급하는 방유제의 용량에 대하여 다음 물음에 답하시오.

> ㉮ 탱크 1기　　　　㉯ 탱크 2기 이상

해답 ㉮ 당해 탱크 용량의 50% 이상
　　　㉯ 용량이 최대인 것의 50%에 나머지 탱크 용량 합계의 10%를 가산한 양 이상

26 위험물제조소의 옥외에 설치된 액체위험물을 취급하는 탱크의 용량이 각각 200m³, 100m³이다. 이 경우 방유제의 용량은 얼마인가?

해답 [계산과정]
$200\text{m}^3 \times 50\% + 100\text{m}^3 \times 10\% = 110\text{m}^3$
[답] 110m^3

27 위험물제조소의 옥내에 맞는 위험물 취급 탱크로서 위험물이 누설된 경우 그 위험물의 유출 방지를 위한 방유제의 용량에 대하여 답하시오.

> ㉮ 탱크 1기　　　　㉯ 탱크 2기

해답 ㉮ 탱크에 수납하는 위험물의 양을 전부 수용할 수 있는 양
　　　㉯ 당해 탱크 중 실제로 수납하는 위험물의 양이 최대인 탱크의 양을 전부 수납할 수 있는 양

28 다음 물음에 답하시오

> ㉮ 저장탱크의 용량을 구하는 방법을 쓰시오.
> ㉯ 저장탱크의 공간용적은 탱크내용적의 얼마 정도인가?
> ㉰ 소화설비를 설치한 저장탱크의 공간용적은 얼마인가?

해답 ㉮ 탱크의 내용적에서 탱크의 공간용적을 뺀 용적량
　　　㉯ 5/100 이상 10/100 이하
　　　㉰ 소화설비 약제 방출구로부터 0.3m 이상 1m 미만의 면으로부터 윗부분용적

29 다음 탱크의 내용적을 구하는 공식을 쓰시오.

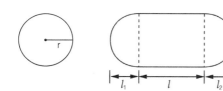

해답 $\pi r^2 (\ell + \dfrac{\ell_1 + \ell_2}{3})$

30 다음 그림과 같은 모양(횡으로 설치된 타원탱크)을 가진 저장탱크의 내용적을 구하는 공식을 쓰시오.

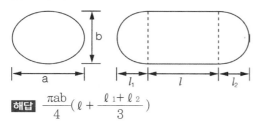

해답 $\dfrac{\pi ab}{4} (\ell + \dfrac{\ell_1 + \ell_2}{3})$

31 다음과 같은 모양의 저장탱크의 내용적을 구하는 공식을 쓰시오.

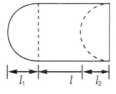

해답 $\dfrac{\pi ab}{4} (\ell + \dfrac{\ell_1 - \ell_2}{3})$

32 다음과 같은 원형탱크의 내용적은 몇 m³인가? (단, 계산식도 함께 쓰시오)

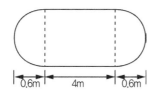

해답 [계산과정]

$$내용적(V) = \pi r^2 (\ell + \dfrac{\ell_1 + \ell_2}{3})$$

$$= \pi \times 1^2 \times (4 + \dfrac{0.6 + 0.6}{3}) = 13.816 m^3$$

[답] $13.82 m^3$

33 다음 그림과 같은 원형탱크에 석유를 저장하고자 한다. 최대 용량은 몇 ℓ 인가?(단, 공간용적은 원형탱크 용량의 5/100로 하며 π는 3.14이다)

해답 [계산과정]

탱크의 용량＝탱크의 내용적 × 수납율

$$V = \pi r^2 (\ell + \dfrac{\ell_1 + \ell_2}{3}) \times 0.95$$

$$V = 3.14 \times 2^2 \times (5 + \dfrac{1.5 + 1.5}{3}) \times 0.95 =$$

$71.592 m^3$

$71.592 m^3 \times 1000 = 71,592 \ell$

[답] $71,592 \ell$

V(탱크의 용량) : ? ℓ

π(원주율) : 3.14

r(반지름) : 2m

ℓ (탱크길이) : 5m

ℓ_1(탱크의 돌출길이) : 1.5m

ℓ_2(탱크의 돌출길이) : 1.5m

탱크의 수납율 : 95% = 0.95

34 다음에 표시한 탱크(종으로 설치한 원형탱크)의 내용적은 약 몇 ℓ 인가?

해답 [계산과정]

$\pi r^2 \ell$ 에서 내용적$=\pi \times (\dfrac{10}{2})^2 \times 4 = 314.159 \text{m}^3$

$314.159\text{m}^3 \times 1000 = 314,159 \ \ell$

[답] $314,159 \ \ell$

35 종으로 설치된 원형탱크의 둘레가 12.56m이며 높이는 5m이다. 내용적은 몇 m³인가?(단, π = 3.14)

해답 [계산과정]

$D(지름) = \dfrac{R(원둘레)}{\pi(3.14)}$ 에서

$D(지름) = \dfrac{12.56}{3.14} = 4$

$V(부피) = \pi(\dfrac{D}{2})^2 \times \ell$ 에서

$V(부피) = 3.14(\dfrac{4}{2})^2 \times 5 = 62.8 \text{m}^3$

[답] 62.8m^3

36 위험물제조소의 표지판 색깔을 쓰시오.

해답 백색바탕에 흑색문자

37 다음 괄호 안에 알맞은 말을 채우시오.

제6류 위험물 제조소에 설치하는 표지판은 한 변의 길이가 (㉮) 이상, 다른 한 변의 길이가 (㉯) 이상의 직사각형으로 하고, 표지판의 바탕은 (㉰)으로 문자는 (㉱)으로 할 것.

해답 ㉮ 0.3m   ㉯ 0.6m
     ㉰ 백색   ㉱ 흑색

38 제조소등에 설치하는 게시판의 크기는 한변의 길이가 ( )미터, 다른 한 변의 길이가 ( ) 미터인 직사각형으로 하여야 한다.

해답 0.6, 0.3(순서는 관계없음)

39 제조소등의 게시판에 기재할 사항 3가지를 쓰시오.

해답 ① 저장취급위험물의 유별 및 품명
     ② 저장최대수량 또는 취급최대수량, 지정수량의 배수
     ③ 안전관리자의 성명 또는 직명

40 이동탱크 저장소의 위험물 표지판의 색깔을 쓰시오.

㉮ 바탕색	㉯ 문자색

해답 ㉮ 흑색
     ㉯ 황색의 반사도료 또는 반사성이 있는 재료

41 위험물 운반차량의 표지에 관하여 아래 사항을 기술하시오.

㉮ 규격	㉯ 색깔	㉰ 내용

해답 ㉮ 한 변의 길이 0.3m 이상, 다른 한 변의 길이 0.6m 이상
     ㉯ 흑색바탕에 황색반사도료
     ㉰ 위험물

42 위험물 제조소등의 주의사항 게시판에 대하여 답하시오.

> ㉮ 규격
> ㉯ 화기엄금 및 화기주의 게시판의 색깔
> ㉰ 물기엄금 게시판의 색깔

해답 ㉮ 한변의 길이가 0.3m 이상, 다른 한변이 길이가 0.6m 이상인 직사각형
ㄴ ㉯ 적색바탕, 백색문자
ㄴ ㉰ 청색바탕, 백색문자

43 제2류 위험물을 제조하는 장소에서 저장 또는 취급하는 위험물에 따라 주의사항을 표시한 게시판을 설치해야 한다. 이 때 게시판에 써야 할 주의사항은?(단, 인화성 고체는 제외)

해답 화기주의
참고 인화성 고체의 주의사항 게시판 : 화기엄금

44 이동저장탱크의 게시판에 기재해야 할 것을 3가지 쓰시오.

해답 ① 저장·취급하는 위험물의 유별
② 위험물의 품명
③ 최대수량 및 적재중량

45 위험물 제조소등의 주의사항 게시판에 대하여 답하시오.

> ㉮ 제1류 위험물 중 알칼리금속의 과산화물
> ㉯ 제2류 위험물(인화성 고체제외)
> ㉰ 제3류 위험물 중 자연발화성 물질
> ㉱ 제4류 위험물 및 제5류 위험물

해답 ㉮ 물기엄금
ㄴ ㉯ 화기주의
ㄴ ㉰ 화기엄금
ㄴ ㉱ 화기엄금

46 제4류 위험물 중 인화점이 21℃ 미만인 위험물의 탱크저장 시설의 주입구 및 펌프설비 게시판의 색깔과 주의사항 문자의 색깔을 쓰시오.

해답 ㉮ 게시판 : 백색바탕에 흑색문자
ㄴ ㉯ 주의사항 문자색깔 : 적색

47 주유 취급시설에 설치하는 "주유중 엔진정지" 게시판의 색깔을 쓰시오

해답 황색바탕에 흑색문자

1 안전거리(제조소의 규정에 준한다)

(1) 안전거리에서 제외되는 경우

① 위험물의 조건

㉮ 제6류 위험물

㉯ 지정수량 20배 미만의 제4석유류

㉰ 지정수량 20배 미만의 동식물유류

② 건축물의 조건(지정수량 20배 이하〈하나의 저장창고의 바닥면적이 $150m^2$ 이하인 경우는 50배 이하〉의 위험물 옥내 저장소)

㉮ 저장창고의 벽, 기둥, 바닥, 보 및 지붕을 내화구조로 할 경우

㉯ 저장창고의 출입구에 자동 폐쇄식 갑종방화문을 설치한 경우

㉰ 저장창고에 창을 설치하지 아니한 것

2 보유공지

저장 또는 취급하는 위험물의 최대 수량	보유공지의 너비	
	벽·기둥및바닥이 내화구조로 된 건축물	기타의 건축물
지정수량의 5배 이하		0.5m 이상
지정수량의 5배 초과 10배 이하	1m 이상	1.5m 이상
지정수량의 10배 초과 20배 이하	2m 이상	3m 이상
지정수량의 20배 초과 50배 이하	3m 이상	5m 이상
지정수량의 50배 초과 200배 이하	5m 이상	10m 이상
지정수량의 200배 초과	10m 이상	15m 이상

(1) 보유공지특례

동일부지 내에 지정수량 20배를 초과하는 저장창고를 2 이상 인접할 경우 상호거리에 해당하는 보유공지 너비의 1/3 이상을 보유할 수 있다.(3m 미만인 경우 3m)

❸ 옥내저장소의 건축물

피뢰설비(지정수량 10배 이상. 단, 제6류 위험물 제외)

지붕(폭발력이 위로 방출될 정도의 가벼운 불연재료)

배출설비 : 인화점 70℃ 이상인것은 설치하지않는다

※제2류 위험물(분상의것 · 인화성 고체 제외)과 제6류 위험물 : 내화구조

6m 미만(20m 이하)

출입구 : 갑종 방화문 을종방화문

벽 · 기둥 · 바닥 : 내화구조

보 · 서까래 : 불연재료
※ 반자 : 설치하지 말 것

바닥 : 지면보다 높게 할 것
※ 제6류 위험물 저장창고의 경우 위험물이 침윤할 우려가 있는 부분은 아스팔트 기타 부식하지 않는 재료로 피복할 것

※ 바닥면적
위험등급 I등급 등 : 1,000㎡ 이하
위험등급 II등급 등 : 2,000㎡ 이하

㈜위험등급 I등급 등과 위험등급 II등급 등의 위험물을 내화구조의 격벽으로 완전히 구획된 실에서 저장하는 경우 : 1,500㎡ 이하
위험등급 I등급 등 저장실은 500㎡를 초과할 수 없다)

(1) 건축물의 구조

① 건축물의 재질

㉠ 벽, 기둥, 바닥 : 내화구조

㉡ 보, 서까래 : 불연재료

㉢ 지붕 : 폭발력이 위로 방출될 정도의 가벼운 불연재료

㉣ 출입구 : 갑종방화문, 을종방화문

참고

건축물의 바닥면적

• 위험등급 I등급 등 위험물(제4류 위험물 중 II등급 포함) : 1,000㎡ 이하

• 위험등급 II등급 등 위험물(제4류 위험물 중 II등급 제외) : 2,000㎡ 이하

• 위험등급 I등급 등과 위험등급 II등급 등 위험물을 내화구조의 격벽으로 완전히 구획된 실에 각각 저장하는 경우 : $1,500\text{m}^2$(위험등급 I등급 등 위험물을 저장하는 실의 면적은 500m^2를 초과 할수 없다) 이하

• 내화구조의 격벽 : 격벽의 양측과 상부는 돌출시키지 아니하여도 된다.

---

② 지면에서 처마까지의 높이 : 6m 미만

> **참고**
>
> 지면에서 처마까지의 높이를 20m 이하로 할 수 있는 경우(제2류와 제4류 위험물만 저장할 경우)
>
> ① 벽 · 기둥 · 보 및 바닥을 내화구조로 할 것
>
> ② 출입구를 갑종방화문으로 할 것
>
> ③ 피뢰침을 설치할 것

③ 바닥의 조건 : 지면보다 높게한다.

> **참고**
>
> ① 액체위험물 저장창고의 바닥 조건
>   - 위험물이 스며들지 않는 재료를 사용한다.
>   - 적당하게 경사지게 한다.
>   - 최저부에 집유설비를 한다.
> ② 저장 창고의 바닥이 물이 스며나오거나 스며들지 않는 구조로 해야 하는 위험물
>   - 제1류 위험물 : 알칼리금속의과 산화물
>   - 제2류 위험물 : 마그네슘 · 철분 · 금속분
>   - 제3류 위험물 중 금수성 물질
>   - 제4류 위험물
>
>
>
> [물이 침투하지 않는 저장창고의 예]

④ 배출설비 : 인화점 70℃ 이상인 위험물은 제외 한다.

  - 배출설비의 사용목적 : 가연성증기 또는 미분이 체류하면 폭발의 위험이 있으므로 가연성 증기 및 미분을 옥외의 높은 곳으로 배출하기 위함
⑤ 피뢰설비 : 지정수량 10배 이상의 위험물 저장창고에 설치한다(제6류 위험물 제외).

❹ 옥내저장소의 위험물 저장기준

(1) 위험물의 저장기준

　　① 위험물과 비위험물과의 상호거리 : 1m 이상

　　② 혼재할 수 있는 위험물과 위험물의 상호거리 : 1m 이상

　　③ 자연발화위험이 있는 위험물 : 지정수량 10배 이하마다 0.3m 이상 간격을 둠

[옥내저장소 측면도]

[옥내저장소 평면도]

> **참고**
>
> 유별을 달리하는 위험물을 동일장소에 저장할 수 있는 경우(1m 이상 간격을 둠)
> - 제1류 위험물과 제6류 위험물
> - 제1류 위험물과 제3류 위험물 중 자연발화성 물질(황린 또는 이를 함유한 것에 한한다)
> - 제1류 위험물(알칼리금속의 과산화물 또는 이를 함유한 것을 제외)과 제5류 위험물
> - 제2류 위험물 중 인화성 고체와 제4류 위험물
> - 제3류 위험물 중 알킬알루미늄 등과 제4류 위험물(알킬알루미늄 또는 알킬리튬을 함유한 것에 한한다)
> - 제4류 위험물 중 유기과산화물 또는 이를 함유한 것과 제5류 위험물 중 유기과산화물 또는 이를 함유한 것

(2) 위험물의 저장높이(규정높이를 초과하여 용기를 겹쳐 쌓지 아니할 것)

　　① 기계에 의하여 하역하는 구조로 된 용기만을 겹쳐 쌓는 경우 : 6m

　　② 제4류 위험물 중 제3석유류, 제4석유류 및 동식물유류를 수납하는 용기만을 겹쳐 쌓는 경우 : 4m

　　③ 그 밖의 경우 : 3m

2 지정과산화물의 옥내저장소

1 지정과산화물 옥내저장소의 건축물

· 지붕 내면의 강철제격자는 한 변의
  길이 45cm 이하로 할 것
· 중도리 또는 서까래 간격 30cm 이하

15cm 이상 철근콘크리트조
철골 · 철근콘크리트조
(보강콘크리트블록조는 20cm)

50cm 이상

한 개 창의 면적은 0.4m² 이내
한 개의 벽에 설치하는 창면적의
합계는 그 벽면적의 1/80 이내

2m 이상

담

1m
이상

격벽(개부구가 없을 것)

추녀
높이
이상

2m 이상

갑종방화문

30cm 이상 철근콘크리트조
철골 · 철근콘크리트조
(보강콘크리트블록조는 40cm 이상)

20cm 이상 철근콘크리트조
철골 · 철근콘크리트조
(보강콘크리트블록조는 30cm 이상)

바닥 : 150m² 이내마다
격벽으로 완전구획

> **참고**
>
> 지정과산화물 : 제5류 위험물 중 유기과산화물 또는 이를 함유하는 것으로서 **지정수량이 10kg**인 것

(1) 외벽의 기준

① 철근콘크리트조 · 철골철근콘크리트조 : 20cm 이상

② 보강콘크리트블록조 : 30cm 이상

> **참고**
>
> 지정수량 5배 이하인 지정과산화물의 옥내 저장소 **외벽**을 두께 30cm 이상의 철근콘크리트조 또는 철골철근콘크리트조로 할 경우 담 또는 **토제**를 대신할 수 있다.

(2) 격벽(개구부가 없을 것)의 기준

① 바닥면적 150m² 이내마다 설치

② 철근콘크리트조 · 철골철근콘크리트조 : 30cm 이상

③ 보강콘크리트블럭조 : 40cm 이상

> **참고**
>
> 돌출부분의 기준
> - 격벽의 양측 : 외벽으로부터 1m 이상
> - 격벽의 상부 : 지붕으로부터 50cm 이상

(3) 지붕의 기준

① 재질 : 가벼운 불연성 단열재료

② 중도리 또는 서까래의 간격 : 30cm 이하

③ 지붕 내면의 강철제격자 : 한변의 길이가 45cm 이하인 둥근 철강 또는 경량 형강

(4) 출입구 : 갑종방화문

(5) 창

① 바닥으로부터의 높이 : 2m 이상

② 창 하나의 면적 : 0.4m² 이내

③ 1개 면의 벽에 설치하는 창의 면적의 합계 : 그벽의면적의 1/80 이내

(6) 담 또는 토제

① 외벽과의 상호거리 : 2m 이상

② 높이 : 처마의 높이 이상

③ 철근콘크리트조 · 철골철근콘리트조 : 15cm 이상

④ 보강콘크리트블럭조 : 20cm 이상

⑤ 토제의 경사면의 경사도 : 60° 미만

모든 계산문제는 소수 3째자리까지 계산하고 반올림하여 소수 2째자리를 답으로 합니다.

옥내저장소의 기준

01 옥내저장소에서 화재 예방규정을 정해야 하는 위험물의 지정수량 배수는 얼마인가?

해답 150배 이상

참고 • 제조소, 일반 취급소 : 지정수량 10배 이상
• 옥외저장소 : 지정수량 100배 이상
• 옥내저장소 : 지정수량 150배 이상
• 옥외탱크저장소 : 지정수량 200배 이상

02 위험물 옥내저장소는 다른 건축물 등과 안전 거리를 두어야 한다. 안전거리를 두지 아니 할 수 있는 곳은 제4석유류 · (㉮)를 지정 수 량 (㉯)을 저장 · 취급하 는옥내 저장소와 (㉰) 위험물을 저장 또는 취급하는 옥내 저 장소이다. ( )에 적당한 것을 쓰시오.

해답 ㉮ 동 · 식물유류
㉯ 20배 미만
㉰ 제6류

03 지정수량의 20배를 초과하는 위험물을 저장 또는 취급하는 옥내저장소를 동일구내에 2개 이상 인접하여 설치하는 경우 그 인접하는 방 향의 보유공지는 규정된 보유공지의 (㉮)으 로 할 수 있다. 이 경우 보유공지의 너비가 3m 미만인 경우는 (㉯)가 되어야한다. ( )를 완 성하시오.

해답 ㉮ 1/3 이상   ㉯ 3m

04 벽, 기둥 및 바닥이 내화구조로 된 옥내저장소 에 위험물을 저장하는 경우 주위에 확보하여 야 할 공지의 너비에 대한 기준을 쓰시오.

① 저장 최대 수량이 지정수량의 5배 초과 10배 이하
② 저장 최대 수량이 지정수량의 20배 초과 50배 이하
③ 저장 최대 수량이 지정수량의 200배 초과

해답 ① 1m 이상
② 3m 이상
③ 10m 이상

참고 옥내저장소의 보유공지

저장 또는 취급하는 위험물의 최대 수량	보유공지의 너비	
	벽·기둥 및 바닥이 내화구조로 된 건축물	기타의 건축물
지정수량의 5배 이하		0.5m 이상
지정수량의 5배 초과 10배 이하	1m 이상	1.5m 이상
지정수량의 10배 초과 20배 이하	2m 이상	3m 이상
지정수량의 20배 초과 50배 이하	3m 이상	5m 이상
지정수량의 50배 초과 200배 이하	5m 이상	10m 이상
지정수량의 200배 초과	10m 이상	15m 이상

05 다음의 옥내저장소에서 위험물을 저장할 때 위험물과 비위험물과의 상호거리는 몇 m 이 상인가?

해답 1m 이상

06 옥내저장소에서 혼재 가능한 유별이 다른 위 험물과 위험물과의 상호 거리는 몇 m 이상인가?

해답 1m 이상

07 옥내저장소에서 위험물을 저장하는 경우 동 일 품명이라 할지라도 0.3m 이상의 간격을 두 고 구분 · 저장하여야한다 해당위험물의 성질 과 지정수량 몇 배마다 간격을 두는가?

해답 ① 해당위험물 : 자연발화성의위험물
② 지정수량 : 10배

08 위험등급 Ⅰ등급에 해당하는 위험물을 저장하는 옥내 저장소에 대하여 다음 물음에 답하시오.

> ㉮ 건축물의 바닥면적
> ㉯ 지면에서 처마까지의 높이

해답 ㉮ 1,000m² 이하
　　　㉯ 6m 미만

09 제6류 위험물을 옥내저장소에 저장하고자 한다. 옥내저장소의 바닥면적은 얼마나 되는가?

해답 1,000m² 이하

참고 제6류 위험물은 위험등급 Ⅰ에 해당하므로 전축물의 바닥면적은 1,000m² 이하일 것

10 옥내저장소를 단층건축물로 할 경우 다음 물음에 답하시오.

> ㉮ 위험등급 Ⅱ등급등(제4류위험물 중 Ⅱ등급 제외)을 저장하는 건축물의 바닥면적은 몇 m² 이하인가?
> ㉯ 위험등급 Ⅰ등급등(제4류위험물 중 Ⅱ등급포함)과 위험등급Ⅱ등급등(제4류 위험물 중 Ⅱ등급제외)을 내화구조의 격벽으로 완전히 구획된 실에 각각 저장하는 경우 건축물의 바닥면적은 몇 m² 이하인가?

해답 ㉮ 2,000m² 이하
　　　㉯ 1,500m² 이하

11 위험물을 옥내저장소에 저장할 경우 저장 높이는 몇 m를 초과할 수 없는가?

> ㉮ 기계에 의하여 하역하는 구조로 된 용기만을 겹쳐 쌓는 경우
> ㉯ 제4류 위험물 중 제3석유류, 제4석유류 및 동식물유류를 수납하는 용기만을 겹쳐 쌓는 경우
> ㉰ ㉮, ㉯ 이외의 경우

해답 ㉮ 6m ㉯ 4m ㉰ 3m

12 중유를 옥내 저장소에 용기만 겹쳐 쌓는 경우 높이는 얼마까지 쌓을 수 있는가?

해답 4m 이하

참고 중유 : 제4류 위험물 중 제3석유류

13 액체 위험물을 저장하는 옥내저장소의 바닥 조건을 3가지 쓰시오.

해답 ① 위험물이 스며들지 않는 재료사용
　　　② 적당하게 경사지게 한다
　　　③ 최저부에 집유설비를 한다

14 제1류 위험물 중 (㉮), 제2류 위험물 중 (㉯) · (㉰) · (㉱), 제3류 위험물 중 (㉲), 제4류 위험물의 저장창고의 바닥은 물이 스며 나오거나 스며들지 않는 구조로 하여야 한다. ( ) 안에 적당한 것을 쓰시오.

해답 ㉮ 알칼리금속의 과산화물
　　　㉯ 마그네슘
　　　㉰ 철분
　　　㉱ 금속분
　　　㉲ 금수성물

15 옥내저장소에는 배출설비를 설치하여야 한다. 배출설비를 하지 않아도 되는 위험물의 인화점은 몇 ℃ 이상인가?

해답 70℃ 이상

16 지정과산화물이라 함은 제5류 위험물 중 (㉮) 또는 이를 함유하는 것으로써 지정수량이 (㉯)인 것이다.

해답 ㉮ 유기과산화물

㉯ 10kg

17 지정과산화물 저장 창고의 벽 두께를 쓰시오.

㉮ 철근콘크리트조
㉯ 보강콘크리트블럭조

해답 ㉮ 20cm 이상

㉯ 30cm 이상

18 지정과산화물 옥내저장소의 격벽의 기준을 쓰시오.

㉮ 바닥면적 몇 m² 이내 마다 설치하는가?
㉯ 철근콘크리트조 · 철골철근콘크리트조의 격벽 두께는 몇 cm 이상인가?
㉰ 보강콘크리트블럭조의 격벽 두께는 몇cm 이상인가?
㉱ 벽면의 돌출부 길이는 몇 m 이상인가?
㉲ 지붕 위 돌출부의 높이는 몇 m 이상인가?

해답 ㉮ 150m² 이내 ㉯ 30cm 이상
㉰ 40cm 이상 ㉱ 1m이상
㉲ 0.5m 이상

19 지정과산화물을 저장하는 창고의 기준을 쓰시오.

㉮ 담 높이
㉯ 저장창고 외벽과 담까지의 거리
㉰ 지붕 내면의 강철제격자 한 변의 길이
㉱ 석가래 간격

해답 ㉮ 추녀 높이 이상

㉯ 2m 이상

㉰ 45cm 이하

㉱ 30cm 이하

20 지정과산화물을 저장하는 창고에 대하여 다음 물음에 답하시오.

㉮ 창문 1개의 면적
㉯ 1개면의 벽에 설치하는 창의 면적의 합계
㉰ 바닥으로부터의 높이
㉱ 담으로 사용하는 토제의 경사면의 경사도

해답 ㉮ 0.4m² 이내

㉯ 1/80 이내

㉰ 2m 이상

㉱ 60° 미만

1 옥외저장소의 설치기준

1 안전거리

제조소의 규정에 준한다.

2 보유공지

저장 또는 취급하는 위험물의 최대 수	공지의너비
지정수량의 10배 이하	3m 이상
지정수량의 10배 초과 20배 이하	5m 이상
지정수량의 20배 초과 50배 이하	9m 이상
지정수량의 50배 초과 200배 이하	12m 이상
지정수량의 200배 초과	15m 이상

(1) 보유공지의 특례사항(당해 보유공지 너비의 1/3 이상으로 할 수 있을 경우)

① 제4류 위험물 중 제4석유류

② 제6류 위험물

3 설치장소의 선정

① 다른건축물과 안전거리를 둔다.

② 습기가 없고 배수가 잘되는 장소에 설치하여야 한다.

③ 경계표시를 하여야 한다.

4 옥외저장소의 선반

(1) 재질 : 불연재료

(2) 선반의 높이(위험물 적재상태)

6m를 초과하지 말 것

(3) 차광막 설치 위험물

　　① 과산화수소

　　② 과염소산

참고

위험물의 저장높이

- 기계에 의하여 하역하는 구조로 된 용기만을 겹쳐 쌓는 경우 높이 : 6m를 초과하지 말 것
- 제4류 위험물 중 제3 석유류, 제4 석유류 및 동식물유류를 수납하는 용기만을 겹쳐 쌓는 경우 높이 : 4m를 초과하지 말 것
- 그 밖의 경우 : 3m를 초과하지 말 것

랙크식 저장 창고(Rack Ware House)

- 선반을 이용한 물건보관 창고로서 입고 및 출고를 승강기 등을 이용하여 컴퓨터 관리가 용이한 저장창고를 말한다.
- 용기를 겹쳐쌓거나 선반에 올려 쌓을 경우 위험물의 용기가 바닥으로 굴러 떨어지지 않게 하여야 한다.

---

4 옥외저장소의 위험물 저장기준

(1) 옥외저장소의 저장위험물의 구분

　　① 저장할 수 있는 위험물

　　　　㉮ 제2류 위험물 중 유황

　　　　㉯ 제2류 위험물 중 인화성 고체(인화점 0℃ 이상인 것)

　　　　㉰ 제1석유류(인화점 0℃ 이상인 것)

　　　　㉱ 알코올류

　　　　㉲ 제2석유류

　　　　㉳ 제3석유류

　　　　㉴ 동식물유류

　　　　㉵ 제4석유류

　　　　㉶ 제6류 위험물

[랙크식 옥외저장소]

6m 를 초과하지 말 것

> **참고**
>
> 옥외저장소는 노천에서 위험물을 저장 취급하므로 비가 오거나 또는 화기 및 점화원으로부터
> 직접 위험이 없거나 위험성이 적은 것만을 저장 취급해야 한다.

(2) 위험물의 저장기준

① 운반용기에 수납하여 저장한다.

② 위험물과 비위험물과의 상호간격 : 1m 이상

③ 위험물과 위험물과의 상호거리 : 1m 이상

(3) 용기에 수납하지 않는 유황의 저장기준

① 경계표시 안쪽에 저장·취급한다.

② 경계표시 하나의 면적 : 100㎡ 이하

③ 2개 이상의 경계표시의 합계 : 1,000㎡ 이하

④ 경계표시의 높이 : 1.5m 이하

⑤ 경계표시와 인접하는 경계표시와의 간격 : 해당보유공지의 ½ 이상(지정수량 200배 이상의
　경우 10m 이상)

⑥ 넘치거나 비산을 방지하기 위하여 천막 등으로 덮어야 한다.

모든 계산문제는 소수 3째자리까지 계산하고 반올림하여 소수 2째자리를 답으로 합니다.

01 옥외저장소의 보유공지에 대하여 다음 물음에 답하시오.

> ㉮ 지정수량 10배 이하를 저장할 경우 보유 공지는 몇 m 이상으로 하는가?
> ㉯ 지정수량 200배 초과를 저장할 경우 보유 공지는 몇 m 이상으로 하는가?
> ㉰ 보유공지를 당해 보유공지의 1/3 이상으로 할 수 있는 경우 2가지를 쓰시오.

해답 ㉮ 3m 이상
　　㉯ 15m 이상
　　㉰ 제4류 위험물 중 제4석유류 · 제6류 위험물

참고 옥외저장소의 보유공지

저장 또는 취급하는 위험물의 최대 수량	공지의 너비
지정수량의 10배 이하	3m 이상
지정수량의 10배 초과 20배 이하	5m 이상
지정수량의 20배 초과 50배 이하	9m 이상
지정수량의 50배 초과 200배 이하	12m 이상
지정수량의 200배 초과	15m 이상

※ 제4류 위험물 중 제4석유류와 제6류 위험물의 저장 또는 취급하는 옥외저장소의 보유공지는 위의 표에 의한 공지의 너비의 3분의 1이상의 너비로 할 수 있다.

02 옥외저장소에서 제4류 위험물 제4석유류를 제외한 위험물을 지정수량의 10배 초과 20배 이하를 저장 · 취급할 때 보유공지 너비는 얼마인가?

해답 5m 이상

03 과산화수소 3,000kg을 저장하는 옥외저장소의 보유공지는 몇 m 이상으로 하여야 하는가?

해답 [계산과정]

　과산화수소의 지정수량 : 300kg
　과산화수소 3,000kg의 지정수량의 배수
　$= \dfrac{3,000}{300} = 10$배
　보유공지 : 제6류 위험물을 저장 또는 취급하는 옥외저장소의 보유공지는 당해 보유공지 너비의 3분의 1 이상의 너비로 할 수 있다.
　$3m \times \dfrac{1}{3} = 1m$
　[답] 1m

04 옥외저장소의 설치 장소로서의 조건을 3가지만 쓰시오.

해답 ① 다른 건축물과 안전거리를 둔다.
　② 습기가 없고 배수가 잘 되는 곳에 설치한다.
　③ 경계표시를 하여야 한다.

05 옥외저장소의 선반 등 구조물에 대하여 다음 물음에 답하시오.

> ㉮ 위험물을 적재한 상태에서 선반의 높이는 몇 m를 초과하지 말아야 하는가?
> ㉯ 차광막을 설치 하여야 할 위험물 2가지를 쓰시오.

㉮ 6m
㉯ 과산화수소 · 과염소산

06 위험물을 옥외저장소에 저장할 경우 저장 높이는 몇 m를 초과할 수 없는가?

> ㉮ 기계에 의하여 하역하는 구조로 된 용기만을 겹쳐 쌓는 경우
> ㉯ 제4류 위험물 중 제3석유류, 제4석유류 및 동식물유류를 수납하는 용기만을 겹쳐 싸는 경우
> ㉰ ㉮, ㉯ 이외의 경우

> **해답** ㉮ 6m　　㉯ 4m　　㉰ 3m
> **참고** 옥내저장소의 기준과 동일하다.

07 다음 보기에서 괄호 안에 알맞은 말을 쓰시오.

> 과산화수소 또는 과염소산을 저장하는 옥외저장소에는 (㉮) 또는 (㉯)의 천막 등을 설치하여 (㉰)을 가릴 것

> **해답** ㉮ : 불연성　　㉯ : 난연성
> ㉰ : 햇빛

08 옥외저장소에 저장 가능한 제4류 위험물 중 3가지를 쓰시오.

> **해답** 제1석유류(인화점 0℃ 이상인 것에 한한다.), 알코올류, 제2석유류, 제3석유류, 제4석유류, 동 식물유류 (중 3가지)
> **참고** 옥외저장소에 저장 가능한 위험물
> ① 제2류 위험물 중 유황·인화성 고체(인화점 0℃ 이상인 것에 한한다)
> ② 제4류 위험물 중 제1석유류 인화점 0℃ 이상인 것에 한한다. 알코올류, 제2석유류, 제3석유류, 제4석유류, 동·식물유류
> ③ 제6류위험물

09 옥외저장소에서 위험물의 저장할 때 위험물과 비위험물의 상호간격은 몇 m 이상인가?

> **해답** 1m

10 옥외저장소에서 혼재 가능한 유별이 다른 위험물과 위험물과의 상호 거리는 몇 m 이상인가?

> **해답** 1m 이상

11 옥외저장소에서 용기에 수납하지 아니하고 덩어리 상태의 유황을 저장할 때에 경계표시 하나의 면적과 높이는 얼마로 하여야 하는가?

> **해답** ① 면적 : 100m² 이하
> ② 1.5m 이하

12 옥외저장소에서 용기에 수납하지 아니하고 덩어리 상태의 유황을 저장할 때에 2개 이상의경계표시의 합계는 몇 m² 이하이어야 하는가?

> **해답** 1,000m² 이하

1 옥외탱크저장소의 설치기준

[입형 옥외탱크 저장시설]

[횡형 옥외탱크 저장시설]

참고

① 입형탱크는 종치원통형 탱크라고도하며, 횡형탱크는 횡치원통형 탱크라고도 한다.

② 옥외탱크의 종류

- 종치원통형탱크 (입형탱크)
  - 고정 지붕식(Cone Roof Tank)
  - 부동 지붕식(Floating Roof Tank)
  - 고정지붕형 부동 지붕식(Covered Floating Roof Tank)
- 횡치원통형탱크
- 각형탱크
- 구형탱크

③ 특정옥외탱크저장소 : 탱크용량 100만ℓ 이상인 탱크

④ 준특정옥외탱크저장소 : 탱크용량 50만ℓ 이상 100만ℓ 미만인 탱크

1 안전거리 : 제조소에 준한다.

2 보유공지

위험물의 최대 수량	보유공지의 너비
지정수량의 500배 이하	3m 이상
지정수량의 500배 초과 1,000배 이하	5m 이상
지정수량의 1,000배 초과 2,000배 이하	9m 이상
지정수량의 2,000배 초과 3,000배 이하	12m 이상
지정수량의 3,000배 초과 4,000배 이하	15m 이상
지정수량의 4,000배 초과	• 당해 탱크의 수평단면의 최대 지름(횡형인 경우에는 긴 변)과 높이 중 큰 것과 같은 거리 이상 • 30m를 초과하는 경우에는 30m 이상으로 할 수 있고 15m 미만일 경우에는 15m 이상으로 하여야 한다.

(1) 보유공지의 특례 사항 (ⅰ)

① 동일한 방유제안에 2개 이상의 탱크를 인접하여 설치할 때 : 당해 보유공지의 1/3 이상의 너비로 할 수 있다(단, 3m 이상이 되어야 한다).

② 특례사항 제외 : 지정수량 4,000배를 초과하여 저장 · 취급하는 옥외탱크저장소

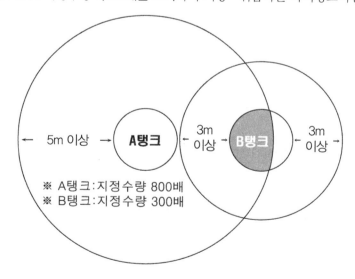

[보유공지 특례사항(ⅰ)의 예시도]

> **참고**
>
> 제6류 위험물을 저장·취급하는 옥외탱크저장소의 보유공지 특례사항
> • 당해 보유공지의 1/3 이상의 너비로 할 수 있다(단, 1.5m 이상이 되어야 한다).
> • 동일 대지 내에 2개 이상의 탱크를 인접하여 설치할 때 보유공지 너비의 1/3 이상에 다시 1/3 이상의 너비로 할 수 있다(단 1.5m 이상이 되어야 한다).

(2) 보유공지의 특례사항(Ⅱ)

옥외탱크저장소에 물분무설비를 할 경우(공지단축 옥외탱크저장소) 보유공지의 1/2 이상의 너비로 할 수 있다(최소 3m 이상).

> **참고**
>
> 물분무설비의 방호조치(화재시 20kw/m² 의 복사열에 노출되는 탱크 포함)
> ① 탱크의 높이가 15m를 초과하는 경우 15m 이하마다 분무헤드를 설치
>   • 토출량 : 탱크의 높이 15m 이하마다 원주둘레길이 1m당 37 ℓ 를 곱한 양 이상
>   • 수원의 양 : 토출량을 20분 이상 방수할 수 있는 양
> ② 물분무 설비의 헤드 : 탱크의 높이를 고려하여 적절하게 설치

❸ 탱크의 구조

(1) 재질 : 두께 3.2mm 이상인 강철판

(2) 부식방지조치

    ① 탱크 외면 : 부식방지 도장

    ② 탱크 저판의 외면

        ㉮ 아스팔트샌드 등의 방식재료 사용

        ㉯ 기타 부식방지조치(전기방식)

(3) 옥외탱크저장소의 통기장치 및 압력탱크의 안전장치

    ① 밸브 없는 통기관의 구조(무변통기관)

        ㉮ 통기관의 지름 : 30mm 이상

        ㉯ 통기관의 선단은 수평으로부터 45° 이상 구부려 빗물 등의 침입을 막아야 한다(빗물이 들어가지 않는 구조일 경우 제외).

        ㉰ 가는 눈의 동망 등으로 인화방지 장치를 설치한다(다만, 인화점 70℃ 이상의 위험물만을 해당위험물의 인화점 미만의 온도로 저장 취급할 경우 제외).

② 가연성증기 회수밸브 : 평소 개방되어 있으며, 위험물 주입시 폐쇄시키며 10kPa 이하의 압력에서 개방되는 구조일 것(유효 단면적 : 777.15mm^2 이상)

선단은 수평보다 밑으로 45° 이상 구부릴 것

30mm 이상

인화방지망

탱크

[밸브 없는 통기관(무변통기관)]

인화방지망이 들어 있다

가스압

[대기밸브 부착 통기관]

③ 대기밸브 부착 통기관의 구조

㉮ 5kPa 이하의 압력차이로 작동할 것

㉯ 가는 눈의 동망 등으로 인화방지장치를 설치한다.

> 참고
>
> • 밸브 없는 통기관 : 밸브가 없는 형태로서 액체 위험물을 탱크에 저장할 때 위험물 입출고 시 생기는 탱크의 내압변화를 안전하게 조정하는 장치(입고시에는 탱크 내부의 유증기 및 공기를 배출하고, 출고시에는 외부의 공기를 유입시킨다)로 선단은 수평으로부터 45° 이상 구부려 빗물 등의 침입을 막고 가는 눈의 동망 등으로 인화방지 장치를 한다.
> • 대기 밸브 부착 통기관 : 저장하는 위험물이 휘발성이 높아 증발손실이 큰 위험물 저장탱크에 사용하며 위험물의 입고 시 압력밸브가 작동하여 유증기 및 공기를 배출하고 출고 시 부압밸브가 작동하여 외부의 공기를 유입시키는 구조의 장치이다.

(4) 옥외탱크저장소의 주입구 설치기준

① 화재 예방 상 지장이 없는 장소에 설치할 것

② 밸브 또는 뚜껑을 설치할 것

③ 휘발유, 벤젠 그 밖의 정전기 재해발생 우려가 있는 액체위험물은 접지전극을 설치할것

④ 인화점 21℃ 미만인 위험물은 주의사항 게시판을 설치할 것

[옥내설치 펌프설비]   [옥외설치 펌프설비]

4 옥외탱크저장소의 펌프설비

(1) 옥내에 설치하는 펌프실의 구조

  ① 바닥의 기준

    ㉮ 재질 : 콘크리트 · 기타 불침윤재료

    ㉯ 턱높이 : 0.2m 이상

    ㉰ 적당히 경사지게 하고 최저부에 집유설비 설치

  ② 출입구 : 갑종방화문 · 을종방화문

(2) 펌프실 외에 설치하는 펌프설비의 구조

  ① 바닥의 기준

    ㉮ 재질 : 콘크리트 · 기타 불침윤재료

    ㉯ 턱높이 : 0.15m 이상

    ㉰ 적당히 경사지게 하고 최저부에 집유설비 설치

    ㉱ 제4류 위험물(수용성의 것 제외) 취급하는 곳 : 집유설비 · 유분리장치를 설치

(3) 펌프설비의 보유공지

  ① 펌프설비 주위의 보유공지 : 3m 이상

  ② 펌프설비와 탱크 사이의 거리 : 옥외탱크저장소 보유공지 너비의 1/3 이상

  ③ 보유공지 제외

    ㉮ 방화상 유효한 격벽(건축물 내에 설치할 경우 내화구조의 것)을 설치한 경우

㉯ 제6류 위험물을 저장 · 취급하는 경우

㉰ 지정수량 10배 이하의 위험물을 저장 · 취급하는 경우

[옥외탱크저장소 펌프설비 보유공지]

5 옥외탱크 저장소의 피뢰설비

① 대상 : 지정수량 10배 이상을 저장 · 취급하는 곳

② 제외의 대상 : 제6류 위험물을 저장 · 취급하는 경우

6 옥외탱크저장소의 방유제

(1) 방유제의 구조

① 재질 : 철근콘크리트 · 철골철근콘크리트 · 흙담

② 높이 : 0.5m 이상 3m 이하

③ 두께 : 0.2m 이상

④ 지하 매설 깊이 : 1m 이상

⑤ 액체의 제5류 위험물 방유제의 높이 : 3m 이상

⑥ 계단 높이 : 1m 이상의 방유제에는 50m 간격으로 방유제의 안과 밖에 설치

⑦ 방유제의 면적 : 80,000m² 이하

⑧ 하나의 방유제 내의 탱크의 기수

㉮ 10기 이하

㉯ 20기 이하로 할 경우 : 방유제 내의 전 탱크의 용량이 20만ℓ(200kℓ) 이하이고 인화점이 70℃ 이상 200℃ 미만인 것

㉰ 기수에 제한을 두지 않을 경우 : 인화점 200℃ 이상인 것

⑨ 방유제와 탱크 측면과의 상호거리

㉮ 탱크의 지름이 15m 미만 : 탱크 높이의 1/3 이상

㉯ 탱크의 지름이 15m 이상 : 탱크 높이의 1/2 이상

㉰ 인화점 200℃ 이상의 저장탱크 : 해당 없음

⑩ 방유제 외면에 직접 접하는 구내도로의 노면폭

㉮ 방유제 외면의 1/2 이상의 면으로부터 3m 이상

㉯ 용량합계가 20만ℓ 이하인 경우에는 3m 이상의 노면폭을 확보한 도로 또는 공지에 접할 것

참고

간막이 둑 : 하나의 방유제 안에 2 이상의 탱크가 설치되고 그 탱크의 용량이 1,000만ℓ 이상 옥외저장탱크에 설치

- 높이 : 0.3m 이상으로 하되 방유제의 높이 보다 0.2m 이상을 감한 높이(2억ℓ 이상인 경우 1m 이상)
- 간막이 둑의 용량 : 간막이 둑안에 설치된 탱크의 용량의 10% 이상

---

(2) 방유제의 용량기준

① 인화성액체(이황화탄소 제외) 옥외탱크저장소 방유제의 용량

㉮ 탱크 1기 : 당해탱크용량의 110% 이상

㉯ 탱크 2기 이상 : 설치탱크 중 용량이 최대인 것의 용량의 110% 이상

② 인화성이 없는 액체 위험물인 경우 : 탱크용량의 100% 이상

참고

※ 10,000ℓ를 저장하는 옥외탱크저장소의 방유제 용량

• 인화성 액체위험물 옥외탱크저장소의 방유제 용량

$10,000ℓ \times 110\% = 11,000ℓ$ 이상

• 비인화성 액체위험물

$10,000ℓ \times 100\% = 10,000ℓ$ 이상

※ 액체위험물을 제조하는 제조소의 옥외저장소탱크의 방유제 용량계산

(하나의 방유제 내에 10,000ℓ 탱크 1기, 5,000ℓ 탱크 2기가 있을 경우)

• 제조소의 옥외저장소탱크 방유제 용량(큰 탱크용량×50%+나머지 탱크용량의 합×10%)

$10,000ℓ \times \dfrac{50}{100} + 5,000ℓ \times \dfrac{10}{100} + 5,000ℓ \times \dfrac{10}{100} = 6,000ℓ$

☑ 금수성 위험물의 옥외탱크저장소

고체인 금수성 위험물의 옥외탱크저장소의 탱크에는 **방수성의 불연재료로 피복**하여야 한다. 이러한 물질은 물과 반응하여 발열 또는 가연성 가스를 발생하기 때문이다.

⑧ 이황화탄소의 옥외탱크저장소

[이황화탄소 옥외탱크저장소의 수조]

(1) 탱크전용실(수조)의 구조

　① 재질 : 철근콘크리트(바닥은 물이 새지 않는 구조)

　② 벽 · 바닥의 두께 : 0.2m 이상

⑨ 디에틸에테르·산화프로필렌·아세트알데히드옥외탱크

[아세트알데히드 옥외탱크저장소의 냉각 및 보냉장치 등]

(1) 디에틸에테르 · 아세트알데히드 · 산화프로필렌의 저장기준

　① 압력탱크 이외의 탱크에 저장하는 디에틸에테르 등, 산화프로필렌과 이를 함유한 것의 저장 온도 : 30℃ 이하

　② 압력탱크 이외의 탱크에 저장하는 아세트알데히드 또는 이를 함유한 것의 저장온도 : 15℃ 이하

　③ 압력탱크에 아세트알데히드 등, 디에틸에테르 등을 저장할 때의 저장온도 : 40℃ 이하

(2) 아세트알데히드 · 산화프로필렌의 저장탱크의 사용금지 금속

　구리 · 마그네슘 · 수은 · 은 또는 이들의 합금

> **참고**
>
> 아세트알데히드의 옥외저장탱크에는 냉각장치 또는 보냉장치, 그리고 혼합기체의 생성에 의한 폭발을 방지하기 위한 불활성의 기체를 봉입하는 장치를 설치할 것
>
> • 불활성기체 : 질소가스(N_2)

옥외탱크저장소

01 옥외탱크저장소의 탱크 중 일반적으로 가장 많이 사용되는 CRT 탱크의 명칭은 무엇인가?

해답 원통형 고정 지붕식 탱크

02 원통형 호흡지붕식 탱크란 무엇인가?

해답 탱크의 내압이 높아지면 지붕이 위쪽으로 오르고, 압력이 낮아지면 지붕이 내려 오는 탱크

03 옥외탱크 저장시설의 저장배수가 3,000배 초과 4,000배 이하일 때 보유공지는 얼마 이상인가?

해답 15m

참고 옥외탱크저장소의보유공지

저장 또는 취급하는 위험물의 최대 수	공지의너비
지정수량의 500배 이하	3m 이상
지정수량의 500배 초과 1,000배 이하	5m 이상
지정수량의 1,000배 초과 2,000배 이하	9m 이상
지정수량의 2,000배 초과 3,000배 이하	12m 이상
지정수량의 3,000배 초과 4,000배 이하	15m 이상
지정수량의 4,000배 초과	• 당해 탱크의 수평단면의 최대 지름(횡형인 경우에는 긴 변)과 높이 중 큰 것과 같은 거리 이상 • 30m를 초과하는 경우에는 30m 이상으로 할 수 있고 15m 미만일 경우에는 15m 이상으로 하여야 한다.

04 지정수량 4,000배 초과를 저장하는 옥외탱크의 보유공지 규정을 쓰시오.

해답 당해탱크의 수평단면의 최대지름(횡형인 경우에는 긴 변)과 높이 중 큰 것과 같은 거리 이상
30m를 초과할 경우에는 30m 이상으로 할 수 있고 15m 미만의 경우에는 15m 이상으로 한다.

05 옥외탱크저장소의 보유공지의 특례사항에 대하여 다음 물음에 답하시오.

⑦ 동일 대지 내에 2개 이상의 탱크를 인접하여 설치할 경우 당해보유공지의 1/3 이상의 너비로 할 수 있다. 그러나 최소 몇 m 이상이 되어야 하는가?
⑭ 동일 대지 내에 제6류 위험물의 저장 탱크를 2개 이상 인접하여 설치할 경우 보유공지를 감축할 수 있다. 그러나 몇 m 이상이 되어야 하는가?

해답 ⑦ 3m 이상 　⑭ 1.5m 이상

06 다음은 옥외탱크저장소의 보유공지 특례사항이다. 물음에 답하시오.

① 지정수량 이상을 저장하는 탱크에 물 분무 소화설비를 설치하였을 경우 당해 보유공지의 얼마 이상을 보유공지로 할 수 있는가?
② 지정수량 이상을 저장하는 저장탱크의 높이가 15m를 초과하는 경우 15m 이하마다 분무헤드를 설치하였다. 이 경우, 물분무헤드의 가압송수장치의 토출량은 탱크의 높이 (⑦)m 이하 마다 원주둘레 1m당 (⑭) ℓ를 곱한 양이어야 하며, 수원의 양은 토출량을 (⑮)분 이상 방수할 수 있어야 하는가?

해답 ① 1/2 이상

② ㉮ 15

㉯ 37

㉰ 20

07 옥외탱크저장소 본체의 강철판의 두께는?

해답 3.2mm 이상

08 옥외탱크저장소의 밸브 없는 통기관의 기준 3가지를 쓰시오.

해답 ① 지름은 30mm 이상이여야한다

② 선단은 수평으로부터 45°이상 구부린다.

③ 가는 눈의 동망으로 인화방지망을 설치한다.

09 옥외탱크저장소의 대기밸브부착 통기관(무변 통기관)의 작동압력을 쓰시오.

해답 5kPa 이하의 압력차이로 작동

10 다음 물음에 답하시오. 인화점 몇 ℃ 미만을 저장하는옥외탱크 저장소의 주입구에는 방화에 관한 게시판을 설치하는가?

해답 21℃

11 옥외탱크저장소의 펌프설비에 대하여 다음 물음에 답하시오.

㉮ 보유공지는 몇 m 이상인가?

㉯ 보유공지는 당해 탱크 보유공지의 몇 분의 몇 이상인가?

㉰ 주의사항 게시판을 설치하여야 할 제4류 위험물의 인화점은 몇 ℃인가?

해답 ㉮ 3m 이상

㉯ 1/3 이상

㉰ 21℃ 미만

12 옥외탱크저장소의 펌프설비에 대하여 다음 물음에 답하시오

㉮ 옥내에 설치하는 펌프실의 바닥 둘레의 턱 높이는 몇 m 이상인가?

㉯ 펌프실 외의 장소에 설치하는 펌프설비 바닥의 둘레에 설치하는 턱높이는 몇 m 이상인가?

해답 ㉮ 0.2m

㉯ 0.15m

13 위험물안전관리법규상 피뢰설비를 설치하여야하는 옥외탱크저장소에 대하여 다음 물음에 답하시오.

㉮ 지정수량 몇 배 이상을 저장·취급하는 곳에 설치하는가?

㉯ 피뢰설비의 설치대상에서 제외되는 위험물은 제 몇 류 위험물을 저장하는 곳인가?

해답 ㉮ 10배 이상   ㉯ 제6류 위험물

14 옥외탱크저장소의 방유제에 대하여 다음 물음에 답하시오.

> ㉮ 방유제의 높이
> ㉯ 방유제 하나의 최대면적
> ㉰ 하나의 방유제 안에 포함할 수 있는 옥외탱크의 최대 수

해답 ㉮ 0.5 이상 3m 이하
　㉯ 80,000m² 이하
　㉰ 10기 이하

15 인화성 액체를 저장하는 옥외저장탱크의 방유제에 대한 물음에 답하시오.

> ㉮ 계단을 설치하여야 할 경우 높이
> ㉯ 1개의 용량
> ㉰ 2개 이상 설치할 경우 용량

해답 ㉮ 1m 이상
　㉯ 당해 탱크의 용량의 110% 이상
　㉰ 당해 탱크 중 용량이 최대인 것의 용량의 110% 이상

16 옥외탱크저장소의 방유제 설치기준에 대하여 다음 물음에 답하시오.

> ① 방유제의 재질 3가지를 쓰시오
> ② 높이가 1m를 넘는 방유제의 안팎에는 계단 또는 경사로를 (　　)의 간격으로 설치하여야 한다.
> ③ 간막이둑을 설치할 경우 옥외탱크의 용량의 합은?
> ④ 방유제 안의 간막이 둑의 높이는(㉮)으로 하되, 방유제의 높이보다 (㉯)을 감한 높이로 하여야 하는가?

해답 ① 철근콘크리트 · 철골철근콘크리트 · 흙담
　② 50m
　③ 1,000만 ℓ 이상
　④ ㉮ 0.3m 이상
　　㉯ 0.2m 이상

17 옥외탱크저장소의 방유제 설치기준에 대하여 다음 물음에 답하시오.

> ① 옥외탱크저장소에 저장하는 위험물의 인화점이 몇 ℃ 이상인 경우 하나의 방유제 안에 설치할 수 있는 탱크의 기수에 제한을 두지 않는가?
> ② 하나의 방유제 내에 탱크를 20기 이하로 할 수 있는 경우는 전탱크 의 용량이 (㉮)이고, 위험물의 인화점이 (㉯)인 경우이다.

해답 ① 200℃ 이상
　② ㉮ 20만 ℓ 이하
　　㉯ 70℃ 이상200℃ 미만

18 옥외탱크저장소의 방유제와 탱크와의 상호거리에 대하여 다음 물음에 답하시오.

> ㉮ 탱크의 지름이 15m 미만인 경우에는 탱크의 높이의 얼마 이상을 두는가?
> ㉯ 탱크의 지름이 15m 이상인 경우에는 탱크의 높이의 얼마 이상을 두는가?
> ㉰ 인화점이 몇 ℃ 이상인 경우에는 상호거리 규정을 적용하지 않는가?

해답 ㉮ 1/3 이상
　㉯ 1/2 이상
　㉰ 200℃ 이상

모든 계산문제는 소수 3째자리까지 계산하고 반올림하여 소수 2째자리를 답으로 합니다.

19 옥외탱크저장소의 방유제의 2면 이상의 노면 폭을 가진 구내도로와 접하도록 하여야 하는가?

해답 3m 이상

20 5,000ℓ 와 2,000ℓ 들이 인화성 액체 위험물 옥외저장 탱크가 있다. 이 탱크를 주위에 하나의 방유제를 설치할 경우 방유제의 용량은 얼마 이상이어야 하는가?

해답 [계산과정]

5,000ℓ × 110% = 5,500ℓ 이상

[답] 5,500ℓ 이상

참고 인화성 액체를 옥외탱크저장소에 2개 이상 저장할 경우 방유제의 용량은 큰 탱크 용량의 110% 이상으로 한다.

21 옥외탱크저장소에 대하여 다음 물음에 답하시오.

㉮ 이황화탄소 옥외탱크저장소의 수조는 벽 및 바닥을 철근콘크리트조로 한다. 이때 두께는 몇 m 이상이어야 하는가?

㉯ 저장 탱크가 압력탱크일 경우 아세트알데히드·디에틸에테르의 저장온도는 몇 ℃ 이하인가?

㉰ 저장 탱크가 압력탱크 이외의 탱크일경우 디에틸에테르·산화프로필렌의 저장온도는 몇 ℃ 이하인가?

㉱ 저장탱크가 압력탱크 이외의 탱크일경우 아세트알데히드의 저장온도는 몇℃ 이하인가?

해답 ㉮ 0.2m 이상   ㉯ 40℃ 이하
㉰ 30℃ 이하   ㉱ 15℃ 이하

22 아세트알데히드, 산화프로필렌 옥외저장탱크에 사용할 수 없는 금속 4가지를 쓰시오.

해답 구리, 마그네슘, 수은, 은

23 아세트알데히드 등 옥외저장탱크에는 (㉮) 또는 (㉯), 그리고 연소성 혼합기체의 생성에 의한 폭발을 방지하기 위한 불활성의 기체를 봉입하는 장치를 설치한다. 괄호 안에 알맞은 말과 사용하는 불활성기체의 명칭을 쓰시오.

해답 ㉮ 냉각장치
㉯ 보냉장치
불활성기체 : 질소

1 옥내탱크저장소의 설치기준

① 안전거리와 보유공지 : 해당없음

② 탱크의 구조 : 옥외탱크저장소의 규정에 준한다.

③ 옥내탱크저장소의 탱크전용실

(1) 옥내 탱크저장소의 탱크전용실은 단층건물에 설치하여야 한다.

(2) **단층건축물에 설치하는 탱크 전용실의 구조**

[단층건축물에 설치하는 탱크전용실의 구조]

① 벽, 기둥 및 바닥

㉮ 재질 : 내화구조

㉯ 연소의 우려가 없는 곳의 재료 : 불연재료

㉰ 액체위험물 탱크전용실의 바닥

㉠ 위험물이 침투하지 아니하는 구조일 것

㉡ 적당히 경사를 지게한다.

㉢ 최저부에 집유설비를 한다.

② 지붕의 재질 : 불연재료로 하고 반자를 설치하지 않는다.

③ 출입구 : 갑종방화문 · 을종방화문(연소 우려의 경우 **자동폐쇄식 갑종방화문**)

④ 전용실 출입구 턱 높이 : 옥내저장탱크의 용량을 수용할 수 있는 높이 이상

⑤ 펌프실 출입구 문턱의 높이 : 0.2m 이상

❹ 옥내탱크저장소의 위험물 저장기준

[탱크와 탱크전용실의 벽과의 상호거리]　　　　　[탱크상호간의 거리]

(1) **탱크의 재질** : 두께 3.2mm 이상의 강철판 등

(2) **옥내탱크저장소의 탱크와 탱크전용실과의 상호거리**

① 탱크와 탱크전용실 외벽(기둥 등 돌출된 부분을 제외한다) : 0.5m 이상

② 탱크와 탱크상호 간의 거리 : 0.5m 이상

③ 탱크의 점검 및 보수에 지장이 없는 경우 : 상호거리 제한 없음

(3) **탱크전용실(단층, 1층 및 지하층)의 탱크의 용량**

① 지정수량 40배 이하

② 제4석유류, 동 · 식물유류외의 경우 : 20,000 ℓ 이하

(4) **탱크전용실(2층 이상)의 탱크의 용량**

① 지정수량 10배 이하

② 제4석유류, 동 · 식물유류 외의 경우 : 5,000 ℓ 이하

> **참 고**
>
> 단층이 아닌 건축물의 1층 또는 지하층에서 저장·취급할 수 있는 위험물
> * 제2류 위험물 중 황화린·적린 및 덩어리 유황 · 제3류 위험물 중 황린
> * 제6류 위험물 중 질산
> 단층이 아닌 건축물의 1층 또는 2층 이상의 층에 저장할 수 있는 위험물
> * 제4류 위험물 중 인화점 38℃ 이상인 것

(5) 탱크의 통기장치(밸브 없는 통기관)

[옥내탱크저장소의 통기관]

① 통기관의지름 : 30mm 이상
② 통기관의 선단은 수평면에 대하여 45° 이상 구부려 빗물 등이 들어가지 않는 구조로 한다(빗물이 들어가지 않는 구조일 경우 제외).
③ 가는 눈의 동망 등으로 인화방지장치를 설치한다. 다만, 인화점 70℃ 이상의 위험물만을 해당 위험물의 인화점 미만의 온도로 저장·취급할 경우 제외
④ 통기관 선단으로부터 지면까지의 거리 : 4m 이상
⑤ 통기관의 선단과 건축물의 창 또는 출입구 등의 개구부와의 거리 : 1m 이상
⑥ 인화점 40℃ 미만인 위험물 탱크의 통기관과 부지경계선의 이격거리 : 1.5m 이상
⑦ 통기관선단을 탱크전용실내에 설치할 수 있는 고인화점 위험물(인화점 100℃ 이상의 위험물)의 취급온도 : 100℃ 미만
⑧ 통기관은 가스 등이 체류하지 않도록 굴곡이 없도록 한다.

(6) 탱크 주입구 설치기준

① 화재예방상 지장이 없는 곳에 설치한다.
② 밸브 또는 뚜껑설치
③ 휘발유, 벤젠 그 밖의 정전기 재해 발생 우려가 있는 액체위험물은 접지전극을 설치 할 것
④ 인화점 21℃ 미만인 위험물은 주의사항 게시판 설치

적중예상문제

모든 계산문제는 소수 3째자리까지 계산하고 반올림하여 소수 2째자리를 답으로 합니다.

옥내탱크저장소

01 옥내탱크저장소에서 탱크의 점검과 보수에 지장이 없는 경우 이외에 옥내저장탱크와 탱크 전용실의 벽과의 거리 및 옥내저장탱크의 상호간의 거리는 몇 m 이상을 유지하여야 하는가?

해답 0.5m 이상

02 옥내탱크저장소에 대하여 물음에 답하시오.

> ㉮ 탱크 전용실과 탱크 상호 간의 거리
> ㉯ 탱크 전용실의 벽·기둥 및 바닥의 재질
> ㉰ 탱크의 용량(1층 이하의 층)
> ㉱ 탱크 강철판의 두께

해답 ㉮ 0.5m 이상
　　　 ㉯ 내화구조
　　　 ㉰ 지정수량 40배 이하
　　　 ㉱ 3.2mm 이상

03 옥내탱크 저장소의 액체위험물을 저장하는 탱크 전용실의 바닥 구조에 대하여 3가지를 쓰시오.

해답 ① 물이 침투하지 않는 구조일 것
　　　 ② 적당한 경사를 둘것
　　　 ③ 최저부에 집유설비를 할 것

04 옥내탱크저장소의 위험물이 누출되더라도 탱크전용실 밖으로 넘쳐 흐르지 않도록 하려면 문턱의 높이는 얼마 이상으로 해야 하는가?

해답 옥내저장탱크의 용량을 수용할 수 있는 높이 이상

05 옥내탱크저장시설 주입구에 설치해야 하는것은?

해답 ① 밸브 또는 뚜껑설치
　　　 ② 휘발유, 벤젠 그 밖의 정전기 재해 발생 우려가 있는 액체위험물은 접지전극을 설치할 것
　　　 ③ 인화점 21℃ 미만인 위험물은 게시판 설치

06 옥내탱크저장소의 위험물 저장기준 중 단층이 아닌 건축물의 1층 또는 지하층에서 저장·취급할 수 있는 위험물에 대하여 다음 물음에 답하시오.

> ㉮ 제2류 위험물 3가지를 쓰시오.
> ㉯ 제3류 위험물 1가지를 쓰시오.
> ㉰ 제6류 위험물 1가지를 쓰시오.

해답 ㉮ 황화린·적린·덩어리유황
　　　 ㉯ 황린
　　　 ㉰ 질산

07 옥내탱크저장소의 밸브 없는 통기관 기준을 쓰시오.

> ㉮ 지름
> ㉯ 지면으로부터 선단까지의 거리
> ㉰ 건축물의 창 또는 개구부로부터의 거리

해답 ㉮ 30mm 이상
　　　 ㉯ 4m 이상
　　　 ㉰ 1m 이상

08 옥내탱크저장소의 통기관에 대하여 물음에 답하시오.

> ㉮ 통기관의 선단은 수평으로부터 몇 도 이상 기울이는가?
> ㉯ 선단에 불티 등의 침입을 방지하기 위하여 설치하는 것은?

해답 ㉮ 45°

㉯ 가는 눈의 동망으로 인화방지망 설치

09 옥내저장탱크에 설치하는 밸브 없는 통기관에 대하여 물음에 답하시오.

> ㉮ 통기관의 선단을 수평으로부터 45도 이상 구부려야 하는 이유를 쓰시오.
> ㉯ 통기관의 지름은 몇 mm 이상인가?

해답 ㉮ 빗물 등의 침투를 막기 위해서

㉯ 30mm

10 압력탱크가 아닌 옥내탱크저장소에 디에틸에테르 · 산화프로필렌을 저장할 때의 온도 (㉮)와 아세트알데히드를 저장할 때의 온도 (㉯)를 쓰시오.

해답 ㉮ 30℃ 이하

㉯ 15℃ 이하

11 옥내탱크저장소에서 압력탱크에 아세트알데히드, 산화프로필렌을 저장할 때의 저장온도는 몇 ℃인가?

해답 40℃이하

❶ 지하탱크저장소의 설치기준

■ 안전거리 · 보유공지 · 용량제한 : 해당 없음

■ 탱크의 구조

[탱크전용실에 설치된 지하탱크저장소]

(1) 강철판의 두께 : 3.2mm 이상

(2) 탱크의 외면 : 방청도장(부식의 우려가 없는 스테인레스 강판등은 제외)

(3) 배관은 위쪽으로 설치

> **참고**
>
> 탱크 윗부분에 배관을 설치하지 않아도 좋은 경우(탱크 직근에 제어밸브 설치시)
>
> · 제4류 위험물 중 제2석유류로서 인화점이 40℃ 이상인 것
>
> · 제3석유류, 제4석유류, 동식물유류

(4) 과충전 방지장치

    ① 과충전시 주입구의 폐쇄 또는 위험물의 공급을 차단하는 장치

    ② 탱크 용량의 90%가 찰 때 경보를 울리는 장치

❸ 탱크전용실의 구조

(1) 탱크전용실 철근콘크리트의 두께 : **0.3m 이상**(벽 · 바닥 및 뚜껑)

(2) 탱크전용실과 대지경계선 · 지하 매설물과의 거리: **0.1m 이상**(전용실이 설치되지 않은 경우
    0.6m 이상)

(3) 탱크와 탱크전용실과의 간격 : **0.1m 이상**

(4) 탱크 본체의 윗부분과 지면까지의 거리 : **0.6m 이상**

(5) 탱크를 2개 이상 인접하였을 때 상호거리

    ① 지정수량 100배 초과 : 1m 이상

    ② 지정수량 100배 이하 : 0.5m 이상

(6) 누유검사관의 개수 : 4개소 이상 적당한 위치

(7) 통기관은 밸브 없는 통기관(무변통기관)**으로 한다.**

> **참고**
>
> ① 탱크와 탱크전용실과의 공간 충전물
>
>   • 마른 모래
>
>   • 습기 등에 의하여 응고되지 않는 입자지름이 5mm 이하인 마른 자갈분
>
> ② 누유검사관의 설치 규정
>
>   • 이중관으로 한다. 다만 소공이 없는 상부는 단관으로 한다.
>
>   • 재료는 금속관 또는 경질 합성수지관으로 한다.
>
>   • 관은 탱크실의 기초위에 닿게 한다.
>
>   • 관의 밑부분으로부터 탱크의 중심 높이까지의 부분에는 소공이 뚫려 있어야 한다.
>
>   • 상부는 물이 침투하지 않는 구조로 하고 뚜껑은 검사시 쉽게 열 수 있도록 한다.

❹ 탱크전용실을 설치하지 않는 지하탱크저장소의 구조

[탱크전용실을 설치하지 않은 지하탱크저장소]

(1) 제4류 위험물을 저장하는 지하탱크저장소에 한한다.

① 탱크를 지하철 · 지하터미널 또는 지하가의 외벽으로부터 수평거리 10m 이상의 장소에 설치한다.

② 탱크의 외면이 행정안전부령으로 정하는 바에 따라 **보호**되어 있을 경우에 한한다.

③ 지하에 매설한 탱크 위에 두께가 0.3m 이상이고 길이 및 너비가 각각 당해 탱크의 **길이** 및 너비보다 0.6m 이상이 되는 **철근콘크리트조의 뚜껑**을 덮는다. 이 경우뚜껑의 중량이 직접 당해 탱크에 가해지지 않도록 한다.

④ 탱크를 견고한 기초 위에 고정시킨다.

❺ 지하탱크저장소의 주입구 및 통기장치

① 주입구 : 옥외 탱크저장소의 규정에 준한다.

② 통기장치 : 옥내 탱크저장소의 규정에 준한다.

지하탱크저장소

01 지하탱크저장소에 대하여 다음 물음에 답하시오.

> ㉮ 탱크 강철판의 두께는 몇 mm 이상인가?
> ㉯ 주입배관의 선단과 탱크 안 밑바닥 사이의 거리는 몇 m 이하인가?

해답 ㉮ 3.2mm 이상   ㉯ 0.1m 이하

02 지하탱크저장소의 배관은 탱크의 위쪽으로 설치하여야 한다. 위쪽에 배관을 설치하지 않아도 되는 경우는 제4류 위험물 중 제2석유류로서 인화점 40℃ 이상인 것 외에 3가지는 무엇인가?

해답 제3석유류 · 제4석유류 · 동식물유류

03 지하 저장탱크의 탱크실의 기준을 쓰시오.

> ㉮ 탱크 전용실의 철근콘크리트조 벽두께
> ㉯ 탱크 전용실과 탱크 최외측과의 거리
> ㉰ 탱크의 선단과 지면까지의 거리
> ㉱ 누유관의 개수

해답 ㉮ 0.3m 이상
    ㉯ 0.1m 이상
    ㉰ 0.6m 이상
    ㉱ 4개소 이상 적당한 위치

04 누유검사관의 소공이 뚫려있는 높이 기준을 쓰시오.

해답 관의 밑부분으로부터 탱크 중심 높이까지의 부분

05 지하탱크저장소에 대하여 다음 물음에 답하시오.

> ㉮ 탱크전용실이 설치되지 않은 지하 저장탱크와 대지경계선 · 지하시설물과의 거리
> ㉯ 통기관의 종류

해답 ㉮ 0.6m 이상   ㉯ 밸브 없는 통기관

06 지하 저장탱크를 2개 이상 인접할 경우 탱크 상호거리를 쓰시오.

> ㉮ 탱크용량의 합이 지정수량 100배 초과인 경우
> ㉯ 탱크용량의 합이 지정수량 100배 이하인 경우

해답 ㉮ 1m 이상   ㉯ 0.5m 이상

07 지하탱크의 탱크실을 설치하는 경우에는 그 상 · 하 · 좌 · 우의 내벽과 탱크와의 사이에 (㉮) 이상의 간격을 두고, 탱크실 내부에는 (㉯) 또는 습기 등에 의하여 (㉰)되지 않는 입자 지름이 (㉱) 이하인 (㉲)을 채워야 한다. 괄호 안을 완성하시오.

해답 ㉮ 0.1m   ㉯ 마른 모래
    ㉰ 응고   ㉱ 5mm
    ㉲ 마른 자갈분

08 지하탱크저장소에 탱크전용실을 설치하지 않을 경우에 대하여 다음 물음에 답하시오.

> ㉮ 탱크와 지하철 · 지하 터미널 또는 지하가의 외벽으로부터 수평거리
> ㉯ 탱크 위의 철근콘크리트조 뚜껑의 두께
> ㉰ 탱크 위의 철근콘크리트조 뚜껑은 당해 탱크의 너비 및 길이보다 몇 m 이상 크게 하는가?

해답 ㉮ 10m 이상   ㉯ 0.3m 이상
    ㉰ 0.6m 이상

제9장

이동탱크저장소

1 이동탱크저장소의 설치기준

1 이동탱크저장소 상치장소(차고)의 설치기준

[이동탱크저장소 측면]　　　　[이동탱크저장소 뒷면]

(1) 옥외에 있는 상치장소(차고)

화기를 취급하는 장소 또는 인근건축물과의 거리 : 5m 이상(인근건축물이 1층인 경우 3m 이상)

(2) 옥내에 있는 상치장소(차고)

① 건축물의 1층에 설치

② 벽 · 바닥 · 보 · 서까래 · 지붕의재질 : 내화구조 또는 불연재료

2 이동탱크저장소 탱크 강철판의 두께

① 본체 : 3.2mm 이상

② 측면틀 : 3.2mm 이상

③ 안전칸막이 : 3.2mm 이상

④ 방호틀 : 2.3mm 이상

⑤ 방파판 : 1.6mm 이상

❸ 탱크본체

(1) 탱크도장 위의 표시사항 : 상치장소의 위치

(2) 아세트알데히드 · 산화프로필렌 이동탱크저장소의 탱크
① 불연성가스를 봉입할 수 있는 구조로 한다.
② 탱크의 설비는 은 · 수은 · 동 · 마그네슘 또는 은 · 수은 · 동 · 마그네슘을 함유한합금을 사용할 수 없다.

❹ 탱크 내부의 칸막이(안전칸막이) 및 방파판

[칸막이로부터 거리를 다르게 부착하는 방법]　　　　[방파판의 높이를 다르게 한 부착방법]

(1) 칸막이
① 칸막이 1개의 용량 : 4,000ℓ 이하마다 1개 설치(고체 위험물을 저장하거나 고체인 위험물을 가열하여 액체상태로 저장할 경우 제외)
② 칸막이로 구획된 각 부분에 설치할 장치
　㉮ 맨홀
　㉯ 안전장치
　㉰ 방파판(구획부분 용량이 2,000ℓ 미만은 제외)

참고

• 칸막이의 설치목적
교통사고 등으로 탱크의 일부가 파손되더라도 전량의 위험물이 누출되는 것을 방지하기 위하여 설치한다.
• 탱크의 용량이 2만ℓ 일 경우 탱크에 설치된 칸은 5개이나 안전 칸막이의 개수는 4개이다.

---

(2) 방파판

① 탱크실의 용량 : 2,000ℓ 이상일 경우 설치한다.

② 2개 이상의 방파판을 이동탱크저장소의 진행방향과 평행으로 설치한다.

③ 방파판의 높이 및 칸막이로부터의 거리를 다르게한다.

④ 방파판의 단면적

㉮ 하나의 구획부분의 최대 수직단면적의 50% 이상으로 한다.

㉯ 하나의 구획부분의 최대 수직단면적이 40% 이상으로 할 경우

㉠ 수직단면적이 원형인 탱크

㉡ 짧은 지름(단경)이 1m 이하의 타원형의 탱크

참고

방파판의 설치목적

위험물을 운송하는 중에 탱크 내부의 위험물이 출렁임 또는 급회전에 의한 쏠림 등을 감소시켜 운행중인 차량의 안전성을 확보하기 위해 설치한다.

---

(3) 안전장치의 작동압력

① 상용압력이20kPa 이하인탱크 : 20kPa 이상, 24kPa 이하

② 상용압력이20kPa 초과인탱크 : 상용압력의1.1배 이하

5 측면틀

(1) 측면틀의 위치

① 탱크 상부의 네모퉁이에 설치한다.

② 탱크의 전단 또는 후단으로부터 각각 1m 이내에 설치한다.

[측면틀의 위치]

[탱크 뒷부분의 입면도]

(2) 측면틀의 부착 기준

① 최대 수량의 위험물을 저장한 상태에 있을 때의 당해 탱크 중량의 중심점(G)과 측면틀의 최외측을 연결하는 직선과 그 중심점을 지나는 직선 중 최외측선과 직각을 이루는 직선과의 내각이 35°이상이 되도록 한다.

② 최외측선(측면틀의 최외측과 탱크의 최외측을 연결하는 직선)의 수평면에 대한 내각이 75°이상이어야 한다.

> **참고**
>
> 측면틀의 설치목적
>
> 탱크가 전복될 때 탱크 측면이 **지면과 접촉**하여 **파손**되는 것을 **방지**하기 위해 설치한다(단, 피견인차에 고정된 탱크에는 측면틀을 설치하지 않아도 된다).

⑥ 방호틀

[방호틀의 구조]

① 강철판의 두께 : 2.3mm 이상

② 형상 : 산모양 또는 이와 동등 이상의 강도가 있는 형상이다.

③ 정상부분은 부속장치보다 50mm 이상 높게하거나 이와 동등 이상의 성능이 있는 것으로 한다.

참고

① 방호틀의 설치목적

탱크의 운행 또는 전복시 탱크상부에 설치된 각종 부속장치의 파손을 방지하기 위해 설치한다.

② 부속장치 : 맨홀, 주입구, 안전장치

---

7 수동식 폐쇄장치의 레버의 기준

① 길이 : 15cm 이상

② 앞으로 당김으로써 폐쇄장치를 작동시킬 수 있어야 한다.

③ 레버의 가까운 곳에 "레버"라는 표시와 비상 시 앞으로 잡아당긴다는 취지의 표지를 설치한다.

8 이동저장탱크의 외부도장

유별	도장의 색상	비고
제1류	회색	
제2류	적색	
제3류	청색	탱크의 앞면과 뒷면을 제외한 면적의 40% 이내의 면적은 다른 유별의 색상 외의 색상으로 도장하는 것이 가능하다.
제4류	적색 권장	
제5류	황색	
제6류	청색	

2 이동탱크저장소의 저장 및 취급기준

① 위험물 주입시 속도 : 1m/sec 이하

② 보냉장치가 있는 탱크에 아세트알데히드 및 산화프로필렌을 저장할 경우 유지온도는 비점 이하이다.

③ 보냉장치가 없는 탱크에 아세트알데히드 및 산화프로필렌을 저장할 경우 유지온도는 40℃ 이하이다.

④ 위험물을 주입할 때 인화점 40℃ 미만의 위험물은 이동탱크 저장시설의 원동기를 정지시켜 야 한다.

⑤ 결합금속구의 재질은 놋쇠(제6류 위험물은 사용금지)이다.

⑥ 이동저장탱크를 차고에 주차시킬 때에는 완전한 빈탱크이어야 한다.

⑦ 휘발유, 벤젠, 그 밖의 정전기에 의한 재해 발생의 우려가 있는 액체의 위험물을 이동 저장탱 크에 주입하거나 배출할 때에는 도선으로 긴밀히 연결하여 접지하고 이동 탱크의 상부로 주입할 때에는 주입관을 사용하되 주입관의 선단을 이동저장 탱크의 밑바닥에 밀착하여야 한다.

[보냉장치의 탱크구조]

⑧ 휘발유를 저장하던 이동저장탱크에 등유나 경 유를 주입할 때 또는 등유나 경유를 저장하던 이동 저장탱크에 휘발유를 주입할 때에는 행정 안전부령이 정하는 바에 의하여 정전기 등 으 로 인한 재해발생을 방지하기 위한 조치를 하여 야 한다.

⑨ 알킬알루미늄 또는 알킬리튬을 저장하는 이동 탱크 저장소에는 긴급시의 연락처, 응급조치에 관하여 필요한 사항을 기재한 서류 및 방호 복·고무장갑·밸브 등을 죄는 결합공구와 휴대용 확성기를 비치하여야 한다.

⑩ 이동탱크저장소의 주입설비의 길이는 50m 이내로 하고, 그 선단에 축적되는 정전기를 유효 하게 제거할 수 있는 장치를 하며 분당토출량은 200L 이하로 한다.

③ 컨테이너식 및 주유탱크차의 설치기준 등

[컨테이너식 이동탱크저장소]

◼ 컨테이너식 이동탱크저장소의 기준

(1) 강철판의 두께

① 본체 : 6mm 이상

② 맨홀 : 6mm 이상

③ 주입구의 뚜껑 : 6mm 이상

④ 안전칸막이 : 3.2mm 이상

> **참고**
>
> 당해 탱크의 직경 또는 장경이 1.8m 이하인 것의 강철판 두께 : 5mm 이상으로 한다(동등 이상 기계적 성질을 가진 재료 포함).

(2) 상자틀

① 강재로 된 상자형태의 틀

② 부속장치와 상자틀 최외 측과의 거리 : 는 50mm 이상

③ 강도

㉮ 탱크의 이동방향과 평행한 것 또는 수직인 것은 이동저장탱크하중의 2배 이상이다.

㉯ 탱크의 이동방향과 직각인 것은 이동저장탱크하중 이상이다.

2 알킬알루미늄 이동탱크 저장소

(1) 강철판의 두께 : 10mm 이상

(2) 용량 : 1,900ℓ 미만

(3) 저장시 불활성가스 봉입압력 : 20kPa이하 (2009. 3.17 개정)

(4) 꺼낼 때 불활성가스 봉입압력 : 200kPa이하

이동탱크저장소

01 이동저장탱크 각 부분의 강철판의 두께는 얼마인가?

> ㉮ 탱크 본체 ㉯ 측면틀
> ㉰ 안전 칸막이 ㉱ 방호틀
> ㉲ 방파판

해답 ㉮ 3.2mm 이상   ㉯ 3.2mm 이상
㉰ 3.2mm 이상   ㉱ 2.3mm 이상
㉲ 1.6mm 이상

02 이동탱크저장소 외면 도장 위에 표시할 사항을 쓰시오 (표지판·게시판이외의표시사항을 말한다).

해답 이동탱크 상치장소의 위치

03 이동탱크저장소에 대한 다음 물음에 답하시오.

> ㉮ 옥외에 있는 상치장소와 화기를 취급하는 장소 또는 인근 건축물과의 거리
> ㉯ 아세트알데히드·산화프로필렌 저장탱크의 재질로 부적합한 금속 4가지를 쓰시오.
> ㉰ 탱크 본체의 외면 도장

해답 ㉮ 5m 이상
㉯ 은·수은·구리동·마그네슘
㉰ 방청도장

04 이동탱크저장소에 대한 다음 물음에 답하시오.

> ㉮ 이동저장탱크의 칸막이의 강철판 두께는?
> ㉯ 내부칸막이 한칸의 용량은?
> ㉰ 용량 2만ℓ 일 경우 내부칸막이의 개수는?
> ㉱ 방파판의 두께는?

해답 ㉮ 3.2mm 이상
㉯ 4,000ℓ 이하
㉰ [계산과정]
$$\frac{20,000ℓ}{4,000ℓ/개} - 1 = 4$$
[답] 4개
㉱ 1.6mm 이상

05 이동탱크저장소에 설치된 방파판에 대하여 물음에 답하시오.

> ㉮ 방파판을 설치하여야 할 탱크실 1개의 용량은 몇 ℓ 인가?
> ㉯ 방파판 한 개의 단면적에 대하여 쓰시오

해답 ㉮ 2,000ℓ 이상
㉯ 당해 구획부분의 최대 수 직단면적의 50% 이상으로 한다.

06 이동저장탱크의 방파판의 면적을 수직 단면적의 40%로 할 경우 2가지를 쓰시오.

해답 ① 수직단면적의 형상이 원형일때
② 탱크의 짧은지름이 1m 이하의 타원 형일 때

07 이동탱크저장소의 안전장치 작동압력에 대하여 쓰시오.

> ㉮ 상용압력이 20kPa 이하인 탱크의 경우
> ㉯ 상용압력이 20kPa 초과인 탱크의 경우

해답 ㉮ 20kPa 이상, 24kPa 이하

㉯ 상용압력의 1.1배 이하의 압력

08 이동탱크저장소의 측면틀에 대하여 물음에 답하시오.

> ㉮ 측면틀의 개수
> ㉯ 설치위치
> ㉰ 측면틀은 탱크의 전후단 몇 m 거리에 설치하는가?

해답 ㉮ 4개

㉯ 전후단 좌우측

㉰ 1m 이내

09 이동탱크저장소의 측면틀에 대하여 답하시오.

> ㉮ 측면틀은 탱크무게 중심에서 측면틀 최외측과 탱크 본체 최외측이 이루는 각도는 몇 도인가?
> ㉯ 측면틀과 탱크 최외측을 이은 연결선이 지면과 이루는 각도는 몇 도인가?

해답 ㉮ 35°이상

㉯ 75°이상

10 이동탱크저장소의 방호틀에 대하여 답하시오.

> ㉮ 단면적의 모양
> ㉯ 방호틀은 탱크 정상부의 부속장치보다 얼마나 높게 하여야 하는가?
> ㉰ 부속장치 3가지

해답 ㉮ 산모양

㉯ 50mm 이상

㉰ 주입구, 맨홀, 안전장치

11 이동저장탱크의 수동식폐쇄장치(레버)에 관한 사항에 답하시오

> ㉮ 레버의 길이
> ㉯ 게시판의 기재내용

해답 ㉮ 15cm 이상

㉯ 레버라는 표시와 비상시 앞으로 잡아당긴다는 취지의 표시를 한다.

12 이동저장탱크에 위험물을 주입할 경우 주입속도는?

해답 1m/sec

13 이동탱크저장소에서 아세트알데히드 및 산화프로필렌을 저장 취급할 경우에 대하여 답하시오.

> ㉮ 보냉장치가 있는 경우 저장온도
> ㉯ 보냉장치가 없는 경우 저장온도

해답 ㉮ 비점 이하

㉯ 40℃ 이하

14 위험물을 주입할 때 이동저장탱크저장소의 원동기를 정지시켜야 할 위험물의 인화점을 쓰시오.

해답 40℃ 미만

15 알킬알루미늄 이동탱크저장소를 운송할 경우 필요한 비치용구 3가지를 쓰시오.

해답 ① 방호복
② 고무장갑
③ 밸브 등을 죄는 결합공구
④ 휴대용 확성기 중 3가지

16 다음 보기에서 ( ) 안에 들어갈 말을 쓰시오.

> 휘발유를 저장하던 이동탱크에 (㉮)나 (㉯)를 주입할 때 또는 등유와 경유를 저장하던 이동저장 탱크에 (㉰)를 주입할 때에는 행정안전부령이 정하는 바에 의하여 (㉱) 등으로 인한 재해 발생을 방지하기 위한 조치를 하여야 한다.

해답 ㉮ 등유   ㉯ 경유
㉰ 휘발유   ㉱ 정전기

17 컨테이너식 이동탱크저장소의 강철판의 두께는 얼마인가?

> ㉮ 본체 · 맨홀 · 주입구의뚜껑
> ㉯ 당해 탱크의 직경 및 장경이 1.8m 이하인 것은 본체 · 맨홀 · 주입구의뚜껑
> ㉰ 안전칸막이

해답 ㉮ 6mm 이상
㉯ 5mm 이상
㉰ 3.2mm 이상

18 알킬알루미늄 이동저장탱크에 대하여 물음에 답하시오.

> ㉮ 강철판의 두께
> ㉯ 용량
> ㉰ 위험물을 넣을때 불활성가스 봉입압력

해답 ㉮ 10mm 이상
㉯ 1,900 ℓ 미만
㉰ 20kPa 이하
해설 ㉮ 꺼낼 때 가스 봉입압력 : 200kPa 이하

1　간이탱크저장소의 설치기준

[간이탱크 저장시설의 구조]

[설치가능한 조성의 예(옥외는 1m 이상)]

1 강철판의 두께

3.2mm 이상

2 간이탱크의 구조

① 주유기가 달려 있다.

② 바퀴가 달려 있다.

③ 용량은 600ℓ 이하이다.

3 간이탱크의 설치기준

품목이 다른 탱크를 3개까지 설치할 수 있다(단, 동일 품목의 위험물을 2개 이상은 설치하지 못한다).

4 통기관(밸브없는 통기관)

① 지름 : 25mm 이상

② 인화방지망 : 가는 눈의 동망을 설치한다.

③ 지면으로부터 선단까지의 거리 : 1.5m 이상

④ 선단은 45°이상 구부린다.

5 기타

① 탱크전용실과 탱크와의 거리 : 0.5m 이상

② 옥외에서 탱크의 보유공지 및 탱크 상호간의 거리 : 1m 이상

③ 탱크의 표면은 방청도장을 한다.

2 암반탱크저장소의 설치기준

1 암반탱크저장소의 공동설치기준

(1) 지하공동 설치위치

① 암반투수계수 10^{-5}m/sec 이하인 천연암반 내에 설치한다.

② 저장 위험물의 증기압을 억제할 수 있는 지하수면하에 설치한다.

(2) 지하공동의 내벽 설치기준

암반균열에 의한 낙반을 방지할 수 있도록 록볼트 · 콘크리트 등으로 보강한다.

2 암반탱크저장소의 수리조건기준

① 저장소 내로 유입되는 지하수의 양 : 암반 내의 지하수 충전량보다 적어야 한다.

② 저장소에 가해지는 지하수압기준 : 저장소의 최대 운영압보다 항상 크게 유지한다.

③ 수벽공의 설치기준 : 저장소의 상부로 물을 주입하여 수압을 유지할 필요가 있을 경우 설치한다.

3 암반탱크저장소에 설치하여야 할 설비

① 지하 수위 관측공

② 계량장치(계량구 · 자동측정이 가능한 계량장치)

③ 배수시설

④ 펌프설비

간이탱크저장소 · 암반탱크저장소

01 간이탱크저장소에 대하여 다음 물음에 답하시오.

> ㉮ 1개의 간이탱크저장소에 설치하는 간이 저장탱크는 몇 개 이내이어야 하는가?
> ㉯ 간이저장탱크의 용량은 몇 ℓ 이하 이어야 하는가?
> ㉰ 간이저장탱크의 외면에는 어떤 도장을 하여야 하는가?
> ㉱ 간이저장탱크는 두께를 몇 mm 이상의 강철판으로 하여야 하는가?

해답 ㉮ 3개 ㉯ 600 ℓ
　　 ㉰ 방청도장 ㉱ 3.2mm

02 간이저장탱크의 구조에 대하여 3가지를 쓰시오.

해답 ① 주유기가 달려있다.
② 바퀴가 달려있다.
③ 용량은 600 ℓ 이하 이다.

03 간이탱크저장소의 통기관에 대한 물음에 답하시오.

> ㉮ 통기관의 지름
> ㉯ 지면으로부터 선단까지의 거리
> ㉰ 선단은 수평으로부터 몇 도 각을 주는가?
> ㉱ 불티 등의 침입을 막기 위한 인화 방지망의 기준

해답 ㉮ 25mm 이상 ㉯ 1.5m 이상
　　 ㉰ 45° 이상 ㉱ 가는눈의 동망

04 간이탱크저장소에 대한 물음에 답하시오.

> ㉮ 간이탱크와 탱크 전용실과의 거리
> ㉯ 간이탱크를 옥외에 설치할 경우 보유 공지

해답 ㉮ 0.5m 이상
　　 ㉯ 1m 이상

05 암반탱크저장소의 지하공동의 설치에 대하여 물음에 답하시오.

> ㉮ 천연암반 내에 설치할 경우 암반 투수 계수는 얼마이어야 하는가?
> ㉯ 저장위험물의 증기압을 억제하려면 어 느 곳에 설치하는가?

해답 ㉮ 10^{-5} m/sec 이하
　　 ㉯ 지하수면하

06 암반탱크저장소에 설치하여야 할 설비 4가지를 쓰시오.

해답 ① 지하수위관측공
② 계량장치
③ 배수시설
④ 펌프설비

제11장

위험물 저장탱크의 변형시험 등

① 위험물 저장탱크의 변형시험 및 불활성가스 봉입

[탱크의 수압검사]　　　　　　[검사기구]

■ 옥내탱크 저장소 및 옥외탱크 저장소의 변형시험

(1) 압력탱크의 변형시험(수압시험)

최대 상용압력의 1.5배의 압력으로 10분간 수압시험에서 새거나 변형되지 않을 것

(2) 압력탱크 이외의 탱크의 변형시험(충수시험)

물과 물 외의 적당한 액체를 채우는 시험을 포함하여 새거나 변형되지 않을 것

(3) 특정옥외저장탱크의 용접부(비파괴시험)

（참고）

• 비파괴시험의 종류

　방사선투과시험, 자기탐상시험, 초음파탐상시험, 침투탐상시험, 진공시험

• 옥내저장탱크 및 옥외저장탱크에서 압력탱크의 기준

　최대 상용압력이 대기압을 초과하는 탱크

---

② 지하탱크 저장시설 및 이동탱크 저장시설의 변형시험

(1) 압력탱크의 변형시험(①, ② 중 한 가지 가능)

① 수압시험 : 최대 상용압력의 1.5배의 압력으로 10분간 실시하여 새거나 변형되지 않아야 한다.

② 기밀시험, 비파괴시험

(2) 압력탱크의 이외의 탱크의 변형시험(①, ② 중 한 가지 가능)

① 수압시험 : 70kPa의 압력으로 10분간 실시하여 새거나 변형되지 않아야 한다.

② 기밀시험 · 비파괴시험

> **참고**
>
> • 이동탱크의 압력탱크 : 최대상용압력이 46.7kPa 이상인 탱크
> • 알킬알루미늄 이동탱크의 수압시험 : 1MPa 이상의 압력으로 10분간 실시하여 새거나 변형되지 아니할 것

③ 간이탱크 저장소의 변형시험

수압시험 : 70kPa의 압력으로 10분간 실시하여 새거나 변형되지 아니할 것

> **참고**
>
> **압력탱크 이외의 탱크로서 수압시험을 할 탱크**
> • 지하탱크 저장시설 • 간이탱크 저장시설 • 이동탱크 저장시설

④ 위험물 저장탱크의 불활성가스 봉입

① 대상 : 아세트알데히드 · 산화프로필렌

모든 계산문제는 소수 3째자리까지 계산하고 반올림하여 소수 2째자리를 답으로 합니다.

위험물 저장탱크의 변형시험 등

01 위험물 저장탱크의 변형시험 중 압력탱크인 옥외(옥내) 탱크의 변형시험 기준을 쓰시오.

> **해답** 최대상용압력의 1.5배의 압력으로 10분간 수압시험을 실시하여 새거나 변형되지 않을 것

02 위험물 저장탱크의 변형시험 중 충수시험방법에 대하여 쓰시오.

> **해답** 물과 물 외에 적당한 액체를 채우는 시험을 포함하여 새거나 변형되지 말아야 한다.

03 특정 옥외탱크저장소의 변형시험 중 비파괴시험의 종류 5가지를 쓰시오.

> **해답** ① 방사선투과시험
> ② 자기탐상시험
> ③ 초음파탐상시험
> ④ 침투탐상시험
> ⑤ 진공시험
>
> **참고** 특정옥외 저장탱크 : 용량 100만 ℓ 이상인 탱크
> 준특정옥외 저장탱크 : 용량 50만 ℓ 이상 100만 ℓ 미만인 탱크

04 옥외탱크저장소의 탱크변형시험에 대하여 다음 물음에 답하시오.

> ㉮ 압력탱크의 수압시험방법을 쓰시오.
> ㉯ 특정옥외 저장탱크의 용접부는 어떠한 시험을 실시하는가?
> ㉰ 압력탱크의 기준

> **해답** ㉮ 탱크의 최대 상용압력의 1.5배로 10분간 수압을 가하여 새거나 변형되지 말아야 한다.
> ㉯ 비파괴시험
> ㉰ 최대상용압력이 대기압을 초과하는 탱크

05 지하저장탱크 중 압력탱크 이외의 탱크의 탱크 변형시험을 2가지로 분류하시오.

> **해답** ① 70kPa의 압력으로 수압시험을 10분간 실시하여 새거나 변형되지 아니할 것
> ② 기밀시험, 비파괴시험

06 다음 (   )을 완성하시오.

> 위험물을 저장·취급하는이동탱크는두께 (㉮) 이상의 (㉯)으로 틈이 없도록 제작하고 압력탱크에 있어서는 최대 상용압력의 (㉰)배의 압력으로, 압력탱크를 제외한 탱크에 있어서는 (㉱)의 압력으로 각각 10분간 행하는 (㉲)에서 새거나 변형되지 않아야 한다.

> **해답** ㉮ 3.2mm　　㉯ 강철판
> ㉰ 1.5　　㉱ 70kPa
> ㉲ 수압시험

07 다음 괄호 안에 알맞은 말을 쓰시오.

> 지하저장탱크의 재질은 두께 (㉮)mm 이상의 강철판으로 하여 완전용입용접 또는 양면 겹침이음용접으로 틈이 없도록 만드는 동시에 압력탱크 외의 탱크에 있어서는 (㉯)kPa의 압력으로, 압력탱크에 있어서는 최대상용압력의 (㉰)배의 압력으로 각각 (㉱)분간 수압시험을 실시하여 새거나 변형되지 아니하여야 한다.

해답 ㉮ 3.2 ㉯ 70
㉰ 1.5 ㉱ 10

08 다음 ( )을 완성하시오.

> ㉮ 지하저장탱크 및 이동저장탱크에서 압력탱크의 압력 기준
> ㉯ 알킬알루미늄 이동저장탱크의 변형시험방법 중 수압시험에 대하여 쓰시오.

해답 ㉮ 46.7kPa 이상인 탱크
㉯ 1MPa 이상의 압력으로 10분간 수압시험을 실시하여 새거나 변형되지 아니할 것

09 다음 괄호안에 알맞은 말을 쓰시오.

> 간이저장탱크는 두께 (㉮)mm 이상의 강판으로 흠이 없도록 제작하여야 하며, (㉯)kPa의 압력으로 (㉰)분간의 수압 시험을 실시하여 새거나 변형되지 아니 하여야 한다.

해답 ㉮ 3.2
㉯ 70
㉰ 10

10 압력탱크 이외의 탱크에서 수압시험을 하는 저장소 3가지를 쓰시오.

해답 ① 지하탱크저장시설
② 이동탱크저장시설
③ 간이탱크저장시설

11 위험물을 압력탱크에 저장할 경우 불활성 가스를 봉입하여야 하는 위험물 3가지를 쓰시오.

해답 ① 알킬알루미늄
② 아세트알데히드
③ 산화프로필렌

제12장 ▶ 주유취급소

① ▶ 주유취급소의 설치기준

▣ 주유취급소의 공지

(1) 주유공지 : 너비 15m 이상, 길이 6m 이상의 콘크리트로 포장

(2) 공지의 기준

 ① 바닥은 주위의 지면보다 높게 한다.

 ② 바닥의 표면을 적당하게 경사지게 한다.

 ③ 새어나온 기름, 기타 액체가 공지 외부로 유출되지 않도록 배수구·집유설비 및 **유분리시설**

  을 한다.

[주유 취급시설의 공지]

② 주유취급소의 구조 및 위치

(1) 주유취급소 상호거리 : 제한없다.

(2) 주유취급소에서 자동차 등의 출입 및 통풍을 위하여 설치하지 않는 벽 : 2 이상의 방면이다.

(3) 방화벽의 높이 : 지면으로부터 2m 이상이어야 한다(인근에 건축물이 없는 고속도로변이나 이와 유사한 도로변에서 설치하는 것은 제외).

(4) 사무실 및 화기를 사용하는 곳의 출입구 및 창

　① 출입구 : 안에서 밖으로 수시로 개방할 수 있는 **자동폐쇄식**이어야 한다.

　② 출입구의 턱높이 : 0.15m 이상

　③ 밀폐시켜야 하는 창 : 지면으로부터 높이 1m 이하의 것

(5) 캔텔레버의 돌출길이 : 1.5m 이상

> **참고**
>
> 캔텔레버 : 건축물에서 옥내주유취급소의 용도에 사용되는 부분에 상층이 있는 경우 화재발생시 상층으로의 연소를 방지하기 위하여 설치하는 외팔보

❸ 주유취급소의 고정주유설비

[고정주유설비]   [현수식주유설비]

(1) 주유관의 기준

① 고정주유설비의주유관의길이: 5m 이내

② 현수식주유설비의주유관의길이: 지면 위 0.5m, 반경 3m 이내

③ 노즐선단에는 정전기 제거장치를 해야 한다.

> **참고**
>
> 자동차 등에 주유를 할 경우 원인 모를 불이 발생할 경우 십중팔구는 정전기로 인한 것이므로 주유시에는 반드시 구리선 등이 들어 있어 정전기를 제거하는 고정주유설비를 사용해야 한다.

[주유관과 노즐 결합부의 정전기 제거장치]

(2) 고정주유설비의 설치 위치(고정주유설비 중심선으로부터)

① 도로경계선과의 거리 : 4m 이상

② 부지경계선 · 담 · 건축물 벽과의 거리 : 2m 이상

③ 개구부 없는 벽과의 거리 : 1m 이상

④ 자동차용 고정주유설비와 등유용 고정주유설비와의 거리 : 4m 이상

⑤ 자동차 등의 점검 · 정비 · 세정을 행하는 설비와의 상호거리 : 4m 이상

> **참고**
>
> 자동차 등의 점검, 장비, 세정을 행하는 설비와 도로경계선과의 거리 : 2m 이상 고정급유설비
> 에 있어서 부지경계선 및 담까지의 거리 : 1m 이상

④ 주유취급소의 탱크

(1) 탱크의 시설기준은 지하탱크저장소에 준한다.

(2) 전용 탱크의 1개의 용량

① 자동차용 고정주유설비 및 고정급유설비 : 5만ℓ 이하

② 보일러에 직접 접속하는 탱크 : 1만ℓ 이하

③ 자동차 등의 점검 · 정비로 인한 폐유 · 윤활유 탱크 : 2천ℓ 이하

④ 고속도로변 주유취급소의 탱크 1개 용량 : 6만ℓ 이하

(3) 고정주유설비 펌프기기의 주유관 선단에서 최대 토출량

① 제1석유류(휘발유) : 50 ℓ /min 이하

② 등유 : 80 ℓ /min 이하

③ 경유 : 180 ℓ /min 이하

④ 이동저장탱크에 주입하기 위한 등유용 고정급유설비 : 300 ℓ /min 이하

> **참고**
>
> 분당토출량 200 ℓ 이상인 경우 모든 배관의 안지름은 40mm 이상일 것

(4) 셀프용 고정주유설비

① 1회연속 주유량의 상한 : 휘발유 100 ℓ 이하, 경유 200 ℓ 이하

② 1회 주유시간의 상한 : 4분 이하

(5) 셀프용 고정급유설비

① 1회 연속 급유량의 상한 : 100 ℓ 이하

② 1회 급유시간의 상한 : 6분 이하

2 주유취급소의 위험물 취급기준

① 자동차 등에 주유할 때에는 고정주유설비를 사용하여 **직접 주유**하여야 한다.

② 자동차 등에 주유할 때에는 자동차 등의 원동기를 정지시켜야 한다.

③ 주유취급소의 전용탱크에 위험물을 주입할때에는 그 탱크에 접결되는 고정주유설비의 사용을 중지하여야 하며, 자동차 등을 그 탱크의 주입구에 접근시켜서는 안된다.

④ 고정주유설비에 유류를 공급하는 배관은 전용탱크로부터 고정주유설비에 직접 접결된 것이어야 한다.

⑤ 자동차 등에 주유할 때에는정당한 이유없이 다른 자동차 등을 그 주유취급소에 **주차시켜서**는 안된다(다만, 재해발생의 우려가 없는 경우에는 그렇지 않다).

적중예상문제

모든 계산문제는 소수 3째자리까지 계산하고 반올림하여 소수 2째자리를 답으로 합니다.

주유취급소

01 다음 주유취급소의 기준에 대해 답하시오.

> ㉮ 주유 취급시설 공지의 너비 및 길이
> ㉯ 다른 주유 취급시설과의 상호거리
> ㉰ 자동차의 출입 및 통풍을 위하여 벽을 설치하지 않는 부분은 몇 개 이상인가?
> ㉱ 지면으로부터의 담 또는 벽의 높이

해답 ㉮ 너비 15m 이상, 길이 6m 이상
㉯ 거리제한 없음
㉰ 2개
㉱ 2m 이상

02 주유취급소의 공지의 바닥은 주위 지면보다 높게 하고, 그 표면을 적당하게 경사지게 하여 새어나온 기름 및 그 밖의 액체가 공지의 외부로 유출되지 아니하도록 배수구, (㉮)설비 및 (㉯)장치를 하여야 한다. 괄호 안에 알맞은 말을 쓰시오.

해답 ㉮ 집유 ㉯ 유분리

03 다음은 주유취급소에 대한 설치기준이다. 괄호 안에 알맞은 말을 쓰시오.

> ㉮ 주유 취급소에 설치하는 벽, 기둥, 바닥, 보및 지붕을 ( ) 또는 불연 재료로 한다.
> ㉯ 고정 주유설비는 도로경계선까지 ( ) m 이상 거리를 유지한다.
> ㉰ 자동차등에 주유하기 위한 고정 전용 탱크의 용량은 ( )ℓ 이하이다.

해답 ㉮ 내화구조   ㉯ 4   ㉰ 50,000

04 주유취급소 사무실 및 화기를 사용하는 곳의 출입구 및 창의 설치 기준에 대하여 답하시오.

> ㉮ 출입구가 열리는 방향 및 개방방식
> ㉯ 출입구의 턱높이
> ㉰ 밀폐시켜야 하는 창의 높이

해답 ㉮ 방향 : 안에서밖으로, 개방방식 : 자동폐쇄식
㉯ 15cm 이상
㉰ 지면으로부터 1m 이하

05 주유취급소의 사무실 및 화기를 사용하는 곳의 출입구 및 창에 사용되는 유리에 대하여 답하시오.

> ㉮ 종류 2가지
> ㉯ 창으로 사용되는 강화유리의 두께
> ㉰ 출입구에 사용되는 강화유리의 두께

해답 ㉮ 망입유리, 강화유리
㉯ 8mm 이상
㉰ 12mm 이상

06 건축물에서 옥내주유취급소의 용도에 사용되는 부분에 상층이 있는 경우 화재 발생시 상층으로 연소를 방지하기 위하여 설치하는 외 팔보에 대하여 다음 물음에 답하시오.

> ㉮ 명칭
> ㉯ 바로 윗층의 바닥으로부터 돌출길이(m)

해답 ㉮ 캔틸레버
㉯ 1.5m 이상

07 주유취급소의 고정주유설비에 대한 다음 물음에 답하시오.

> ㉮ 주유관의 길이
> ㉯ 도로경계선으로부터의 거리
> ㉰ 부지경계선 및 담으로부터의 거리
> ㉱ 건축물 벽으로부터의 거리
> ㉲ 개구부가 없는 건축물의 벽으로부터의 거리
> ㉳ 자동차용 고정주유설비와 등유용 고정 급유설비와의 거리
> ㉴ 자동차 등의 점검, 정비, 세정을 행하는 설비와의 거리

해답 ㉮ 5m 이내 ㉯ 4m 이상
㉰ 2m 이상 ㉱ 2m 이상
㉲ 1m 이상 ㉳ 4m 이상
㉴ 4m 이상

08 다음 괄호 안을 완성하시오.

> 주유취급소의 현수식 주유설비의 주유관의 길이는 지면 위 (㉮)의 수평면에 (㉯)으로 내려 만나는 점을 중심으로 반경 (㉰) 이내로 하여야 하고 그 선단에는 축적된 (㉱)를 유효하게 제거할 수 있는 장치를 설치하여야 한다.

해답 ㉮ 0.5m ㉯ 수직
㉰ 3m ㉱ 정전기

09 주유 취급소에 대한 다음 물음에 답하시오.

> ㉮ 전용탱크의 강철판의 두께
> ㉯ 자동차용 고정주유설비 및 고정급유설비 전용탱크 1개의 용량
> ㉰ 주유취급소의 자체 난방을 위하여 보일러에 직접 접속하는 탱크 1개의 용량
> ㉱ 자동차등 점검 정비로 인한 폐유, 윤활유 탱크 1개의 용량
> ㉲ 고속도로변 주유취급소 전용탱크 1개의 용량

해답 ㉮ 3.2mm 이상
㉯ 50,000 ℓ 이하
㉰ 10,000 ℓ 이하
㉱ 2,000 ℓ 이하
㉲ 60,000 ℓ 이하

10 주유취급소에 설치된 고정주유설비 및 고정급유설비 펌프기기의 주유관 선단에서의 최대토출량(ℓ/min)은 위험물에 따라 다르다. 다음 물음에 답하시오.

> ㉮ 제1석유류(휘발유)의 토출량(ℓ/min)
> ㉯ 등유의 토출량(ℓ/min)
> ㉰ 경유의 토출량(ℓ/min)
> ㉱ 이동저장탱크에 주입하기 위한 등유용 고정급유설비의 토출량(ℓ/min)

해답 ㉮ 50 ℓ/min 이하
㉯ 80 ℓ/min 이하
㉰ 180 ℓ/min 이하
㉱ 300 ℓ/min 이하

11 주유취급소에서 자동차연료탱크에 휘발유를 넣을 때 셀프용 고정주유설비를 사용할 경우 1회 주유시간 상한과 1회 연속 주유량의 상한을 쓰시오.

해답 1회 주유시간 : 4분 이하

　　　1회 연속 주유량 : 100ℓ 이하

참고 ㉮ 셀프용 고정주유설비

　　　－ 1회 주유량의 상한 : 휘발유 100ℓ

　　　이하, 경유 200ℓ 이하

　　　－ 1회 주유시간의 상한 : 4분 이하

　　㉯ 셀프용 고정급유설비

　　　－ 1회 급유량의 상한 : 100ℓ 이하

　　　－ 1회 급유시간의 상한 : 6분 이하

12 주유취급소의 위험물 취급기준에 대한 다음 ( ) 안에 알맞은 말을 써넣으시오.

> 자동차 등에 주유할 때에는 ( ) 주유 설비를 사용하여 직접 주유하여야 한다.

해답 고정

13 다음 보기의 ( ) 안에 들어갈 말은 무엇인가?

> 자동차 등에 주유할 때에는 자동차 등의( )를 정지시켜야 한다.

해답 원동기

14 급유설비의 주입구 부근에는 정전기제거용 ( )전극을 설치하여야 한다. 괄호 안에 넣어야 할 말을 쓰시오.

해답 접지

15 다음은 주유취급소의 고정급유설비에 관한 설명이다. 물음에 답하시오.

> ① 도로경계선과의 거리는 얼마인가?
> ② 건축물의 벽까지의 거리는 얼마인가?
> ③ 부지경계선 및 담 또는 개구부가 없는 벽과의 거리는 얼마인가?

해답 ① 4m 이상

　　　② 2m 이상

　　　③ 1m 이상

참고 건축물의 벽까지의 거리 : 2m 이상

　　　부지경계선 및 담까지의 거리 : 1m 이상

　　　※ 고정주유설비와 고정급유설비의 부지경계선 및 담까지의 거리 기준은 다르다.

1 제1종 판매취급소

❶ 제1종 판매취급소의 설치기준

(1) 위치 및 시설

① 건축물의 1층에 설치한다.

② 출입구: 갑종방화문 · 을종방화문

(2) 배합실의 기준

① 바닥의 면적: $6m^2$ 이상 $15m^2$ 이하

② 내화구조로 된 벽으로 구획한다.

③ 바닥에는 적당한 경사를 두고 집유설비를 한다.

④ 체류 증기를 지붕 위로 방출할 수 있는 환기장치를 한다.

⑤ 출입구: 자동폐쇄식 갑종방화문으로 설치한다.

⑥ 출입구의 턱 높이: 바닥으로부터 0.1m 이상으로 한다.

> **참고**
>
> 제1종 판매 취급소에서 취급할 수 있는 위험물의 지정수량의 배수는 20배 이하이다.

② 제2종 판매취급소

■ 제2종 판매취급소의 설치기준

(1) 위치 및 시설

① 벽, 기둥 · 바닥, 보의 구조 : 내화구조

② 천정의 구조 : 불연재료

(2) 배합실의 기준 : 제1종 판매취급소에 준한다.

(3) 배합실에서 배합할 수 있는 위험물

① 유황

② 도료류

③ 제1류 위험물 중 염소산염류 및 과염소산염류만을 함유한 것

④ 제4류 위험물 중 인화점이 38℃ 이상인 것

> **참고**
>
> 제2종 판매 취급소에서 취급할 수 있는 위험물의 지정수량의 배수는 40배 이하이다.

③ 일반취급소

■ 일반취급소의 설치기준

위험물제조소의 설치기준을 준용한다.

> **참고**
>
> • 일반취급소라 함은 위험물제조소 · 주유취급소 · 판매취급소 · 이송취급소에 해당하지 않는 취급소로서 위험물을 사용하여 **일반 제품을 생산 · 가공** 또는 세척하거나 버너 등에 소비하기 위하여 1일에 지정수량 이상의 위험물을 취급하는 시설을 말한다.

판매취급소, 일반취급소

01 제1종 판매취급소는 저장 또는 취급하는 위험물의 수량이 지정수량의 몇 배 이하인 것을 말하는가?

해답 20배 이하

참고 제2종 판매취급소의 경우 : 지정수량 40
배 이하

02 제1종 판매취급소에 대하여 물음에 답하시오.

> ㉮ 설치장소를 쓰시오.
> ㉯ 출입구의 종류를 쓰시오.

해답 ㉮ 건축물의 1층
㉯ 갑종방화문 · 을종방화문

03 제1종 판매취급소의 배합실 기준에 대하여 물음에 답하시오.

> ㉮ 바닥면적
> ㉯ 출입구
> ㉰ 바닥으로부터 출입구의 턱높이

해답 ㉮ $6m^2$ 이상 $15m^2$ 이하
㉯ 자동폐쇄식 갑종방화문
㉰ 0.1m 이상

04 제2종 판매취급소 배합실에서취급할 수 있는 위험물에 대하여 다음 물음에 답하시오.

> ㉮ 제1류 위험물의 품명을 2가지 쓰시오.
> ㉯ 제2류 위험물의 품명을 쓰시오.
> ㉰ 제4류 위험물의 인화점을 쓰시오.

해답 ㉮ 염소산염류, 과염소산염류
㉯ 유황
㉰ 38℃ 이상

제4편 위험물의 운반 및 포장 기준

제1장 위험물의 운반 및 포장기준

적중예상문제

제1장 > 위험물의 운반 및 포장기준

① 운반 및 적재방법

1 운반방법

(1) **지정수량 이상의 위험물**을 차량으로 운반할 때에는 **행정안전부령**이 정하는 바에 의하여 **표시**를 하여야 한다.

(2) **위험물** 또는 위험물을 수납한 **용기**가 **현저하게 마찰** 또는 **동요**를 일으키지 않도록 **운반**하여야 한다.

(3) **지정수량 이상의 위험물**을 차량으로 운반하는 경우에 **다른 차량에 바꾸어 싣거나 휴식 · 고장** 등으로 차량이 일시 정차시킬 때에는 안전한 장소를 택하고 운반하는 위험물의 안전에 주의하여야 한다.

(4) **위험물의 운반도중 위험물이 현저하게 새는 등 재해발생의 우려가 있는 경우의 조치방법**
　① 재해를 방지하기 위한 응급조치를 한다.
　② 가까운 소방관서 기타의 관계기관에 통보한다.

(5) **위험물을 차량에 주입 또는 싣거나 내릴 때의 기준**
　① 작업개시부터 종료시까지 위험물 안전관리자의 감독하에 취급한다.
　② 소화기구 등 소화설비를 준비하고 화재발생에 대비한다.

2 적재방법

(1) **운반용기에 수납하여 적재하여야 한다**(단, 덩어리 상태의 **유황**을 운반할 경우와 **동일 구내**에 있는 제조소 등의 상호간의 운반할 경우에는 **제외**).

(2) **위험물의 운반용기 적재방법**
　① 위험물이 온도변화 등에 의하여 누설되지 않도록 운반용기를 밀봉하여 수납한다.
　② 수납하는 위험물과 위험한 반응을 일으키지 않는 등 당해 위험물 성질에 **적합한 재질의 운반용기**에 수납한다.
　③ 하나의 외장용기에는 다른 종류의 위험물을 수납하지 않는다.

④ 운반용기는 수납구를 위로 향하게 하여 적재한다.

⑤ 위험물은 당해 위험물 또는 위험물을 수납한 운반용기가 운반도중에 전도·낙하 또는 파손되지 않도록 적재한다.

(3) 운반덮개

① 차광성이 있는 덮개를 하여야 하는 위험물

㉮ 제1류 위험물

㉯ 제3류 위험물 중 자연발화성 물질

㉰ 제4류 위험물 : 특수인화물

㉱ 제5류 위험물

㉲ 제6류 위험물

② 방수성이 있는 덮개를 하여야 하는 위험물

㉮ 제1류 위험물 : 알칼리금속의 과산화물 또는 이를 함유한것

㉯ 제2류 위험물 : 마그네슘·철분·금속분 또는 이를 함유한것

㉰ 제3류 위험물 중 금수성 물질

3 혼재할 수 있는 위험물(대칭형 암기 : ㈃ 이삼, ㈉ 오이사, ㈕ 하나)

	제1류	제2류	제3류	제4류	제5류	제6류
제1류		×	×	×	×	○
제2류	×		×	○	○	×
제3류	×	×		○	×	×
제4류	×	○	○		○	×
제5류	×	○	×	○		×
제6류	○	×	×	×	×	

② 수납 및 포장방법

1 수납방법

(1) 운반용기의 재질

① 금속판   ② 강판

③ 삼   ④ 합성섬유

⑤ 섬유판   ⑥ 고무류

⑦ 양철판   ⑧ 짚

⑨ 알루미늄판   ⑩ 종이

⑪ 유리   ⑫ 나무

⑬ 플라스틱

(2) 운반용기와 수납방법

① 고체위험물

내장용기 용기의 종류	내장 최대용적 또는 중량	외장용기 용기의 종류	외장 최대용적 또는 중량	제1류 I	제1류 II	제1류 III	제2류 II	제2류 III	제3류 I	제3류 II	제3류 III	제5류 I	제5류 II
유리용기 또는 플라스틱용기	10ℓ	나무상자 또는 플라스틱상자(필요에 따라 불활성의 완충재를 채울 것)	125kg	○	○	○	○	○	○	○	○	○	○
			225kg		○	○		○		○	○		○
			40kg	○	○	○	○	○	○	○	○	○	○
		파이버판 상자(필요에 따라 불활성의 완충재를 채울 것)	55kg		○	○		○		○	○		○
금속제 용기	30ℓ	나무상자 또는 플라스틱 상자	125kg	○	○	○	○	○	○	○	○	○	○
			225kg		○	○		○		○	○		○
		파이버판 상자	40kg	○	○	○	○	○	○	○	○	○	○
			55kg		○	○		○		○	○		○
플라스틱 필름포대 또는 종이포대	5kg	나무상자 또는 플라스틱상자	50kg	○	○	○	○	○				○	○
	50kg		50kg	○	○	○	○	○					○
	125kg		125kg			○	○	○					
	225kg		225kg				○	○					
	5kg	파이버판 상자	40kg	○	○	○	○	○	○	○	○	○	○
	40kg		40kg	○	○	○	○	○	○	○	○	○	○
	55kg		55kg				○	○					○
		금속제용기(드럼제외)	60ℓ	○	○	○	○	○	○	○	○	○	○
		플라스틱용기(드럼제외)	10ℓ			○		○		○			○
			30ℓ			○		○		○			○
		금속제드럼	250ℓ	○	○	○	○	○	○	○	○	○	○
		플라스틱드럼 또는 파이버드럼(방수성이 있는 것)	60ℓ	○	○	○	○	○	○	○	○		○
			250ℓ		○	○		○		○	○		○
		합성수지포대(방수성이 있는 것), 플라스틱필름포대, 섬유포대(방수성이 있는 것) 또는 종이포대(여러겹으로서 방수성의 것)	50kg				○	○		○	○		○

비 고

① "○" 표시는 수납위험물의 종류별 각 항의 위험물에 대하여 당해 각 란에 정한 운반용기가 적용성이 있음을 표시한다.

② 내장용기는 외장용기에 수납하여야 하는 용기로서 위험물을 **직접 수납**하기 위한 것을 말한다.

③ 내장용기의 용기의 종류란이 공란인 것은 **외장용기에 위험물을 직접 수납**하거나 유리용기, 플라스틱용기, 금속제용기, 폴리에틸렌포대 또는 종이포대를 내장용기로 할 수 있음을 표시한다.

② 액체위험물

| 운반용기 | | | | 수납위험물의 종류 | | | | | | | | |
| 내장용기 | | 외장용기 | | 제3류 | | | 제4류 | | | 제5류 | | 제6류 |
용기의 종류	최대용적 또는 중량	용기의 종류	최대용적 또는 중량	I	II	III	I	II	III	I	II	I
유리용기	5ℓ	나무상자 또는 플라스틱상자(필요에 따라 불활성의 완충재를 채울 것)	75kg	○	○	○	○	○	○	○	○	○
			125kg		○	○		○	○		○	
			225kg						○			
	10ℓ	파이버판 상자(필요에 따라 불활성의 완충재를 채울 것)	40kg	○	○	○	○	○	○	○	○	○
	5ℓ											
	10ℓ		55kg						○			
플라스틱 용기	10ℓ	나무상자 또는 플라스틱 상자	75kg	○	○	○	○	○	○	○	○	○
			125kg		○	○		○	○		○	
			225kg						○			
		파이버판 상자	40kg	○	○	○	○	○	○	○	○	○
			55kg						○			
금속제 용기	30ℓ	나무상자 또는 플라스틱상자	125kg	○	○	○	○	○	○	○	○	○
			225kg						○			
		파이버판 상자	40kg	○	○	○	○	○	○	○	○	○
			55kg		○	○		○	○		○	
		금속제용기(금속제 드럼제외)	60ℓ		○	○		○	○		○	
		플라스틱용기(플라스틱 드럼제외)	10ℓ		○	○		○	○		○	
			20ℓ					○	○			
			30ℓ						○		○	
		금속제드럼(뚜껑 고정식)	250ℓ	○	○	○	○	○	○	○	○	○
		금속제드럼(뚜껑 탈착식)	250ℓ					○	○			
		플라스틱 또는 파이버드럼(플라스틱내용기 부착의 것)	50kg		○	○			○		○	

비고

① "○"표시는 수납위험물의 종류별 각란 정한 위험물에 대하여 해당 각란에 정한 **운반용기가 적응성이 있음**을 표시한다.

② 내장용기는 외장용기에 수납하여야 하는 용기로서 위험물을 **직접 수납**하기 위한 것을 말한다.

③ 내장용기의 용기의 종류란이 공란인 것은 **외장용기에 위험물을 직접 수납**하거나 유리용기, 플라스틱 용기 또는 금속제용기를 **내장용기**로 할 수 있음을 표시한다.

② 포장방법

(1) 외부포장 표시

① 위험물의 품명 · 위험등급 · 화학명

② 위험물의 수량

③ 수납 위험물의 주의사항

> **참고**
>
> 수용성의 표시 : 제4류 위험물로서 수용성인 것에 한한다.

(2) 운반용기의 외부포장 표시 중 수납위험물의 주의사항

① 제1류 위험물(화기 · 충격주의, 가연물 접촉주의)

㉮ 알칼리금속의 과산화물 또는 이를 함유한 것(화기 · 충격주의, 가연물접촉주의 및 물기엄금)

② 제2류 위험물(화기주의)

㉮ 마그네슘, 철분, 금속분 또는 이를 함유한 것(화기주의 · 물기엄금)

㉯ 인화성고체(화기엄금)

③ 제3류 위험물

㉮ 금수성물질(물기엄금)

㉯ 자연발화성물질(화기엄금 및 공기노출엄금)

④ 제4류 위험물(화기엄금)

⑤ 제5류 위험물(화기 엄금 및 충격주의)

⑥ 제6류 위험물(가연물 접촉주의)

③ 운송책임자의 감독·지원을 받아 운송하여야 하는 제4류 위험물

(1) 알킬알루미늄

(2) 알킬리튬

(3) 알킬알루미늄 및 알킬리튬을 함유하는 위험물

④ 위험물 운송자로 하여금 위험물 안전카드를 휴대하게 하여야 하는 위험물

(1) 특수인화물   (2) 제1석유류

모든 계산문제는 소수 3째자리까지 계산하고 반올림하여 소수 2째자리를 답으로 합니다.

위험물의 운반 및 적재 방법

01 다음 ( ) 안에 넣어야 할 사항은 무엇인가?

> 지정수량 이상의 위험물을 차량으로 운반할 때에는 (㉮)이 정하는 바에 의하여 (㉯)를 하여야 한다.

해답 ㉮ 행정안전부령
㉯ 표시

02 법령상 위험물을 운반하고자 할 때 운송책임 자의 감독지원을 받아 운송하여야 하는 위험 물의 품명 2가지를 쓰시오.

해답 알킬알루미늄, 알킬리튬

03 다음 ( ) 안에 알맞은 말을 쓰시오.

> 위험물 또는 위험물을 수납한 용기는 현저하게 (㉮) 또는 (㉯)를 일으키지 않도록 운반하여야 한다.

해답 ㉮ 마찰　　㉯ 동요

04 다음 ( ) 안에 넣어야 할 사항을 쓰시오.

> 지정수량 이상의 위험물을 차량으로 운반하는 경우에 다른 차량에 바꾸어 싣거나 (㉮), (㉯) 등으로 차량을 일시 정지시킬 때에는 (㉰)를 택하고 운반하는 위험물의 (㉱)에 주의하여야 한다.

해답 ㉮ 휴식　　　㉯ 고장
㉰ 안전한 장소　　㉱ 안전확보

05 위험물운송자로 하여금 위험물안전카드를 휴대하게 하여야 하는 제4류 위험물 2가지를 쓰시오.

해답 특수인화물, 제1석유류

06 다음 괄호 안에 알맞은 말을 쓰시오.

> 액체위험물의 운반용기 수납율은 운반용기 내용적의 98% 이하이고 ( )℃ 이상에서 누설되지 않도록 충분한 공간용적을 유지할 것

해답 55

07 위험물을 운반용기에 수납할 경우 운반용기 내용적에 대한 수납율에 대하여 다음 물음에 답하시오.

> ㉮ 고체위험물의 수납율
> ㉯ 액체위험물의 수납율
> ㉰ 알킬알루미늄의 수납율

해답 ㉮ 95% 이하
㉯ 98% 이하
㉰ 90% 이하

08 알킬알루미늄 운반용기의 수납율은 90% 이하로 하되 50℃에서 몇 %의 공간 용적을 유지하여야 하는가?

해답 5% 이상

09 위험물의 덮개로서 차광성 있는 덮개를 하여야 할 위험물의 품명을 쓰시오(5가지).

> 해답 ① 제1류 위험물
> ② 제3류 위험물 중 자연발화성 물질
> ③ 제4류 위험물 중 특수인화물
> ④ 제5류 위험물
> ⑤ 제6류 위험물

10 인화성 액체위험물 중 1기압에서 액체로 되며 발화점이 100℃인 것으로 차광성 덮개가 필요한 위험물의 화학식을 쓰시오.

> 해답 CS_2
> 참고 인화성 액체 위험물 = 제4류 위험물

11 자기반응성 위험물질로 운반덮개로서 차광성 덮개가 필요한 니트로 화합물을 3가지만 쓰시오.

> 해답 ① T.N.T
> ② 피크린산
> ③ 트리니트로 벤젠
> 참고 자기반응성 물질 = 제5류 위험물

12 제3류 위험물의 운반덮개로서 차광성 덮개를 하여야 할 물품을 쓰시오.

> 해답 자연발화성 물질

13 제1류 위험물로서 햇볕, 빗물의 침투를 방지하기 위한 유효덮개로서 방수덮개를 하여야 할 위험물의 명칭을 쓰시오.

> 해답 알칼리금속의 과산화물 또는 이를 함유한 것
> 참고 방수성 운반덮개를 하여야 할 위험물
>
> • 제1류 위험물 중 알칼리금속의 과산화물 또는 이를 함유한 것
> • 제2류 위험물 중 마그네슘, 철분, 금속분 또는 이를 함유한 것
> • 제3류 위험물 중 금수성 물질

14 알칼리금속의 과산화물류의 덮개는 무엇을 사용해야 하는가?

> 해답 차광덮개, 방수덮개

15 제1류 위험물 중 차광덮개와 방수덮개를 모두 해야 하는 위험물의 명칭 2가지를 쓰시오.

> 해답 과산화칼륨, 과산화나트륨

16 제2류 위험물로서 빗물의 침투를 방지하기 위한 방수덮개를 하여야 할 위험물의 품명 3가지를 쓰시오.

> 해답 ① 마그네슘
> ② 철분
> ③ 금속분

17 덩어리 상태일 때 운반용기에 수납하지 않아도 되는 위험물을 쓰시오.

> 해답 유황

18 제1류 위험물과 혼재하여도 되는 위험물은 몇 류 위험물인가?

해답 제6류 위험물

혼재 가능 위험물 암기방법 : 대칭형으로 반쪽만 암기하시오.

※ (㉔이삼, ㉒오이사, ㉕하나)

	제1류	제2류	제3류	제4류	제5류	제6류
제1류		×	×	×	×	○
제2류	×		×	○	○	×
제3류	×	×		○	×	×
제4류	×	○	○		○	×
제5류	×	○	×	○		×
제6류	○	×	×	×	×	

19 제2류 위험물과 혼재 가능한 위험물을 모두 쓰시오.

해답 제4류 위험물, 제5류 위험물

20 제3류 위험물과 혼재할 수 있는 위험물의 종류를 쓰시오.

해답 제4류위험물

21 제4류 위험물과 혼재할 수 있는 위험물은 몇 류 위험물인가?

해답 제2류 위험물, 제3류 위험물, 제5류 위험물

22 제5류 위험물과 혼재할 수 있는 위험물은 몇 류인가?

해답 제2류 위험물, 제4류 위험물

23 제5류 위험물인 유기과산화물과 혼재할 수 없는 위험물을 쓰시오.

해답 제1류 위험물, 제3류 위험물, 제6류 위험물

24 제6류 위험물과 혼재할 수 없는 위험물을 모두 쓰시오.

해답 제2류 위험물, 제3류 위험물
제4류 위험물, 제5류 위험물

수납 및 포장방법

01 운반용기의 재질로서 합당한 5가지는 무엇인가?

해답 ① 금속판　　② 강판
③ 삼　　　　④ 합성섬유
⑤ 섬유판　　⑥ 고무류
⑦ 양철판　　⑧ 짚
⑨ 알루미늄판　⑩ 종이
⑪ 유리　　　⑫ 나무
⑬ 플라스틱 중 5가지

02 강산의 부식작용 때문에 강산의 저장용기는 ( )이 있어야 한다. 괄호 안에 알맞은 말을 쓰시오.

해답 내산성

03 다음은 위험물을 운반하는 운반용기와 수납 방법이다. 고체위험물을 수납하는 운반용기의 최대 용적은 몇 ℓ 인가?(단, 내장용기)

> ㉮ 유리용기 또는 폴리에틸렌 용기
> ㉯ 금속제용기

해답 ㉮ 10 ℓ   ㉯ 30 ℓ

04 액체위험물을 다음 운반용기에 수납할 경우 최대 용적은 몇 ℓ 인가? (단, 내장용기)

> ㉮ 유리용기   ㉯ 플라스틱용기

해답 ㉮10 ℓ   ㉯10 ℓ

05 제4류 위험물 운반용기의 외부포장에 표시하여야 할 사항에 대하여 괄호 안에 알맞은 말을 3가지를 쓰시오.

> ㉮ 위험물의 (   ), 위험등급, 화학명 및 수용성
> ㉯ 위험물의 (   )
> ㉰ 수납위험물의 주의사항 : (   )

> **해답** ㉮ 품명
>   ㉯ 수량
>   ㉰ 화기엄금

06 제1류 위험물 중 알칼리금속의 과산화물류 및 이를 함유한 것의 운반용기 외부포장 표시 중 수납 위험물의 주의사항 3가지를 쓰시오.

> **해답** ① 화기 · 충격주의
>   ② 가연물 접촉주의
>   ③ 물기엄금

참고 위험물 운반용기의 외부포장표시 중 수납 위험물의 주의사항
① 제1류 위험물 : 화기 · 충격주의, 가연물 접촉주의
  ※ 알칼리금속의 과산화물 또는 이를 함유한 것 : 화기 · 충격주의, 가연물 접촉주의 및 물기엄금
② 제2류 위험물 : 화기주의
  ※ 마그네슘, 철분, 금속분, 또는 이를 함유한 것 : 화기주의, 물기엄금
  ※ 인화성고체 : 화기엄금
③ 제3류 위험물
  ※ 금수성 물질 : 물기엄금
  ※ 자연발화성 물질 : 화기엄금 및 공기 노출엄금
④ 제4류 위험물 : 화기엄금
⑤ 제5류 위험물 : 화기엄금 및 충격주의
⑥ 제6류 위험물 : 가연물 접촉주의

07 제2류 위험물 운반용기 외부포장 표시 중 수납위험물의 주의사항을 쓰시오.

> ㉮ 철분, 금속분, 마그네슘 또는 이를 함유한 것
> ㉯ 인화성 고체
> ㉰ ㉮, ㉯ 이외에 제2류 위험물

해답 ㉮ 화기주의, 물기엄금
       ㉯ 화기엄금
       ㉰ 화기주의

08 위험물별 운반용기 외부에 표시하는 주의사항을 쓰시오.

> ㉮ 제3류 위험물 중 금수성 물질
> ㉯ 제4류 위험물
> ㉰ 제6류 위험물

해답 ㉮ 물기엄금
　　　㉯ 화기엄금
　　　㉰ 가연물 접촉주의

09 다음 위험물의 운반용기 및 포장의 외부표시 방법에 해당되는 주의사항을 쓰시오.

> ㉮ 가솔린　　㉯ 적린

해답 ㉮ 화기엄금 ㉯ 화기주의
참고 가솔린 : 제4류 위험물
　　　적린 : 제2류 위험물

10 벤조일퍼옥사이드의 운반용기 외부에 표시하여야 할 주의사항을 쓰시오.

해답 화기엄금, 충격주의
참고 벤조일터옥사이드 : 제5류 위험물

11 다음의 제6류 위험물을 운반용기에 수납할 경우 외부포장 주의사항 표시는 무엇인가?

해답 가연물 접촉주의

12 제4류 위험물 중 화장품으로서 그 운반용기 및 포장의 최대 용적이 얼마일 때 해당 주의사항과 동일한 의미를 가진 다른 주의사항으로 표시할 수 있는가?

해답 300mℓ 이하

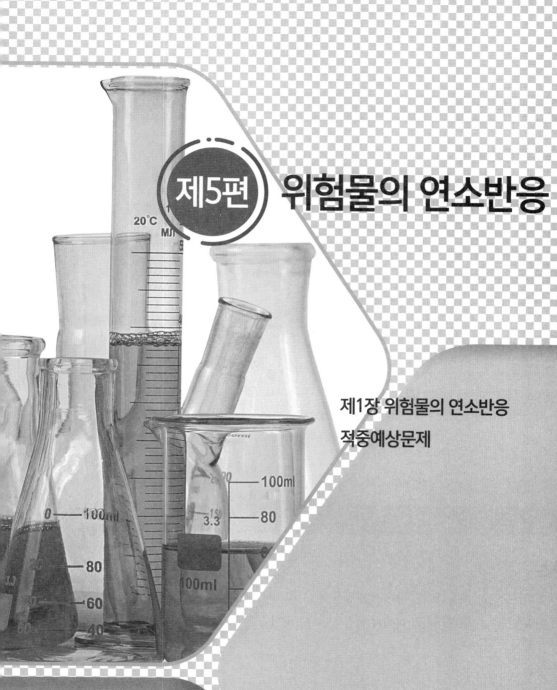

제5편 위험물의 연소반응

제1장 위험물의 연소반응
적중예상문제

제1장 > 위험물의 연소반응

1 압력

1 표준대기압(atm)

토리첼리의 실험 결과 위도 45°의 해변에서 0℃일

때 760mmHg의 누르는 힘

1atm(기압)=760mmHg(수은 기둥의 높이) ≒ 10mH$_2$O

=10.332mH$_2$O(Aq 물기둥의 높이)

=1.0332kg/cm^2(중력단위) ≒ 1kg/cm^2

=101325N/m^2(Pa)=101.325kPa ≒ 0.1MPa

수은의 밀도 ρ = 13.5955g/cm^3(0

> **참고**
>
> • Hg : 수은 　　　　　　　　　　• Aq(Aqua) : 라틴어의 물
>
> • 1atm = 760mmHg = 10mH$_2$O = 1kg/cm^2 ≒ 100kPa=0.1MPa

2 온도와 열량

1 온도

① 섭씨온도(℃) : 표준대기압 하에서 빙점을 0℃, 비점을 100℃로하여 100등분한 것

② 화씨온도(℉) : 표준대기압 하에서 빙점을 32℉, 비점을 212℉로 하여 180등분한 것

② 온도의 환산법

① 섭씨온도 환산 : $℃ = (℉ - 32) \times \dfrac{5}{9}$, 또는 $℃ = (℉ + 40) \times \dfrac{5}{9} - 40$

② 화씨온도 환산 : $℉ = \dfrac{9}{5} \times ℃ + 32$, 또는 $℉ = (℃ + 40) \times \dfrac{9}{5} - 40$

③ 섭씨 절대온도 : $K = ℃ + 273$

④ 화씨 절대온도 : $R = ℉ + 460$

참고

① 섭씨온도와 화씨온도의 눈금차이

$1℃ = 1.8℉$ $1℉ = \dfrac{9}{5}℃$

② 절대온도의 환산법 $K = \dfrac{R}{1.8}$, $R = K \times 1.8$

- 섭씨온도(℃) : Centigrade temperature의약칭
- 섭씨 절대온도(K) : Kelvin(캘빈)의 약칭
- 화씨온도(℉) : Fehrenheif temperature의 약칭
- 화씨 절대온도(R) : Rankine(랭킨)의 약칭

---

③ 비열과 열량

① 열량 : 비열이 C이며 질량이 m인 물체를 t℃까지 올리는데 필요한 열량 (단위 : cal)

$$Q = Cm\triangle t$$

Q : 열량, C : 비열, m : 질량, $\triangle$t : 변화된 온도(온도차)

② 비열 : 물질 1g의 온도를 1℃ 높이는 데 필요한 열량(단위 : cal/g℃)

$$Q = Cm\triangle t에서 \ C = Q/m\triangle t = Cal/g \cdot ℃$$

③ 잠열 : 온도는 변하지 않고 물질의 상태만 변하는 데 필요한 열량(단위 : cal)

$$Q = mr$$

Q : 열량, m : 질량, r : 잠열

참고

물의 3상태와 열과의 관계

① 1기압하에서 −20℃ 얼음을 가열하면 물을 거쳐 120℃의 수증기에 도달한다.

② 1g의 얼음(−20℃)이 수증기(120℃)가되기 위한 열량

$Q = Q_1 + Q_2 + Q_3 + Q_4 + Q_5$(전체열량=부분열량의 합)

• Q_1, Q_3, Q_5 = $Cm\triangle t$와 Q_2, $Q_4 = mr$로열량을 구한다.

• 얼음의 가열(Q_1) : $1 \times 0.5 \times (20-0) = 10cal$

• 얼음의 융해(Q_2) : $1 \times 80 = 80cal$

• 물의 가열(Q_3) : $1 \times 1 \times (100-0) = 100cal$

• 물의 기화(Q_4) : $1 \times 539 = 539cal$

• 수증기의 가열(Q_5) : $1 \times 0.47 \times (120-100) = 9.4cal$

∴ $Q = 10+80+100+539+9.4 = 738.4cal$

합계 738.4cal

③ 비중 및 밀도

(1) 기체의 비중(증기비중) : STP(표준상태)에서 $\dfrac{기체의\ 분자량}{공기의\ 평균\ 분자량}$

(2) 기체의 밀도(증기밀도) : STP(표준상태)에서 $\dfrac{기체의\ 1g\ 분자량(g/mol)}{22.4(ℓ/mol)}$

참고

- STP(표준상태) : 0℃, 1기압 상태

- 공기의 평균 1g 분자량

  공기 중에는 부피비로 N_2(질소) 78%, O_2(산소) 21%, Ar(아르곤) 1%가 있으며,

  또한 N_2 1g 분자량 : 28g, O_2 1g 분자량 : 32g, Ar 1g 분자량 : 40g이므로

  $$\therefore 28g \times \frac{78}{100} + 32g \times \frac{21}{100} + 40g \times \frac{1}{100} = 28.96 ≒ 29g/mol$$

  ※ 공기의 평균 분자량에는 g 단위를 붙이지 않는다.

  ※ 표준상태에서 기체 1g 분자량의 체적은 22.4ℓ/mol이다.

- 중요한 원소의 원자량 (H : 1, O : 16, N : 14, S : 32, C : 12)

- 표준상태가 아닌 경우 기체의 밀도

  $$\rho = \frac{PM}{RT}$$

  ρ(밀도) : g/ℓ　　P(압력) : atm　　M(1g 분자량) : g/mol

  R(기체상수) : 0.082atm · ℓ/mol · k

  T(절대온도) : (℃+273)k

---

(3) 액체의 비중

① 비중병을 사용하는 측정법

$$S = \frac{W_1 - W}{W_2 - W}$$

S : 비중

W_1 : 비중병에 액체를 채웠을 때 질량

W_2 : 물을 채웠을 때 질량

W : 비중병의 질량

(4) 고체의 비중

$$\frac{물체의 \ 무게(g)}{동일 \ 부피의 \ 4℃물 \ 무게(g)}$$

(5) 밀도(단위 부피당의 질량)

$$\rho = \frac{W}{V} \ (g/cm^3)$$

ρ : 밀도, W : 질량, V : 부피

4 기체에 관한 법칙

1 보일의 법칙

일정한 온도에서 일정량의 기체의 부피는 압력에 반비례한다.

$$P_1V_1 = P_2V_2$$

P : 압력 $\quad V$: 부피(T : 일정)

2 샤를의 법칙

일정한 압력하에서 일정량의 기체의 부피는 절대온도에 비례한다.

$$\frac{V_1}{T_1} = \frac{V_2}{T_2}$$

V : 부피 $\quad T$: 절대온도(P : 일정)

3 보일-샤를의 법칙

일정량의 기체의 부피는 압력에 반비례하고 절대온도에 비례한다

$$\frac{P_1V_1}{T_1} = \frac{P_2V_2}{T_2}$$

P : 압력 $\quad V$: 부피 $\quad T$: 절대온도

4 이상기체의 상태방정식

기체에 관한 제반 법칙을 설명할 수 있으며 기체의 분자량 계산에 이용된다.

참고

절대영도 : 기체의 부피가 0이 될수 있는 온도

        (−273℃, 0K)

$$PV = nRT \rightarrow PV = \frac{W}{M} \times RT = \frac{WRT}{M}$$

P : 압력(atm), V : 부피(ℓ), n : 몰수 (W/M), W : 질량(g), M : 1g분자량(g/mol),

R : 기체상수(0.082atm · ℓ/mol · k), T : 절대온도(℃+273)k

참고

- 이상기체 : 보일의 법칙 및 샤를의 법칙을 만족하는 액화되기 어려운 기체이다.
- 표준상태(0℃, 1기압)에서 모든 기체 22.4ℓ의 질량을 1g 분자량이다.
- 표준상태(0℃, 1기압)에서 모든 기체 22.4ℓ는 6.023×10^{23}개의 분자수를 갖는다.
- 기체상수 R값

  표준상태 (0℃, 1기압)에서 PV = nRT이므로

$$R = \frac{PV}{nT} = \frac{1 \times 22.4}{1 \times 273} = 0.082 \text{ atm} \cdot \ell/\text{mol} \cdot k$$

P(기압) : 1atm, V(부피) : 22.4ℓ/mol, n(몰수) : 1mol,

T(절대온도) : (0℃+273)k

5 이상기체의 상태방정식의 응용(부피와 분자량 구하기)

① 표준상태가 아닌 경우와 삼투압(반트호프의 법칙)

  PV = nRT [이상기체 상태방정식에서 몰수(n) = $\dfrac{W(질량)}{M(분자량)}$ 이므로

$$PV = \frac{WRT}{M} \text{에서 } V = \frac{WRT}{PM}, \; P = \frac{WRT}{VM}, \; M = \frac{WRT}{PV}$$

P : 압력(atm), V : 부피(ℓ), n : 몰수 $\dfrac{W}{M}$, W : 질량(g), M : 1g분자량(g/mol),

R : 기체상수(0.082atm · ℓ /mol · k), T : 절대온도(℃+273)k

② 기체의 밀도

$$M = \frac{WRT}{PV} \text{에서} = \frac{W(질량)}{V(부피)} \; \rho(밀도)이므로 \rightarrow M = \frac{\rho RT}{P} \rightarrow \rho = \frac{PM}{RT}$$

$$STP(표준상태)에서 \; 분자량 = \rho \times 22.4\,\ell$$

참고

표준상태가 아닌 경우와 삼투압 계산에서 단위 주의사항

• 압력(P)의 단위가 mmHg이면 760mmHg(1기압)로 나누어 **기압 단위(atm)**로 환산하여야 한다.

• 부피(V)의 단위는 분자량(M) 및 질량(W)의 단위가 **그램(g)**이면 **리터(ℓ)**로 하여야 하며, **킬로그램(kg)**이면 **입방미터(m^3)**로 통일시켜야 한다.

• 삼투압에서 용매가 물이면 물의 질량 g → mℓ 이므로 mℓ 를 ℓ 로 환산하여야 한다.

---

6 돌턴의 분압 법칙

혼합 기체의 전압은 각 성분 기체의 분압의 합과 같다.

① 전압 : $P = P_1 + P_2 + P_3 + \cdots P_n$

② 부분압 = 전압 $\times \dfrac{성분몰수}{전체 \; 몰수}$ = 전압 $\times \dfrac{성분 \; 부피}{전체 \; 부피}$ = 전압 $\times \dfrac{성분 \; 분자의 \; 수}{전 \; 분자의 \; 수}$

7 이론공기량(공기 중의 산소량이 21%일 경우)

$$이론공기량 = 산소량 \times \frac{1}{0.21}$$

적중예상문제

모든 계산문제는 소수 3째자리까지 계산하고 반올림하여 소수 2째자리를 답으로 합니다.

압력

01 1atm은 수은주 몇 mmHg인가?

> **해답** 760mmHg

02 수은주 750mmHg은 몇 atm인가?

> **해답** [계산과정]
>
> $$\frac{750\text{mmHg}}{760\text{mmHg}} \times 1\text{atm} = 0.986$$
>
> [답] 0.99atm

03 중력단위 10kg/cm²는 약 몇 MPa인가?

> **해답** 1MPa
>
> **참고** $1\text{kg/cm}^2 ≒ 100\text{kPa}$
>
> $= 0.1\text{MPa}$
>
> $\therefore 10\text{kg/cm}^2 = 1\text{MPa}$

온도와 열량

01 100℉는 몇 ℃인가?

> **해답** [계산과정]
>
> $$℃ = \frac{9}{5} \times (℉ - 32)에서$$
>
> $$℃ = \frac{9}{5} \times (100 - 32) = 37.777℃$$
>
> [답] 37.78℃

02 100℃는 몇 ℉인가?

> **해답** [계산과정]
>
> $$℉ = \frac{9}{5} \times ℃ + 32에서$$
>
> $$℉ = \frac{9}{5} \times 100 + 32 = 212℉$$
>
> [답] 212℉

03 알루미늄 500g을 20℃에서 50℃까지 온도를 올리는 데 3,000cal를 소모하였다. 이 때 알루미늄의 비열은?

> **해답** [계산과정]
>
> 열량의 식 $Q = Cm\triangle t$에서
>
> $$C = \frac{Q}{m\triangle t} 이므로$$
>
> $$C = \frac{3,000}{500 \times (50 - 20)} = 0.2\text{cal/g℃}$$
>
> [답] 0.2cal/g℃
>
> **참고** • $Q = Cm\triangle t$에서 Q = 열량(현열),
>
> C : 비열, m : 질량, $\triangle t$ = 온도차

04 20℃의 물 18kg이 100℃의 수증기로 되려면 얼마의 열량(kcal)이 필요한가?(단, 물의 비열 1kcal/kg℃, 물의 잠열539kcal/kg)

> **해답** [계산과정]
>
> $Q = Q_1 + Q_2$
>
> Q_1(물의 가열) $= Cm\triangle t$ 에서
>
> $1 \times 18 \times (100 - 20) = 1,440\text{kcal}$
>
> Q_2(물의 기화) $= mr$ 에서
>
> $18 \times 539 = 9,702\text{kcal}$
>
> $Q = 1,440 + 9,702 = 11,142\text{kcal}$
>
> [답] 11,142kcal
>
> **참고** 현열 : $Q_1 = Cm\triangle t$
>
> 잠열 : $Q_2 = mr$

05 −5℃의 얼음10g을 전부 수증기로 변환시키는 데 필요한 열량은?(단, 얼음의 비열은 0.5cal/g℃, 물의 융해열은 80cal/g, 물의 기화열은 539cal/g)

해답 [계산과정]

$Q = Q_1 + Q_2 + Q_3 + Q_4$ 에서 Q_1

(얼음의 가열) = $Cm\triangle t$ 에서 $0.5 \times 10 \times (0+5) = 25cal$

Q_2 (얼음의 융해) = mr 에서

$10 \times 80 = 800cal$

Q_3(물의 가열) = $Cm\triangle t$ 에서

$1 \times 10 \times (100-0) = 1,000cal$

Q_4(물의 기화) = mr 에서

$10 \times 539 = 5,390cal$

$Q = 25+800+1,000+5,390 = 7,215cal$

[답] 7,215cal

참고 현열 : Q_1, $Q_3 = Cm\triangle t$,

잠열 : Q_2, $Q_4 = mr$

증기비중 및 밀도

01 공기의 평균 분자량은 29이다. 어떤 가연성 기체의 분자량을 계산해 보니 40이었다. 표준 상태에서 이 가연성 기체의 공기에 대한 비중을 구하시오.

해답 [계산과정]

증기비중 $= \dfrac{\text{측정 물질의 분자량}}{\text{공기의 평균분자량}}$

증기비중 $= \dfrac{40}{29} = 1.379$

[답] 1.38

02 할론 1011의 증기비중은 얼마인가? (Cl의 원자량은 35.5이고 Br의 원자량은 80이다)

해답 [계산과정]

할론 1011(CH_2ClBr)의 분자량 :

$12+2+35.5+80 = 129.5$

증기비중 $= \dfrac{\text{할론 1011의 분자량}}{\text{공기의 평균 분자량(약29)}}$

증기비중 $= \dfrac{129.5}{29} = 4.465$

[답] 4.47

03 디에틸에테르의 증기비중은 2.56이다. 공기의 평균분자량을 계산하시오

해답 [계산과정]

증기비중 $= \dfrac{\text{디에틸에테르의 분자량}}{\text{공기의 평균분자량}}$ 에서

공기의 평균분자량 =

$\dfrac{\text{디에틸에테르의 분자량}}{\text{증기비중}}$ 이므로

디에틸에테르($C_2H_5OC_2H_5$)의 분자량 : $12 \times 4+10+16=74$

공기의 평균분자량 $= \dfrac{74}{2.56} = 28.906$

[답] 28.91

04 이황화탄소의 분자식과 증기 비중은 얼마인가? (단, 공기 중의 질소 78%, 산소 21%이며, 원자량은 C : 12, S : 32)

해답 ① 분자식: CS_2

② [계산과정]

CS_2의 분자량 : $12+32 \times 2=76$

증기비중 $= \dfrac{\text{이황화탄소의 분자량}}{\text{공기의 평균분자량}}$

증기비중 $= \dfrac{76}{28 \times 0.78+32 \times 0.21}$

= 2.661

[답] 2.66

참고 질소의 분자량 : 28

산소의 분자량 : 32

05 제4류 위험물의 증기는 공기보다 무거우므로 바닥에 체류할 위험이 있고 멀리까지 퍼져나가 뜻하지 않은 곳에서 화재발생 위험이 있다. 다음 위험물의 증기는 표준상태에서 공기보다 몇 배 무거운가?(단, 공기의 평균분자량은 28.84, H=1, C=12, N=14, O=16)

⑦ 아세톤　　⑭ 에틸알코올
⑮ 스틸렌　　⑯ 니트로벤젠

해답 [계산과정]

$$증기비중 = \frac{측정\ 물질의\ 분자량량}{공기의\ 평균분자량}$$

⑦ 아세톤(CH_3COCH_3)의 분자량 :

$12 \times 3 + 6 + 16 = 58$

$$증기비중 = \frac{58}{28.84} = 2.011$$

[답] 2.01배

⑭ 에틸알코올(C_2H_5OH)의 분자량 :

$12 \times 2 + 6 + 16 = 46$

$$증기비중 = \frac{46}{28.84} = 1.595$$

[답] 1.60배

⑮ 스틸렌($C_6H_5CHCH_2$)의 분자량 :

$12 \times 8 + 8 = 104$

$$증기비중 = \frac{104}{28.84} = 3.606$$

[답] 3.61배

⑯ 니트로벤젠($C_6H_5NO_2$)의 분자량 :

$12 \times 6 + 5 + 14 + 16 \times 2 = 123$

$$증기비중 = \frac{123}{28.84} = 4.264$$

[답] 4.26배

06 벤젠(분자량 78)의 증기비중을 구하시오 (공기의 평균분자량 : 29).

해답 $$증기비중 = \frac{벤젠의\ 분자량}{공기의\ 평균\ 분자량}$$

$$증기비중 = \frac{78}{29} = 2.689$$

[답] 2.69

07 MEK의 증기비중은 얼마인가? (단, 공기의 평균분자량은 29이다)

해답 [계산과정]

MEK(메틸에틸케톤) $CH_3COC_2H_5$의 분자량 :

$12 \times 4 + 8 + 16 = 721$

$$증기비중 = \frac{MEK의\ 분자량}{공기의\ 평균\ 분자량}$$

$$증기비중 = \frac{72}{29} = 2.482$$

[답] 2.48

08 질산메틸의 증기비중을 구하시오.

해답 [계산과정]

질산메틸(CH_3ONO_2)의 분자량 =

$12 + 3 + (16 \times 3) + 14 = 77$

$$증기비중 = \frac{질산메틸의\ 분자량}{공기의\ 평균\ 분자량(약29)}$$

$$증기비중 = \frac{77}{29} = 2.655$$

[답] 2.66

09 표준상태에서 기체 1ℓ의 밀도가 2.58이다. 이 기체의 증기비중은 얼마인가? (단, 공기의 평균분자량 : 29)

해답 [계산과정]

증기비중 = $\dfrac{측정물질의\ 분자량}{공기의\ 평균\ 분자량}$

밀도(ρ) = $\dfrac{1g분자량(g/mol)}{22.4(ℓ/mol)}$ 이므로

1g분자량 = $\rho \times 22.4$ℓ/mol

1g분자량 = 2.58g/ℓ $\times$ 22.4ℓ/mol = 57.792g/mol

증기비중 = $\dfrac{57.792}{29}$ = 1.992

[답] 1.99

10 다음 위험물의 1기압 섭씨 25도에서 증기밀도를 구하시오.

㉮ 톨루엔
㉯ 메틸에틸케톤

해답 [계산과정]

㉮ 톨루엔($C_6H_5CH_3$)의 증기밀도

$\rho = \dfrac{PM}{RT}$ 에서

$\rho = \dfrac{1 \times 92}{0.082 \times (25+273)}$ = 3.764

[답] 3.76g/ℓ

ρ(밀도 : ?g/ℓ

P(압력) : 1atm

M[톨루엔($C_6H_5CH_3$)의 1g 분자량] : 12×7+8=92g/mol

R(기체상수) : 0.082 atm · ℓ/mol · k

T(절대온도) : (25℃+273)k

㉯ 메틸에틸케톤($CH_3COC_2H_5$)의 증기밀도

$\rho = \dfrac{PM}{RT}$ 에서

$\rho = \dfrac{1 \times 72}{0.082 \times (25+273)}$ = 2.946

[답] 2.95g/ℓ

M[메틸에틸케톤($CH_3COC_2H_5$)의 1g 분자량] : 12×4+16+8=72g/mol

ρ(밀도)공식을 구하는 법 :

PV = $\dfrac{WRT}{M}$ 에서 P = $\dfrac{WRT}{VM}$ 이고

$\dfrac{W}{V}$ = ρ이므로

P = $\rho \dfrac{RT}{M}$ 이므로 $\rho \dfrac{RT}{RT}$ 이다

11 아세톤의 1기압, 80℃에서의 증기 밀도를 구하시오.

해답 [계산과정]

증기밀도 : $\rho \dfrac{PM}{RT}$ 에서

$\rho = \dfrac{1 \times 58}{0.082 \times (80+273)}$ = 2.003

[답] 2.00g/ℓ

ρ(밀도) : ?g/ℓ

P(압력) : 1atm

M[아세톤(CH_3COCH_3)의 1g 분자량] : 12×3+6+16 = 58g/mol

R(기체상수) : 0.082atm · ℓ/mol · k

T(절대온도) : (80℃+273)k

기체에 관한 법칙

01 산소 16g은 표준상태에서 몇 ℓ 인가?

해답 [계산과정]

O_2 1몰 = 32g

표준상태에서 기체 1몰 = 22.4 ℓ

32g : 22.4 ℓ =16g : $\chi\ \ell$

$\chi = \dfrac{22.4 \times 16}{32} = 11.2$

[답] 11.2 ℓ

02 표준상태에서 탄소 100kg이 완전연소하였을 때 필요한 산소량과 공기량은 몇 m³인가? (단, C : 12, O : 16, 공기 중의 산소는 21%이다)

해답 [계산과정]

$C + O_2 \rightarrow CO_2 \uparrow$ 에서

C(탄소)1kmol(12kg)이 연소하기 위하여 O_2(산소) 1kmol(22.4m³)이 필요하다.

① 필요한 산소량

표준상태에서 모든 기체 1kmol의 체적은 22.4m³이므로

$\dfrac{100kg}{12kg/kmol} \times 22.4m^3/kmol = 186.666m^3$

[답] 186.67m³

② 필요한공기량: 산소량 × $\dfrac{1}{0.21}$

$= 186.67m^3 \times \dfrac{1}{0.21} = 888.904m^3$

[답] 888.90m³

03 10m³의 압력탱크에 프로판과 부탄의 혼합가스가 0.5MPa의 압력으로 들어있다. 각각의 가스의 분압을 구하라 (프로판 : 부탄의 mol비는 4:6).

해답 [계산과정]

부분압 = 전압 × $\dfrac{성분몰수}{전체몰수}$ 이므로

프로판의 분압 = $0.5MPa \times \dfrac{4}{(4+6)} = 0.2MPa$

[답] 0.2MPa

부탄의 분압 = $0.5MPa \times \dfrac{6}{(4+6)} = 0.3MPa$

[답] 0.3MPa

04 −8℃, 740mmHg에서 50ℓ 의 부피를 가진 기체가 12℃, 765mmHg에서 차지하는 용적(ℓ)을 구하시오.

해답 [계산과정]

$\dfrac{PV}{T} + \dfrac{P'V'}{T'}$ 에서

$\dfrac{740 \times 50}{(-8+273)} = \dfrac{765 \times V'}{(12+273)}$

$V' = \dfrac{740 \times 50 \times (12+273)}{(-8+273) \times 765} = 52.016$

[답] 52.02 ℓ

V'(체적 : ? ℓ

P'(압력 : 765mmHg

T'(절대온도 : (12℃+273)k

P(압력) : 740mmHg

V(체적) : 50 ℓ

T(절대온도) : (−8℃+273)k

적중예상문제

모든 계산문제는 소수 3째자리까지 계산하고 반올림하여 소수 2째자리를 답으로 합니다.

05 공기의 분자량을 29라 할 때 25℃, 700mmHg 에서 공기의 밀도는?

해답 [계산과정]

$\rho = \dfrac{PM}{RT}$ 에서

$\rho = \dfrac{\dfrac{700}{760} \times 29}{0.082 \times (25+273)} = 1.093$

[답] 1.09g/ℓ

ρ(밀도) : ?g/ℓ

P(압력) : $\dfrac{700mmHg}{760mmHg/atm}$

M(공기 1g 분자량) : 29g/mol

R(기체상수) : 0.082atm · ℓ /mol · k

T(절대온도) : (25℃+273)k

참고 ρ(밀도)를 구하는법 :

$PV = \dfrac{WRT}{M}$ 에서 $P = \dfrac{WRT}{VM}$ 이고

$\dfrac{W}{V}$ 가 ρ이므로

$P = \dfrac{\rho RT}{M}$ 에서 $\rho = \dfrac{RT}{PM}$ 이다.

압력 P의 단위는 atm(기압) 이므로 mmHg를 760으로 나누어 atm 단위로 환산하여야 한다.

06 가연성 기체의 분자량이 28일 때 1기압, 25℃ 에서 이 기체의 밀도g/ℓ 를 구하시오(단,R = 0.082atm·ℓ /mol · k).

해답 [계산과정]

$\rho = \dfrac{\rho PM}{RT}$ 에서

$\rho = \dfrac{1 \times 28}{0.082 \times (25+273)} = 1.145$

[답] 1.15g / ℓ

ρ(밀도) : ?g/ℓ

P(압력) : 1atm,

M(1g 분자량) : 28g/mol

R(기체상수) : 0.082atm · ℓ /mol · k

T(절대온도) : (25℃+273)k

소화약제 관련 이상기체상태 방정식

01 화학포 소화기의 반응식에서 탄산수소나트륨 이 1,000g일 때 발생되는 이산화탄소는 몇 ℓ 인가?(단, 표준상태이다)

해답 [계산과정]

화학반응식 : $6NaHCO_3 + Al_2(SO_4)_3$ $\cdot 18H_2O \rightarrow 3Na_2SO_4 + 2Al(OH)_3 + 6CO_2 \uparrow + 18H_2O$

$PV = \dfrac{WRT}{M}$ 에서 $V = \dfrac{WRT}{PM}$ 이므로

$V = \dfrac{1,000 \times 0.082 \times 273}{1 \times 84} = 266.5$ ℓ

[답] 266.5 ℓ

6몰의 탄산수소나트륨($NaHCO_3$)이 화학 반응하면 6몰의 이산화탄소(CO_2)가 생성 되므로 1몰의 탄산수소나트륨이 화학반응 하면 1몰의 이산화탄소가 생성된다.

V(이산화탄소의 체적) : ? ℓ

STP(표준상태) : 0℃, 1atm

W(탄산수소나트륨의 질량) : 1,000g

R(기체상수) : 0.082atm · ℓ mol · k

T(절대온도) : (0℃+273)k

P(압력) : 1atm

M[탄산수소나트륨($NaHCO_3$)의 1g분자 량] : 23+1+12+16×3=84g/mol

02 탄산수소나트륨의 270℃에서 열분해반응식과 탄산수소나트륨이 10kg일 때 발생되는 이산화탄소의 양은 표준상태에서 몇 m³인가? (나트륨의 원자량은 23)

해답 ㉮ 열분해 반응식 : $2NaHCO_3 \rightarrow Na_2CO_3 + CO_2\uparrow + H_2O$

㉯ [계산과정]

$PV = \dfrac{WRT}{M}$ 에서 $V = \dfrac{WRT}{PM}$ 이므로

$V = \dfrac{10 \times 0.082 \times 273}{1 \times 84} \times \dfrac{1}{2} = 1,332\,\ell$

[답] $1.33m^3$

V(이산화탄소의 체적) : $?m^3$

열분해반응식에서 탄산수소나트륨 2mol당 1mol의 이산화탄소가 발생하므로 발생된 이산화탄소의 양은 1/2을 곱하여 구한다.

STP(표준상태) : 0℃, 1atm

W(탄산수소나트륨의 질량) : 10kg

R(기체상수) : $0.082atm \cdot m^3/\ kmol \cdot k$

T(절대온도) : (0℃+273)k

P(압력) : 1atm

M[탄산수소나트륨 ($NaHCO_3$)의 1kg 분자량] : 23+1+12+16×3 = 84kg/kmol

03 중탄산칼륨의 열분해반응식과 이산화탄소 254.4ℓ를 얻으려면 몇 몰의 중탄산칼륨이 필요한지 쓰시오(1기압, 27℃).

해답 ㉮ 열분해 반응식 :

$2KHCO_3 \rightarrow K_2CO_3 + CO_2\uparrow + H_2O$

㉯ [계산과정]

$PV = nRT$에서 $n = \dfrac{PV}{RT}$ 이므로

$n = \dfrac{1 \times 254.4}{0.082 \times (27+273)} \times 2 = 20.682mol$

[답] 20.68mol

n(이산화탄소의 몰수) : ? mol

P(압력) : 1atm

V(이산화탄소의 체적) : 254.4ℓ

R(기체상수) : $0.082atm \cdot \ell\ mol \cdot k$

T(절대온도) : (27℃+273)k

$KHCO_3$ 2mol이 분해되면 CO_2 1mol이 생성되므로 $KHCO_3$의 몰수는 CO_2 몰수에 2배를 곱하여 구한다.

04 분말소화제인 인산암모늄의 열분해 반응식을 쓰고, 이 소화제 3kg에서 몇 kg의 메타인산이 생성되겠는가?

해답 ㉮ 열분해반응식 :

$NH_4H_2PO_4 \rightarrow HPO_3 + NH_3\uparrow + H_2O$

㉯ [계산과정]

$NH_4H_2PO_4$의 분자량 :

14+6+31+16×4=115,

HPO_3의 분자량 : 1+31+16×3=80

$115 : 80 = 3 : \chi$

$\chi = 2.086$

[답] 2.09kg

05 1kg의 탄산가스는 표준상태에서 몇 ℓ인가?

해답 [계산과정]

$PV = \dfrac{WRT}{M}$ 에서 $V = \dfrac{WRT}{PM}$ 이므로

$V = \dfrac{1,000 \times 0.082 \times 273}{1 \times 44} = 508.772$

[답] 508.77 ℓ

V(탄산가스의 체적) : ? ℓ

W(탄산가스의 질량) : 1kg=1,000g,

R(기체상수) : 0.082atm · ℓ mol · k

T(절대온도) : (0℃+273)k

P : 1atm

M[탄산가스 (CO_2)의 1g 분자량] :

12+16×2=44g/mol

06 액체 CO_2 5kg을 750mmHg, 30℃에서의 부피(ℓ)를 구하시오.

해답 $PV = \dfrac{WRT}{M}$ 에서 $V = \dfrac{WRT}{PM}$ 이므로

$V = \dfrac{5,000 \times 0.082 \times (30+273)}{\dfrac{750}{760} \times 44}$

$= 2,861.054$

[답] 2,861.05 ℓ

V[이산화탄소(CO_2)의 체적] : ? ℓ

W(CO_2의 질량) : 5kg = 5,000g

P(압력) : $\dfrac{750mmHg}{760mmHg/atm}$

T(절대온도) : (30℃+273)k

R(기체 상수) : 0.082atm · ℓ /mol · k

M[이산화탄소(CO_2)의 1g 분자량] :

12+16×2 = 44g/mol

07 냉각소화에 사용되는 산·알칼리소화기에 대하여 물음에 답하시오.

㉮ 소화기의 반응식

㉯ 반응 시 생성되는 탄산가스의 양이 44g일 때 황산의 mol수

해답 ㉮ $2NaHCO_3 + H_2SO_4 \rightarrow$
  $Na_2SO_4 + 2CO_2 \uparrow + 2H_2O$

㉯ [계산과정]

H_2SO_4(황산) 1mol이 작용하여 CO_2(이산화탄소, 탄산가스) 2mol이 생성되므로 CO_2(이산화탄소, 탄산가스) 1mol(44g)이 생성되기 위해서는 H_2SO_4(황산) 0.5mol이 필요하다.

[답] 0.5mol

08 사염화탄소의 기화열은 7,100kcal/kg · mol이다. 15,000kcal의 기화열을 얻기 위해서는 몇 kg의 사염화탄소가 필요하겠는가? (단, 원자량 C:12, Cl : 35.5)

해답 [계산과정]

사염화탄소(CCl_4)의 1kg 분자량 :12+35.5×4=154kg/kmol 이므로

154 : 7,100 = χ : 15,000

$\chi = \dfrac{154 \times 15,000}{7,100} = 325.352$

[답] 325.35kg

위험물 관련 이상기체 상태방정식 (제1류 위험물)

01 표준상태에서 염소산칼륨 1kg이 열분해한다. 분해 반응식과 이 때 발생한 산소량은 몇 Kg인가? (단, 원자량 K : 39, Cl : 35.5이다.)

해답 ① 분해반응식: $2KClO_3 \rightarrow 2KCl + 3O_2 \uparrow$

② [계산과정]

$KClO_3$의 1kg 분자량 : $39 + 35.5 + 16 \times 3 = 122.5$kg/kmol

O_2의 1kg 분자량 : $16 \times 2 = 32$kg/kmol

$2KClO_3$와 $3O_2$의 질량비

2×122.5kg : 3×32kg =

1kg : χkg

$\chi = \dfrac{1 \times 3 \times 32}{2 \times 122.5} = 0.391$

[답] 0.39kg

02 제1류 위험물인 염소산칼륨($KClO_3$)에 대하여 다음 물음에 답하시오.

> ㉮ 완전분해반응식
> ㉯ 염소산칼륨($KClO_3$) 122.5g이 완전분해해서 740mmHg, 30℃에서 발생하는 산소(O_2)의 부피는 몇 ℓ인가?

해답 ㉮ 분해반응식 : $2KClO_3 \rightarrow 2KCl + 3O_2 \uparrow$

㉯ [계산과정]

$PV = \dfrac{WRT}{M}$ 에서 $V = \dfrac{WRT}{PM}$ 이므로

$V = \dfrac{122.5 \times 0.082 \times (30+273)}{\frac{740}{760} \times 122.5} \times \dfrac{3}{2}$

$= 38.276$

[답] 38.28 ℓ

V(산소의 체적) : ? ℓ

반응식에서 염소산칼륨($KClO_3$) 2mol이 완전분해하면 3mol의 산소(O_2)가 발생한다. 염소산칼륨 1mol(122.5g)이 완전분해하면 $\dfrac{3}{2}$mol의 산소가 발생 하므로, 산소의 체적은 계산식에 $\dfrac{3}{2}$을 곱하여 구한다.

W(염소산칼륨의 질량) : 122.5g

R(기체상수) : 0.082atm · ℓ mol · k

T(절대온도) : (30℃ +273)k

P(압력) : $V = \dfrac{740mmHg}{760mmHg/atm}$

M[염소산칼륨($KClO_3$)의 1g 분자량] : $39 + 35.5 + 16 \times 3 = 122.5$g/mol

03 과산화나트륨 4kmol을 충분히 물과 반응시키면 273.3℃, 2기압에서 산소 몇m³가 발생 되는가?

해답 [계산과정]

물과의 반응식 :

$2Na_2O_2 + 2H_2O \rightarrow 4NaOH + O_2 \uparrow$

$PV = nRT$에서 $V = \dfrac{nRT}{P}$이므로

$V = \dfrac{4 \times 0.082 \times (273.3 + 273)}{2} \times \dfrac{1}{2}$

$= 44.796$m³

[답] 44.80m³

V(산소의 체적) : ?m³

n(산소의 몰수) : 4kmol

과산화나트륨 2kmol이 물과 반응하면 산소 1kmol이 생성된다. 과산화나트륨 1kmol이 물과 반응하면, 산소 $\dfrac{1}{2}$kmol이 생성되므로 계산식에 $\dfrac{1}{2}$을 곱한다.

R(기체상수) : 0.082atm · m³/kmol · k

T(절대온도) : (273.3℃ +273)k

P(압력) : 2atm

04 과산화나트륨과 물과의 반응식은 다음과 같다. 과산화나트륨 1kg이 반응할 때 생성된 기체의 체적은 350℃, 1기압에서 몇 ℓ 인가?

물과의 반응식 :
$2Na_2O_2 + 2H_2O \rightarrow 4NaOH + O_2 \uparrow$

해답 [계산과정]

$PV = \dfrac{WRT}{M}$ 에서 $V = \dfrac{WRT}{PM}$ 이므로

$V = \dfrac{1,000 \times 0.082 \times (350+273)}{1 \times 78} \times 0.5$

$= 327.474$

[답] 327.47 ℓ

V(산소의 체적) : ? ℓ

과산화나트륨(Na_2O_2) 2mol 반응 시 1mol의 산소(O_2)가 생성되므로 과산화나트륨(Na_2O_2) 1mol 반응시 0.5mol의 산소(O_2)가 생성된다. 그러므로 산소의 체적은 계산식에 0.5 또는 $\dfrac{1}{2}$ 을 곱하여 구한다.

W(과산화나트륨의 질량) : 1kg = 1,000g

R(기체상수) : 0.082atm · ℓ mol · k

T(절대온도) : (350℃ +273)k

P(압력) : 1atm

M[과산화나트륨(Na_2O_2)의 1g 분자량] :
$23 \times 2 + 16 \times 2 = 78g/mol$

05 이상기체로 가정한 산소가 0℃, 10mmHg에서 1.04 ℓ 이었을 때의 무게는 얼마인가?

해답 [계산과정]

$PV = \dfrac{WRT}{M}$ 에서 $W = \dfrac{PVM}{RT}$ 이므로

$W = \dfrac{\dfrac{10}{760} \times 1.04 \times 32}{0.082 \times (0+273)} = 0.019$

[답] 0.02g

W(산소의 질량) : ?g

P(압력) : $V = \dfrac{10mmHg}{760mmHg/atm}$

V(산소의 체적) : 1.04 ℓ

M[산소(O_2)의 1g 분자량] :
$16 \times 2 = 32g/mol$

R(기체상수) : 0.082atm · ℓ mol · k

T(절대온도) : (0℃+273)k

06 질산칼륨 404g이 분해하여 생성되는 산소는 STP(표준상태)에서 몇 ℓ 인가?(단, 원자량은 K:39, O:16, N:14이다)

해답 [계산과정]

분해반응식: $2KNO_3 \rightarrow 2KNO_2 + O_2 \uparrow$

$PV = \dfrac{WRT}{M}$ 에서 $V = \dfrac{WRT}{PM}$ 이므로

$V = \dfrac{404 \times 0.082 \times 273}{1 \times 101} \times \dfrac{1}{2}$

$= 44.772$

[답] 44.77 ℓ

V(산소의 체적) : ? ℓ

KNO_3 1mol이 분해되면 O_2 1/2mol이 생성되므로 산소의 체적은 계산식에 $\dfrac{1}{2}$ 을 곱하여 구한다.

W(질산칼륨의 질량) : 404g

R(기체상수) : 0.082atm · ℓ /mol · k

T(절대온도) : (0℃ +273)k

P(압력) : 1atm

M[질산칼륨(KNO_3)의 1g 분자량] :
$39+14+16 \times 3 = 101g/mol$

07 질산암모늄의 질소와 수소의 wt%를 구하여라.

해답 [계산과정]

질산암모늄(NH_4NO_3)의 분자량 :

$14 \times 2 + 4 + 16 \times 3 = 80$

질소(N)의 wt% $= \dfrac{2N}{NH_4NO_3} \times 100$

$= \dfrac{2 \times 14}{80} \times 100 = 35wt\%$

[답] 35wt

수소(H)의 wt% $= \dfrac{4H}{NH_4NO_3} \times 100$

$= \dfrac{4}{80} \times 100 = 5wt\%$

[답] 5wt

08 제1류 위험물인 NH_4NO_3에 대하여 다음 물음에 답하시오.

㉮ 열분해반응식

㉯ 물(H_2O) 10mole이 생성될 때 반응한 NH_4NO_3의 mole을 구하는 계산식

해답 ㉮ 분해반응식 :

$2NH_4NO_3 \rightarrow 2N_2 \uparrow + 4H_2O + O_2 \uparrow$

㉯ [계산과정]

NH_4NO_3와 H_2O의 mol비는 2:4이므로

$2 : 4 = \chi : 10$

$\chi = \dfrac{2 \times 10}{4} = 5$

[답] 5몰

09 질산암모늄의 열분해반응식은 다음과 같다. 질산암모늄 800g이 열분해반응시 생성된 총 생성기체는 표준상태에서 몇 ℓ인가?

$2NH_4NO_3 \rightarrow 4H_2O + 2N_2 \uparrow + O_2 \uparrow$

해답 [계산과정]

$PV = \dfrac{WRT}{M}$ 에서 $V = \dfrac{WRT}{PM}$ 이므로

$V = \dfrac{800 \times 0.082 \times (0+273)}{1 \times 80} \times \dfrac{7}{2}$

$= 783.51$

[답] 783.51 ℓ

V(총 생성기체량) : ? ℓ

질산암모늄(NH_4NO_3) 2mol이 분해하면 질소(N_2) 2mol, 산소(O_2) 1mol, 수증기(H_2O) 4mol, 총 7mol의 기체가 생성되므로 질산암모늄(NH_4NO_3) 1mol이 분해하면 발생하는 총 기체의 mol 수는 $\dfrac{7}{2}$mol 이므로 계산식에 $\dfrac{7}{2}$을 곱하여 구한다.

W(질산암모늄의 질량) : 800g

R(기체상수) : 0.082atm · ℓ mol · k

T(절대온도) : (0℃ +273)k

P(압력) : 1atm

M[질산암모늄(NH_4NO_3)의 1g 분자량] : $14 \times 2 + 4 + 16 \times 3 = 80g/mol$

10 4mol의 무수크롬산이 삼산화이크롬으로 분해될 때 발생한 산소량은 몇 g인가?

해답 [계산과정]

$4CrO_3 \rightarrow 2Cr_2O_3 + 3O_2 \uparrow$

산소(O_2)의 1g 분자량 : $16 \times 2 = 32g/mol$

3mol 산소의 질량은 $3mol \times 32g/mol = 96g$

[답] 96g

모든 계산문제는 소수 3째자리까지 계산하고 반올림하여 소수 2째자리를 답으로 합니다.

위험물 관련 이상기체상태방정식 (제2류 위험물)

01 황 32g이 완전 연소할 경우 연소 생성물은 27℃에서 몇 ℓ인가?

해답 [계산과정]

연소반응식 : $S + O_2 \rightarrow SO_2 \uparrow$

$PV = \dfrac{WRT}{M}$ 에서 $V = \dfrac{WRT}{PM}$ 이므로

$V = \dfrac{32 \times 0.082 \times (27+273)}{1 \times 32} = 24.6$

[답] 24.6ℓ

참고 V(이산화황의 체적) : ? ℓ

W(황의 질량) : 32g

R(기체상수) : 0.082atm · ℓ/mol · k

T(절대온도) : (27℃ +273)k

P(압력) : 1atm

M[황(S)의 1g 분자량] : 32g/mol

02 표준상태에서 황 1kg 연소시 필요한 공기량은 몇 ℓ인가?(단, 공기 중의 산소량은 21%, 질소량은 79%이다)

해답 [계산과정]

연소반응식 : $S + O_2 \rightarrow SO_2 \uparrow$

$PV = \dfrac{WRT}{M}$ 에서 $V = \dfrac{WRT}{PM}$ 이므로

$V = \dfrac{1,000 \times 0.082 \times (0+273)}{1 \times 32} \times \dfrac{1}{0.21}$

$= 3331.25$ ℓ

[답] 3331.25 ℓ

V(공기의 체적) : ? ℓ

공기의 체적은 산소량에 $\dfrac{1}{0.21}$ 을 곱한 양 이다.

W(황의 질량) : 1kg = 1,000g

R(기체상수) : 0.082atm · ℓ/mol · k

T(절대온도) : (0℃ +273)k

P(압력) : 1atm

M[황(S)의 1g 분자량] : 32g/mol

위험물 관련 이상기체상태방정식 (제3류 위험물)

01 나트륨 46g과 에탄올 92g이 반응할 경우 발생하는 가연성 가스의 부피는 몇 ℓ 인가?

해답 [계산과정]

$2Na + 2C_2H_5OH \rightarrow 2C_2H_5ONa + H_2 \uparrow$

Na(나트륨)의 1g 원자량 : 23g/mol

C_2H_5OH(에틸알코올)의 1g 분자량 :

$12 \times 2+6+16 = 46g/mol$

2mol의 나트륨46g과 2mol의 에틸알코올 92g이 반응하면 수소(H_2) 1mol이 생성되 므로 수소 1mol의 체적은 22.4 ℓ 이다.

[답] 22.4 ℓ

02 트리메틸알루미늄(TMAL)이 물과 반응했을 때의 반응식을 쓰고, 5kg의 트리메틸알루미늄이 물과 반응시 생성되는 가스의 양(m³)을 20℃ 1기압에서 계산하시 오. (단, Al 원자량 : 27)

해답 ㉮ 물과의 반응식 :

$(CH_3)_3Al + 3H_2O \rightarrow Al(OH)_3 + 3CH_4 \uparrow$

㉯ [계산과정]

$PV = \dfrac{WRT}{M}$ 에서 $V = \dfrac{WRT}{PM}$ 이므로

$V = \dfrac{5 \times 0.082 \times (20+273)}{1 \times 72} \times 3 = 5.005$

[답] 5.01m³

V(메탄가스의 체적) : ?m³

TMAL 1kmol이 반응하면 3kmol의 메탄 (CH_4)이 생성되므로 메탄의 양은 계산식 에 3을 곱하여 구한다.

W(TMAL의 질량) : 5kg,

R(기체상수) : 0.082atm · m^3/kmol · K

T(절대온도) : (20℃+273)K

P(압력) : 1atm,

M[TMAL$(CH_3)_3$Al의 1kg 분자량] :

$12×3+9+27 = 72$kg/kmol

03 TEAL(트리에틸알루미늄)에 대하여 다음 물음에 답하시오.

> ㉮ 물과의 반응식을 쓰시오.
> ㉯ 표준상태에서 TEAL 1몰(mol)로부터 발생되는 가스는 몇 ℓ가 되는가?
> ㉰ 위험물의 등급과 지정수량을 쓰시오.

해답 ㉮ 물과의 반응식 :

$(C_2H_5)_3Al+3H_2O \rightarrow Al(OH)_3+3C_2H_6 \uparrow$

㉯ [계산과정]

$PV = nRT$에서 $V = \dfrac{nRT}{P}$ 이므로

$V = \dfrac{1×0.082×(0+273)}{1}×3$

$= 67.158$

[답] 67.16 ℓ

V(에탄가스의 체적) = ? ℓ

TEAL 1몰로부터 C_2H_6 3몰이 발생하므로 에탄의 양은 계산식에 3을 곱하여 구한다.

n(TEAL의 몰수) : 1mol

R(기체상수) : 0.082atm · mol · ℓ/k

T(절대온도) : (0℃+273)k

P(압력) : 1atm,

㉰ 위험등급 : 1등급, 지정수량 : 10kg

04 황린 10kg이 완전 연소할 때 필요한 공기의 양은 몇 m^3인가? (단, 황린의 원자량 31, 공기 중의 산소는 20v%이다)

해답 [계산과정]

연소반응식 : $P_4 + 5O_2 \rightarrow 2P_2O_5$

$PV = \dfrac{WRT}{M}$ 에서 $V = \dfrac{WRT}{PM}$ 이므로

$V = \dfrac{10×0.082×(0+273)}{1×124}×5×\dfrac{1}{2}$

$= 45.133$

[답] 45.13m^3

V(공기의 양) : ?m^3

황린(P_4) 1mol 연소시 5mol의 산소(O_2)가 필요하므로 산소의 양은 계산식에 5를 곱하여 구하며, 공기 중의 산소가 20v%가 존재하므로 공기의 양은 산소의 양에 $\dfrac{100}{20}$, 즉 $\dfrac{1}{0.2}$ 을 곱하여 구한다.

W(황린의 질량) : 10kg

R(기체상수) : 0.082atm · m^3/kmol · k

T(절대온도) : (0℃+273)k

P(압력) : 1atm

M[황린(P_4)의 1kg 분자량] :

$31×4=124$kg/kmol

문제에서 온도와 압력에 대한 언급이 없으면 표준상태로 본다.

05 탄화칼슘(카바이트) 640g이 물과 반응하는 반응식을 쓰고 발생하는 기체는 표준상태에서 몇 ℓ인가 답하시오(단, CaC_2 분자량 64).

해답 ㉮ 물과의 반응식 :

$CaC_2+2H_2O \rightarrow Ca(OH)_2+C_2H_2 \uparrow$

⑤ [계산과정]

CaC₂ 의 1g 분자량 : 40+12×2=64g/mol

$$64g : 22.4\ell = 640g : \chi\ell$$

$$\chi = 224\ell$$

[답] 224ℓ

STP에서 CaC₂ 64g(1mol)은 1mol의 C₂H₂를 발생하며, 모든 기체 1mol은 표준상태에서 22.4ℓ의 체적을 갖는다.

06 아세틸렌가스 1mol의 연소반응식을 쓰고 이때 발생하는 수증기와 이산화탄소의 mol수를 쓰시오.

해답 ㉮ 연소반응식 :

$$C_2H_2 + \frac{5}{2}O_2 \rightarrow 2CO_2\uparrow + H_2O$$

㉯ mol수 : 수증기 1mol, 이산화탄소 2mol

07 다음 물음에 답하시오(단, 공기 중의 산소의 농도는 21%이다).

㉮ 2C₂H₂+(㉠) O₂ → (㉡) CO₂↑ + (㉢) H₂O

㉯ O₂의 부피는 C₂H₂의 몇 배인가?

㉰ 공기의 부피는 C₂H₂의 몇 배인가?

해답 ㉮ ㉠ 5 ㉡ 4 ㉢ 2

㉯ [계산과정]

$$\frac{5}{2} = 2.5배$$

[답] 2.5배

㉰ [계산과정]

$$2.5 \times \frac{1}{0.21} = 11.904$$

[답] 11.90배

08 인화수소의 연소반응식을 쓰고 생성된 인화합물 중 인의 당량을 계산하시오.

해답 ① 연소반응식 :

$$2PH_3 + 4O_2 \rightarrow P_2O_5 + 3H_2O$$

② [계산과정]

P의 원자량 : 31

P의 원자가 : 5

P₂O₅ 중 인(P)의 당량

$$당량 = \frac{원자량}{원자가} = \frac{31}{5} = 6.2$$

[답] 6.2

09 프로판 1m³의 연소시 필요한 이론공기량은 몇 m³인가? (단, 공기 중의 산소 농도는 21%로 한다)

해답 [계산과정]

연소반응식 : C₃H₈+5O₂ → 3CO₂↑ +4H₂O

계수의 비=부피의 비이므로 C₃H₈와 O₂의 부피비는 1 : 5이다.

산소량 : 1m³×5=5m³

$$공기량 = 산소량 \times \frac{1}{0.21} 이므로$$

$$5 \times \frac{1}{0.21} = 23.809$$

[답] 23.81m³

위험물 관련 이상기체상태방정식 (제4류 위험물)

01 디에틸에테르($C_2H_5OC_2H_5$)를 표준상태에서 37g을 100℃, 2ℓ 용기안에서 기화시켰을 때의 압력을 구하시오(단, 답은 소수점 이하 셋째자리에서 반올림할 것).

해답 [계산과정]

$PV = \dfrac{WRT}{M}$ 에서 $P = \dfrac{WRT}{VM}$ 이므로

$P = \dfrac{37 \times 0.082 \times (100+273)}{2 \times 74} = 7.646$

[답] 7.65atm

P(압력) : ?atm

W(디에틸에테르의 질량) : 37g

R(기체상수) : 0.082atm · ℓ/mol · k

T(절대온도) : (100℃+273)k

V(디에틸에테르의 체적) : 2ℓ

M[디에틸에테르($C_2H_5OC_2H_5$)의 1g 분자량] :

12×4+10+16 = 74g/mol

02 이황화탄소 12kg이 모두 증기가 된다면 1기압 100℃에서 몇 ℓ가 되겠는가?

해답 [계산과정]

$PV = \dfrac{WRT}{M}$ 에서 $V = \dfrac{WRT}{PM}$ 이므로

$V = \dfrac{12,000 \times 0.082 \times (100+273)}{1 \times 76}$

= 4829.368

[답] 4829.37ℓ

V(이황화탄소의 체적) : ?ℓ

W(이황화탄소의 질량) : 12kg = 12,000g

P(압력) : 1atm

T(절대온도) : (100℃+273)k

R(기체상수) : 0.082atm · ℓ mol · k

M[이황화탄소(CS_2)의 1g 분자량] :

12+32×2 = 76g/mol

03 100kg의 이황화탄소(CS_2)가 물과 반응시 발생하는 유독가스인 황화수소(H_2S) 발생량은 압력 800mmHg 30℃에서 몇 m^3인가?

해답 [계산과정]

$CS_2 + 2H_2O \rightarrow 2H_2S\uparrow + CO_2\uparrow$

$PV = \dfrac{WRT}{M}$ 에서 $V = \dfrac{WRT}{PM}$ 이므로

$V = \dfrac{100 \times 0.082 \times (30+273)}{\dfrac{800}{760} \times 76} \times 2$

= 62.115

[답] 62.12m^3

V(황화수소의 체적) : ?m^3

CS_2 1kmol은 물과 반응하여 2kmol의 H_2S를 발생하므로 황화수소의 체적은 계산식에 2를 곱하여 구한다.

W(이황화탄소의 질량) : 100kg

R(기체상수) : 0.082atm · m^3/kmol · k

T(절대온도) : (30℃+273)k

P(압력) : $\dfrac{800mmHg}{760mmHg/atm}$

M[이황화탄소(CS_2)의 1kg 분자량] :

12+32×2 = 76kg/kmol

04 1몰의 아세톤이 완전 연소시 필요한 산소량은 몇 ℓ인가?

해답 [계산과정]

$CH_3COCH_3 + 4O_2 \rightarrow 3CO_2\uparrow + 3H_2O$

1mol의 아세톤 연소시 4mol의 산소가 필요하다.

모든 계산문제는 소수 3째자리까지 계산하고 반올림하여 소수 2째자리를 답으로 합니다.

산소 1mol의 체적은 22.4ℓ이므로 산소량 = 4mol × 22.4ℓ mol = 89.6ℓ

[답] 89.6ℓ

05 아세톤 200g을 완전연소하는데 필요한 이론공기량과 이때 발생하는 탄산가스의 부피를 구하시오 (단, 공기 중 산소의 부피비는 20%이다).

해답 [계산과정]

$$CH_3COCH_3 + 4O_2 \rightarrow 3CO_2 \uparrow + 3H_2O$$

$$PV = \frac{WRT}{M} \text{ 에서 } V = \frac{WRT}{PM} \text{ 이므로}$$

① 이론공기의 양 :

$$V = \frac{200 \times 0.082 \times 273}{1 \times 58} \times 4 \times \frac{1}{0.2}$$

1,543.862

[답] 1,543.86ℓ

V(이론공기량) : ? ℓ

아세톤(CH_3COCH_3) 1mol이 완전 연소하기 위하여 4mol의 산소(O_2)가 필요하므로 산소의 양은 계산식에 4를 곱하여 구하며, 공기 중의 산소의 부피가 20%이므로 공기의 양(이론공기량)은 산소의 양에 $\frac{100}{20}$ 즉, $\frac{1}{0.2}$을 곱하여 구한다.

W(아세톤의 질량) : 200g

R(기체상수) : 0.082atm · ℓ/mol · k

T(절대온도) : (0℃ +273)k

P(압력) : 1atm

M[아세톤(CH_3COCH_3)의 1kg 분자량] :

2×3+6+16 = 58g/mol

② 탄산가스의 양 :

$$V = \frac{200 \times 0.082 \times 273}{58} \times 3 = 231.579$$

[답] 231.58ℓ

아세톤(CH_3COCH_3) 1mol이 완전연소하면 탄산가스(CO_2) 3mol이 발생하므로 탄산가스의양은 계산식에 3을 곱하여 구한다.

06 벤젠 6g을 1atm, 80℃에서 전부 증기로 만들 경우 그 부피는 몇 ℓ이겠는가?(단, C_6H_6의 분자량은 78)

해답 [계산과정]

$$PV = \frac{WRT}{M} \text{ 에서 } V = \frac{WRT}{PM} \text{ 이므로}$$

$$V = \frac{6 \times 0.082 \times (80+273)}{1 \times 78} = 2.226$$

[답] 2.23ℓ

V(벤젠의 체적) : ? ℓ

W(벤젠의 질량) : 6g

R(기체상수) : 0.082atm · ℓ mol · k

T(절대온도) : (80℃+273)k

P(압력) : 1atm

M[벤젠(C_6H_6)의 1g 분자량]

: 12 ×6 + 6 = 78g/mol

07 벤젠의 연소반응식과 78g이 연소하였을 때 이론공기량은 몇 ℓ인가?(공기 중의 산소와 질소의 체적비 산소 : 21%, 질소 : 79%)

해답 [계산과정]

㉮ $2C_6H_6 + 15O_2 \rightarrow 12CO_2 \uparrow + 6H_2O$

㉯ $PV = \frac{WRT}{M} \text{ 에서 } V = \frac{WRT}{PM} \text{ 이므로}$

$$V = \frac{78 \times 0.082 \times 273}{1 \times 78} \times \frac{15}{2} \times \frac{1}{0.21}$$

= 799.5

[답] 799.5ℓ

V(이론공기량) : ? m^3

벤젠 1mol이 연소할 때는 산소 $\frac{15}{2}$ mol

이 필요하므로 산소의 양은 계산식에 $\dfrac{15}{2}$ 를 곱하여 구하며, 공기 중에 산소가 21% 있으므로 공기의 양(이론공기량)은 산소의 양에 $\dfrac{100}{2}$ 즉, $\dfrac{0.21}{2}$ 을 곱하여 구한다.

W(벤젠의 질량) : 78g

R(기체상수) : 0.082atm · ℓ/mol · k

T(절대온도) : (0℃+273)k

P(압력) : 1atm

M[벤젠(C_6H_6)의 1g 분자량] :

$12 \times 6 + 6 = 78g/mol$

08 톨루엔($C_6H_5CH_3$, 분자량 92g) 9.2g을 완전 연소시키는데 필요한 공기량은 얼마인가?(단, 표준상태이며, 산소와 질소의 비는 1 : 4임

해답 [계산과정]

$C_6H_5CH_3 + 9O_2 \rightarrow 7CO_2\uparrow + 4H_2O$

$PV = \dfrac{WRT}{M}$ 에서 $V = \dfrac{WRT}{PM}$ 이므로

$V = \dfrac{9.2 \times 0.082 \times 273}{1 \times 92} \times 9 \times 5$

$= 100.737$

[답] 100.74ℓ

V(공기의 체적) : ?ℓ

톨루엔 1mol이 연소할 때 산소 9mol이 필요하므로 산소의 양은 계산식에 9를 곱하여 구하며, 공기 중의 산소와 질소의 비가 1:4이므로 공기량은 산소량에 $\dfrac{5}{1}$ 즉, 5를 곱하여 구한다.

W(톨루엔의 질량) : 9.2g

R(기체상수) : 0.082atm · ℓ/mol · k

T(절대온도) : (0℃+273)k

P(압력) : 1atm

M[톨루엔($C_6H_5CH_3$)의 1g 분자량] :

$12 \times 7 + 8 = 92g/mol$

09 톨루엔 100kg이 완전 연소시 대기 중 27℃에서 방출되는 탄산가스의 체적(m^3)을 구하시오.

해답 [계산과정]

$C_6H_5CH_3 + 9O_2 \rightarrow 7CO_2\uparrow + 4H_2O$

$PV = \dfrac{WRT}{M}$ 에서 $V = \dfrac{WRT}{PM}$ 이므로

$V = \dfrac{100 \times 0.082 \times (27+273)}{1 \times 92} \times 7$

$= 187.173$

[답] 187.17m^3

V(탄산가스의 체적) : ?m^3

톨루엔 1kmol 연소시 탄산가스(CO_2) 7kmol이 발생하므로 탄산가스의 체적은 계산식에 7을 곱하여 구한다.

W(톨루엔의 질량) : 100kg

R(기체상수) : 0.082atm · m^3/kmol · k

T(절대온도) : (27℃+273)k

P(압력) : 1atm

M[톨루엔($C_6H_5CH_3$)의 1kg 분자량] :

$12 \times 7 + 8 = 92g/mol$

10 제4류 위험물인 메탄올의 완전연소반응식과 메탄올이 1mol일 때 생성물질의 총 mol수는 몇 mol인지 쓰시오.

해답 ㉮ $2CH_3OH + 3O_2 \rightarrow 2CO_2\uparrow + 4H_2O$

㉯ [계산과정]

메탄올(CH_3OH) 1mol일 때 생성물질

총 mol수 : $\dfrac{2+4}{2} = 3$,

[답] 3mol

반응식에서 메탄올 2mol의 생성물질의 총 mol수는 탄산가스(CO_2) 2mol과 물(H_2O) 4mol의 합으로 총 6mol이므로 메탄올 1mol일 때의 총 mol수는 생성물의 $\frac{1}{2}$이 되므로 총 mol수는 3mol이다.

11 메탄올 200ℓ(비중=0.8)가 완전 연소할 때 필요한 이론산소량(g)과 그 때 생성되는 이산화탄소는 표준상태에서 몇 ℓ가 되겠는가? (연소 반응식을 쓰고 계산하시오)

해답 [계산과정]

㉮ 이론산소량(g)

$$CH_3OH + 1.5O_2 \rightarrow CO_2 \uparrow + 2H_2O$$

산소량 = $\dfrac{200 \times 0.8 \times 1,000}{32} \times 1.5 \times 32$

= 240,000g

[답] 240,000g

메탄올(CH_3OH)의 1g 분자량(1mol)

: 12+4+16 = 32g/mol

산소(O_2)의 1g 분자량(1mol) :

$16 \times 2 = 32$g/mol

산소의 질량 = CH_3OH의 몰수×산소의몰수×산소의분자량이다

㉯ 이산화탄소의 체적

$PV = \dfrac{WRT}{M}$ 에서 $V = \dfrac{WRT}{PM}$ 이므로

V = $\dfrac{200 \times 1,000 \times 0.8 \times 0.082 \times 273}{1 \times 32}$

= 111,930

[답] 111.93ℓ

V(이산화탄소의 체적) : ?ℓ

W(메탄올의 질량) : 200ℓ ×1000g/ℓ ×0.8

R(기체상수) : 0.082atm · ℓ /mol · k

T(절대온도) : (0℃+273)k

P(압력) : 1atm

M[메탄올(CH_3OH)의 1g 분자량] :

12+4+16 = 32g/mol

12 메탄올 10kg을 완전히 연소 할 때 몇 m³의 공기가 필요한가?(단, 공기 중의 산소농도는 21%이다)

해답 [계산과정]

$$2CH_3OH + \frac{3}{2}O_2 \rightarrow CO_2 \uparrow + 4H_2O$$

$PV = \dfrac{WRT}{M}$ 에서 $V = \dfrac{WRT}{PM}$ 이므로

V= $\dfrac{10 \times 0.082 \times 273}{1 \times 32} \times \dfrac{3}{2} \times \dfrac{1}{0.21}$

= 49.968

[답] 49.97m³

V(공기의 체적) : ?m³

메탄올(CH_3OH) 1kmol이 연소하는 데 산소(O_2) $\dfrac{3}{2}$kmol이 필요하므로 산소의 체적은 계산식에 $\dfrac{3}{2}$을 곱하여 구하며, 공기 중의산소가 21% 존재하므로 공기의 체적은 산소의체적에 $\dfrac{1}{0.21}$을 곱하여 구한다.

W(메탄올의 질량) : 10kg

R(기체상수) : 0.082atm · m³/kmol · k

T(절대온도) : (0℃+273)k

P(압력) : 1atm

M[메탄올(CH_3OH)의 1kg 분자량] :

12+4+16=32kg/kmol

13 에틸알코올 100㎖, 비중 0.7에 물 50g의 혼합액의 Wt%는 얼마인가?

해답 [계산과정]

wt% = $\dfrac{용질}{용액} \times 100$ 에서

$\dfrac{100 \times 0.7}{100 \times 0.7 + 50} \times 100 = 58.333$

[답] 58.33Wt%

14 아세트산 1mol이 완전연소 할 때 발생한 이산화탄소의 mol수는 몇 mol인가?

해답 [계산과정]

아세트산의 연소반응식

$CH_3COOH + 2O_2 \rightarrow 2CO_2\uparrow + 2H_2O$

[답] 2mol

15 1kg의 석탄이 연소시 필요한 산소의 부피는 25℃에서 몇 m³인가?(단, 석탄 1kg 중 90% 탄소, 10% 불순물)

해답 [계산과정]

연소반응식 : $C+O_2 \rightarrow CO_2\uparrow$

$PV = \dfrac{WRT}{M}$ 에서 $V = \dfrac{WRT}{PM}$ 이므로

$V = \dfrac{1 \times 0.9 \times 0.082 \times (25+273)}{1 \times 12}$

$= 1.832$

[답] 1.83m³

V(산소의 체적) : ?m³

W(탄소의 질량) : 1kg

R(기체상수) : 0.082atm · m³/kmol · k

T(절대온도) : (25℃+273)k

P(압력) : 1atm

M[탄소(C)의 1g 분자량] : 12kg/kmol

16 탄소 12kg이 연소할 때 필요한 공기의 양은 750mmHg, 30℃에서 얼마인가?(단, 공기 중의 산소의 농도는 21%로 한다)

해답 [계산과정]

$PV = \dfrac{WRT}{M}$ 에서 $V = \dfrac{WRT}{PM}$ 이므로

$V = \dfrac{12 \times 0.082 \times (30+273)}{\dfrac{750}{760} \times 12} \times \dfrac{1}{0.21}$

$= 119.891m^3$

[답] 119.89m³

V(공기의 체적) : ?m³

공기 중의 산소의 농도가 21%이므로 공기량을 구하려면 계산식의 산소량에 $\dfrac{100}{21}$ 즉, $\dfrac{1}{0.21}$ 을 곱하여 구한다.

W(탄소의 질량) : 12kg

R(기체상수) : 0.082atm · m³ / kmol · k

T(절대온도) : (30℃+273)k

P(압력) : $\dfrac{750mmHg}{760mmHg/atm}$

M[탄소(C)의 1g 분자량] : 12kg/kmol

위험물 관련 이상기체상태방정식 (제5류 위험물)

01 다음 물음에 답하시오.

㉮ 니트로글리세린(NG)의 분해폭발시 화학반응을 쓰시오.

㉯ 니트로글리세린(NG) 1kg · mol이 폭발할 때의 부피는 표준상태에서 몇 m³인가?

해답 ㉮ 분해반응식 : $4C_3H_5(ONO_2)_3 \rightarrow$

$12CO_2\uparrow + 1OH_2O\uparrow + 6N_2\uparrow + O_2\uparrow$

㉯ [계산과정]

총 기체의 부피

$= \dfrac{(12+10+6+1)}{4} \times 22.4 = 162.4$

[답] 162.4m³

NG 4kmol이 폭발하면 (12+10+6+1) kmol의 기체가 생성되므로 NG 1kmol이 폭발하면 $\dfrac{(12+10+6+1)}{4}$ 의기체가 생성된다.

표준상태(STP)에서 모든 기체 1kmol 의 체적은 22.4m³이다.

02 지정수량의 T.N.T가 폭발할 때(완전분해) 몇 kℓ의 질소가스가 발생하는가?(단 0℃ 1기압일 때, 원자량 C : 12, H : 1, O : 16, N : 14이다. 계산식을 쓰고 답하시오)

해답 [계산과정]

분해반응식 : $2C_6H_2CH_3(NO_2)_3 \rightarrow$

$12CO\uparrow + 5H_2\uparrow + 2C + 3N_2\uparrow$

$PV = \dfrac{WRT}{M}$ 에서 $V = \dfrac{WRT}{PM}$ 이므로

$V = \dfrac{200 \times 0.082 \times 0 + 273}{1 \times 227} \times \dfrac{3}{2}$

$= 29.585$

[답] 29.59kℓ

V(질소의 체적) : ?m³

TNT 2kmol이 완전분해되면 질소(N_2) 3kmol이 생성되며 TNT 1kmol이 완전분해되면 질소(N_2) $\dfrac{3}{2}$kmol이 생성되므로, 질소의 체적은 계산식에 $\dfrac{3}{2}$을 곱하여 구한다.

W(T.N.T의 지정수량) : 200kg

R(기체상수) : 0.082atm · m3/kmol · k

T(절대온도) : (0℃+273)k

P(압력) : 1atm

M[T.N.T[$C_6H_2CH_3(NO_2)_3$]]의 1kg 분자량 : $12 \times 7 + 5 + 14 \times 3 + 16 \times 6 = 227$kg/kmol

03 부피로서 질소가 65.0%, 산소가 15.0%, 탄산가스가 20%로 혼합된 760mmHg의 기체가 있다. 각 기체의 부분압은 얼마인가?

해답 [계산과정]

부분압 = 전압× 성분 부피/전부피이므로,

$N_2 = 760 \times 0.65 = 494$mmHg

[답] 494mmHg

$O_2 = 760 \times 0.15 = 114$mmHg

[답] 114mmHg

$CO_2 = 760 \times 0.2 = 152$mmHg

[답] 152mmHg

제6편 위험물기능사 실기시험
과년도 출제문제

작업형 문제를 필답형 문제로
변형한 문제를 포함했음

01 금속칼륨과 탄산가스가 반응할 때, 화학반응식을 쓰시오. (4점)

> **해답** $4K + 3CO_2 \rightarrow 2K_2CO_2 + C$
>
> **참고** 칼륨(K)과 이산화탄소(CO)의 폭발반응식
> $$4K + 3CO_2 \rightarrow 2K_2CO_2 + C$$
> (칼륨)　(이산화탄소)　(탄산칼륨)　(탄소)

02 제2류 위험물과 혼재가 가능하고 또한 제5류 위험물과도 혼재가 가능한 위험물은 제 몇 류 위험물인지 쓰시오. (3점) (단, 지정수량의 10배 이상인 경우이다.)

> **해답** 제4류위험물
>
> **참고** 유별을 달리하는 위험물의 혼재기준
> 암기법 : (④이삼, ②이사, ⑥하나)

위험물의 구분	제1류	제2류	제3류	제4류	제5류	제6류
제1류		×	×	×	×	○
제2류	×		×	○	○	×
제3류	×	×		○	×	×
제4류	×	○	○		○	×
제5류	×	○	×	○		×
제6류	○	×	×	×	×	

03 제조소에서 위험물을 취급함에 있어서 정전기가 발생할 우려가 있는 설비에는 규정된 방법으로 정전기를 유효하게 제거할 수 있는 설비를 설치하여야 한다. 이에 해당하는 방법 3가지를 각각 쓰시오.(6점)

> **해답** ① 접지할 것
> ② 공기 중의 상대습도를 70% 이상으로 할 것
> ③ 공기를 이온화할 것

04 옥내탱크저장소에서 다음의 각 경우에 상호간의 간격은 몇 m 이상을 유지하여야 하는지 각각 쓰시오. (단, 탱크의 점검 및 보수에 지장이 없는 경우는 제외한다.) (4점)

> ① 옥내저장탱크와 탱크전용실의 벽과의 거리
> ② 옥내저장탱크 상호간의 거리

> **해답** ① 0.5m 이상
> ② 0.5m 이상

05 위험물안전관리법령에서 규정하는 인화성 고체의 정의를 쓰시오.

> **해답** 고형알코올 그 밖에 1기압에서 인화점이 40℃ 미만인 고체

06 제4류 위험물 중 벤젠핵의 수소 1개가 아민기 1개와 치환된 것의 화학식을 쓰시오. (3점)

> **해답** $C_6H_5NH_2$
>
> **참고** $-NH_2$(아미노기 또는 아민기)
> $C_6H_5NH_2$(아닐린 또는 아미노벤젠)

07 다음 [보기]에서 불건성유를 모두 선택하여 쓰시오. (단, 해당사항이 없을 경우는 "없음"이라고 쓰시오.) (4점)

> [보기]
> 야자유, 아마인유, 해바라기유, 피마자유, 올리브유

> **해답** 야자유, 피마자유, 올리브유
>
> **참고** • 건성유 : 해바라기유, 동유, 아마인유, 들기름, 정어리 기름
> • 반건성유 : 청어유, 쌀겨기름, 면실유, 옥수수유, 참기름, 콩기름

- 불건성유 : 피마자유, 올리브유, 팜유, 땅콩기름(낙화생유), 야자유, 소기름, 고래기름 등

08 위험물안전관리법령에 따라 주유취급소의 위험물 취급기준에 대해 다음 (　　) 안에 알맞은 온도를 쓰시오. (3점)

> "자동차 등에 인화점 (　)℃ 미만의 위험물을 주유할 때에는 자동차 등의 원동기를 정지시킬 것. 다만, 연료탱크에 위험물을 주유하는 동안 방출되는 가연성 증기를 회수하는 설비가 부착된 고정주유설비에 의하여 주유하는 경우에는 그러하지 아니하다."

해답 40

09 제5류 위험물인 니트로글리세린을 화학식으로 쓰시오.(3점)

해답 $C_3H_5(ONO_2)_3$

10 이황화탄소 12kg이 모두 증기가 된다면 1기압 10℃에서 몇 ℓ가 되는지 구하시오. (4점)

해답 [계산과정]

이황화탄소의 부피(V) : $\dfrac{WRT}{M}$ = 에서

$V = \dfrac{WRT}{M}$

$V = \dfrac{12 \times 1,000 \times 0.082 \times (10+273)}{1 \times 76}$

= 3,664.105ℓ

[답] 3,664.11ℓ

참고 V(이황화탄소의 부피) : ?ℓ

W(이황화탄소의 질량) : 12kg×
1,000 = 12,000g

R(기체상수) : 0.082atm · L/mol · k

T(절대온도) : (10℃ + 273)k,

P(압력) : 1atm

M[이황화탄소(CS2)1g 분자량] : 12+32
×2 = 76g/mol

11 과산화수소가 분해되어 산소(O_2)를 발생하는 화학반응식을 쓰시오. (3점)

해답 $2H_2O_2 \rightarrow 2H_2O + O_2 \uparrow$

참고 과산화수소(H_2O_2)의 분해반응식

$$2H_2O_2 \rightarrow 2H_2O + O_2 \uparrow$$
(과산화수소)　　(물)　　(산소)

12 다음의 소화방법은 연소의 3요소 중에서 어떠한 것을 제거 또는 통제하여 소화하는 것인지 연소의 3요소 중 해당하는 것을 각각 1가지씩 쓰시오. (4점)

> ① 제거소화 :
> ② 질식소화 :

해답 ① 가연물　　　② 산소공급원

13 다음 제1류 위험물의 지정수량을 각각 쓰시오. (4점)

> ① 브롬산염류 :
> ② 중크롬산염류 :
> ③ 무기과산화물 :
> ④ 아염소산염류 :

해답 ① 300kg

② 1,000kg

③ 50k

④ 50kg

14 $KClO_3$ 1kg이 고온에서 완전히 열분해할 때의 화학반응식을 쓰고, 이 때 발생하는 산소는 몇 g인지 구하시오 (6점). (단, K의 원자량은 39이고, Cl의 원자량은 35.5이다.)

> ① 화학반응식
> ② 발생산소량

해답 ① $2KClO_3 \xrightarrow{\Delta} 2KCl + 3O_2 \uparrow$
② [계산과정]
$KClO_3$의 1g분자량 : $39+35.5+16 \times 3 = 122.5g/mol$
O_2의 1g 분자량 : $16 \times 2 = 32g/mol$
$2 \times 122.5 : 3 \times 32 = 1,000g : x$
$x = \dfrac{1,000 \times 3 \times 32}{2 \times 122.5} = 391.836g$
[답] 391.84g

참고 염소산칼륨($KClO_3$)의 이산화망간(MnO_2) 촉매사용 완전분해반응식
$2KClO_3 \xrightarrow{\Delta} 2KCl + 3O_2 \uparrow$
(염소산칼륨)　　(염화칼륨)　(산소)

15 특수인화물인 이황화탄소에 대하여 다음 물음에 답하시오 (6점)

> ① 가연성기체의 발생을 억제하기 위한 보관방법
> ② 연소반응식

해답 ① 수조(물속)에 넣어 보관한다.
② $CS_2 + 3O_2 \rightarrow CO_2 + 2SO_2 \uparrow$
참고 이황화탄소의 연소반응
$CS_2 + 3O_2 \rightarrow CO_2 + 2SO_2 \uparrow$
(이황화탄소) (산소)　(이산화탄소) (이산화황)

16 다음 보기에 있는 물질에 대하여 다음 물음에 답하시오.(4점)

> [보기]
> A : 오황화인(P_2S_5), B : 마그네슘(Mg),
> C : 과산화나트륨(Na_2O_2), D : 적린(P)

> ① C와 물의 반응식
> ② C의 지정수량

해답 ① $2Na_2O_2 + 2H_2O \rightarrow 4NaOH + O_2 \uparrow$
② 50kg
참고 과산화나트륨(Na_2O_2)과 물(H_2O)과의 반응식
$2Na_2O_2 + 2H_2O \rightarrow 4NaOH + O_2 \uparrow$
(과산화나트륨) (물)　 (수산화나트륨) (산소)

17 다음 보기 중 D의 품명과 지정수량을 쓰시오. (5점)

> [보기]
> A : 니트로아민, B : 니트로글리세린,
> C : 트리니트로톨루엔,
> D : 트리니트로페놀

> ① 품명
> ② 지정수량

해답 ① 니트로화합물　 ② 200kg

18 과염소산을 제조하는 제조소에서 저장수량 3,000kg을 취급할 때 곳의 보유공지는 몇 m 이상으로 하여야 하는지 쓰시오. (4점)

해답 [계산과정]
과염소산($HClO_4$)의 지정수량 : 300kg
지정수량의 배수 = $\dfrac{3,000kg}{300kg} = 10$배

제조소의 보유공지 : 지정수량 10배 이하
[답] 3m 이상

참고 제조소의 보유공지
지정수량 10배 초과 : 5m 이상
지정수량 10배 이하 : 3m 이상

19 강화액소화기, 기계포소화기, 할론소화기에 대하여 다음 물음에 답하시오. (4점)

> ① 한냉지에서 사용가능한 소화기
> ② ①의 소화기에 첨가하는 금속염류의 명칭을 쓰시오.

해답 ① 강화액소화기 ② 탄산칼륨

20 제2류 위험물을 저장하는 다층건축물의 옥내저장소에 대하여 다음 물음에 답하시오. (4점)

> ① 2층의 층고는 몇 m 미만인가?
> ② 1층의 층고는 몇 m 미만인가?

해답 ① 6m ② 6m

21 주유취급소 바닥의 낮은 곳에는 누유된 기름을 회수하기 위한 시설을 한다. 이 시설의 2가지의 명칭을 쓰시오. (6점)

해답 ① 집유설비 ② 유분리장치

22 리튬은 물과 격렬히 반응하여 가스를 발생한다. 다음 물음에 답하시오. (5점)

> ① 발생기체의 화학식
> ② 이반응의 명칭

해답 ① H_2 ② 발열 반응

23 주유취급소의 담에 설치된 유리에 대하여 다음 물음에 답하시오. (6점)

> ① 부착높이는 주유취급소 내의 지반면으로부터 몇 cm를 초과하여야 하는가?
> ② 유리를 부착하는 위치는 주입구, 고정주유설비 및 고정급유설비로부터 몇 m 이상 이격시켜야 하는가?

해답 ① 70 ② 4
참고 하나의 유리판 가로길이는 2m 이내일 것

24 이동저장탱크에 대하여 다음 물음에 답하시오. (4점)

> ① 이동저장탱크가 전복된 때 탱크 본체를 보호하는 설비의 명칭
> ② 강철판의 두께

해답 ① 측면틀 ② 3.2mm 이상w

01 과산화수소 수용액의 저장 및 취급 시 분해를 막기 위해 넣어 주는 안정제의 종류를 2가지만 쓰시오. (4점)

해답 인산, 요산

02 제4류 위험물을 저장하는 옥내저장소의 연면적이 450m²이고 외벽은 내화구조가 아닐 경우, 이 옥내저장소에 대한 소화설비의 소요단위는 얼마인지 구하시오. (4점)

해답 [계산과정]

외벽이 내화구조가 아닌 경우 옥외저장소 1소요단위의 연면적 : 75m²

소요단위 = $\dfrac{450m^2}{75m^2}$ = 6소요단위

[답] 6소요단위

해설 소요단위(1단위)

• 제조소 또는 취급소용 건축물로 외벽이 내화구조인 것 : 연면적 100m²

• 제조소 또는 취급소용 건축물로 외벽이 내화구조 이외인 것 : 연면적 50m²

• 저장소용 건축물로 외벽이 내화구조인 것 : 연면적 150m²

• 저장소용 건축물로 외벽이 내화구조 이외인 것 : 연면적 75m²

• 위험물 : 지정수량 10배

※제조소등의 옥외에 설치된 공작물은 외벽이 내화구조인 것으로 간주하고 최대수평투영면적을 연면적으로 간주한다.

03 위험물은 그 운반용기의 외부에 위험물안전관리법령에서 정하는 사항을 표시하여 적재하여야 한다. 위험물 운반용기의 외부에 표시하여야 할 사항 중 3가지만 쓰시오. (5점)

해답 ① 위험물의 품명, 위험등급, 화학명 및 수용성

② 위험물의 수량

③ 수납위험물의 주의사항

04 옥외저장탱크를 강철판으로 제작할 경우 두께를 얼마 이상으로 하여야 하는지 쓰시오. (단, 특정옥외저장탱크 및 준특정 옥외저장탱크는 제외한다.) (3점)

해답 3.2mm 이상

해설 • 특정옥외저장탱크 : 지정수량 100만배 이상을 저장하는 탱크

• 준특정옥외저장탱크 : 지정수량 50만배 이상 100만배 미만을 저장하는 탱크

05 위험물안전관리법령상 위험물 취급소의 종류 4가지를 쓰시오. (4점)

해답 주유취급소, 판매취급소, 일반취급소, 이송취급소

06 벤젠의 증기비중을 구하시오. (단, 공기의 분자량은 29 이다.) (4점)

해답 [계산과정]

증기비중 = $\dfrac{벤젠(C_6H_6)의분자량}{29}$

$$= \frac{12 \times 6 + 6}{29} = 2.689$$

[답] 2.69

07 다음 할론소화기의 Halon 번호를 쓰시오. (6점)

> ① CF_3Br　　② CF_2BrCl　　③ $C_2F_4Br_2$

해답 ① Halon 1301

② Halon 1211

③ Halon 2402

해설 Halon 넘버는 C(탄소), F(불소), Cl(염소), Br(브롬), I(요오드)의 순서대로 원자의 개수로 표시한다.

08 요오드값의 정의를 쓰시오. (3점)

해답 유지 100g에 부가되는 요오드의 g수

09 다음 제5류 위험물의 구조식을 나타내시오. (4점)

> ① 트리니트로톨루엔(TNT)
> ② 트리니트로페놀(피크린산)

해답 ①

②

10 제3류 위험물인 황린에 대해 다음 각 물음에 답하시오. (6점)

> ① 안전한 저장을 위해 사용하는 보호액을 쓰시오.
> ② 수산화칼륨 수용액과 반응하였을 때 발생하는 맹독성의 가스는 무엇인지 쓰시오.
> ③ 위험물안전관리법령에서 정한 지정수량을 쓰시오.

해답 ① pH9인 약알칼리 수용액

② 포스핀 또는 인화수소

③ 20kg

해설 • 황린과 수산화칼륨 수용액의 화학반응식

P_4 + 3KOH + $3H_2O$ →
(황린)　(수산화칼륨)　　(물)
$3KH_2PO_2$ + PH_3↑
(차아인산칼륨) (인화수소. 포스핀)

11 제2류 위험물의 위험물안전관리법령상 품명 중 지정수량이 100kg인 것을 2가지만 쓰시오. (4점)

해답 황화린, 적린, 유황 중 2개

12 금속칼륨과 이산화탄소가 반응하여 탄소를 발생하는 화학반응식을 쓰시오. (4점)

해답 $4K$ + $3CO_2$ → $2K_2CO_2$ + C

해설 • 칼륨과 이산화탄소의 폭발반응식

$4K$ + $3CO_2$ → $2K_3CO_3$ + C
(칼륨)　(이산화탄소)　(탄산칼륨)　(탄소)

13 니트로글리세린 제조 방법을 사용되는 원료를 중심으로 설명하시오. (6점)

해답 글리세린에 니트로화제인 진한질산과 진한황산을 가하여 제조한다.

해설 • 니트로글리세린의 제조 화학반응식

$$C_3H_5(OH)_3 + 3HNO_3 \xrightarrow[\text{니트로화}]{C-H_2SO_4}$$

(글리세린)　　(질산)

$$C_3H_5(ONO_2)_3 + 3H_2O$$

(니트로글리세린)　　(물)

14 칼슘은 더운물과 접촉하면 발열반응한다. 다음 물음에 답하시오. (6점)

> ① 반응식
> ② 온도가 상승하는 이유

해답 ① $Ca + 2H_2O \rightarrow Ca(OH)_2 + H_2\uparrow$

② 칼슘(Ca)은 제3류 위험물 중 금수성 물질로 물(H_2O)과 발열반응을 하기 때문

해설 • 칼슘(Ca)과 물(H_2O)의 화학반응식

$$Ca + 2H_2O \rightarrow Ca(OH)_2 + H_2\uparrow$$

(칼슘)　(물)　　(수산화칼슘)　(수소)

15 탱크 외부에 HNO_3라고 적힌 옥외저장탱크에 대하여 다음 물음에 답하시오. (4점)

> ① 지정수량 500배를 저장하는 경우 보유공지
> ② 지정수량과 위험물로서의 비중

해답 ① [계산과정]

보유공지 : $3m \times \dfrac{1}{3} = 1m$

제6류 위험물이므로 1.5m 이상

② 300kg, 1.49 이상

해설 • 옥외탱크저장소의 보유공지

위험물의 최대 수량	보유공지의 너비
지정수량의 500배 이하	3m 이상
지정수량의 500배 초과 1,000배 이하	5m 이상
지정수량의 1,000배 초과 2,000배 이하	9m 이상
지정수량의 2,000배 초과 3,000배 이하	12m 이상
지정수량의 3,000배 초과 4,000배 이하	15m 이상
지정수량의 4,000배 초과	생략

• 제6류 위험물을 저장 또는 취급하는 옥외저장탱크는 규정에 의한 보유공지의 3분의 1 이상의 너비로 할 수 있다. 이 경우 보유공지의 너비는 1.5m 이상이 되어야 한다.

• 제6류 위험물을 저장 또는 취급하는 옥외저장탱크를 동일구내에 2개 이상 인접하여 설치하는 경우 그 인접하는 방향의 보유공지는 3분의 1 이상 축소 규정에 의하여 산출된 너비의 3분의 1 이상의 너비로 할 수 있다. 이 경우 보유공지의 너비는 1.5m 이상이 되어야 한다.

16 이동탱크 저장소는 상치장소로부터의 단층건물①과 복층건물② 사이의 거리는 얼마인가? (4점)

> ① 단층건물　　　② 복층건물

해답 ① 3m 이상　　② 5m 이상

17 위험물(A:S, B:P, C:AgNO₃, D:Na₂O₂)에 불을 붙였다. 다음 물음에 답하시오. (5점)

> ① A의 발생가스의 명칭
> ② B의 연소시 백색 가루의 화학식

해답 ① 이산화황　　② P_2O_5

해설 • 황(S)의 연소반응

$$S \;+\; O_2 \;\rightarrow\; SO_2\uparrow$$
（황）　（산소）　（이산화황）

• 적린(P)의 연소반응

$$4P \;+\; 5O_2 \;\rightarrow\; 2P_2O_5$$
（적린）　（산소）　（오산화린）

18 용기에 담긴 물질(A:톨루엔. B:벤젠, C:아세톤)이 있다. 다음 물음에 답하시오. (5점)

> ① 물에 녹는 물질의 명칭
> ② ①의 물질에 대해 다음 물음에 답하시오.
> 　㉠ 시성식
> 　㉡ 지정수량
> 　㉢ 품명

해답 ① 아세톤

② ㉠ CH_3COCH_3

㉡ 400리터

㉢ 제1석유류

해설 아세톤(CH_3COCH_3)은 제4류 위험물(인화성액체) 중 수용성인 제1석유류이므로 지정수량은 400ℓ이다.

19 이황화탄소와 에틸알코올에 불을 붙인 후 물로 주수하였다. 소화 후 이황화탄소는 노란 부유물이 보이고 에틸알코올은 물을 부으니 소화되었다. 다음 물음에 답하시오. (4점)

> ① 실험에서 물에 녹는 물질의 명칭
> ② 소화방법을 비교하여 쓰시오.

해답 ① 에틸알코올

② 이황화탄소는 물보다 무겁고 물에 녹지 않으므로 질식소화 되었고 에틸알코올은 물에 의하여 희석소화 되었다.

20 판매취급소의 배합실 문턱의 높이는 얼마인가? (3점)

해답 0.1m 이상

21 제조소에 설치된 환기설비에 대하여 다음 물음에 답하시오. (4점)

> ① 망이 설치된 "가"의 명칭
> ② 바닥면적 100m²인 경우 급기구의 면적

해답 ① 급기구　　② 450cm² 이상

해설 바닥면적 150m² 미만인 급기구의 크기

바닥면적	급기구의 면적
60m² 미만	150cm² 이상
60m² 이상 90m² 미만	300cm² 이상
90m² 이상 120m² 미만	450cm² 이상
120m² 이상 150m² 미만	600cm² 이상

22 물질(A:에틸알코올, B:벤젠, C:디에틸에테르, D:물)이 있다. 이 중 과산화수소에 녹는 물질의 기호를 모두 쓰시오. (4점)

해답 A, C, D

해설 제6류 위험물(산화성액체)인 과산화수소(H_2O_2)와 같은 극성공유결합을 하는 물질은 극성공유결합물질인 에틸알코올(C_2H_5OH), 디에틸에테르($C_2H_5OC_2H_5$), 물(H_2O)에 잘 녹으며 벤젠(C_6H_6)과 같은 비극성공유결합물질에는 녹기 어렵다.

23 옥외저장소에 윤활유를 저장하고 있다. 다음 물음에 답하시오. (6점)

> ① 드럼을 겹쳐 쌓는 경우 높이
> ② 함께 저장 가능한 유별
> ③ 저장을 위하여 취해야 하는 조치사항은 무엇인가?

해답 ① 4m
② 제2류
③ 유별끼리 모아 간격 1m 이상 이격시킬 것

해설 • 옥외저장소에서 위험물의 저장 높이(규정 높이를 초과하여 용기를 겹쳐 쌓지 아니할 것)
　　－ 기계에 의하여 하역하는 구조로 된 용기만을 겹쳐 쌓는 경우 : 6m
　　－ 제4류 위험물중 제3석유류, 제4석유류 및 동식물유류를 수납하는 용기만 겹쳐 쌓는 경우 : 4m
　　－ 그 밖의 경우 : 3m

• 유별을 달리하는 위험물을 동일한 저장소(옥내저장소, 옥외저장소)에 저장하지 아니하나, 다음의 경우에는 유별로 정리하여 저장하는 한편 1m 이상 간격을 두면 저장할 수 있다.
　　－ 제1류 위험물과 제6류 위험물을 저장하는 경우
　　－ 제1류 위험물과 제3류 위험물 중 자연발화성물질(황린 또는 이를 함유한 것에 한한다)을 저장하는 경우
　　－ 제1류 위험물(알칼리금속의 과산화물 또는 이를 함유한 것을 제외한다)과 제5류 위험물을 저장하는 경우
　　－ 제2류 위험물 중 인화성고체와 제4류 위험물을 저장하는 경우
　　－ 제3류 위험물 중 알킬알루미늄등과 제4류 위험물(알킬알루미늄 또는 알킬리튬을 함유한 것에 한한다)을 저장하는 경우
　　－ 제4류 위험물 중 유기과산화물 또는 이를 함유하는 것과 제5류 위험물 중 유기과산화물 또는 이를 함유한 것을 저장하는 경우

01 산화프로필렌 200ℓ, 벤즈알데히드 1,000ℓ, 아크릴산 4,000ℓ를 저장하고 있을 경우 각각의 지정수량 배수의 합계는 얼마인지 구하시오.

> **해답** [계산과정]
>
> 지정수량
>
> 산화프로필렌 : 50ℓ
>
> 벤즈알데히드 : 1,000ℓ
>
> 아크릴산 : 2,000ℓ
>
> 지정수량 배수의 합 =
>
> $$\frac{200ℓ}{50ℓ} + \frac{1,000ℓ}{1,000ℓ} + \frac{4,000ℓ}{2,000ℓ} = 7배$$
>
> 답 7배

02 분말소화약제인 탄산수소칼륨의 1차 열분해 반응식을 쓰시오. (4점)

> **해답** $2KHCO_3 \xrightarrow{\Delta} K_2CO_3 + CO_2\uparrow + H_2O$
>
> **해설** • 탄산수소칼륨(제2종 분말소화약제)의 열분해 반응식
>
> $2KHCO_3 \xrightarrow{\Delta} K_2CO_3 + CO_2\uparrow + H_2O$
>
> (탄산수소칼륨) (탄산칼륨) (이산화탄소) (물)

03 위험물의 운송시 운송책임자의 감독 지원을 받아야 하는 위험물의 종류 2가지를 쓰시오. (4점)

> **해답** 알킬알루미늄, 알킬리튬

04 아세트알데히드의 완전연소 반응식을 쓰시오. (4점)

> **해답** $2CH_3CHO + 5O_2 \rightarrow 4CO_2\uparrow + 4H_2O$

> **해설** • 아세트알데히드(CH_3CHO)의 연소반응식
>
> $2CH_3CHO + 5O_2 \rightarrow 4CO_2\uparrow + 4H_2O$
>
> (아세트알데히드) (산소) (이산화탄소) (물)

05 위험물안전관리법령상 다음 각 위험물의 운반용기 외부에 표시하여야 할 주의사항을 모두 쓰시오. (6점)

> ① 알칼리금속의 과산화물
> ② 금속분
> ③ 제5류 위험물

> **해답** ① 화기 · 충격주의, 가연물접촉주의, 물기엄금
>
> ② 화기주의, 물기엄금
>
> ③ 화기엄금, 충격주의

06 일반적으로 동식물유류를 건성유, 반건성유, 불건성유로 분류할 때 기준이 되는 요오드가의 범위를 각각 쓰시오. (5점)

> ① 건성유
> ② 반건성유
> ③ 불건성유

> **해답** ① 130 이상
>
> ② 100~130
>
> ③ 100 이하

07 위험물안전관리법령상 위험물 제조소의 환기 설비 기준에서 바닥면적이 130m²인 곳에 설치된 급기구의 면적은 얼마 이상으로 하여야 하는지 쓰시오. (3점)

해답 600cm² 이상

해설 바닥면적 150m² 미만인 급기구의 크기

바닥면적	급기구의 면적
60m² 미만	150cm² 이상
60m² 이상 90m² 미만	300cm² 이상
90m² 이상 120m² 미만	450cm² 이상
120m² 이상 150m² 미만	600cm² 이상

08 인화칼슘을 물과 반응시켰을 때 생성되는 물질 2가지를 화학식으로 쓰시오. (4점)

해답 $Ca(OH)_2$, PH_3

해설 • 인화칼슘(Ca_3P_2)과 물(H_2O)의 반응식

$$Ca_3P_2 + 6H_2O \rightarrow 3Ca(OH)_2 + 2PH_3\uparrow$$

(인화칼슘) (물) (수산화칼슘) (인화수소·포스핀)

09 다음은 위험물안전관리법령에서 정한 이동탱크저장소의 상치장소에 관한 내용이다. ( ) 안에 알맞은 수치를 쓰시오. (4점)

> "옥외에 있는 상치장소는 화기를 취급하는 장소 또는 인근의 건축물로부터 (①)m 이상(인근의 건축물이 1층인 경우에는 (②)m 이상)의 거리를 확보하여야 한다. 다만, 하천의 공지나 수면, 내화구조 또는 불연재료의 담 또는 벽 그 밖에 이와 유사한 것에 접하는 경우를 제외한다."

해답 ① 5   ② 3

해설

10 하나의 옥내저장탱크 전용실에 2개의 옥내탱크저장소를 설치할 경우 탱크와 탱크상호 간의 사이는 얼마 이상의 간격을 유지하여야 하는지 쓰시오. (3점)

해답 0.5m 이상

11 제2류 위험물 중 Al, Zn, Fe을 이온화 경향이 가장 큰 것부터 작은 순서대로 쓰시오. (4점)

해답 Al, Zn, Fe

해설 중요금속의 이온화 경향

K 〉 Ca 〉 Na 〉 Mg 〉 Al 〉 Zn 〉 Fe 〉 Ni 〉 Sn 〉 Pb 〉 (H) 〉 Cu 〉 Hg 〉 Ag 〉 Pt 〉 Au

12 자일렌(크실렌)의 이성질체 중 m-자일렌(크실렌)의 구조식을 나타내시오. (3점)

해답

CH_3

CH_3

해설

오르소(o)크실렌　　메타(m)크실렌　　파라(p)크실렌

13 부착성이 뛰어난 메타인산을 만들어 화재시 소화능력이 좋은 소화약제로, ABC 소화약제 라고도 하는 이 약제의 주성분을 화학식을 쓰시오. (3점)

해답 $NH_4H_2PO_4$

해설 분말소화약제의 화재의 종류와 화학식

- 제1종분말소화약제(BC) : $NaHCO_3$
- 제2종분말소화약제(BC) : $KHCO_3$
- 제3종분말소화약제(ABC) : $NH_4H_2PO_4$
- 제4종분말소화약제(BC) : $NaHCO_3$ + $(NH_2)_2CO$

14 위험물안전관리법령에서 정하는 자기반응성 물질에 대해 다음 (　)안에 알맞은 용어를 쓰시오. (4점)

> "자기반응성물질"이라 함은 고체 또는 액체로서 (①)의 위험성 또는 (②)의 격렬함을 판단하기 위하여 고시로 정하는 시험에서 고시로 정하는 성질과 상태를 나타내는 것을 말한다.

해답 ① 폭발　　　　　② 가열분해

15 안전거리에 대하여 다음 물음에 답하시오. (3점)

> 에탄올 4,000ℓ를 취급하는 제조소로부터 액화석유가스 시설까지의 안전거리는 몇 m 이상인가?

해답 20m 이상

참고 위험물 제조소등의 안전거리

- 특고압가공전선(7,000V 초과 35,000V 이하) : 3m 이상
- 특고압가공전선(35,000V 초과) : 5m 이상
- 건축물 그 밖의 공작물로서 주거용으로 사용되는 곳(제조소가 설치된 부지 내에 있는 것을 제외한다) : 10m 이상
- 고압가스, 액화석유가스, 도시가스를 제조·저장 또는 취급하는 시설 : 20m 이상
- 학교·병원·극장(300인 이상), 아동복지시설등 다수인이 출입하는 곳(20명 이상) : 30m 이상
- 유형문화재 및 기념물 중 지정문화재 : 50m 이상

16 이동탱크 저장소 상부에 설치하여 부속장치를 보호하는 장치에 대하여 다음 물음에 답하시오. (5점)

> ① 장치의 명칭
> ② 장치의 두께
> ③ 장치의 높이(부속장치로부터)

해답 ① 방호틀

② 2.3mm 이상

③ 50mm 이상

참고 부속장치라 함은 방호틀 안에 설치된 맨홀, 주입구, 안전장치를 말한다.

17 흑색화약의 원료인 황, 숯 중에서 산소공급원 역할을 하는 물질의 명칭을 쓰시오. (3점)

해답 질산칼륨

해설 질산칼륨(KNO_3)은 제1류 위험물(산화성 고체)로 다량의 산소를 포함한 강산화제로서 산소공급원의 역할을 하는 물질이다.

18 황산, 글리세린, 질산을 가열하여 만든 물질에 대하여 다음 물음에 답하시오. (6점)

> ① 명칭
> ② 화학식
> ③ 지정수량

해답 ① 니트로글리세린

② $C_3H_5(ONO_2)_3$

③ 10kg

해설 • 니트로글리세린[$C_3H_5(ONO_2)_3$]의 제조 화학반응식

$$C_3H_5(OH_2)_3 + 3HNO_3 \xrightarrow[\text{니트로화}]{C-H_2SO_4}$$
(글리세린)　　(질산)

$$C_3H_5(ONO_2)_3 + 3H_2O$$
(니트로글리세린)　　(물)

19 경유를 주유하는 셀프주유취급소에 대하여 다음 물음에 답하시오. (4점)

> ① 1회 연속 주유량의 상한
> ② 1회 주유시간의 상한

해답 ① 200ℓ　② 4분

해설 셀프 고정주유설비 기준

• 1회 연속 주유량의 상한 : 휘발유 − 100ℓ이하, 경유 − 200ℓ 이하

• 1회 주유시간의 상한 : 4분 이하

20 적린에 대하여 다음 물음에 답하시오. (6점)

> ① 적린의 연소반응식
> ② 적린의 동소체로서 제3류 위험물의 명칭

해답 ① $4P + 5O_2 \rightarrow 2P_2O_5$

② 황린

참고 • 적린(P)의 연소반응

$$4P + 5O_2 \rightarrow 2P_2O_5$$
(적린)　(산소)　　(오산화린)

21 주유취급소의 현수식 고정주유설비에 대하여 다음 물음에 답하시오. (4점)

> ① 수직으로 내려 만나는 점을 중심으로 반경길이
> ② 주유관으로부터 지면 위까지의 거리

해답 ① 3m 이내

② 0.5m

22 칼슘과 리튬은 물과 반응하여 가스를 발생한다. 다음 물음에 답하시오. (6점)

> ① 물과 반응할 때 발생하는 가스의 명칭을 쓰시오.
> ② 발생하는 가스의 연소반응식을 쓰시오.
> ③ 칼슘과 리튬의 지정수량을 쓰시오.

해답 ① 수소

② $2H_2 + O_2 \rightarrow 2H_2O$

③ 50kg

해설 • 칼슘(Ca)과 물(H_2O)의 반응식

$$Ca + 2H_2O \rightarrow Ca(OH)_2 + H_2 \uparrow$$
(칼슘)　(물)　　(수산화칼슘)　(수소)

• 리튬(Li)과 물(H_2O)의 반응식

$$2Li + 2H_2O \rightarrow 2LiOH + H_2 \uparrow$$
(리튬)　　(물)　　(수산화리튬)　(수소)

• 수소(H_2)의 연소반응식

$$2H_2 + O_2 \rightarrow 2H_2O$$
(수소)　　(산소)　　　(물)

23 판매취급소 배합실에서 배합할 수 있는 위험물에 대하여 다음 괄호 안을 채우시오. (4점)

> 도료류, 제1류 위험물 중 (①) 및 염소산염류만을 함유한 것, (②) 또는 인화점이 38℃ 이상인 제4류 위험물을 배합실에서 배합하는 경우 외에는 위험물을 배합하거나 옮겨 담는 작업을 하지 아니할 것

해답 ① 과염소산염류　② 유황

24 A–메틸알코올, B–에틸알코올, C–부틸알코올, D–프로필알코올에 대하여 다음 물음에 답하시오. (6점)

> ① 알코올류에 속하지 않는 것의 기호를 쓰시오.
> ② ①의 물질이 알코올류에 속하지 않는 이유를 쓰시오.

해답 ① C

② 탄소의 수가 4개이므로

해설 • 알코올류의 정의(요약)

알코올류라 함은 1분자를 구성하는 탄소원자의 수가 1개부터 3개까지인 포화1가 알코올(변성알코올을 포함한다)을 말한다.

01 물과 반응하여 아세틸렌 가스를 발생시키며 고온으로 가열하면 질소와 반응하여 칼슘시 안아미드(석회질소)를 발생하는 물질의 명칭과 화학식을 쓰시오. (4점)

> ① 명칭
> ② 화학식

해답 ① 탄화칼슘　② CaC_2

02 질산이 햇빛에 의해 분해되어 이산화질소를 발생하는 분해반응식을 쓰시오. (4점)

해답 $4HNO_3 \xrightarrow{\triangle} 4NO_2\uparrow + 2H_2O + O_2\uparrow$

해설 • 질산(HNO_3)의 열분해 반응식

$$4HNO_3 \xrightarrow{\triangle} 4NO_2\uparrow + 2H_2O + O_2\uparrow$$
　　(질산)　　　(이산화질소)　　(물)　　(산소)

03 아세트알데히드가 산화되어 아세트산이 되는 과정과 환원되어 에탄올이 되는 과정을 각각 화학반응식으로 나타내시오. (6점)

> ① 산화반응
> ② 환원반응

해답 ① $CH_3CHO + O \rightarrow CH_3COOH$
　　② $CH_3CHO + 2H \rightarrow C_2H_5OH$

04 위험물안전관리법령상 제6류 위험물 운반용기에 표시하는 주의사항을 쓰시오. (3점)

해답 가연물 접촉주의

해설 위험물 운반용기의 외부포장 표시 중 수납위험물의 주의사항

• 제1류 위험물 : 화기·충격주의, 가연물 접촉주의
　① 알칼리금속의 과산화물 또는 이를 함유하는 것 : 화기·충격주의, 가연물 접촉주의, 물기엄금
• 제2류 위험물 : 화기주의
　① 철분, 금속분, 마그네슘 또는 이를 함유하는 것 : 화기주의, 물기엄금
　② 인화성고체 : 화기엄금
• 제3류 위험물
　① 금수성물질 : 물기엄금
　② 자연발화성물질 : 화기엄금, 공기노출엄금
• 제4류 위험물 : 화기엄금
• 제5류 위험물 : 화기엄금, 충격주의
• 제6류 위험물 : 가연물 접촉주의

05 [보기]의 위험물을 인화점이 낮은 것부터 높은 순서대로 쓰시오.(4점)

> [보기]
> 니트로벤젠, 아세트알데히드, 에탄올, 아세트산

해답 아세트알데히드, 에탄올, 아세트산, 니트로벤젠

해설 제4류 위험물의 인화점 및 석유류 구분
• 니트로벤젠($C_6H_5NO_2$) : 88℃(제3석유류)
• 아세트알데히드 : -38℃(특수인화물)
• 에탄올(C_2H_5OH) : 13℃(알코올류)
• 아세트산(CH_3COOH) : 40℃(제2석유류)

06 위험물안전관리법령상 간이탱크저장소에 대하여 다음 각 물음에 답하시오. (6점)

> ① 1개의 간이탱크 저장소에 설치하는 간이탱크는 몇 개 이하로 하여야 하는지 쓰시오.
> ② 간이저장탱크의 용량은 몇 ℓ 이하이어야 하는지 쓰시오.
> ③ 간이저장탱크는 두께를 몇 mm 이상의 강판으로 하는지 쓰시오.

해답 ① 3개

② 600ℓ

③ 3.2mm 이상

07 위험물안전관리법령상 동식물유류에 대한 정의에 대해 다음 (   ) 안에 알맞은 수치를 쓰시오. (3점)

> "동물의 지육 등 또는 식물의 종자나 과육으로부터 추출한 것으로서 1기압 하에서 인화점이 (   )℃ 미만인 것을 동식물유류라 한다."

해답 250

08 이산화탄소 소화기로 이산화탄소를 20℃의 1기압 대기 중에 1kg을 방출할 때 부피는 몇 ℓ가 되는지 구하시오. (4점)

해답 [계산과정]

$PV = \dfrac{WRT}{M}$ 에서 이산화탄소의 부피

$V = \dfrac{WRT}{PM}$ 이므로

$V = \dfrac{1 \times 1,000 \times 0.082 \times (20+273)}{1 \times 44}$

$= 546.045$ ∴546.05ℓ

[답] 546.05ℓ

참고 $V(CO_2$의 부피) : ?ℓ

$W(CO_2$의 질량) : 1kg=1,000g(질량의 단위가 kg일 경우 구하고자 하는 체적의 단위가 L이면 질량의 단위를 g으로 환산하여 계산합니다)

R(기체상수) : atm · L/mol · k

T(절대온도) : (20℃+273)k

P(압력) : 1atm,

$M(CO_2$ 1g 분자량) : 12+16×2=44g/mol

참고 계산식에서 답은 소수점 셋째 자리에서 반올림하여 둘째 자리까지 쓴다.

09 지정수량 10배 이상의 위험물을 운반하고자 할 때 제3류 위험물과 혼재할 수 있는 위험물은 제 몇 류 위험물인지 모두 쓰시오. (3점)

해답 제4류 위험물

해설 ④23, ⑤24, ⑥1에서 제3류 위험물과 혼재할 수 있는 위험물은 제4류 위험물 한 가지 뿐이다.

참고 유별을 달리 하는 위험물의 혼재기준

※ (암기법 : 사이삼, 오이사, 육하나)

위험물의 구분	제1류	제2류	제3류	제4류	제5류	제6류
제1류		×	×	×	×	○
제2류	×		×	○	○	×
제3류	×	×		○	×	×
제4류	×	○	○		○	×
제5류	×	○	×	○		×
제6류	○	×	×	×	×	

"×"표시는 혼재할 수 없음을 표시한다.

"○"표시는 혼재할 수 있음을 표시한다.

이 표는 지정수량의 $\frac{1}{10}$ 이하의 위험물에 대하여는 적용하지 아니한다.

10 제5류 위험물 중 위험등급 Ⅰ인 위험물의 위험물안전관리법령상 품명 2가지를 쓰시오. (4점)

해답 질산에스테르류, 유기과산화물

11 벤젠 1몰이 완전 연소하는데 필요한 공기는 몇 몰인지 구하시오. (4점)

해답 [계산과정]

벤젠의 연소반응식

$$C_6H_6 + \frac{15}{2} O_2 \rightarrow 6CO_2 + 3H_2O$$

공기의 몰수 = 필요한 산소의 몰수×

$\frac{1}{0.21}$이므로 공기량 = $\frac{15}{2} \times \frac{1}{0.21}$

= 35.714몰

[답] 35.71몰

해설 · 벤젠(C_6H_6)의 완전연소 반응식

$$2C_6H_6 + 15O_2 \rightarrow 12CO_2 \uparrow + 6H_2O$$

(벤젠)　　(산소)　　(이산화탄소)　　(물)

12 다음 각 물질의 구조식을 나타내시오. (6점)

① 초산에틸(아세트산에틸)
② 에틸렌글리콜
③ 개미산(포름산)

해답

①
$$\begin{array}{ccccc} H & O & & H & H \\ | & \| & & | & | \\ H-C & -C & -O-C & -C & -H \\ | & & & | & | \\ H & & & H & H \end{array}$$

②
$$\begin{array}{ccc} & H & H \\ & | & | \\ H-O-C & -C & -O-H \\ & | & | \\ & H & H \end{array}$$

③
$$\begin{array}{c} O \\ \| \\ H-C-O-H \end{array}$$

13 다음 할론 소화약제를 화학식으로 나타내시오. (4점)

① Halon 1211
② Halon 1301

해답 ① CF_2ClBr

② CF_3Br

해설 할론 소화약제의 넘버는 C, F, Cl, Br, I의 개수를 순서대로 표시한 것이다.

14 과산화수소와 히드라진을 혼합하면 반응하여 폭발적으로 연소한다. 두 위험물의 반응식을 쓰시오. (5점)

해답 $2H_2O_2 + N_2H_2 \rightarrow N_2 + 4H_2O$

참고 • 과산화수소(H_2O_2)와 히드라진(N_2H_4)의 혼촉발화 반응식

$2H_2O_2 \quad + \quad N_2H_4 \quad \rightarrow \quad N_2 + 4H_2O$

(과산화수소) (히드라진) (질소) (물)

15 휘발유를 $4,000\ell$ 취급하는 제조소에 대하여 다음 물음에 답하시오. (5점)

> ① 지정수량의 배수
> ② 보유공지

해답 ① [계산과정]

휘발유의 지정수량 : 200ℓ

$\dfrac{4,000\ell}{200\ell} = 20$배

답 20배

② 5m 이상

해설 제조소의 보유공지

• 지정수량 10 이하 : 3m 이상

• 지정수량 10 초과 : 5m 이상

16 휘발성이 강한 위험물을 저장하는 옥외탱크저장소의 지붕 부분에 설치된 기기에 대하여 다음 물음에 답하시오. (5점)

> ① 명칭
> ② 작동조건

해답 ① 대기밸브 부착통기관

② 5KPa 이하의 압력차로 개방될 것

17 제1류 위험물인 염소산염류를 저장하는 옥내저장소에 괄호 안에 알맞은 말을 채우시오. (4점)

> ① 처마높이는 (　　)m 미만이고 바닥면적은 (　　)m² 이하이다.
> ② 벽, 기둥, 바닥을 (　　)구조로 하고, 출입구에는 (　　) 또는 (　　)를 설치한다.

해답 ① 처마높이는 (6)m 미만이고 바닥면적은 (1,000)m² 이하이다.

② 벽, 기둥, 바닥을 (내화)구조로 하고, 출입구에는 (갑종방화문)또는 (을종방화문)을 설치한다.

해설 • 제1류 위험물(산화성고체) 염소산염류는 위험등급 I에 해당하므로 건축물의 바닥면적은 1,000m² 이하로 한다(위험등급 II·III의 바닥면적은 2,000m² 이하 이다).

• 연소의 우려가 없는 벽, 기둥, 바닥은 불연재료로 할 수 있다.

• 연소의 우려가 있는 외벽에 있는 출입구에는 수시로 열 수 있는 자동폐쇄식 갑종방화문을 설치한다.

18 소화기의 라벨에 분말소화기에는 ABC, 할론 1211에는 ABC, 이산화탄소에는 BC라고 표시된 소화기가 있다. 이중 분말소화기의 주성분인 약제의 화학식을 쓰시오. (3점)

해답 $NH_4H_2PO_4$

참고 소화약제의 화학식

- ABC 분말소화기 : $NH_4H_2PO_4$
- 할론 1211 : CF_2ClBr
- 이산화탄소 : CO_2

19 판매취급소 배합실에 대하여 다음 물음에 답하시오. (6점)

> ① 배합실 바닥의 최소면적
> ② 배합실 바닥의 최대면적
> ③ 벽의 재질

해답 ① $6m^2$ 이상
② $15m^2$ 이하
③ 내화구조

해설 판매취급소의 벽은 내화구조 또는 불연재료로 된 벽으로 구획하므로 벽의 재질은 내화구조나 불연재료 둘 중에 하나를 쓰면 된다.

20 물을 뿌린 여과지에 나트륨을 올려 놓으면 격렬히 반응하여 연소한다. 다음 물음에 답하시오. (5점)

> ① 반응식을 쓰시오.
> ② 반응시 발생기체의 명칭을 쓰시오.

해답 ① $2Na + 2H_2O \rightarrow 2NaOH + H_2\uparrow$
② 수소

해설 • 나트륨(Na)과 물(H_2O)의 화학반응식

$$2Na + 2H_2O \rightarrow 2NaOH + H_2\uparrow$$
(나트륨) (물)   (수산화나트륨) (수소)

21 비커에 들어있는 이황화탄소에 [보기] 중의 액체를 넣으면 층분리가 일어난다. 이러한 현상으로 예견할 수 있는 물질 1가지를 쓰시오. (4점)

> [보기]
> 물, 에테르, 에탄올, 벤젠

해답 물

해설 이황화탄소(CS_2)는 제4류 위험물(인화성액체) 특수인화물로 물보다 무겁고 휘발성이 매우 크므로 물속에 넣어 저장한다.

22 마그네슘에 점화하여 연소한다. 다음 물음에 답하시오. (6점)

> ① 마그네슘의 지정수량
> ② 연소반응식

해답 ① 500kg
② $2Mg + O_2 \rightarrow 2MgO$

해설 • 마그네슘 분말의 연소반응식
$$2Mg + O_2 \rightarrow 2MgO$$
(마그네슘) (산소) (산화마그네슘)

01 TNT의 분자량을 구하시오.

해답 [계산과정]

TNT는 트리니트로톨루엔[$C_6H_2CH_3(NO_2)_3$] 이므로

분자량 : $C_6H_2CH_3(NO_2)_3 = 12 \times 7 + 5 + 14 \times 3 + 16 \times 6 = 227$

[답] 227

02 적린에 대하여 다음 물음에 답하시오

① 연소반응식
② 연소시 발생된 기체의 색상

해답 ① $4P + 5O_2 \rightarrow 2P_2O_5$

② 백색

참고 • 적린(P)의 연소반응

$$4P + 5O_2 \rightarrow 2P_2O_5$$
(적린)　(산소)　(오산화린)

03 다음 그림과 같은 모양의 저장탱크의 내용적은 몇 m^3인가?

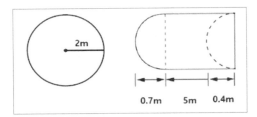

해답 [계산과정]

탱크의 내용적(V) = $\pi r^2 \left(\ell + \dfrac{\ell_1 + \ell_2}{3} \right)$

$V = \pi \times 2^2 \times \left(5 + \dfrac{0.7 + 0.4}{3}\right) = 64.088 m^3$

[답] $64.09 m^3$

04 제5류 위험물로 품명은 니트로화합물이며 쓴 맛과 독성이 있고 찬물에 극히 적게 녹으며 에테르, 알코올, 더운물에 잘 녹는 노란색 결정이다. 다음 물음에 답하시오.

① 명칭
② 지정수량
③ 구조식

해답 ① 피크린산(피크르산)

② 200kg

③

$$O_2N \overset{\overset{\textstyle OH}{|}}{\bigcirc} NO_2$$
$$NO_2$$

05 알코올의 정의에 대하여 다음 ( ) 안에 알맞은 숫자를 쓰시오.

알코올류라 함은 1분자를 구성하는 탄소원자의 수가 (①)개부터 (②)개까지인 포화 1가 알코올(변성알코올을 포함한다)을 말한다. 다만 다음 각목의 1에 해당하는 것은 제외한다.

가. 1분자를 구성하는 탄소원자의 수가 1개 내지 3개의 포화1가 알코올의 함유량이 (③)중량퍼센트 미만인 수용액

나. 가연성 액체량이 (④)중량퍼센트 미만이고 인화점 및 연소점(태그개방식 인화점측정기에 의한 연소점을 말한다)이 에틸알코올 (⑤)중량퍼센트수용액의 인화점 및 연소점을 초과하는 것

해답 ① 1　　② 3
③ 60　　④ 60
⑤ 60

06 다음 위험물의 지정수량을 쓰시오.

> ① 아염소산염류　　② 질산염류
> ③ 중크롬산염류

해답　① 50kg　② 300kg　③ 1,000kg

참고　제1류 위험물의 위험등급 및 품명과 지정수량

성질	위험등급	품명	지정수량
산화성고체	I	아염소산염류	50kg
	I	염소산염류	50kg
	I	과염소산염류	50kg
	I	무기과산화물	50kg
	II	브롬산염류	300kg
	II	요오드산염류	300kg
	II	질산염류	300kg
	III	과망간산염류	1,000kg
	III	중크롬산염류	1,000kg

07 과망간산칼륨에 대하여 다음 물음에 답하시오.

> ① 분해반응식
> ② 1몰이 분해시 발생하는 산소의 g수

해답　① $2KMnO_4 \xrightarrow{\Delta} K_2MnO_4 + MnO_2 + O_2\uparrow$
　② [계산과정]
　　2몰의 과망간산칼륨이 분해하면 1몰의
　　산소(32g)가 생성되므로, 1몰이 분해하
　　면 산소가 $\dfrac{1}{2}$이 생성된다.

　　$32g \times \dfrac{1}{2} = 16g$

　　[답] 16g

참고　과망간산칼륨의 분해반응식
　　$2KMnO_4 \xrightarrow{\Delta} K_2MnO_4 + MnO_2 + O_2\uparrow$
　　(과망간산칼륨)　(망간산칼륨)　(이산화망간)　(산소)

08 다음 소화설비의 능력단위를 쓰시오.

> ① 소화전용 물통 8ℓ
> ② 마른모래 50ℓ
> ③ 팽창질석 160ℓ

해답　① 0.3 단위　② 0.5 단위　③ 1 단위

참고　간이소화용구의 능력단위

소화설비	용량	능력단위
소화전용 물통	8 ℓ	0.3단위
수조(소화전용 물통 3개 포함)	80 ℓ	1.5단위
수조(소화전용 물통 6개 포함)	190 ℓ	2.5단위
마른모래(삽 1개 포함)	50 ℓ	0.5단위
팽창질석 또는 팽창진주암(삽 1개 포함)	160 ℓ	1단위

09 다음 물질이 물과 반응 시 발생하는 인화성가스의 명칭을 쓰시오(단, 없으면 "없음"이라 쓰시오).

> ① 수소화칼륨　　② 리튬
> ③ 인화알루미늄　　④ 탄화리튬
> ⑤ 탄화알루미늄

해답　① 수소　　② 수소　③ 인화수소(포스핀)
　　④ 아세틸렌　⑤ 메탄

참고　위험물과 물과의 반응식
　　• 수소화칼륨(KH)과 물(H_2O)과의 반응식
　　$KH + H_2O \rightarrow KOH + H_2\uparrow$
　　(수소화칼륨)　(물)　(수산화칼륨)　(수소)

　　• 리튬(Li)과 물(H_2O)의 화학반응식
　　$2Li + 2H_2O \rightarrow 2LiOH + H_2\uparrow$
　　(리튬)　(물)　(수산화리튬)　(수소)

　　• 인화알루미늄(AlP)과 물(H_2O)의 반응식
　　$AlP + 3H_2O \rightarrow Al(OH)_3 + PH_3\uparrow$
　　(인화알루미늄)　(물)　(수산화알루미늄)　(인화수소, 포스핀)

- 탄화리튬(Li_2C_2)과 물(H_2O)의 반응식
  $$Li_2C_2 + 2H_2O \rightarrow 2LiOH + C_2H_2 \uparrow$$
  (탄화리튬) (물)　　(수산화리튬) (아세틸렌)

- 탄화알루미늄(Al_4C_3) 과 물(H_2O)의 반응식
  $$Al_4C_3 + 12H_2O \rightarrow 4Al(OH)_3 + 3CH_4 \uparrow$$
  (탄화알루미늄) (물) (수산화알루미늄)　(메탄)

10 메탄올에 대하여 다음 물음에 답하시오.

> ① 분자량　　　② 증기비중

해답 ① 메탄올(CH_3OH)의 분자량 : 12+4+16=32
② [계산과정]
$$증기비중 = \frac{32}{29} = 1.103$$
[답] 1.10

11 이산화탄소 1kg이 소화기로부터 분출될 경우 이산화탄소의 부피는 0℃, 1기압에서 몇 ℓ인가?

해답 [계산과정]
$$PV = \frac{WRT}{M} 에서 \quad V = \frac{WRT}{PM}$$
이산화탄소의 체적(V)
$$= \frac{1,000 \times 0.082 \times (0+273)}{1 \times 44} = 508.772$$
[답] 508.77 ℓ
V(이산화탄소의 체적) : ? ℓ
P(압력) : 1atm
M(이산화탄소의 1g 분자량) : 44g/mol
W(산소의 질량) : 1Kg=1,000g
R(기체상수) : 0.082atm · ℓ /mol · k
T(절대온도) : (0℃+273)k

12 다음 동식물유의 요오드값을 쓰시오.

> ① 건성유
> ② 반건성유
> ③ 불건성유

해답 ① 130 이상　② 100~130　③ 100 이하

13 아연분에 대하여 다음 물음에 답하시오.

> ① 아연분과 물의 화학반응식
> ② 아연분과 염산의 반응시 발생하는 기체의 명칭

해답 ① $Zn + 2H_2O \rightarrow Zn(OH)_2 + H_2 \uparrow$
② 수소

참고 • 아연(Zn)분과 물의 화학반응식
$$Zn + 2H_2O \rightarrow Zn(OH)_2 + H_2 \uparrow$$
(아연) (물)　　(수산화아연)　(수소)
• 아연(Zn)분과 염산의 반응식
$$Zn + 2HCl \rightarrow ZnCl_2 + H_2 \uparrow$$
(아연) (염산)　　(염화아연)　(수소)

14 탄화칼슘에 대하여 다음 물음에 답하시오.

> ① 물과 반응시 발생하는 물질을 쓰시오.
> ② 고온에서 질소와의 반응식을 쓰시오.
> ③ 지정수량을 쓰시오.

해답 ① 수산화칼슘, 아세틸렌
② $CaC_2 + N_2 \xrightarrow[가열]{약\ 700℃} CaCN_2 + C$
③ 300kg

참고 • 탄화칼슘(CaC_2)과 물(H_2O)의 반응식
$$CaC_2 + 2H_2O \rightarrow Ca(OH)_2 + C_2H_2 \uparrow$$
(탄화칼슘) (물)　　(수산화칼슘)　(아세틸렌)

• 탄화칼슘(CaC_2)과 질소(N_2)의 반응식

$$CaC_2 + N_2 \xrightarrow[\text{가열}]{\text{약 700℃}} CaCN_2 + C$$
(탄화칼슘) (질소)　(칼슘시안아미드) (탄소)

15 액체 위험물 운반용기의 수납률에 대하여 ( )를 채우시오.

> 액체위험물의 운반용기는 내용적의 (①)% 이하로 수납하고 (②)℃의 온도에서 충분한 (③)을 두어야 한다.

해답 ① 98　② 55　③ 공간용적

16 다음 보기의 위험물 중 물보다 무겁고 수용성인 것을 모두 고르시오.

> [보기]
> 아세톤, 글리세린, 이황화탄소, 클로로벤젠, 아크릴산

해답 글리세린, 아크릴산

17 다음 할론소화기의 넘버에 맞는 화학식을 쓰시오.

> ① 할론 2402　② 할론 1301　③ 할론 1211

해답 ① $C_2F_4Br_2$ ② CF_3Br ③ CF_2ClBr

참고 할론 넘버는 C(탄소), F(불소), Cl(염소), Br(브롬), I(요오드)의 순서대로 원자의 수를 표시한다.

18 다음 이동탱크저장소의 구조에 해당하는 강철판의 두께는 몇 mm 이상인지 쓰시오.

> ① 칸막이　② 방파판　③ 방호틀

해답 ① 3.2mm ② 1.6mm ③ 2.3mm

19 히드라진과 제6류 위험물이 반응하면 질소와 물이 발생한다. 다음 물음에 답하시오.

> ① 두 물질의 화학반응식
> ② 두 물질 중 제6류 위험물에 해당하는 물질이 위험물 안전관리법령상 위험물이 되기 위한 조건을 쓰시오.

해답 ① $2H_2O_2 + N_2H_4 \rightarrow N_2 + 4H_2O$
② 농도 : 36중량% 이상

참고 • 과산화수소(H_2O_2)와 히드라진(N_2H_4)의 혼촉발화 반응식

$$2H_2O_2 + N_2H_4 \rightarrow N_2 + 4H_2O$$
(과산화수소) (히드라진)　(질소)　(물)

20 1소요단위기준에 대하여 해당 수치를 ( )에 써넣으시오.

> ① 제조소 및 취급소의 외벽이 내화구조인 경우 연면적 : ( )m^2
> ② 제조소 및 취급소의 외벽이 내화구조가 아닌 경우 연면적 : ( )m^2
> ③ 저장소의 외벽이 내화구조인 경우 연면적 : ( )m^2
> ④ 저장소의 외벽이 내화구조가 아닌 경우 연면적 : ( )m^2
> ⑤ 위험물 : 지정수량의 ( )배

해답 ① 100　② 50　③ 150　④ 75　⑤ 10

01 다음 위험물 중 위험등급 Ⅰ에 해당하는 것을 모두 고르시오.

> [보기]
> 이황화탄소, 메틸에틸케톤, 디에틸에테르, 아세트알데히드, 에틸알코올, 휘발유

해답 이황화탄소, 디에틸에테르, 아세트알데히드

참고 위험등급 Ⅱ : 메틸에틸케톤, 에틸알코올, 휘발유

02 다음 위험물의 화학식을 쓰시오

> ① 시안화수소   ② 피리딘
> ③ 에틸렌글리콜   ④ 디에틸에테르
> ⑤ 에틸알코올

해답 ① HCN ② C_5H_5N
③ $C_2H_4(OH)_2$ ④ $C_2H_5OC_2H_5$
⑤ C_2H_5OH

03 다음 위험물의 지정수량 배수의 합은 얼마인가?

> [보기]
> 질산에틸 5kg, 셀룰로이드 150kg, 피크린산 100kg

해답 [계산과정]
지정수량
질산에틸 : 10kg, 셀룰로이드 : 10kg, 피크린산 : 200kg
지정수량 배수의 합
$$= \frac{5}{10} + \frac{150}{10} + \frac{100}{200} = 16배$$
[답] 16배

04 다음 위험물의 류별에 대하여 운반시 혼재 가능한 위험물의 류별을 모두 쓰시오.

> ① 제1류 위험물
> ② 제2류 위험물
> ③ 제3류 위험물

해답 ① 제6류 위험물
② 제4류 위험물, 제5류 위험물
③ 제4류 위험물

참고 유별을 달리하는 위험물의 혼재기준

(암기법 : ㉔이삼, ㉜이사, ㉘하나)

위험물의 구분	제1류	제2류	제3류	제4류	제5류	제6류
제1류		×	×	×	×	○
제2류	×		×	○	○	×
제3류	×	×		○	×	×
제4류	×	○	○		○	×
제5류	×	○	×	○		×
제6류	○	×	×	×	×	

[비고]

"×"표시는 혼재할 수 없음을 표시한다.

"○"표시는 혼재할 수 있음을 표시한다.

이 표는 지정수량의 $\frac{1}{10}$ 이하의 위험물에 대하여는 적용하지 아니한다.

05 다음 분말소화약제 성분의 화학식을 쓰시오.

> ① 제1종 분말
> ② 제2종 분말
> ③ 제3종 분말

해답 ① $NaHCO_3$ ② $KHCO_3$ ③ $NH_4H_2PO_4$

참고 분말소화약제의 화학식
- 제1종분말소화기 : $NaHCO_3$
- 제2종분말소화기 : $KHCO_3$
- 제3종분말소화기 : $NH_4H_2PO_4$
- 제4종분말소화기 : $KHCO_3+(NH_2)_2CO$

06 다음 괄호 안에 알맞은 말을 채우시오.

특수인화물이라 함은 이황화탄소, 디에틸에테르, 그 밖에 1기압에서 발화점이 섭씨 (①)도 이하인 것 또는 인화점이 섭씨 영하 (②)도 이하이고 비점이 섭씨 (③)도 이하인 것을 말한다.

해답 ① 100 ② 20 ③ 40

07 BrF_5 6,000kg의 소요단위는 얼마인가?

해답 [계산과정]

BrF_5 의 지정수량 : 300kg

소요단위 $= \dfrac{\text{위험물의 수량}}{\text{위험물의 지정수량} \times 10}$ 이므로

$= \dfrac{6,000}{300 \times 10} = 2$소요단위

[답] 2소요단위

참고 BrF_5(오불화브롬)은 할로겐간화합물이며 제6류 위험물 중 그밖에 행정안전부령으로 정하는 것이다.

08 비중이 2.5, 적갈색인 제3류 위험물에 대하여 다음 물음에 답하시오.

① 명칭
② 물과의 화학반응식

해답 ① 인화칼슘(인화석회)
② $Ca_3P_2 + 6H_2O \rightarrow 3Ca(OH)_2 + 2PH_3\uparrow$

참고 인화칼슘(Ca_3P_2)과 물(H_2O)의 반응식

$Ca_3P_2 + 6H_2O \rightarrow 3Ca(OH)_2 + 2PH_3\uparrow$
(인화칼슘) (물) (수산화칼슘) (인화수소, 포스핀)

09 다음 산의 세기가 작은 것에서 큰 순서로 번호를 쓰시오.

[보기]
① HClO ② $HClO_2$ ③ $HClO_3$ ④ $HClO_4$

해답 ①, ②, ③, ④

10 다음 위험물에 대하여 빈칸을 완성하시오.

위험물의 명칭	화학식	지정수량
과망간산나트륨	①	1,000kg
과염소산나트륨	②	④
질산칼륨	③	⑤

해답 ① $NaMnO_4$ ② $NaClO_4$ ③ KNO_3
④ 50kg ⑤ 300kg

11 원자량이 24인 제2류 위험물에 대하여 다음 물음에 답하시오.

① 위험물의 명칭
② 염산과의 화학반응식

해답 ① 마그네슘
② $Mg + 2HCl \rightarrow MgCl_2 + H_2\uparrow$

참고 • 마그네슘(Mg)과 염산(HCl)의 반응식
$Mg + 2HCl \rightarrow MgCl_2 + H_2\uparrow$
(마그네슘) (염산) (염화마그네슘) (수소)

12 다음 제2류 위험물의 연소반응식을 쓰시오.

> ① 황
> ② 알루미늄분
> ③ 삼황화린

해답 ① $S + O_2 \rightarrow SO_2 \uparrow$
② $4Al + 3O_2 \rightarrow 2Al_2O_3$
③ $P_4S_3 + 8O_2 \rightarrow 2P_2O_5 + 3SO_2 \uparrow$

참고 • 황(S)의 연소반응
$S + O_2 \rightarrow SO_2 \uparrow$
(황) (산소) (이산화황)

• 알루미늄(Al)분의 연소반응
$4Al + 3O_2 \rightarrow 2Al_2O_3$
(알루미늄) (산소) (산화알루미늄)

• 삼황화린(P_4S_3)의 연소반응
$P_4S_3 + 8O_2 \rightarrow 2P_2O_5 + 3SO_2 \uparrow$
(삼황화린) (산소) (오산화린) (이산화황)

13 칼륨에 대하여 다음 물음에 답하시오.

> ① 물과의 화학반응식
> ② 물과 반응시 발생하는 가스의 명칭

해답 ① $2K + 2H_2O \rightarrow 2KOH + H_2 \uparrow$
② 수소

참고 • 칼륨(K)과 물(H_2O)의 화학반응식
$2K + 2H_2O \rightarrow 2KOH + H_2 \uparrow$
(칼륨) (물) (수산화칼륨) (수소)

14 다음 위험물의 연소반응식을 쓰시오.

> ① 이황화탄소
> ② 아세트알데히드
> ③ 메틸에틸케톤

해답 ① $CS_2 + 3O_2 \rightarrow CO_2 \uparrow + 2SO_2 \uparrow$
② $2CH_3CHO + 5O_2 \rightarrow 4CO_2 \uparrow + 4H_2O$
③ $2CH_3COC_2H_5 + 11O_2 \rightarrow 8CO_2 \uparrow + 8H_2O$

참고 • 이황화탄소(CS_2)의 연소반응식
$CS_2 + 3O_2 \rightarrow CO_2 \uparrow + 2SO_2 \uparrow$
(이황화탄소)(산소) (이산화탄소) (이산화황)

• 아세트알데히드(CH_3CHO)의 연소반응식
$2CH_3CHO + 5O_2 \rightarrow 4CO_2 \uparrow + 4H_2O$
(아세트알데히드) (산소) (이산화탄소) (물)

• 메틸에틸케톤($CH_3COC_2H_5$)의 연소반응식
$2CH_3COC_2H_5 + 11O_2 \rightarrow 8CO_2 \uparrow + 8H_2O$
(아세톤) (산소) (이산화탄소) (물)

15 옥내저장탱크에 대하여 다음 물음에 답하시오.

> ① 탱크 상호간의 거리
> ② 탱크와 전용실 벽과의 거리
> ③ 메틸알코올의 저장할 경우 탱크의 용량을 쓰시오.

해답 ① 0.5m 이상 ② 0.5m 이상
③ [계산과정]
메틸알코올의 지정수량 : 400ℓ
탱크의 용량=400ℓ×40=16,000ℓ
[답] 16,000ℓ

16 탄소 1kg이 연소할 때 발하는 산소의 부피는 750mmHg, 25℃에서 몇 ℓ인가?

해답 [계산과정]
$C + O_2 \rightarrow CO_2$
$PV = \dfrac{WRT}{M}$ 에서 $V = \dfrac{WRT}{PM}$ 이므로
산소의 체적(V) =
$\dfrac{1,000 \times 0.082 \times (25+273)}{\dfrac{750}{760} \times 12} = 2,063.484ℓ$

[답] 2,063.48ℓ

V(산소의 체적) : ?ℓ

P(압력) : $\dfrac{750mmHg}{760mmHg/atm}$

M(산소의 1g 분자량) : 32g/mol

W(산소의 질량) : 1kg=1,000g

R(기체상수) : 0.082atm · ℓ/mol · k

T(절대온도) : (25℃+273)k

17 표준상태에서 염소산칼륨 1kg이 분해시 발생하는 산소에 대하여 다음 물음에 답하시오.

> ① 산소의 g수
> ② 산소의 부피(ℓ)

해답 ① [계산과정]

$KClO_3$의 분자량 :

$39+35.5+16 \times 3=122.5$

$2 \times 122.5 : 3 \times 32=1 \times 1,000 : \chi$

$\chi = \dfrac{1,000 \times 3 \times 32}{2 \times 122.5} = 391.836$

[답] 391.84g

② [계산과정]

$2 \times 122.5 : 3 \times 22.4=1 \times 1000 : \chi$

$\chi = 274.285$

[답] 274.29ℓ

18 아세트산 2몰이 연소시 발생하는 이산화탄소의 몰수는 얼마인가?

해답 [계산과정]

$2CH_3COOH + 4O_2 \rightarrow 4CO_2 \uparrow + 4H_2O$

의 반응에서 이산화탄소는 4몰 생성한다.

[답] 4몰

참고 • 아세트산(CH_3COOH)의 연소반응식

$CH_3COOH + 2O_2 \rightarrow 2CO_2 \uparrow + 2H_2O$

(아세트산)　　(산소)　(이산화탄소)　　(물)

19 자기반응성물질인 니트로글리세린에 대하여 다음 물음에 답하시오.

> ① 분해반응식
> ② 1kmol의 니트로글리세린이 표준상태에서 분해시 발생하는 기체의 총 부피는 몇 m³인가?

해답 ① $4C_3H_5(ONO_2)_3 \xrightarrow{\triangle} 12CO_2 \uparrow + 10H_2O$

$+6N_2 \uparrow +O_2 \uparrow$

② [계산과정]

니트로글리세린 4kmol이 분해하면 29kmol의 기체가 발생한다.

1kmol이 분해하면 $\dfrac{29}{4}$kmol의 기체가 발생하므로

총기체의 부피$= \dfrac{29}{4}$kmol$\times 22.4$m³/kmol$=162.4$m³

[답] 162.4m³

참고 • 니트로글리세린[$C_3H_5(ONO_2)_3$]의 열분해반응식

$4C_3H_5(ONO_2)_3 \xrightarrow{\triangle} 12CO_2 \uparrow +$

(니트로글리세린)　　(이산화탄소)

$10H_2O + 6N_2 \uparrow + O_2 \uparrow$

(물)　　　(질소)　　(산소)

20 다음 위험물의 운반용기 포장외부에 표시하는 주의사항을 쓰시오.

> ① 마그네슘　　　② 황린
> ③ 아세톤　　　　④ 과산화벤조일
> ⑤ 과산화수소

해답 ① 화기주의, 물기엄금

② 화기엄금, 공기노출엄금

③ 화기엄금

④ 화기엄금, 충격주의

⑤ 가연물접촉주의

참고 위험물 운반용기의 외부포장 표시 중 수납위
험물의 주의사항
- 제1류 위험물 : 화기 · 충격주의, 가연물
  접촉주의
  ① 알칼리금속의 과산화물 또는 이를 함
    유하는 것 : 화기 · 충격주의, 가연물
    접촉주의, 물기엄금
- 제2류 위험물 : 화기주의
  ① 철분, 금속분, 마그네슘 또는 이를 함
    유하는 것 : 화기주의, 물기엄금
  ② 인화성고체 : 화기엄금
- 제3류 위험물
  ① 금수성물질 : 물기엄금
  ② 자연발화성물질 : 화기엄금, 공기노
    출엄금
- 제4류 위험물 : 화기엄금
- 제5류 위험물 : 화기엄금, 충격주의
- 제6류 위험물 : 가연물 접촉주의

01 제조소 외의 건축물의 외벽 또는 이에 상당하는 공작물의 외측으로부터 제조소의 외벽 또는 이에 상당하는 공작물의 외측까지의 수평거리를 안전거리라 한다. 다음 시설물까지의 안전거리는 몇 m 이상으로 하여야 하는가?

> ① 35,000V를 초과하는 특고압가공전선
> ② 고압가스시설
> ③ 노인복지시설

해답 ① 5m ② 20m ③ 30m

02 위험물안전관리법령에서 정하는 제2종 판매취급소에 대하여 물음에 답하시오.

> ① 판매취급소는 위험물을 지정수량의 몇 배 이하로 취급하는 곳인가?
> ② 배합실의 바닥면적의 범위를 쓰시오.
> ③ 배합실의 문턱 높이는 몇 m 이상으로 하여야 하는가?

해답 ① 40배
　　 ② $6m^2$ 이상 $15m^2$ 이하
　　 ③ 0.1m

03 다음 위험물에 대한 물음에 답하시오.

> ① 질산
> 　 － 화학식　　　　 － 분자량
> ② 과염소산
> 　 － 화학식　　　　 － 분자량

해답 ① 화학식 : HNO_3
　　　 분자량 : $1+14+16×3 = 63$
　　 ② 화학식 : $HClO_4$
　　　 분자량 : $1+35.5+16×4 = 100.5$

04 옥외저장탱크에 대하여 다음 물음에 답하시오.

> ① 옥외저장탱크의 강철판의 두께는 몇 mm 이상으로 하여야 하는가?(단, 특정옥외저장탱크 및 준특정옥외저장탱크는 제외한다)
> ② 제4류 위험물을 저장할 때 밸브 없는 통기관의 직경은 몇 mm 이상인가?

해답 ① 3.2mm 이상
　　 ② 30mm 이상

05 다음 위험물의 지정수량을 쓰시오.

> [보기]
> ① 알루미늄분　 ② 철분　 ③ 인화성고체
> ④ 유황　　　　 ⑤ 마그네슘

해답 ① 500kg ② 500kg ③ 1,000kg
　　 ④ 100kg ⑤ 500kg

06 다음 물음에 해당하는 위험물의 명칭을 [보기]에서 골라 번호를 쓰시오.

> [보기]
> ① 이황화탄소,　② 아세톤,　③ 벤젠,
> ④ 아세트알데히드,　⑤ 아세트산

1) 비수용성인 것
2) 인화점 제일 낮은 것
3) 비점이 제일 높은 것

해답 1) ①, ③
　　 2) ④
　　 3) ⑤

참고 • 수용성인 위험물 : 아세톤, 아세트알데히드, 아세트산

- 비수용성인 위험물 : 이황화탄소, 벤젠
- 위험물의 인화점
  이황화탄소 : −30℃, 아세톤 : −18℃,
  벤젠 : −11℃, 아세트알데히드 :
  −38℃, 아세트산 : 40℃
- 위험물의 비점
  이황화탄소 : 46℃, 아세톤 : 57℃, 벤
  젠 : 80℃, 아세트알데히드 : 21℃, 아
  세트산 : 118℃

07 다음 위험물의 명칭을 쓰시오.

> [보기]
> ① $CH_3COC_2H_5$ ② C_6H_5Cl ③ $CH_3COOC_2H_5$

해답 ① 메틸에틸케톤
  ② 클로로벤젠 또는 염화벤젠
  ③ 초산에틸 또는 아세트산에틸

08 [보기]의 물질 중 제5류 위험물 질산에스테르에 속하는 것을 모두 쓰시오.

> [보기]
> 트리니트로톨루엔, 니트로셀룰로오스, 질산메틸, 테트릴, 니트로글리세린, 피크린산

해답 니트로셀룰로오스, 질산메틸, 니트로글리세린

참고 위험물의 품명
  - 니트로셀룰로오스 : $[C_6H_7O_2(ONO_2)_3]n$: 질산에스테르류
  - 질산에틸($C_2H_5ONO_2$) : 질산에스테르류
  - 니트로글리세린$[C_3H_5(ONO_2)_3]$: 질산에스테르류
  - 트리니트로톨루엔$[C_6H_2CH_3(NO_2)_3]$: 니트로화합물
  - 테트릴(테트라니트로메틸아닐린) : 니트로화합물
  - 피크린산$[C_6H_2OH(NO_2)_3]$: 니트로화합물

09 니트로글리세린에 대해 다음 물음에 답하시오.

> ① 상온에서 어떠한 상태로 존재하는지 쓰시오.
> ② 제조하기 위하여 혼합하는 두 가지 산의 명칭을 쓰시오.
> ③ 규조토에 흡수시켜 만드는 폭발물의 명칭을 쓰시오.

해답 ① 액체 ② 질산, 황산 ③ 다이너마이트

10 다음 빈칸에 해당하는 내용을 쓰시오.

화학식	명칭	지정수량
	과염소산암모늄	
$KMnO_4$		1,000kg
$K_2Cr_2O_7$		

해답

화학식	명칭	지정수량
NH_4ClO_4	과염소산암모늄	50kg
$KMnO_4$	과망간산칼륨	1,000kg
$K_2Cr_2O_7$	중크롬산칼륨	1,000kg

11 다음 위험물의 운반용기 포장외부에 표시하는 주의사항을 쓰시오.

> ① 인화성고체
> ② 제6류 위험물
> ③ 제5류 위험물

해답 ① 화기엄금
  ② 가연물 접촉주의
  ③ 화기엄금, 충격주의

참고 위험물 운반용기의 외부포장표시 중 수납
위험물의 주의사항
- 제1류 위험물 : 화기·충격주의, 가연물
  접촉주의
  ① 알칼리금속의 과산화물 또는 이를 함
     유하는 것 : 화기·충격주의, 가연물
     접촉주의, 물기엄금
- 제2류 위험물 : 화기주의
  ① 철분, 금속분, 마그네슘 또는 이를
     함유하는 것 : 화기주의, 물기엄금
  ② 인화성고체 : 화기엄금
- 제3류 위험물
  ① 금수성물질 : 물기엄금
  ② 자연발화성물질 : 화기엄금, 공기노
     출엄금
- 제4류 위험물 : 화기엄금
- 제5류 위험물 : 화기엄금, 충격주의
- 제6류 위험물 : 가연물 접촉주의

12 다음 위험물의 증기비중을 구하시오. (단. 공기의 평균분자량은 29이다)

① 이황화탄소 ② 글리세린 ③ 아세트산

해답 ① [계산과정]
이황화탄소(CS_2)의 분자량 : $12+32\times 2=76$
증기비중 $= \dfrac{76}{29} = 2.620$
[답] 2.62

② [계산과정]
글리세린[$C_3H_5(OH)_3$]의 분자량 : $12\times 3+8+16\times 3=92$
증기비중 $= \dfrac{92}{29} = 3.172$
[답] 3.17

③ [계산과정]
아세트산(CH_3COOH)의 분자량 : $12\times 2+4+16\times 2=60$
증기비중 $= \dfrac{60}{29} = 2.068$
[답] 2.07

13 다음 제1류 위험물과 물과의 반응식을 쓰시오.

[보기]
① 과산화나트륨 ② 과산화마그네슘

해답 ① $2Na_2O_2 + 2H_2O \rightarrow 4NaOH + O_2\uparrow$
② $2MgO_2 + 2H_2O \rightarrow 2Mg(OH)_2 + O_2\uparrow$

참고 · 과산화나트륨(Na_2O_2)과 물(H_2O)과의 반응식
$2Na_2O_2 + 2H_2O \rightarrow 4NaOH + O_2\uparrow$
(과산화나트륨) (물)　(수산화나트륨) (산소)
· 과산화마그네슘(MgO_2)과 물(H_2O)과의 반응식
$2MgO_2 + 2H_2O \rightarrow 2Mg(OH)_2 + O_2\uparrow$
(과산화마그네슘) (물) (수산화마그네슘)　(산소)

14 다음 위험물이 물과 반응할 때 발생하는 물질을 모두 쓰시오.

① 탄화칼슘
② 탄화알루미늄

해답 ① 수산화칼슘, 아세틸렌
② 수산화알루미늄, 메탄

참고 · 탄화칼슘(CaC_2)과 물(H_2O)의 반응식
$CaC_2 + 2H_2O \rightarrow Ca(OH)_2 + C_2H_2\uparrow$
(탄화칼슘) (물)　(수산화칼슘) (아세틸렌)
· 탄화알루미늄(Al_4C_3)과 물(H_2O)의 반응식
$Al_4C_3 + 12H_2O \rightarrow 4Al(OH)_3 + 3CH_4\uparrow$
(탄화알루미늄) (물) (수산화알루미늄) (메탄)

15 다음 [보기] 물질의 연소생성물을 화학식으로 쓰시오.

[보기]
① 삼황화린   ② 황린   ③ 적린

해답 ① P_2O_5, SO_2 ② P_2O_5 ③ P_2O_5

참고 인과 인화합물의 연소반응식
- 삼황화린(P_4S_3)의 연소반응
P_4S_3 + $8O_2$ → $2P_2O_5$ + $3SO_2\uparrow$
(삼황화린) (산소) (오산화린)   (이산화황)
- 황린(P_4)의 연소반응식
P_4 + $5O_2$ → $2P_2O_5$
(황린) (산소)   (오산화린)
- 적린(P)의 연소반응
$4P$ + $5O_2$ → $2P_2O_5$
(적린) (산소)   (오산화린)

16 보기의 3가지 기체 A, B, C 기체를 혼합한 혼합기체의 폭발범위는 얼마인가? (단, 혼합기체의 농도는 A : B : C = 5 : 3 : 2이다)

[보기]
• A : 5~15% • B : 3~12% • C : 2~10%

해답 [계산과정]

$$\frac{100}{L} = \frac{50}{5} + \frac{20}{3} + \frac{20}{2}$$ 에서

$$L = \frac{100}{30} = 3.333$$

$$\frac{100}{U} = \frac{50}{15} + \frac{30}{12} + \frac{20}{10}$$ 에서

$$U = \frac{100}{7.83} = 12.771$$

[답] 3.33%~12.77%

17 표준상태에서 이황화탄소 76g이 연소할 때 발생하는 기체의 총 부피는 몇 ℓ인가?

해답 [계산과정]
이황화탄소의 연소반응식
CS_2 + $3O_2$ → CO_2 + $2SO_2$
이황화탄소(CS_2)의 1g분자량(1몰) : 76g/mol
이황화탄소 1몰이 연소하면 3몰의 기체가 발생한다.
표준상태에서 모든 기체 1몰의 체적은 22.4ℓ/mol이다.
총 기체의 부피=3mol×22.4L/mol=67.2ℓ
[답] 67.2ℓ

18 비중 0.79인 에틸알코올 200ml와 물 150ml를 혼합하였다. 다음 물음에 답하시오.

① 에틸알코올의 함유량은 몇 wt%인지 구하시오.
② ①의 에틸알코올은 제4류 위험물 알코올류에 속하는지 판단하고 그 이유를 쓰시오.

해답 ① [계산과정]
에틸알코올의 질량 :
200ml×0.79=158g
수용액에서 에틸알코올의 함유량
$$= \frac{158}{158+150} \times 100 = 51.289 wt\%$$
[답] 51.29wt%
② 에틸알코올의 함유량이 60wt% 미만이므로 알코올류에 속하지 않는다.

19 소화난이도등급 I 에 해당하는 제조소에 대하여 다음 물음에 답하시오.

> ① 연면적은 몇 m² 이상인가?
> ② 지정수량의 몇 배 이상을 취급하는 곳인가? (단, 고인화점 위험물을 100℃ 미만의 온도에서 취급하는 것을 제외한다)
> ③ 지반면으로부터 몇 m 이상의 높이에 위험물 취급설비가 있는 곳인가?

해답 ① 1,000m²
② 100배
③ 6m

참고 소화난이도등급 I 의 제조소 및 일반취급소

제조소 등의 구분	제조소등의 규모, 저장 또는 취급하는 위험물의 품명 및 최대수량 등
제조소 일반 취급소	연면적 1,000㎡ 이상인 것
	지정수량의 100배 이상인 것(고인화점위험물만을 100℃ 미만의 온도에서 취급하는 것 및 제48조의 위험물을 취급하는 것은 제외)
	지반면으로부터 6m 이상의 높이에 위험물 취급설비가 있는 것(고인화점위험물만을 100℃ 미만의 온도에서 취급하는 것은 제외)
	일반취급소로 사용되는 부분 외의 부분을 갖는 건축물에 설치된 것(내화구조로 개구부 없이 구획된 것 및 고인화점위험물만을 100℃ 미만의 온도에서 취급하는 것은 제외)

20 히드록실아민등을 취급하는 제조소의 특례 기준에 대하여 다음 물음에 답하시오.

> ① 히드록실아민등을 취급하는 설비에는 어떤 물질의 혼입에 의한 위험한 반응을 방지하기 위한 조치를 강구하여야 하는가?
> ② 다음 괄호 안에 알맞은 말을 쓰시오.
> 히드록실아민등을 취급하는 설비에는 히드록실아민의 ( ) 및 ( )의 상승에 의한 위험한 반응을 방지하기 위한 조치를 강구하여야 한다.

해답 ① 철이온 등
② 온도, 농도

참고 위험물안전관리법 시행규칙 [별표4] XII. 4.
다. 히드록실아민등을 취급하는 설비에는 히드록실아민등의 온도 및 농도의 상승에 의한 위험한 반응을 방지하기 위한 조치를 강구할 것
라. 히드록실아민등을 취급하는 설비에는 철이온 등의 혼입에 의한 위험한 반응을 방지하기 위한 조치를 강구할 것

2020년 11월 28일 시행

모든 계산문제는 소수 3째자리까지 계산하고 반올림하여 소수 2째자리를 답으로 합니다.

01 다음 그림과 같은 원형 위험물 저장탱크의 내용적은 몇 m^3인지 구하시오.

해답 [계산 과정]

$$내용적(V) = \pi r^2 \left(\ell + \frac{\ell_1 + \ell_2}{3} \right)$$

$$= \pi \times 1^2 \left(4 + \frac{1.5 + 1.5}{3} \right) = 15.707 m^3$$

[답] $15.71 m^3$

02 과산화벤조일에 대하여 다음 물음에 답하시오.

```
① 구조식
② 분자량
```

해답 ①

② [계산과정] $(C_6H_5CO)_2O_2$의 분자량 :

$(12 \times 7 + 5 + 16) \times 2 + 32 = 242$

[답] 242

03 제4류 위험물인 히드라진과 제6류 위험물인 과산화수소의 혼촉발화 반응식을 쓰시오.

해답 $N_2H_4 + 2H_2O_2 \rightarrow N_2 \uparrow + 4H_2O$

참고 • 히드라진(N_2H_4)과 과산화수소(H_2O_2)와 혼촉발화 반응식

$$N_2H_4 + 2H_2O_2 \rightarrow N_2 \uparrow + 4H_2O$$
(히드라진) (과산화수소)   (질소)   (물)

04 제2류 위험물을 운반 시 혼재할 수 없는 위험물의 유별을 모두 쓰시오.

해답 제1류, 3류, 제6류

참고 유별을 달리하는 위험물의 혼재기준

(암기법 : ㈛이삼, ㈜이사, ㈜하나)

위험물의 구분	제1류	제2류	제3류	제4류	제5류	제6류
제1류		×	×	×	×	○
제2류	×		×	○	○	×
제3류	×	×		○	×	×
제4류	×	○	○		○	×
제5류	×	○	×	○		×
제6류	○	×	×	×	×	

"×"표시는 혼재할 수 없음을 표시한다.

"○"표시는 혼재할 수 있음을 표시한다.

이 표는 지정수량의 $\frac{1}{10}$ 이하의 위험물에 대하여는 적용하지 아니한다.

05 다음 물음에 답하시오.

```
① 고체연소의 형태 4가지
② 유황의 연소형태
```

해답 ① 분해연소, 표면연소, 증발연소, 자기연소
② 증발연소

06 다음의 위험물에 해당하는 지정수량을 쓰시오.

```
① 염소산염류        ② 무기과산화물
③ 요오드산염류      ④ 질산염류
⑤ 중크롬산염류
```

해답 ① 50kg ② 50kg ③ 300kg
④ 300kg ⑤ 1,000kg

07 디에틸에테르 37g을 100℃, 2ℓ의 밀폐공간에서 기화시킬 때의 압력은 몇 atm인가?

해답 [계산과정]

$$PV = \frac{WRT}{M} \text{ 에서 } P = \frac{WRT}{VM} \text{ 이므로}$$

$$P = \frac{37 \times 0.082 \times (100+273)}{2 \times 74} = 7.646\text{atm}$$

[답] 7.65atm

P(압력) : ?atm

W(디에틸에테르의 질량) : 37g

R(기체상수) : 0.082atm · ℓ/mol · k

T(절대온도) : (100℃+273)K

V(기화시켰을 때의 디에틸에테르 부피) : 2ℓ

M[디에틸에테르($C_2H_5OC_2H_6$)의 1g 분자량] : $12 \times 4 + 10 + 16 = 74\text{g/mol}$

08 다음 분말소화약제의 1차 열분해반응식을 쓰시오.

① 제1인산염류
② 탄산수소칼륨

해답 ① $NH_4H_2P_4 \xrightarrow{\triangle} H_3PO_4 + NH_3\uparrow$

② $2KHCO_3 \xrightarrow{\triangle} K_2CO_3 + CO_2\uparrow + H_2O$

참고 • 제1인산암모늄($NH_4H_2P_4$)의 반응 메커니즘

 − 1차(190℃) : $NH_4H_2P_4 \xrightarrow{\triangle} H_3PO_4 + NH_3\uparrow$
 (인산암모늄)　　　(오르소인산)　(암모니아)

 − 2차(215℃) : $2H_3PO_4 \xrightarrow{\triangle} H_4P_2O_7 + H_2O$
 (오르소인산)　(피로인산)　(물)

 − 3차(300℃) 이상 : $H_4P_2O \xrightarrow{\triangle} 2HPO_3 + H_2O$
 (피로인산)　(메타인산)　(물)

• 제2종 분말소화약제의 열분해반응식

$2KHCO_3 \xrightarrow{\triangle} K_2CO_3 + CO_2\uparrow + H_2O$
(탄산수소칼륨)　(탄산칼륨)　(이산화탄소)　(물)

09 다음 위험물의 연소반응식을 쓰시오.

① 이황화탄소
② 벤젠
③ 톨루엔

해답 ① $CS_2 + 3O_2 \rightarrow CO_2\uparrow + 2SO_2\uparrow$

② $2C_6H_6 + 15O_2 \rightarrow 12CO_2\uparrow + 6H_2O$

③ $C_6H_5CH_3 + 9O_2 \rightarrow 7CO_2\uparrow + 4H_2O$

참고 • 이황화탄소(CS_2)의 연소반응식

$CS_2 + 3O_2 \rightarrow CO_2\uparrow + 2SO_2\uparrow$
(이황화탄소)　(산소)　(이산화탄소)　(이산화·아황산가스)

• 벤젠(C_6H_6)의 완전연소 반응식

$2C_6H_6 + 15O_2 \rightarrow 12CO_2 + 6H_2O$
(벤젠)　　(산소)　　(이산화탄소)　(물)

• 톨루엔($C_6H_5CH_3$)의 완전연소 반응식

$C_6H_5CH_3 + 9O_2 \rightarrow 7CO_2\uparrow + 4H_2O$
(톨루엔)　　　(산소)　(이산화탄소)　(물)

10 TNT의 제조과정을 원료를 중심으로 쓰시오.

해답 톨루엔에 니트로화제인 진한질산과 진한황산의 혼산을 혼합하여 제조한다.

참고 • 트리니트로톨루엔[$C_6H_2CH_3(NO_2)_3$]의 제법

$C_6H_5CH_3 + 3HNO_3 \xrightarrow[\text{니트로화}]{C+H_2SO_4}$
(톨루엔)　　　(질산)

$C_5H_2CH_3(NO_2)_3 + 3H_2O$
(트리니트로톨루엔)　　(물)

11 알루미늄분에 대하여 다음 물음에 답하시오.

① 품명
② 연소반응식
③ 염산과의 반응식

해답 ① 금속분

② $4Al + 3O_2 \rightarrow 2Al_2O_3$

③ $2Al + 6HCl \rightarrow 2AlCl_3 + 3H_2 \uparrow$

참고 • 알루미늄(Al)분의 연소반응

$4Al + 3O_2 \rightarrow 2Al_2O_3$
(알루미늄) (산소) (산화알루미늄)

• 알루미늄(Al)분과 염산(HCl)과의 반응식

$2Al + 6HCl \rightarrow 2AlCl_3 + 3H_2 \uparrow$
(알루미늄) (염산) (염화알루미늄) (수소)

12 이산화탄소 소화기의 소화작용 2가지를 쓰시오.

해답 ① 질식작용　② 냉각작용

13 다음 물음에 대하여 (　) 안에 알맞은 말을 쓰시오.

> ① "위험물"이라 함은 (　) 또는 (　) 등의 성질을 가지는 것으로서 대통령령이 정하는 물품을 말한다.
> ② (　)이라 함은 위험물의 종류별로 위험성을 고려하여 대통령령이 정하는 수량으로서 제조소 등의 설치허가 등에 있어서 최저의 기준이 되는 수량을 말한다.

해답 ① 인화성, 발화성
　② 지정수량

14 다음은 지하탱크저장소의 탱크변형시험에 대한 내용이다. (　) 안에 알맞은 말을 쓰시오.

> 지하탱크저장소의 압력탱크(최대상용압력이 46.7kPa 이상인 탱크를 말한다) 외의 탱크에 있어서는
> (　)kPa의 압력으로, 압력탱크에 있어서는 최대상용압력의 (　)배의 압력으로 각각 (　)분간 수압시험을 실시하여 새거나 변형되지 아니하여야 한다. 이 경우 수압시험은 소방청장이 정하여 고시하는 (　)과 (　)을 동시에 실시하는 방법으로 대신할 수 있다.

해답 70, 1.5, 10, 기밀시험, 비파괴시험

15 다음 물질이 물과 반응하여 생성되는 기체의 명칭을 쓰시오(반응 기체가 없으면 "없음"이라 쓰시오).

> ① 과염소산나트륨
> ② 과산화마그네슘
> ③ 질산나트륨
> ④ 칼슘
> ⑤ 수소화칼륨

해답 ① 없음 ② 산소 ③ 없음 ④ 수소 ⑤ 수소

참고 • 과산화마그네슘(MgO_2)과 물(H_2O)과의 반응식

$2MgO_2 + 2H_2O \rightarrow 2Mg(OH)_2 + O_2 \uparrow$
(과산화마그네슘)(물) (수산화마그네슘) (산소)

• 칼슘(Ca)과 물(H_2O)의 반응식

$Ca + 2H_2O \rightarrow Ca(OH)_2 + H_2 \uparrow$
(칼슘) (물) (수산화칼슘) (수소)

• 수소화칼륨(KH)과 물(H_2O)과의 반응식

$KH + H_2O \rightarrow KOH + H_2 \uparrow$
(수소화칼륨) (물) (수산화칼륨) (수소)

16 트리에틸알루미늄과 물과의 반응에 있어서 다음 물음에 답하시오.

> ① 발생 기체의 명칭
> ② 발생 기체의 연소반응식

해답 ① 에탄
　② $2C_2H_6 + 7O_2 \rightarrow 4CO_2 \uparrow + 6H_2O$

참고 • 트리에틸알루미늄[$(C_2H_6)_3Al$]과 물(H_2O)과의 반응식

$(C_2H_6)_3Al + 3H_2O \rightarrow Al(OH)_3 + 3C_2H_6 \uparrow$
(트리에틸알루미늄) (물) (수산화알루미늄) (에탄)

- 에탄(C_2H_6)의 연소반응식

$$2C_2H_6 + 7O_2 \rightarrow 4CO_2\uparrow + 6H_2O$$
(에탄)　　(산소)　　(이산화탄소)　　(물)

17 비중 0.79, 비점 56.5℃, 분자량 58, 연소범위 2.6~12.8이며, 요오드포름반응을 하는 물질에 대하여 다음 물음에 답하시오.

> ① 명칭
> ② 시성식
> ③ 위험등급

해답 ① 아세톤 ② CH_3COCH_3 ③ Ⅱ등급

18 다음의 위험물 중 1기압에서 인화점이 21℃ 이상 70℃ 미만이며, 수용성인 것을 모두 찾아 답하시오.

> 테레핀유, 포름산, 아세트산, 니트로벤젠

해답 포름산, 아세트산

참고 위험물의 인화점 및 수용성 유무
- 테레핀유 : 35℃(비수용성)
- 포름산 : 69℃(수용성)
- 아세트산 : 40℃(수용성)
- 니트로벤젠 : 88℃(비수용성)

19 다음 중 위험물과 지정수량이 옳게 연결된 것을 찾아 번호를 쓰시오.

> ① 산화프로필렌 – 200ℓ
> ② 피리딘 – 400ℓ
> ③ 아닐린 – 2,000ℓ
> ④ 실린더유 – 6,000ℓ
> ⑤ 아마인유 – 6,000ℓ

해답 ②, ③, ④

참고 ① 산화프로필렌(특수인화물) – 50ℓ
② 피리딘(제1석유류 수용성) – 400ℓ
③ 아닐린(제3석유류 비수용성) – 2,000ℓ
④ 실린더유(제4석유류) – 6,000ℓ
⑤ 아마인유(동식물유류) – 10,000ℓ

20 과산화칼륨 1mol이 이산화탄소와 반응하여 발생하는 산소의 부피는 표준상태에서 몇 ℓ인가?

해답 [계산과정]

$$K_2O_2 + CO_2 \rightarrow K_2CO_3 + \frac{1}{2}O_2\uparrow$$

$$22.4\ell/mol \times \frac{1}{2}\,mol = 11.2\ell$$

[답] 11.2ℓ

참고 • 과산화칼륨(K_2O_2)과 이산화탄소(CO_2)와의 반응식

$$2K_2O_2 + 2CO_2 \rightarrow 2K_2CO_3 + O_2\uparrow$$
(과산화칼륨)　(이산화탄소)　　(탄산칼륨)　　(산소)

01 다음 위험물의 시성식 중 틀린 것의 번호를 쓰고 맞게 고쳐 쓰시오.

① 아세트알데히드 : CH_3CHO

② 벤젠 : C_6H_6

③ 톨루엔 : $C_6H_2CH_3$

④ 트리니트로톨루엔 : $C_6H_2CH_3(NO_2)_3$

⑤ 아닐린 : $C_6H_2N_2H_2$

> **해답** ② 톨루엔 : $C_6H_5CH_3$
> ⑤ 아닐린 : $C_6H_5NH_2$

02 다음 유별의 위험물 운반 시 혼재 가능한 유별을 쓰시오.

① 제4류   ② 제5류

③ 제6류

> **해답** ① 제2류, 제3류, 제5류
> ② 제2류, 제4류
> ③ 제1류

> **참고** 유별을 달리하는 위험물의 혼재기준
> (암기법 : ㈃이삼, ㉒이사, ㉓하나)

위험물의 구분	제1류	제2류	제3류	제4류	제5류	제6류
제1류		×	×	×	×	○
제2류	×		×	○	○	×
제3류	×	×		○	×	×
제4류	×	○	○		○	×
제5류	×	○	×	○		×
제6류	○	×	×	×	×	

"×"표시는 혼재할 수 없음을 표시한다.

"○"표시는 혼재할 수 있음을 표시한다.

이 표는 지정수량의 $\frac{1}{10}$ 이하의 위험물에 대하여는 적용하지 아니한다.

03 다음 보기의 위험물에 대하여 물음에 답하시오.

> 탄화칼슘, 인화칼슘, 탄화알루미늄, 인화아연

① 물과 반응 시 메탄을 발생하는 위험물의 명칭

② ①의 위험물과 물과의 반응식

> **해답** ① 탄화알루미늄
> ② $Al_4C_3 + 12H_2O \rightarrow 4Al(OH)_3 + 3CH_4$

04 에틸알코올 92g과 칼륨 78g이 표준상태에서 반응하였다. 다음 물음에 답하시오.

① 반응식

② 발생하는 수소기체의 부피

> **해답** ① $2C_2H_5OH+2K \rightarrow 2C_2H_5OK+ H_2\uparrow$
> ② [계산과정]
> $2C_2H_5OH+2K \rightarrow 2C_2H_5OK+ H_2\uparrow$
> C_2H_5OH의 1g분자량 : $12 \times 2+6+16=26g/mol$
> K의 1g원자량 : 39g/mol
> K 2몰(78g)과 C_2H_5OH 2몰(52g)이 반응하면 1몰의 H_2발생
> $H_2$1몰의 표준상태에서의 부피 22.4 ℓ
> [답] 22.4 ℓ

> **참고** 표준상태(0℃, 1기압)에서 모든기체 1몰의 부피 : 22.4 ℓ /mol
> • 에틸알코올(C_2H_5OH)과 칼륨(K)의 화학반응식
> $2C_2H_5OH + 2K \rightarrow 2C_2H_5OK + H_2\uparrow$
> (에틸알코올) (칼륨) (칼륨에틸레이트) (수소)

05 다음 보기의 위험물은 제1류 위험물이다. 각 위험물의 지정수량을 쓰시오.

> ① $KClO_3$ ② KNO_3 ③ $KMnO_4$ ④ Na_2O_2
> ⑤ $K_2Cr_2O_7$

해답 ① 50kg ② 300kg ③ 1,000kg
④ 50kg ⑤ 1,000kg

06 다음 탱크의 내용적 구하는 식을 쓰시오.

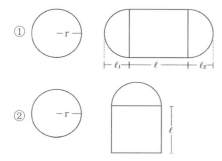

해답 ① $\pi r^2 (\ell + \dfrac{\ell_1 + \ell_2}{3})$

② $\pi r^2 \ell$

07 연소범위가 1.4~7.1%인 벤젠의 위험도를 구하시오.

[계산과정]
[답]

해답 [계산과정]

위험도(H) = $\dfrac{U-L}{L}$ 에서

H = $\dfrac{7.1-1.4}{1.4}$ = 4.071

[답] 4.07

08 주유취급소에 설치하는 다음 표지판 및 게시판의 바탕색과 문자색을 쓰시오.

① 위험물 주유취급소

② 주유중 엔진정지

해답 ① 백색바탕, 흑색문자

② 황색바탕, 흑색문자

09 다음 물질의 완전연소반응식을 쓰시오.

① 삼황화인

② 오황화인

해답 ① $P_4S_3 + 8O_2 \rightarrow 2P_2O_5 + 3SO_2$

② $2P_2S_5 + 15O_2 \rightarrow 2P_2O_5 + 10SO_2$

참고 • 삼황화린(P_2S_5)의 연소반응

$P_4S_3 + 8O_2 \rightarrow 2P_2O_5 + 3SO_2 \uparrow$
(삼황화린)　(산소)　　(오산화린)　　(이산화황)

• 오황화린(P_2S_5)의 연소반응식

$2P_2S_5 + 15O_2 \rightarrow 2P_2O_5 + 10SO_2 \uparrow$
(오황화린)　(산소)　　(오산화린)　　(이산화황)

10 옥내소화전 4개가 설치된 제조소의 수원의 수량을 구하시오.

[계산과정]
[답]

해답 [계산과정]
수원의 수량 = 7.8m^3/개 × 4개 = 31.2m^3
[답] 31.2m^3

11 위험물 운반용기에는 수납하는 위험물에 따라 주의사항을 표시한다. 다음 위험물의 주의사항을 쓰시오.

① 인화성고체

② 제4류

③ 제6류

해답 ① 화기엄금

② 화기엄금

③ 가연물접촉주의

참고 수납하는 위험물에 따른 운반용기 주의사항 표시

- 제1류 위험물 : 화기·충격주의, 가연물 접촉주의
  ① 알칼리금속의 과산화물 또는 이를 함유하는 것 : 화기·충격주의, 가연물 접촉주의, 물기엄금
- 제2류 위험물 : 화기주의
  ① 철분, 금속분, 마그네슘 또는 이를 함유하는 것 : 화기주의, 물기엄금
  ② 인화성고체 : 화기엄금
- 제3류 위험물
  ① 금수성물질 : 물기엄금
  ② 자연발화성물질 : 화기엄금, 공기접촉엄금
- 제4류 위험물 : 화기엄금
- 제5류 위험물 : 화기엄금, 충격주의
- 제6류 위험물 : 가연물 접촉주의

12 제2류 위험물 마그네슘의 연소 시 발생하는 열량은 1몰당 134.7kcal이다. 다음 물음에 답하시오.

① 4몰의 마그네슘의 연소반응식
② 4몰의 마그네슘이 연소 시 발생하는 열량
[계산과정]
[답]

해답 ① $4Mg + 2O_2 \rightarrow 4MgO$
② [계산과정]
$4mol \times 134.7kcal/mol = 538.8kcal$
[답]538.8kcal

참고 • 마그네슘의 연소반응식
$2Mg + O_2 \rightarrow 2MgO$
(마그네슘)(산소) (산화마그네슘)

13 제5류 위험물 TNP와 TNT의 구조식을 쓰시오.

① TNP
② TNT

해답

참고 TNP(Trinitrophenol) : 트리니트로페놀 $[C_6H_2OH(NO_2)_3]$
TNT(Trinitrotoluene) : 트리니트로톨루엔$[C_6H_2CH_3(NO_2)_3]$

14 다음 물질에 대하여 각 물음에 답하시오.

① $(C_6H_5CO)_2O_2$
㉠ 품명
㉡ 지정수량
② $C_6H_2CH_3(NO_2)_3$
㉠ 품명
㉡ 지정수량

해답 ① ㉠ 유기과산화물 ㉡ 10kg
② ㉠ 니트로화합물 ㉡ 200kg

참고 $(C_6H_5CO)_2O_2$: 벤조일퍼옥사이드 또는 과산화벤조일
$C_6H_2CH_3(NO_2)_3$: 트리니트로톨루엔

15 다음 각 물질의 소요단위를 구하시오.

① 질산 90,000kg
[계산과정]
[답]
② 아세트산 20,000 ℓ
[계산과정]
[답]

해답 ① [계산과정]

$$소요단위 = \frac{질산의\ 수량}{질산의\ 지정수량 \times 10}$$

$$= \frac{90,000kg}{300kg \times 10} = 30소요단위$$

[답] 30소요단위

② [계산과정]

$$소요단위 = \frac{아세트산의\ 수량}{아세트산의\ 지정수량 \times 10}$$

$$= \frac{20,000\ell}{2,000\ell \times 10} = 1소요단위$$

[답] 1소요단위

16 제4류 위험물 중 분자량이 58이고 피부와 접촉시 탈지작용과 햇빛에 의하여 분해하는 성질이 있는 물질에 대해 다음 물음에 답하시오.

① 시성식
② 지정수량

해답 ① CH_3COCH_3 ② 400ℓ

참고 본문의 위험물은 제4류위험물(인화성액체) 제1석유류 아세톤(CH_3COCH_3)이다.
CH_3COCH_3의 분자량 : $12 \times 3 + 6 + 16 = 58$

17 다음 보기의 위험물을 인화점이 낮은 것부터 높은 순서대로 쓰시오.

아세트산, 아세톤, 니트로벤젠, 에틸알코올

해답 아세톤, 에틸알코올, 아세트산, 니트로벤젠

참고 제4류 위험물(인화성액체)의 인화점
아세트산(CH_3COOH) : 40℃
아세톤(CH_3COCH_3) : −18℃
니트로벤젠($C_6H_5NO_2$) : 88℃
에틸알코올(C_2H_5OH) : 13℃

18 다음 보기의 위험물에 대하여 물음에 답하시오.

삼황화인, 알루미늄분, 황린, 나트륨, 유황, 오황화인, 적린, 마그네슘

① 물과 반응 시 수소가 발생하는 물질의 명칭
② 보기 중 제2류 위험물을 모두 쓰시오.
③ 원소주기율표 상 제1족의 원소를 쓰시오.

해답 ① 알루미늄분, 나트륨, 마그네슘
② 삼황화인, 알루미늄분, 유황, 오황화인, 적린, 마그네슘
③ 나트륨

19 제2류 위험물 적린에 대하여 각 물음에 답하시오.

① 지정수량
② 연소 시 발생기체의 명칭
③ 제3류 위험물 중 동소체의 명칭

해답 ① 100kg ② 오산화인 ③ 황린

참고 • 적린(P)의 연소반응식
$$4P\ +\ 5O_2\ \rightarrow\ 2P_2O_5$$
(적린)　(산소)　　(오산화린)

20 다음 유별의 공통성질에 대해 괄호를 채우시오.

① 제(　　)류 위험물 중 자연발화성 물질에 있어서는 불티, 불꽃, 고온체와의 접근, 과열 또는 공기와의 접촉을 피하고, 금수성 물질에 있어서는 물과의 접촉을 피해야 한다.
② 제(　　)류 위험물은 불티, 불꽃, 고온체와의 접근 또는 과열을 피하고, 함부로 증기를 발생시키지 않아야 한다.
③ 제(　　)류 위험물은 산화제와의 접촉·혼합이나 불티, 불꽃, 고온체와의 접근 또는 과열을 피하는 한편, 철분, 금속분, 마그네슘 및 이를 함유한 것에 있어서는 물이나 산과의

접촉을 피하고 인화성 고체에 있어서는 함부
로 증기를 발생시키지 않아야 한다.

④ 제(   )류 위험물은 가연물과의 접촉·혼합
이나 분해를 촉진하는 물품과의 접근 또는
과열을 피해야 한다.

⑤ 제(   )류 위험물은 가연물과의 접촉·혼합
이나 분해를 촉진하는 물품과의 접근 또는
과열, 충격, 마찰 등을 피하는 한편, 알칼리
금속 과산화물 및 이를 함유한 것에 있어서
는 물과의 접촉을 피해야 한다.

해답 ① 3 ② 4 ③ 2 ④ 6 ⑤ 1

참고 위험물의 성질 및 취급주의사항
- 제1류 위험물 : 산화성고체(환원성인 가
  연물과의 접촉을 피할 것)
- 제2류 위험물 : 가연성고체(환원성이므
  로 산화제인 산화성물질과 접촉을 피할
  것)
- 제3류 위험물 : 자연발화성물질 및 금수
  성물질(공기 접촉 및 물과의 접촉을 피
  할 것)
- 제4류 위험물 : 인화성액체(점화원으로
  부터 멀리하며 증발연소하므로 증기발
  생에 주의하여야 한다.)
- 제5류 위험물 : 자기반응성 물질(점화원
  으로부터 멀리할 것)
- 제6류 위험물 : 산화성액체(강산화제로
  서 가연물과의 접촉에 주의할 것)

01 휘발유를 저장하는 옥외탱크저장소의 방유제에 대해 다음 물음에 답하시오.

① 하나의 방유제 안에 설치할 수 있는 탱크의 개수를 쓰시오.

② 방유제의 높이를 쓰시오.

③ 하나의 방유제의 면적은 몇 m^2 이하로 하는지 쓰시오.

해답 ① 10개 ② 0.5m 이상 3m 이하 ③ 8만

해설 하나의 방유제 안에 설치할 수 있는 탱크의 개수

- 방유제내에 설치하는 옥외저장탱크의 수는 10기
- 방유제내에 설치하는 모든 옥외저장탱크의 용량이 20만 ℓ 이하이고, 당해 옥외저장탱크에 저장 또는 취급하는 위험물의 인화점이 70℃ 이상 200℃ 미만인 경우에는 20기 이하
- 인화점이 200℃ 이상인 위험물을 저장 또는 취급하는 옥외저장탱크에 있어서는 20기 초과

02 다음 물질이 물과 반응하여 발생하는 가연성 기체의 화학식을 쓰시오(단, 없으면 "없음"이라 쓰시오).

① 과산화마그네슘

② 메틸리튬

③ 트리에틸알루미늄

해답 ① 없음 ② CH_4 ③ C_2H_6

해설 과산화마그네슘(MgO_2)이 물과 반응하여 생성되는 산소(O_2)는 조연성가스로서 가연성가스가 아니다.

참고 · 과산화마그네슘(MgO_2)과 물(H_2O)과의 반응식

$$2MgO_2 + 2H_2O \rightarrow 2Mg(OH)_2 + O_2 \uparrow$$
(과산화마그네슘) (물) (수산화마그네슘) (산소)

· 메틸리튬(CH_3Li)과 물(H_2O)과의 반응식
$$CH_3Li + H_2O \rightarrow LiOH + CH_4 \uparrow$$
(메틸리튬) (물) (수산화리튬) (메탄)

· 트리에틸알루미늄[$(C_2H_5)_3Al$]과 물(H_2O)과의 반응식
$$(C_2H_5)_3Al + 3H_2O \rightarrow Al(OH)_3 + 3C_2H_6 \uparrow$$
(트리에틸알루미늄) (물) (수산화알루미늄) (에탄)

03 다음과 같은 Fe분의 연소반응에서 Fe분 1kg을 연소시키는데 필요한 산소의 부피는 표준상태에서 몇 ℓ 인가? (Fe의 원자량은 55.85 이다.)

$$4Fe + 3O_2 \rightarrow 2Fe_2O_3$$

[계산과정]

[답]

해답 [계산과정]

$$4 \times 55.85 : 3 \times 22.4 = 1000 \times X$$

$$X = \frac{1,000 \times 3 \times 22.4}{4 \times 55.85} = 300.805 \, \ell$$

[답] 300.81 ℓ

04 분자량 104이고 제4류 위험물 제2석유류에 속하는 물질에 대하여 다음 물음에 답하시오.

① 화학식

② 명칭

③ 위험등급

해답 ① $C_6H_5CHCH_2$ ② 스티렌 ③ Ⅲ

참고 $C_6H_5CHCH_2$의 분자량 : $12 \times 8 + 8 = 104$

05 옥내탱크저장소를 단층에 설치할 경우 다음 물음에 답하시오.
① 옥내저장탱크와 탱크전용실의 벽과의 거리는 몇 m 이상인지 쓰시오.
② 옥내저장탱크의 상호간 거리는 몇 m 이상인지 쓰시오.
③ 경유를 저장하는 옥내저장탱크의 용량은 몇 ℓ 이하인지 쓰시오.

> **해답** ① 0.5m ② 0.5m ③ 2만ℓ

> **해설** 옥내저장탱크의 용량(동일한 탱크전용실에 옥내저장탱크를 2 이상 설치하는 경우에는 각 탱크의 용량의 합계를 말한다)은 지정수량의 40배(제4석유류 및 동식물유류 외의 제4류 위험물에 있어서 당해 수량이 20,000ℓ를 초과할 때에는 20,000ℓ) 이하일 것

06 제4 위험물인 시안화수소에 대하여 다음 물음에 답하시오.
① 품명
② 증기비중
 [계산과정]
 [답]
③ 화학식
④ 지정수량

> **해답** ① 제1석유류
> ② [계산과정]
> HCN의 분자량 : 1+12+14 = 27
> 증기비중 $= \dfrac{27}{29} = 0.931$
> [답] 0.93
> ③ HCN ④ 400ℓ

> **해설** 시안화수소는 제4류 위험물 제1석유류 수용성물질이므로 지정수량은 400ℓ이다.

07 제6류 위험물에 대하여 다음 물음에 답하시오.
① 증기비중 3.46이고 물과 발열반응하는 물질의 명칭과 화학식을 쓰시오.
② 단백질과 크산토프로테인 반응하는 물질의 명칭과 화학식을 쓰시오.

> **해답** ① 과염소산, $HClO_4$ ② 질산, HNO_3

> **해설** 제6류 위험물의 증기비중
> • 질산(HNO_3)의 분자량 :
> $1+14+16\times3 = 63$
> 증기비중 $= \dfrac{63}{29} = 2.172$
> • 과산화수소(H_2O_2)의 분자량 :
> $2+16\times2 = 34$
> 증기비중 $= \dfrac{34}{29} = 1.172$
> • 과염소산($HClO_4$)의 분자량 :
> $1+35.5+16\times4 = 100.5$
> 증기비중 $= \dfrac{100.5}{29} = 3.465$

08 C_6H_6 30kg을 연소 시 필요한 공기의 부피는 표준상태에서 몇 m^3인가? (단, 공기중의 산소의 농도는 21vol%이다.)
[계산과정]
[답]

> **해답** [계산과정]
> $C_6H_6 + 7.5O_6 \rightarrow 6CO_6\uparrow + 3H_2O$
> 공기량 $=$ 산소량 $\times \dfrac{1}{0.21}$
> C_6H_6(벤젠)의 1kg분자량 : $12\times6+6=$ 78kg/kmol
> 필요한 산소의 량
> 78kg : $7.5\text{kmol}\times22.4m^3/\text{kmol} = 30\text{kg}$: X
> 필요한 공기의 량 $= \dfrac{30\times7.5\times22.4}{78}$
> $\times\dfrac{1}{0.21} = 307.692m^3$

[답] 307.69m³

해설 • 벤젠(C_6H_6)의 완전연소 반응식

$$2C_6H_6 + 15O_2 \rightarrow 12CO_2 \uparrow + 6H_2O$$
(벤젠)　　(산소)　　(이산화탄소)　　(물)

09 제1류 위험물로서 분자량이 158이며 흑자색을 띠는 물질에 대한 다음 물음에 답하시오.

① 품명
② 화학식
③ 분해반응식

해답 ① 과망간산염류　② $KMnO_4$

③ $2KMnO_4 \xrightarrow{\Delta} K_2MnO_4 + MnO_2 + O_2 \uparrow$

참고 • 과망간산칼륨($KMnO_4$)의 분자량 :
39+55+16×4= 158

• 과망간산칼륨($KMnO_4$)의 열분해반응식

$$2KMnO_4 \xrightarrow{\Delta} K_2MnO_4 + MnO_2 + O_2 \uparrow$$
(과망간산칼륨)　　(망간산칼륨)　　(이산화망간)　　(산소)

10 제1종분말소화약제인 탄산수소나트륨에 대하여 다음 물음에 답하시오.

① 1차 분해반응식을 쓰시오.
② 표준상태에서 이산화탄소 200m³가 발생하였다면 탄산수소나트륨은 몇 kg이 분해한 것인가?
[계산과정]
② [답]

해답 ① $2NaHCO_3 \xrightarrow{\Delta} Na_2CO_3 + CO_2 \uparrow + H_2O$

② [계산과정]

탄산수소나트륨($NaHCO_3$)의 1kg분자량 : 23+1+12+16×3= 84kg/kmol

2kmol×84kg/kmol : 22.4m³/kmol
= X :200m³

$X = \dfrac{2 \times 84 \times 200}{22.4} = 1,500kg$

[답] 1,500kg

참고 탄산수소나트륨($NaHCO_3$)의 열분해반응식

$$2NaHCO_3 \xrightarrow{\Delta} Na_2CO_3 + CO_2 \uparrow + H_2O$$
(탄산수소나트륨)　　(탄산나트륨)　　(이산화탄소)　　(물)

11 다음 위험물의 화학식과 지정수량을 쓰시오.

① 염소산나트륨
② 과산화칼륨
③ 무수크롬산

해답 ① $NaClO_3$, 50kg　② K_2O_2, 50kg
③ CrO_3, 300kg

12 양쪽이 볼록한 횡으로 설치한 원통형 탱크의 내용적을 구하는 식을 쓰시오.

해답 내용적 $= \pi r^2 (\ell + \dfrac{\ell_1 + \ell_2}{3})$

해설 양쪽이 볼록한 타원형 탱크의 내용적 구하는 식

내용적 $= \dfrac{\pi ab}{4}(\ell + \dfrac{\ell_1 + \ell_2}{3})$

13 위험물의 운반 시 다음 유별과 혼재할 수 없는 위험물의 유별을 쓰시오.

① 제2류
② 제5류
③ 제6류

해답 ① 제1류, 제3류, 제6류
② 제1류, 제3류, 제6류
③ 제2류, 제3류, 제4류, 제5류

참고 유별을 달리하는 위험물의 혼재기준
(암기법 : ㊃이삼, ㊅이사, ㊅하나)

위험물의 구분	제1류	제2류	제3류	제4류	제5류	제6류
제1류		×	×	×	×	○
제2류	×		×	○	○	×
제3류	×	×		○	×	×
제4류	×	○	○		○	×
제5류	×	○	×	○		×
제6류	○	×	×	×	×	

"×" 표시는 혼재할 수 없음을 표시한다.
"○" 표시는 혼재할 수 있음을 표시한다.
이 표는 지정수량의 $\frac{1}{10}$ 이하의 위험물에 대하여는 적용하지 아니한다.

14 다음 [보기] 중 제4류 위험물 제1석유류에 해당하는 위험물을 골라 쓰시오.

> 에틸벤젠, 아세톤, 클로로벤젠, 아세트산, 포름산

해답 에틸벤젠, 아세톤

참고 클로로벤젠, 아세트산, 포름산은 제2석유류에 해당된다.

15 다음 위험물의 연소형태를 쓰시오.
① 마그네슘분
② TNT
③ 유황

해답 ① 표면연소 ② 자기연소 ③증발연소

16 제4류 위험물 동식물유류에 대하여 다음 물음에 답하시오.
① 유지에 포함된 불포화지방산의 이중결합 수를 나타내는 수치로 이 수치가 높을수록 이중결합이 많은 것을 의미한다. 여기서 이 수

치는 무엇인지 쓰시오.
② 다음 물질을 건성유, 반건성유, 불건성유로 구분하여 쓰시오.
㉠ 야자유
㉡ 아마인유

해답 ① 요오드값 ② ㉠ 불건성유 ㉡ 건성유

17 제2류 위험물에 대하여 괄호 안에 알맞은 말을 쓰시오.
① 인화성고체란 ( ) 그 밖에 1기압에서 인화점이 섭씨 ( )도 미만인 고체를 말한다.
② 가연성 고체란 고체로서 화염에 의한 ( )의 위험성 또는 ( )의 위험성을 판단하기 위하여 고시로 정하는 시험에서 고시로 정하는 성질과 상태를 나타내는 것을 말한다.
③ 유황은 순도가 ( )중량% 이상인 것을 말한다.

해답 ① 고형알코올, 40 ② 발화, 인화 ③ 60

참고 가연성고체의 정의
"가연성고체"라 함은 고체로서 화염에 의한 발화의 위험성 또는 인화의 위험성을 판단하기 위하여 고시로 정하는 시험에서 고시로 정하는 성질과 상태를 나타내는 것을 말한다.

18 다음 물음에 답하시오.
① 황린의 동소체인 제2류 위험물의 명칭을 쓰시오.
② 황린을 이용해서 (①)의 물질을 만드는 방법을 쓰시오.
③ (①)의 물질의 연소반응식을 쓰시오.

해답 ① 적린
② 공기를 차단하고 250℃로 가열하여 제조한다.
③ $4P + 5O_2 \rightarrow 2P_2O_5$

참고 • 적린(P)의 연소반응식

$$4P + 5O_2 \rightarrow 2P_2O_5$$
(적린)　(산소)　(오산화린)

19 다음 물질은 제5류 위험물이다. 다음 물질의 시성식을 쓰시오.

① 질산메틸

② TNT

③ 니트로글리세린

해답 ① CH_3ONO_2 또는 CH_3NO_3

② $C_6H_2CH_3(NO_2)_3$ ③ $C_3H_5(ONO_2)_3$

20 다음 할론번호의 화학식을 쓰시오.

① 할론 1011

② 할론 2402

③ 할론 1301

해답 ① CH_2ClBr　② $C_2F_4Br_2$　③ CF_3Br

해설 • 할론번호(넘버)의 숫자는 C, F, Cl, Br, I 의 개수를 순서대로 표시한 것이다.

• 탄소(C)의 개수가 1개일 경우 결합손이 4개인 메탄(CH_4)의 구조를 가지며 할로겐 원소(C, F, Cl, Br, I)를 채우고 남은 결합손에는 수소(H)를 채운다.

• 탄소(C)의 개수가 2개일 경우 결합손이 6개인 에탄(C_2H_6)의 구조를 가지며 할로겐 원소(C, F, Cl, Br, I)를 채우고 남은 결합손에는 수소(H)를 채운다.

01 다음 위험물의 운반용기 외부 포장의 주의사항과 위험물 제조소등의 주의사항게시판을 쓰시오. 단, 해당사항이 없으면 "없음"이라 쓰시오.

① 제5류 위험물
   ㉠ 외부포장 주의사항 :
   ㉡ 제조소등의 주의사항 게시판 :
② 제6류 위험물
   ㉠ 외부포장 주의사항 :
   ㉡ 제조소등의 주의사항 게시판 :

해답 ① ㉠ 화기엄금, 충격주의 ㉡ 화기엄금
② ㉠ 가연물접촉주의 ㉡ 없음

해설 • 운반용기에 수납하는 위험물에 따른 포장 외부 주의사항 표시
① 제1류 위험물 : 화기 · 충격주의, 가연물 접촉주의
   – 알칼리금속의 과산화물 또는 이를 함유하는 것 : 화기 · 충격주의, 가연물 접촉주의, 물기엄금
② 제2류 위험물 : 화기주의
   – 마그네슘, 철분, 금속분 또는 이를 함유하는 것 : 화기주의, 물기엄금
   – 인화성고체: 화기엄금
③ 제3류 위험물
   – 금수성물질: 물기엄금
   – 자연발화성물질: 화기엄금, 공기 접촉엄금
④ 제4류 위험물 : 화기엄금
⑤ 제5류 위험물 : 화기엄금, 충격주의
⑥ 제6류 위험물 : 가연물 접촉주의
• 제조소등의 게시판에 표시할 주의사항
① 제1류 위험물 중 무기과산화물류: 물기엄금
② 제2류 위험물(인화성고체 제외): 화기주의

③ 제2류 위험물 중 인화성고체: 화기엄금
④ 제3류 위험물 중 자연발화성 물질: 화기엄금
⑤ 제3류 위험물 중 금수성물질: 물기엄금
⑥ 제4류 위험물 : 화기엄금
⑦ 제5류 위험물 : 화기엄금
⑧ 제6류 위험물 : 표시사항 없음

02 다음의 횡으로 설치된 원통형 탱크의 내용적을 구하시오.

[계산과정]
[답]

해답 [계산과정]

내용적$(V) = \pi r^2(\ell + \dfrac{\ell_1 + \ell_2}{3})$ 에서

$V = \pi \times 1^2 \times (3 + \dfrac{1.5 + 1.5}{3}) = 12.566 m^3$

[답]$12.57 m^3$

03 다음 위험물에 대하여 물음에 답하시오.
① 질산에틸
   ㉠ 화학식:
   ㉡ 20℃에서의 상태
② 피크린산
   ㉠ 화학식:
   ㉡ 20℃에서의 상태

해답 ① ㉠ $C_2H_5ONO_2$ ㉡ 액체
② ㉠ $C_6H_2OH(NO_2)_3$ ㉡ 고체

해설 피크린산은 트리니트로페놀[$C_6H_2OH(NO_2)_3$] 또는 피크르산이라고도 한다.

04 제4류 위험물 중 겨울철 자동차 부동액으로 사용하는 2가 알코올에 대하여 다음 물음에 답하시오.

① 명칭:

② 구조식

해답 ① 에틸렌글리콜,

②
```
      H   H
      |   |
  H — C — C — H
      |   |
      OH  OH
```

해설 에틸렌글리콜[$C_2H_4(OH)_2$]은 제4류 위험물 (인화성액체) 제3석유류로서 수산기(−OH)를 2개 가진 2가 알코올이다.

05 제3류 위험물 중 위험등급Ⅰ에 해당하는 품명 3개를 쓰시오.

해답 칼륨, 나트륨, 알킬리튬, 알킬알루미늄, 황린 중 3가지

해설 • 제3류 위험물 중 위험등급Ⅰ인 것

성질	위험등급	품 명	지정수량
자연발화성및 금수성 물질	Ⅰ	칼륨	10kg
	Ⅰ	나트륨	10kg
	Ⅰ	알킬리튬	10kg
	Ⅰ	알킬알루미늄	10kg
	Ⅰ	황린	20kg

• 제3류 위험물 중 위험등급Ⅱ, Ⅲ인 것

성질	위험등급	품 명	지정수량
자연발화성 물질 및 금수성 물질	Ⅱ	알칼리금속(칼륨 및 나트륨제외) 및 알칼리토금속	50kg
	Ⅱ	유기금속화합물(알킬알루미늄 및 알킬리튬을 제외한다)	50kg
	Ⅲ	금속의 인화합물	300kg
	Ⅲ	금속의 수소화합물	300kg
	Ⅲ	칼슘 또는 알루미늄의 탄화물	300kg

06 제2류 위험물 중 지정수량이 500kg인 것의 품명을 모두 쓰시오.

해답 마그네슘, 철분, 금속분

해설 • 제2류 위험물의 위험등급 및 품명과 지정수량

성질	위험 등급	품 명	지정수량
가연성 고체	Ⅱ	황화린	100kg
	Ⅱ	적린	100kg
	Ⅱ	유황	100kg
	Ⅲ	마그네슘	500kg
	Ⅲ	철분	500kg
	Ⅲ	금속분	500kg
	Ⅲ	인화성고체	1,000kg

07 옥내저장소에 대하여 다음 물음에 답하시오.

① 안전거리를 두지 아니할 수 있는 곳은 제4류 위험물과 동식물유류를 지정수량 몇 배 미만을 저장, 취급하는 곳인가?

② 위험물의 저장높이 중 기계에 의하여 하역하는 구조로 된 용기만을 겹쳐 쌓는 경우 몇 m를 초과할 수 없는가?

해답 ① 20배 ② 6m

해설 옥내저장소 안전거리에서 제외되는 경우 위험물의 조건
- 제6류 위험물
- 지정수량 20배 미만인 제4석유류
- 지정수량 20배 미만인 동식물유류
  위험물안전관리법 시행규칙 [별표 18] 제조소등에서의 위험물의 저장 및 취급에 관한 기준Ⅲ.6호
- 옥내저장소에서 위험물을 저장하는 경우에는 다음 각목의 규정에 의한 높이를 초과하여 용기를 겹쳐 쌓지 아니하여야 한다.
  가. 기계에 의하여 하역하는 구조로 된 용기만을 겹쳐 쌓는 경우에 있어서는 6m
  나. 제4류 위험물 중 제3석유류, 제4석유류 및 동식물유류를 수납하는 용기만을 겹쳐 쌓는 경우에 있어서는 4m
  다. 그 밖의 경우에 있어서는 3m

08 불활성가스 소화약제중 IG-541의 구성을 쓰시오.

해답 N_2(질소) 52%와 Ar(아르곤) 40%와 CO_2(이산화탄소) 8%의 혼합물

해설 불활성가스[IG(InergenGas)] 소화약제
- IG-01 : Ar(아르곤) 100%
- IG-100 : N_2(질소) 100%
- IG-55 : N_2(질소) 50%와 Ar(아르곤) 50%인 혼합물
- IG-541 : N_2(질소) 52%와 Ar(아르곤) 40%와 CO_2(이산화탄소) 8%의 혼합물

09 다음 물질이 위험물안전관리법령상 위험물이 되기 위한 기준을 쓰시오. (단, 조건이 없을 경우 "없음"이라 쓸 것)

① 과산화수소
② 질산
③ 과염소산

해답 ① 36중량% 이상 ② 비중 1.49 이상 ③ 없음

해설 질산(HNO_3) 과산화수소(H_2O_2) 과염소산($HClO_4$)은 모두 제6류 위험물(산화성액체)이며 질산(HNO_3)은 비중이 1.49 이상, 과산화수소(H_2O_2)는 36wt% 이상이어야 위험물에 해당하며 과염소산($HClO_4$)은 특별한 기준이 없다.

10 제1류 위험물인 과망간산칼륨에 대한 설명에서 옳은 것의 번호를 쓰시오.

① 물에 녹아서 보라색을 나타내고 강한 산화력과 살균력이 있다.
② 아세톤에 잘녹는다.
③ 염산과 반응하여 산소를 발생한다.

해답 ①, ②

해설 과망간산칼륨($KMnO_4$)이 염산(HCl)과 반응하면 염소(Cl_2)가 발생한다.

참고 · 과망간산칼륨($KMnO_4$)과 염산(HCl)의 반응식(실험실에서 염소의 제법)

$$2KMnO_4 + 16HCl \rightarrow 2KCl + 2MnCl_2 +$$
(과망간산칼륨)　(염산)　　　(염화칼륨)　(이산화망간)

$$8H_2O + 5Cl_2 \uparrow$$
(물)　　(염소)

11 위험물 옥내저장소에서 MEK 400ℓ, 아세톤 1,200ℓ, 등유 2,000ℓ를 저장할 경우 지정수량 배수의 총합을 구하시오.

[계산과정]

[답]

해답 [계산과정]

위험물의 지정수량 : MEK 200ℓ, 아세톤 400ℓ, 등유 1,000ℓ

지정수량 배수의 총합

$$= \frac{400ℓ}{200ℓ} + \frac{1,200ℓ}{400ℓ} + \frac{2,000ℓ}{1,000ℓ} = 7배$$

[답]7배

해설 MEK(메틸에틸케톤)은 제1석유류중 비수용성에 속하므로 지정수량이 200ℓ이다.

12 다음 보기의 위험물을 인화점이 낮은 순서대로 쓰시오

아닐린, 아세트산, 시안화수소, 메틸알코올, 아세트알데히드

해답 아세트알데히드, 시안화수소, 메틸알코올, 아세트산, 아닐린

해설 위험물의 인화점

- 아닐린($C_6H_5NH_2$) 제3석유류 : 75℃
- 아세트산(CH_3COOH) 제2석유류 : 40℃
- 시안화수소(HCN) 제1석유류 : -17℃
- 메틸알코올(CH_3OH) 알코올류 : 11℃
- 아세트알데히드(CH_3CHO) 특수인화물 : -38℃

13 다음 제1류 위험물에 대하여 물음에 답하시오.

① 과망간산칼륨, 과산화칼륨, 중크롬산칼륨, 질산암모늄 분해반응시 공통적으로 발생하는 기체의 명칭을 쓰시오.

② 다음 위험물의 분해반응식을 쓰시오.

ㄱ 과망간산칼륨

ㄴ 과산화칼륨

ㄷ 중크롬산칼륨

ㄹ 질산암모늄

해답 ① 산소

② ㄱ $2KMnO_4 \xrightarrow{\triangle} K_2MnO_4 + MnO_2 + O_2\uparrow$

ㄴ $2K_2O_2 \xrightarrow{\triangle} 2K_2O + O_2\uparrow$

ㄷ $4K_2Cr_2O_7 \xrightarrow{\triangle} 4K_2CrO_4 + 2Cr_2O_3 + 3O_2$

ㄹ $2NH_4NO_3 \xrightarrow{\triangle} 2N_2\uparrow + 4H_2O + O_2\uparrow$

해설
- 과망간산칼륨($KMnO_4$)의 열분해반응식
$2KMnO_4 \xrightarrow{\triangle} K_2MnO_4 + MnO_2 + O_2\uparrow$
(과망간산칼륨) (망간산칼륨) (이산화망간) (산소)

- 과산화칼륨(K_2O_2)의 열분해 반응식
$2K_2O_2 \xrightarrow{\triangle} 2K_2O + O_2\uparrow$
(과산화칼륨) (산화칼륨) (산소)

- 중크롬산칼륨($K_2Cr_2O_7$)의 열분해반응식
$4K_2Cr_2O_7 \xrightarrow{\triangle} 4K_2CrO_4 + 2Cr_2O_3 + 3O_2$
(중크롬산칼륨) (크롬산칼륨) (산화크롬) (산소)

- 질산암모늄(NH_4NO_3의 열분해반응식
$2NH_4NO_3 \xrightarrow{\triangle} 2N_2\uparrow + 4H_2O + O_2\uparrow$
(질산암모늄) (질소) (물) (산소)

14 황린에 대하여 다음 물음에 답하시오.

① 황린을 260℃로 가열시 생성되는 황린의 동소체로서 제2류 위험물인 것의 명칭을 쓰시오.

② 황린 연소 시 생성물질의 명칭을 쓰시오.

해답 ① 적린 ② 오산화린

해설 • 황린(P_4)의 연소반응식
$P_4 + 5O_2 \rightarrow 2P_2O_5$
(황린) (산소) (오산화린)

15 위험물 제조소외의 건축물의 외벽 및 이에 상당하는 공작물의 외측으로부터 당해 제조소의 외벽 또는 이에 상당하는 공작물의 외측까지의 수평거리를 쓰시오.

① 특고압가공전선 30,000V

② 제조소의 동일부지 이외의 주택

③ 학교 · 병원 · 극장 그 밖에 다수인을 수용하는 시설

④ 문화재보호법에 의한 유형문화재 및 기념물 중 지정문화재

해답 ① 3m 이상, ② 10m 이상,
③ 30m 이상, ④ 50m 이상

해설 위험물 제조소등의 안전거리
- 특고압가공전선(7,000V초과 35,000V 이하) : 3m 이상
- 특고압가공전선(35,000V초과) : 5m 이상
- 건축물 그 밖의 공작물로서 주거용으로 사용되는 곳(제조소가 설치된 부지 내에 있는 것을 제외한다.) : 10m 이상
- 고압가스, 액화석유가스, 도시가스를 제조 · 저장 또는 취급하는 시설 : 20m 이상
- 학교 · 병원 · 극장(300인 이상), 아동복지시설 등 다수인이 출입하는 곳(20명 이상) : 30m 이상
- 문화재보호법에 의한 유형문화재 및 기념물 중 지정문화재 : 50m 이상

16 톨루엔에 대하여 다음 물음에 답하시오.

① 구조식을 쓰시오.

② 증기비중을 구하시오.
[계산과정]
[답]

해답 ①   CH₃

② [계산과정]
톨루엔($C_6H_5CH_3$)의분자량 : $12 \times 7+8=92$

증기비중 $= \dfrac{92}{29} = 3.172$
[답] 3.17

해설 증기비중 $= \dfrac{분자량}{공기의 \ 평균 \ 분자량(약 \ 29)}$

17 비중이 0.8인 메틸알코올 50ℓ를 완전연소 시키는데 필요한 이론 산소량은 표준상태에서 몇 m³인지 구하시오.

[계산과정]
[답]

해답 [계산과정]
$CH_3OH +1.5O_2 \rightarrow CO_2 + 2H_2O$
메틸알코올(CH_3OH)의 1kg분자량 :
$12+4+16= 32kg/kmol$
메틸알코올(CH_3OH)의 질량 : $50ℓ \times 0.8$
$= 40kg$

$PV = \dfrac{WRT}{M}$ 에서 $V = \dfrac{WRT}{PM}$ 이므로

이론산소량(V) $= \dfrac{WRT}{PM} \times 1.5$

이론산소량(V) $= \dfrac{40 \times 0.082 \times (0+273)}{1 \times 32}$

$\times 1.5 = 41.973m^3$
[답] 41.97m³

해설
- 계산과정에서 화학반응식의 계수는 소수나 분수를 사용할 수 있다.
 완결된 화학반응식의 계수는 정수를 사용한다.
- 표준상태(STP) : 0℃, 1atm
- R(기체상수) : 0.082atm · m³/kmol · k
- T(절대온도) : (℃+273)k

18 황화린은 삼황화린, 오황화린, 칠황화린의 3가지 이성질체를 갖는다. 다음 물음에 답하시오. (조해성의 유무는 '있다', '없다'로 표시하시오.)

① 삼황화린의 분자식, 지정수량, 조해성의 유무
② 오황화린의 분자식, 지정수량, 조해성의 유무

③ 칠황화린의 분자식, 지정수량, 조해성의 유무

해답 ① P₄S₃, 100kg, 없다.
② P₂S₅, 100kg, 있다.
③ P₄S₇, 100kg, 있다.

해설 • 오황화린은 조해성으로 인하여 물과 반응하여 황화수소(H_2S)와 인산(H_3PO_4)을 생성한다.
• 칠황화린은 조해성으로 인하여 물과 반응하여 황화수소(H_2S)와 인산(H_3PO_4과 아인산(H_3PO_3)을 생성한다.

19 에탄올 46g과 나트륨이 반응할 때 1기압 25℃에서 생성되는 기체의 부피(ℓ)를 구하시오.

[계산과정]
[답]

해답 [계산과정]

$$Na + C_2H_5OH \rightarrow C_2H_5ONa + \frac{1}{2}H_2$$

에탄올(C_2H_5OH)의 1g 분자량] : $12 \times 2+6+16 = 46g/mol$

$PV = \dfrac{WRT}{M}$ 에서 $V = \dfrac{WRT}{PM}$ 이므로

수소의 부피(V) = $\dfrac{WRT}{PM} \times \dfrac{1}{2}$

수소의 부피(V) = $\dfrac{46 \times 0.082 \times (25+273)}{1 \times 46}$

$\times \dfrac{1}{2} = 12.218\,ℓ$

[답] 12.22 ℓ

해설 • 계산과정에서 화학반응식의 계수는 소수나 분수를 사용할 수 있다.
완결된 화학반응식의 계수는 정수를 사용한다.
• 표준상태(STP): 0℃, 1atm
• R(기체상수): 0.082atm · L/mol · k
• T(절대온도): (℃+273)k

20 다음 보기의 제4류 위험물 중 제3석유류를 찾아 쓰시오.

니트로톨루엔, 니트로글리세린, 니트로벤젠, 글리세린

해답 니트로톨루엔, 니트로벤젠, 글리세린

해설 1기압에서 제4류 위험물중 제3석유류의 인화점 분포는 70℃ 이상 200℃ 미만이다
• 위험물의 인화점.
니트로톨루엔($C_6H_4NO_2CH_3$) : 106℃
니트로글리세린[$C_3H_5(ONO_2)_3$] : 제5류 위험물중 질산에스테르류로 인화점 없음
니트로벤젠($C_6H_4NO_2$) : 88℃
글리세린[$C_3H_5(OH)_3$] : 160℃

01 제6류 위험물에 대한 다음 물음에 답하시오.

① 피부에 닿으면 노란색으로 변하는 반응의 이름은 무엇인지 쓰시오.

② ①의 물질이 햇빛에 의해 분해되는 반응식을 쓰시오.

해답 ① 크산토프로테인 반응

② $4HNO_3 \xrightarrow{\triangle} 4NO_2\uparrow + 2H_2O + O_2\uparrow$

참고 • 질산(HNO_3)의 열분해 반응식

$4HNO_3 \xrightarrow{\triangle} 4NO_2\uparrow + 2H_2O + O_2\uparrow$
　　(질산)　　　(이산화질소)　(물)　(산소)

02 1소요단위에 대하여 해당하는 수치를 ( ) 안에 쓰시오.

① 외벽이 내화구조인 제조소 및 취급소의 연면적 ( )m^2

② 외벽이 비내화구조인 제조소 및 취급소의 연면적 ( )m^2

③ 외벽이 내화구조인 저장소의 연면적 ( )m^2

④ 외벽이 비내화구조인 저장소의 연면적 ( )m^2

⑤ 위험물의 지정수량 ( )배

해답 ① 100, ② 50, ③ 150, ④ 75 ⑤ 10

03 90wt% 과산화수소용액 1kg을 10wt% 과산화수소용액으로 만들려면 물을 몇 kg 더 첨가하여야 하는가?

해답 [계산과정]

90wt% 과산화수소용액 1kg은 물 0.1kg에 과산화수소 0.9kg이 녹아있다.

%농도 $= \dfrac{용질}{용액(용매+용질)} \times 100$에서

$10\% = \dfrac{용질}{(0.1+0.9+x)} \times 100$이므로

$(0.1+0.9+x) = \dfrac{0.9}{10} \times 100 \times \dfrac{0.9}{10} \times 100$

$- (0.1+0.9) = 8kg$

[답] 8kg

04 다음 제1류 위험물의 화학식을 쓰시오.

① 과산화칼슘

② 과망간산칼륨

③ 질산암모늄

해답 ① CaO_2 ② $KMnO_4$ ③ NH_4NO_3

05 다음 [보기]에서 설명한 위험물에 대해 다음 물음에 답하시오.

[보기]
• 강산화제이다.
• 가열하면 400℃에서 아질산칼륨과 산소를 발생한다.
• 흑색화약의 제조나 금속 열처리제 등의 용도로 사용된다.

① 품명을 쓰시오.

② 지정수량을 쓰시오.

③ 화학식을 쓰시오.

해답 ① 질산염류, ② 300kg, ③ KNO_3

06 다음 보기에서 주어진 반응식을 보고, ( ) 안에 물질에 대해 다음 물음에 답하시오.

보기
( ) + $2H_2O$ → $Ca(OH)_2$ + $2H_2\uparrow$

① 품명

② 지정수량

③ 위험등급

해답 ① 금속의 수소화물 ② 300kg ③ Ⅲ

참고 수소화칼슘(CaH₂)과 물(H₂O)의 반응식
$$CaH_2 + 2H_2O \rightarrow Ca(OH)_2 + 2H_2\uparrow$$
<small>(수소화칼슘)　(물)　(수산화칼슘)　(수소)</small>

07 나트륨에 대해 다음 물음에 답하시오.
① 나트륨과 물과의 반응식을 쓰시오.
② 발생하는 기체의 연소반응식을 쓰시오.

해답 ① $2Na + 2H_2O \rightarrow 2NaOH + H_2$
② $2H_2 + O_2 \rightarrow 2H_2O$

참고 제3류 위험물 나트륨(Na)의 화학반응식
• 나트륨(Na)과 물(H₂O)의 화학반응식
$$2Na + 2H_2O \rightarrow 2NaOH + H_2\uparrow$$
<small>(나트륨)　(물)　(수산화나트륨)　(수소)</small>
• 수소(H₂)의 연소반응식
$$2H_2 + O_2 \rightarrow 2H_2O$$
<small>(수소)　(산소)　(물)</small>

08 제2류 위험물인 황에 대해 다음 물음에 답하시오.
① 연소반응식
② 위험물의 조건
③ ( ) 안에 알맞은 말을 쓰시오.
　순도 측정에 있어서 불순물은 활석 등 (㉮)과 (㉯)에 한한다.

해답 ① $S + O_2 \rightarrow SO_2\uparrow$
② 순도가 60중량% 이상인 것
③ ㉮ 불연성물질 ㉯ 수분

참고 황(S)의 연소반응
$$S + O_2 \rightarrow SO_2\uparrow$$
<small>(황)　(산소)　(이산화황)</small>

09 다음 물질의 연소반응식을 쓰시오.
① 삼황화인
② 오황화인

해답 ① $P_4S_3 + 8O_2 \rightarrow 2P_2O_5 + 3SO_2\uparrow$
② $2P_2S_5 + 15O_2 \rightarrow 2P_2O_5 + 10SO_2\uparrow$

참고 제2류 위험물 황화린의 연소반응식
• 삼황화린(P₄S₃)의 연소반응
$$P_4S_3 + 8O_2 \rightarrow 2P_2S_5 + 3SO_2\uparrow$$
<small>(삼황화린)　(산소)　(오산화린)　(이산화황)</small>
• 오황화린(P₂S₅)의 연소반응식
$$2P_2S_5 + 15O_2 \rightarrow 2P_2O_5 + 10SO_2\uparrow$$
<small>(오황화린)　(산소)　(오산화린)　(이산화황)</small>

10 위험물안전관리법령상 다음의 경우 주유취급소의 고정주유설비 또는 고정급유설비의 펌프기기 주유관 선단에서의 최대토출량은 각각 분당 몇 L 이하이어야 하는지 쓰시오. (단, 이동저장탱크에 주입하는 경우는 제외한다.)
① 휘발유
② 등유
③ 경유

해답 ① 50L ② 80L ③ 150L

11 피리딘에 대해 다음 물음에 답하시오.
① 화학식
② 분자량

해답 ① C_5H_5N
② [계산과정]
　　$C_5H_5N = 12 \times 5 + 5 + 14 = 79$
[답] 79

12 0℃, 1기압에서 아세톤의 증기밀도(g/L)를 구하시오.

> **해답** [계산과정]
> 아세톤(CH_3COCH_3)의 1g분자량: 58g/mol
> 0℃, 1기압에서 모든 기체 1mol의 체적: 22.4L/mol
> 증기밀고 = $\dfrac{58g/mol}{22.4L/mol}$ = 2.589g/L
> [답]2.59g/L

13 아세트산에 대해 다음 물음에 답하시오.
① 시성식을 쓰시오.
② 증기비중을 구하시오.

> **해답** ① CH_3COOH
> ② [계산과정]
> 아세트산(CH_3COOH)의 분자량: 60
> 공기의 평균분자량: 29
> 증기비중 = $\dfrac{29}{60}$ = 2.068
> [답] 2.07

14 간이탱크저장소의 밸브 없는 통기관의 기준 3가지를 쓰시오.

> **해답** ① 통기관의 지름은 25mm 이상으로 할 것
> ② 통기관은 옥외에 설치하되, 그 끝부분의 높이는 지상 1.5m 이상으로 할 것
> ③ 통기관의 끝부분은 수평면에 대하여 아래로 45° 이상 구부려 빗물 등의 침투를 방지할 것
> ④ 가는 눈의 구리망 등으로 인화방지장치를 할 것. 다만, 인화점 70℃ 이상의 위험물만을 해당 위험물의 인화점 미만의 온도로 저장 또는 취급하는 탱크에 설치하는 통기관에는 인화방지장치를 설치하지 않아도 된다. 중 3가지

15 다음 [보기]의 제5류 위험물들의 지정수량 배수의 합을 구하시오.

> [보기]
> 질산에스테르류 50kg, 히드록실아민 300kg, 니트로화합물 400kg

> **해답** [계산과정]
> 위험물의 지정수량
> 질산에스테르류 10kg, 히드록실아민 100kg, 니트로화합물 200kg
> 지정수량의 배수 = $\dfrac{5}{10} + \dfrac{300}{100} + \dfrac{400}{200}$ = 10배
> [답]10배

16 동식물유는 요오드값을 기준으로 하여 건성유, 반건성유, 불건성유로 나눈다. 다음 동식물유의 요오드값 범위를 쓰시오.
① 건성유
② 불건성유

> **해답** ① 130이상
> ② 100이하

17 다음은 위험물안전관리법령상 위험물제조소 환기설비의 급기구 면적에 대한 내용이다. 빈칸에 알맞은 내용을 쓰시오.

바닥면적	급기구의 면적
(①)m² 미만	150cm² 이상
(①)m² 이상 (②)m² 미만	300cm² 이상
(②)m² 이상 120m² 미만	450cm² 이상
120m² 이상 150m² 미만	(③)cm² 이상

> **해답** ① 60 ② 90 ③ 600

참고

바닥면적	급기구의 면적
60m² 미만	150cm² 이상
60m² 이상 90m² 미만	300cm² 이상
90m² 이상 120m² 미만	450cm² 이상
120m² 이상 150m² 미만	600cm² 이상

18 트리니트로톨루엔(TNT)에 대해 다음 물음에 답하시오.

① 물과 벤젠에 대한 용해성을 쓰시오. (단, 용해되면 "용해", 용해되지 않으면 "불용"이라고 쓰시오.)

② 지정수량을 쓰시오.

③ 제조원료 물질 2가지를 쓰시오.

해답 ① 물에 불용, 벤젠에 용해
② 200kg ③ 톨루엔, 질산

19 아세트알데히드등의 저장기준에 대해 다음 ( ) 안에 알맞은 용어 또는 수치를 쓰시오.

① 보냉장치가 있는 이동저장탱크에 저장하는 아세트알데히드등의 온도는 당해 위험물의 ( ) 이하로 유지할 것

② 보냉장치가 없는 이동저장탱크에 저장하는 아세트알데히드등의 온도는 ( )℃ 이하로 유지할 것

해답 ① 비점 ② 40

20 탄소 100kg을 완전연소 시키기 위하여 표준상태에서 몇 m3의 공기가 필요한가? (단, 공기는 질소 79vol%, 산소 21vol%로 한다.)

해답 [계산과정]

$$공기의\ 체적 = \frac{산소의\ 농도}{0.21}$$

표준상태(0℃, 1atm)에서 모든기체 1kmol의 체적은 22.4m³/kmol이다.

$$C + O_2 \rightarrow CO_2 \uparrow$$

12kg/kmol : 22.4m³/kmol

100kg : xm³

$$공기의\ 체적 = \frac{100 \times 22.4}{12} \times \frac{1}{0.21}$$

$$= 88.888m^3$$

[답] 88.89

01 위험물안전관리법령에 따른 위험물을 취급하는 제조소의 보유공지 너비에 대하여 다음 물음에 알맞은 보유공지 너비를 쓰시오.

① 지정수량 5배 이하

② 지정수량 10배 이하

③ 지정수량 100배 이하

해답 ① 3m 이상 ② 3m 이상 ③ 5m 이상

참고 위험물 제조소의 보유공지 규정

취급하는 위험물의 최대수량	공지의 너비
지정수량의 10배 이하	3m 이상
지정수량의 10배 초과	5m 이상

02 질산이 햇빛에 의해 완전히 분해할 경우 다음 물음에 알맞은 답을 쓰시오.

① 분해반응식을 쓰시오.

② 생성되는 유독성 기체의 명칭을 쓰시오.

해답 ① $4HNO_3 \xrightarrow{\triangle} 4NO_2\uparrow + 2H_2O + O_2\uparrow$

② 이산화질소

참고 • 질산(HNO_3)의 열분해 반응식

$$4HNO_3 \xrightarrow{\triangle} 4NO_2\uparrow + 2H_2O + O_2\uparrow$$
　　　(질산)　　(이산화질소)　(물)　(산소)

03 아닐린에 대하여 다음 각 물음에 알맞은 답을 쓰시오.

① 품명

② 지정수량

③ 분자량

해답 ① 제3석유류

② 2,000L

③ [계산과정]

$C_6H_5NH_2 : 12 \times 6 + 7 + 14 = 92$

[답] 92

04 경유 500L, 중유 200L, 등유 300L, 톨루엔 400L를 보관하고 있다. 위험물안전관리법령상 각 위험물의 지정수량 배수의 총 합은 얼마인지 구하시오

해답 [계산과정]

위험물의 지정수량

경유 1,000L, 중유 2,000L, 등유 1,000L, 톨루엔 200L

지정수량의 배수 =

$$\frac{500}{1,000} + \frac{200}{2,000} + \frac{300}{1,000} + \frac{400}{200} = 3배$$

[답] 3배

05 다음 [보기]에서 비중이 물보다 큰 것을 모두 선택하여 쓰시오

[보기]
클로로벤젠, 이황화탄소, 산화프로필렌, 글리세린, 피리딘

해답 클로로벤젠, 이황화탄소, 글리세린

참고 위험물의 비중

클로로벤젠 1.11, 이황화탄소 1.26, 산화프로필렌 0.83, 글리세린 1.26, 피리딘 0.98

06 제1류 위험물인 과산화칼륨에 대하여 다음 물음에 알맞은 답을 쓰시오. (단, 해당사항이 없으면 "해당 없음"이라고 표기할 것)

① 과산화칼륨과 물의 반응식을 쓰시오.

② 과산화칼륨과 이산화탄소의 반응식을 쓰시오.

해답 ① $2K_2O_2 + 2H_2O \rightarrow 4KOH + O_2\uparrow$

② $2K_2O_2 \xrightarrow{\triangle} 2K_2O + O_2\uparrow$

참고 • 과산화칼륨(K_2O_2)과 물(H_2O)과의 반응식

$2K_2O_2 + 2H_2O \rightarrow 4KOH + O_2\uparrow$

(과산화칼륨) (물) (수산화칼륨) (산소)

• 과산화칼륨(K_2O_2)의 열분해 반응식

$2K_2O_2 \xrightarrow{\triangle} 2K_2O + O_2\uparrow$

(과산화칼륨) (산화칼륨) (산소)

07 [보기]에서 에서 설명하는 물질에 대하여 다음 물음에 알맞은 답을 쓰시오.

> [보기]
> ㉮ 포름알데히드의 주재료로 사용된다.
> ㉯ 독성이 있고 마셨을 경우 실명의 위험이 있다.
> ㉰ 비점 65℃, 비중 0.79, 인화점 11C

① 연소반응식을 쓰시오.
② 위험등급을 쓰시오.
③ 구조식을 쓰시오.

해답 ① $2CH_3OH + 3O_2 \rightarrow 2CO_2\uparrow + 4H_2O$

② Ⅱ 등급

③

```
        H
        |
H — C — O — H
        |
        H
```

참고 • 메틸알코올(CH_3OH)의 연소반응식

$2CH_3OH + 3O_2 \rightarrow 2CO_2\uparrow + 4H_2O$

(메틸알코올) (산소) (이산화탄소) (물)

08 제2류 위험물인 적린에 대하여 다음 물음에 알맞은 답을 쓰시오.

① 연소반응식을 쓰시오.
② 생성되는 기체의 명칭을 쓰시오.

해답 ① $4P + 5O_2 \rightarrow 2P_2O_5$

② 오산화린

참고 • 적린(P)의 연소반응식

$4P + 5O_2 \rightarrow 2P_2O_5$

(적린) (산소) (오산화린)고]

09 다음 할로겐화합물의 Halon 번호를 쓰시오.

① CF3Br
② CF2BrCl
③ C2F4Br2

해답 ① 1301 ② 1211 ③ 2402

참고 Halon 번호는 C F Cl Br I의 개수를 순서대로 기록한 것이다.

10 이황화탄소 20kg이 모두 증기가 된다면 3기압 120℃에서 몇 L가 되는지 구하시오.

해답 [계산과정]

이황화탄소(CS_2)의 1kg분자량 $12+32\times 2$
= 76kg/kmol

이황화탄소 20kg은 20,000g

$PV = \dfrac{WRT}{M}$ 에서 $V = \dfrac{WRT}{PM}$ 이므로

$V = \dfrac{20,000 \times 0.082 \times (120+273)}{3 \times 76}$

= 2,826.842L

[답] 2,826.84L

11 나트륨에 대하여 다음 물음에 알맞은 답을 쓰시오.

① 나트륨이 물과 반응하는 반응식을 쓰시오.
② 나트륨 1kg이 물과 반응할 경우 생성되는 가스의 부피(m3)를 구하시오. 단, 표준상태이다.)

해답 ① $2Na + 2H_2O \rightarrow 2NaOH + H_2\uparrow$

② [계산과정]

나트륨(Na)의 1kg 분자량 23kg/kmol

모든 기체 1kmol의 체적은 22.4m3/kmol

$2Na + 2H_2O \rightarrow 2NaOH + H_2\uparrow$

$2 \times 23kg$: $22.4m3/kmol$

$1kg$: χ

$\chi = \dfrac{1 \times 22.4}{2 \times 23} = 0.486m3$

[답] 0.49m3

참고 • 나트륨(Na)과 물(H_2O)의 화학반응식

$2Na + 2H_2O \rightarrow 2NaOH + H_2\uparrow$
(나트륨)　(물)　　(수산화나트륨)　(수소)

---

12 제4류 위험물인 디에틸에테르에 대하여 다음 물음에 알맞은 답을 쓰시오.

① 증기비중을 구하시오.
② 과산화물의 생성여부를 확인하는 방법을 간단히 설명하시오.
③ 지정수량을 쓰시오.

해답 ① [계산과정]
디에틸에테르($C_2H_5OC_2H_5$)의 분자량은 $12 \times 4+10+16=74$
공기의 평균분자량 29
증기비중 = $\dfrac{74}{29}$ = 2.551
[답] 2.55

② 요오드화칼륨 10% 수용액을 반응시키면 황색으로 변하는 것을 확인한다.
③ 50L

---

13 제4류 위험물인 에틸알코올에 대하여 다음 물음에 알맞은 답을 쓰시오.

① 1차 산화하였을 때 생성되는 특수인화물의 명칭을 쓰시오.
② ①에서 생성되는 물질이 다시 공기 중에서 산화할 경우 생성되는 제2석유류의 명칭을 쓰시오.

③ 에틸알코올의 연소범위가 4.3~19%일 경우 위험도를 구하시오.

해답 ① 아세트알데히드
② 아세트산
③ [계산과정]
위험도(H) = $\dfrac{U-L}{L}$ 에서 $H = \dfrac{19-4.3}{4.3}$ = 3.148
[답] 3.15

---

14 다음 그림과 같은 원형 위험물 저장탱크의 내용적은 몇 m3인지 구하시오. (단, r: 1m, ℓ: 5m, ℓ_1: 0.4m, ℓ_2: 0.5m,이다.)

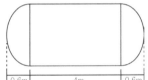

해답 [계산과정]
내용적(V) = $\pi r^2(\ell + \dfrac{\ell_1+\ell_2}{3})$ 에서
$V = \pi \times 1^2 \times (5 + \dfrac{0.4+0.5}{3})$ = 16.650m³
[답] 16.65m3

---

15 다음 위험물에 대하여 시성식과 지정수량을 쓰시오.

① 클로로벤젠
② 톨루엔
③ 메틸알코올

해답 ① 시성식 C_6H_5Cl, 지정수량 1,000L
② 시성식 $C_6H_5CH_3$, 지정수량 200L
③ 시성식 CH_3OH, 지정수량 400L

참고 위험물의 지정수량
클로로벤젠(C_6H_5Cl) 제2석유류 비수용성 1,000L

톨루엔($C_6H_5CH_3$) 제1석유류 비수용성 200L
메틸알코올(CH_3OH) 알코올류 400L

16 제2류 위험물 중 마그네슘에 대하여 다음 각 물음에 알맞은 답을 쓰시오.

① 마그네슘의 연소반응식을 쓰시오.
② 마그네슘 1몰이 연소할 경우 필요한 산소의 부피(L)를 구하시오.(단, 표준상태이 다.)

해답 ① $2Mg + O_2 \rightarrow 2MgO$
② [계산과정]
모든 기체 1mol의 체적은 22.4L/mol
$2Mg + O_2 \rightarrow 2MgO$
2mol : 22.4L/mol
1mol : χ

$\chi = \dfrac{22.4}{2} = 11.2L$

[답]11.2L

참고 마그네슘의 연소반응식
$2Mg + O_2 \rightarrow 2MgO$
(마그네슘) (산소)　(산화마그네슘)

17 위험물안전관리법령상 다음 각 위험물의 운반 용기 외부에 표시해야 하는 주의사항을 모두 쓰시오.

① 제1류 위험물 중 알칼리금속의 과산화물
② 제2류 위험물 중 철분, 금속분, 마그네슘
③ 제3류 위험물 중 자연발화성 물질
④ 제4류 위험물
⑤ 제6류 위험물

해답 ① 화기, 충격주의, 가연물접촉주의, 물기 엄금
② 화기주의, 물기엄금
③ 화기엄금 및 공기접촉엄금
④ 화기엄금
⑤ 가연물접촉주의

18 위험물안전관리법령상 이동탱크저장소에 의한 위험물의 운송시에 준수하여야 하는 기준이다. 다음 ( )안에 알맞은 답을 쓰시오.

위험물운송자는 장거리[고속국도에 있어서는(①)km 이상, 그 밖의 도로에 있어서는(②)km 이상을 말한다.]에 걸치는 운송을 하는 때에는 2명 이상의 운전자로 할 것. 다만, 다음 1에 해당하는 경우에는 그러하지 아니하다.
1) 운송책임자를 동승시킨 경우
2) 운송하는 위험물이 제2류 위험물·제3류 위험물(칼슘 또는 알루미늄의 탄화물과 이것만을 함유한 것에 한한다.) 또는 (③) 위험물(특수인화물을 제외한다.)인 경우
3) 운송도중에 (④)시간 이내마다 (⑤)분 이상씩 휴식하는 경우

해답 ① 340 ② 200 ③ 제4류 ④ 2 ⑤ 20

19 제3류 위험물인 탄화알루미늄에 대하여 다음 물음에 알맞은 답을 쓰시오.

① 탄화알루미늄이 물과 반응하는 반응식을 쓰시오.
② ①에서 생성되는 가스의 연소반응식을 쓰시오.

해답 ① $Al_4C_3 + 12H_2O \rightarrow 4Al(OH)_3 + 3CH_4\uparrow$
② $CH_4 + 2O_2 \rightarrow CO_2\uparrow + 2H_2O$

참고 탄화알루미늄(Al_4C_3)의 화학반응식
• 탄화알루미늄(Al_4C_3)과 물(H_2O)의 반응식
$Al_4C_3 + 12H_2O \rightarrow 4Al(OH)_3 + 3CH_4\uparrow$
(탄화알루미늄) (물)　　(수산화알루미늄)　　(메탄)
• 메탄(CH_4)의 연소반응식
$CH_4 + 2O_2 \rightarrow CO_2\uparrow + 2H_2O$
(메탄)　(산소)　(이산화탄소)　　(물)

20 위험물안전관리법령에 따른 소화설비 적응성에 관한 내용이다. 다음 물분무소화설비의 적응성이 있는 경우 빈칸에 ○ 표를 하시오

소화설비의 구분	건축물·그 밖의 공작물	전기설비	제1류 위험물		제2류 위험물			제3류 위험물		제4류 위험물	제5류 위험물	제6류 위험물
			알칼리금속과산화물 등	그 밖의 것	철분·금속분·마그네슘 등	인화성고체	그 밖의 것	금수성물품	그 밖의 것			
물분무소화설비												

해답

	건축물·그 밖의 공작물	전기설비	알칼리금속과산화물 등	그 밖의 것	철분·금속분·마그네슘 등	인화성고체	그 밖의 것	금수성물품	그 밖의 것	제4류 위험물	제5류 위험물	제6류 위험물
물분무소화설비	○	○		○		○	○		○	○	○	○

01 1kg의 탄산가스를 표준상태에서 소화기로 방출할 경우 부피는 약 몇 L 인지 구하시오.

해답 [계산과정]

CO_2 1g분자량은 44g/mol

표준상태에서 모든 기체 1몰의 체적은 22.4L/mol이다.

CO_2 1,000g의 체적 = $\dfrac{1,000g}{44g/mol} \times 22.4$L/mol = 509.090L

[답] 509.09L

02 다음 위험물의 연소반응식을 쓰시오.

① 삼황화린

② 오황화린

해답 ① 삼황화린

② 오황화린

참고 황화린의 연소반응식

• 삼황화린(P_4S_3)의 연소반응식

$P_4S_3 + 8O_2 \rightarrow 2P_2O_5 + 3SO_2\uparrow$
(삼황화린)　(산소)　　(오산화린)　(이산화황)

• 오황화린(P_2O_5)의 연소반응식

$2P_2O_5 + 15O_2 \rightarrow 2P_2O_5 + 10SO_2\uparrow$
(오황화린)　(산소)　(오산화린)　(이산화황)

03 크실렌 이성질체 3가지에 대한 명칭과 구조식을 쓰시오.

해답

오르소크실렌　　메타크실렌　　파라크실렌

04 다음 할로겐화합물소화약제의 할론넘버를 쓰시오.

① $C_2F_4Br_2$

② CF_2ClBr

③ CH_3I

해답 ① 2402　② 1211　③ 10001

참고 할론넘버는 C F Cl Br I 의 개수를 순서대로 기록한 것이다.

05 [보기]의 위험물의 발화점이 낮은 순서에서 높은 순서로 나열하시오.

> [보기]
> 디에틸에테르, 이황화탄소, 휘발유, 아세톤

해답 이황화탄소, 디에틸에테르, 휘발유, 아세톤

참고 제4류 위험물의 발화점(착화점)

이황화탄소(CS_2) 특수인화물 100℃

디에틸에테르($C_2H_5OC_2H_5$) 특수인화물 180℃

휘발유 제1석유류 약 300℃

아세톤(CH_3COCH_3) 제1석유류 538℃

06 위험물안전관리법령상 이동탱크저장소의 기준이다. 다음 (　)안에 알맞은 답을 쓰시오.

• 압력탱크(최대상용압력이 46.7kPa 이상인 탱크를 말한다)외의 탱크는 (①)kPa의 압력으로, 압력탱크는 최대상용압력의 (② 배의 압력으로 각각 10분간의 수압시험을 실시하여 새거나 변형되지 아니할 것.

• 이동저장탱크는 그 내부에 (③)L 이하마다 (④)mm 이상의 강철판 또는 이와 동등 이상의 강도와 내열성 및 내식성이 있는 금속성의 것으로 간막이를 설치하여야 한다. 탱크(맨홀 및 주입관의 뚜껑을 포함한다.)는 두께(⑤)mm 이상의 강철판으로 한다.

해답 ① 70 ② 10 ③ 4,000 ④ 3.2 ⑤ 3.2

07 위험물안전관리법령에서 정한 제6류 위험물인 질산, 과염소산, 과산화수소의 공통적인 특성에 대하여 다음 [보기]에서 틀린 부분을 찾아 고치시오

[보기]
① 산화성액체이다.
② 유기화합물이다.
③ 물에 잘 녹는다.
④ 물보다 가볍다.
⑤ 불연성이다.

해답 ② 무기화합물이다.
　　　④ 물보다 무겁다.

08 다음 제5류 위험물에 대하여 화학식을 쓰시오.
① 과산화벤조일
② 질산메틸
③ 니트로글리콜

해답 ① $(C_6H_5CO)_2O_2$ ② $C_2H_5ONO_2$
　　　③ $C_2H_4(ONO_2)_2$

09 다음 보기 중 수용성물질을 골라 번호로 쓰시오.

[보기]
① 이소프로필알코올 ② 이황화탄소 ③ 시클로핵산 ④ 벤젠 ⑤ 아세톤 ⑥ 아세트산

해답 ① ⑤ ⑥

10 위험물안전관리법령에 따른 1가에서 3가의 알코올 중 알코올류에 해당하지 않는 조건 2가지를 쓰시오.

해답 ① 알코올류는 수산가가 1개인 포화1가 알코올이므로 수산기가 2개인 2가 알코올은 알코올류가 될 수 없다.
　　　② 수산기가 3개인 3가 알코올도 알코올류가 될 수 없다.

참고 2가 알코올과 3가 알코올
에틸렌글리콜[$C_2H_4(OH)_2$]은 2가 알코올이며 제3석유류에 속한다.
글리세린[$C_3H_5(OH)_3$]은 3가 알코올이며 제3석유류에 속한다.

11 다음 위험물에 대하여 시성식과 지정수량을 쓰시오.
① 클로로벤젠
　시성식:
　지정수량:
② 톨루엔
　시성식:
　지정수량:
③ 메틸알코올
　시성식:
　지정수량:

해답 ① C_6H_5Cl, 1,000L
　　　② $C_6H_5CH_3$, 200L
　　　③ CH_3OH, 400L

12 다음 [보기]에서 건성유, 반건성유, 불건성유로 구분하여 쓰시오.

[보기]
① 아마인유 ② 들기름 ③ 참기름
④ 야자유   ⑤ 동유

해답 ① 건성유 ② 건성유 ③ 반건성유
④ 불건성유 ⑤ 건성유

13 다음 [보기]의 제2류 위험물에 대하여 알맞은 답을 쓰시오

[보기]
– 주기율표 상의 2족 원소로 분류 된다.
– 은백색의 무른 경금속이다.
– 비중은 1.740이고 녹는점은 650℃

① 연소반응식을 쓰시오.
② 물과 반응하여 수소가 생성되는 반응식을 쓰시오.

해답 ① $2Mg + O_2 \rightarrow 2MgO$
② $Mg + 2H_2O \rightarrow Mg(OH)_2 + H_2\uparrow$

참고 마그네슘의 화학반응식
- 마그네슘(Mg)의 연소반응식
$2Mg + O_2 \rightarrow 2MgO$
(마그네슘) (산소) (산화마그네슘)

- 마그네슘(Mg)과 물(H$_2$O)의 반응식.
$Mg + 2H_2O \rightarrow Mg(OH)_2 + H_2\uparrow$
(마그네슘) (물) (수산화마그네슘) (수소)

14 위험물안전관리법령에 대하여 다음 물음에 알맞은 답을 쓰시오.
① 제조소등의 관계인은 정기점검을 연간 몇 회 이상을 실시하여야 하는지 쓰시오.
② 제조소등 설치자의 지위승계에 대한 내용으로 맞는 것을 모두 고르시오.

㉮ 제조소등의 설치자가 사망한 경우
㉯ 제조소등을 양도한 때
㉰ 법인인 제조소등의 설치자의 합병이 있을 때

③ 제조소등의 폐지에 대하여 틀린 내용을 모두 고르시오.
㉮ 용도폐지는 장래에 대하여 위험물시설로서의 기능을 완전히 상실시키는 것을 말한다.
㉮ 용도폐지는 제조소등의 관계인이 한다.
㉯ 시 도지사 신고 후 14일 이내 폐지한다.
㉰ 제조소등의 폐지에 필요한 서류는 용도폐지 신청서, 완공검사합격확인증이다.

해답 ① 연 1회 ② ㉮ ㉯ ㉰ ③ ㉯

참고 제조소등의 용도폐지 신고는 용도를 폐지한 날로부터 14일 이내에 한다.

15 제4류 위험물 중 위험등급 II에 해당하는 위험물안전관리법령상 품명을 2가지 쓰시오.

해답 제1석유류, 알코올류

16 다음 분말소화약제의 1차 분해반응식을 쓰시오.
① $NaHCO_3$
② $NH_4H_2PO_4$

해답 ① $2NaHCO_3 \xrightarrow{\triangle} Na_2CO_3 + CO_2\uparrow + H_2O$
② $NH_4H_2P_4 \xrightarrow{\triangle} H_3PO_4 + NH_3\uparrow$

참고 • 탄산수소나트륨($NaHCO_3$)의 열분해반응식
$2NaHCO_3 \xrightarrow{\triangle} Na_2CO_3 + CO_2\uparrow + H_2O$
(탄산수소나트륨) (탄산나트륨) (이산화탄소) (물)

• 제1인산암모늄($NH_4H_2P_4$)의 반응메카니즘

① 190℃

$$NH_4H_2P_4 \xrightarrow{\triangle} H_3PO_4 + NH_3\uparrow$$
(인산암모늄) (오르소인산) (암모니아)

② 215℃

$$2H_3PO_4 \xrightarrow{\triangle} H_4P_2O_7 + H_2O$$
(오르소인산) (피로인산) (물)

③ 300℃이상

$$H_4P_2O_7 \xrightarrow{\triangle} 2HPO_3 + H_2O$$
(피로인산) (메타인산) (물)

17 다음은 위험물안전관리법령에서 정한 탱크 용적 산정기준에 관한 내용이다. ( )안에 알맞은 수치를 쓰시오.

위험물을 저장 또는 취급하는 탱크의 용량은 당해 탱크 내용적에서 공간용적을 변 용적으로 한다. 탱크의 공간용적은 탱크의 내용적의 100분의(①) 이상 100분의 (②)이하의 용적으로 한다. 다만, 소화설비(소화약제 방출구를 탱크안의 윗부분에 설치하는 것에 한한다.)를 설치하는 탱크의 공간용적은 해당 소화설비의 소화약제 방출구 아래의(③)미터 이상(④)미터 미만 사이의 면으로부터 윗부분의 용적으로 한다.

해답 ① 5 ② 10 ③ 0.3 ④ 1

18 제4류 위험물인 아세톤에 대하여 다음 물음에 알맞은 답을 쓰시오.

① 연소반응식을 쓰시오.
② 표준상태에서 아세톤 1kg이 연소할 경우 필요한 공기량(m3)을 구하시오. (단, 산소의 농도는 21vol%이다.)

해답 ① $CH_3COCH_3 + 4O_2 \rightarrow 3CO_2\uparrow + 3H_2O$
② [계산과정]

공기량=산소의 체적$\times\dfrac{1}{0.21}$

아세톤(CH_3COCH_3)의 1kg분자량 12 $\times$3+6+16 = 58kg/kmol

표준상태에서 모든기체 1kmol의 체적

은 22.4m3/kmol이다.

$$CH_3COCH_3 + 4O_2 \rightarrow 3CO_2\uparrow + 3H_2O$$
58kg/kmol : 4×22.4m3/kmol
1kg : χ

산소량 $\chi = \dfrac{1\times4\times22.4}{58}$

공기량 = 산소량 $\times\dfrac{1}{0.21}$이므로

$$\frac{1\times4\times22.4}{58}\times\frac{1}{0.21} = 7.356\text{m}^3$$

[답] 7.36m^3

참고 • 아세톤(CH_3COCH_3)의 연소반응식
$$CH_3COCH_3 + 4O_2 \rightarrow 3CO_2\uparrow + 3H_2O$$
(아세톤) (산소) (이산화탄소) (물)

19 디에틸에테르 100L, 이황화탄소 150L, 아세톤 200L, 휘발유 400L를 저장 및 취급할 경우 지정수량 배수의 총 합을 구하시오.

해답 [계산과정]
위험물의 지정수량
디에틸에테르 50L, 이황화탄소 50L, 아세톤 400L, 휘발유 200L

지정수량의 배수 = $\dfrac{100\ell}{50\ell} + \dfrac{150\ell}{50\ell}$

$+ \dfrac{200\ell}{400\ell} + \dfrac{400\ell}{200\ell} =$7.5배

[답] 7.5배

20 위험물안전관리법령상 위험물 제조소에 설치하는 주의사항 게시판의 바탕색과 글자색을 알맞게 쓰시오.

① 인화성고체
  ㉮ 바탕색 ㉯ 글자색
② 금수성물질
  ㉮ 바탕색 ㉯ 글자색

해답 ① ㉮ 적색 ㉯ 백색
  ② ㉮ 청색 ㉯ 백색

2022년 8월 14일 시행

모든 계산문제는 소수 3째자리까지 계산하고 반올림하여 소수 2째자리를 답으로 합니다.

01 다음 물질이 물과 반응할 경우 생성되는 기체의 명칭을 쓰시오. (단, 없으면 없음이라고 표기하시오)

① 트리메틸알루미늄
② 트리에틸알루미늄
③ 황린
④ 리튬
⑤ 수소화칼슘

해답 ① 메탄 ② 에탄 ③ 없음
④ 수소 ⑤ 수소

참고 제3류 위험물 금수성 물질의 물과 반응식
• 트리메틸알루미늄[$(CH_3)_3Al$]과 물과의 반응식
$(CH_3)_3Al + 3H_2O \rightarrow Al(OH)_3 + 3CH_4\uparrow$
(트리메틸알루미늄) (물) (수산화알루미늄) (메탄)

• 트리에틸알루미늄[$(C_2H_5)_3Al$]과 물(H_2O)과의 반응식
$(C_2H_5)_3Al + 3H_2O \rightarrow Al(OH)_3 + 3C_2H_6\uparrow$
(트리에틸알루미늄) (물) (수산화알루미늄) (에탄)

• 리튬(Li)과 물(H_2O)의 화학반응식
$2Li + 2H_2O \rightarrow 2LiOH + H_2\uparrow$
(리튬) (물) (수산화리튬) (수소)

• 수소화칼슘(CaH_2)과 물(H_2O)의 반응식
$CaH_2 + 2H_2O \rightarrow Ca(OH)_2 + 2H_2\uparrow$
(수소화칼슘) (물) (수산화칼슘) (수소)

02 위험물안전관리법령에서 정한 인화점의 기준에 대하여 다음 물음에 알맞은 답을 쓰시오.(단, 이상, 이하, 초과, 미만에 대하여 정확히 기술하시오.)

① 제1석유류
② 제3석유류
③ 제4석유류

해답 ① 인화점이 섭씨 21도 미만

② 인화점이 섭씨 70도 이상 섭씨 200도 미만
③ 인화점이 섭씨 200도 이상 섭씨 250도 미만

03 위험물안전관리법령에 근거하여 위험물제조소등에 설치해야 하는 경보설비의 종류를 3가지만 쓰시오.

해답 자동화재탐지설비, 자동화재속보설비, 비상경보설비, 비상방송설비, 확성장치중 3가지

04 제4류 위험물인 아세톤에 대하여 다음 물음에 알맞은 답을 쓰시오.

① 화학식을 쓰시오.
② 몇 석유류인지 쓰시오.
③ 증기비중을 구하시오.

해답 ① CH_3COCH_3
② 제1석유류
③ [계산과정]
아세톤(CH_3COCH_3)의 분자량 $12 \times 3 + 6 + 16 = 58$
공기의 평균 분자량 29
증기비중 $= \dfrac{58}{29} = 2$
[답] 2

05 햇빛에 의해 4몰의 질산이 완전 분해하여 산소 1몰을 발생하였다. 다음 물음에 알맞은 답을 쓰시오.

① 발생하는 유독성의 기체의 명칭을 쓰시오.
② 분해 반응식을 쓰시오.

해답 ① 이산화질소

② $4HNO_3 \xrightarrow[\text{분해}]{\text{햇빛}} 4NO_2\uparrow + 2H_2O + O_2\uparrow$

참고 • 질산(HNO_3)의 햇빛에 의한 분해 반응식

$$4HNO_3 \xrightarrow[\text{분해}]{\text{햇빛}} 4NO_2\uparrow + 2H_2O + O_2\uparrow$$
(질산)   (이산화질소)   (물)   (산소)

06 금속칼륨이 다음 각 물질과 반응할 때의 화학반응식을 쓰시오.

① 물
② 에틸알코올

해답 ① $2K + 2H_2O \rightarrow 2KOH + H_2\uparrow$
　　　② $2K + 2C_2H_5OH \rightarrow 2C_2H_5OK + H_2\uparrow$

참고 칼륨(K)의 화학반응식
- 칼륨(K)과 물(H_2O)의 화학반응식
  $2K + 2H_2O \rightarrow 2KOH + H_2\uparrow$
  (칼륨) (물)   (수산화칼륨) (수소)
- 칼륨(K)과 에틸알코올(C_2H_5OH)의 화학반응식
  $2K + 2C_2H_5OH \rightarrow 2C_2H_5OK + H_2\uparrow$
  (칼륨) (에틸알코올) (칼륨에틸레이트) (수소)

07 제4류 위험물인 에틸알코올에 대하여 다음 물음에 알맞은 답을 쓰시오.

① 1차 산화하였을 때 생성되는 특수인화물의 명칭을 화학식으로 쓰시오.
② ①에서 생성되는 물질의 연소반응식을 쓰시오.
③ ①에서 생성되는 물질이 산화할 경우 생성되는 제2석유류의 명칭을 쓰시오.

해답 ① CH_3CHO
　　　② $2CH_3CHO + 5O_2 \rightarrow 4CO_2\uparrow + 4H_2O$
　　　③ 아세트산

참고 • 아세트알데히드(CH_3CHO)의 연소반응식
　　　$2CH_3CHO + 5O_2 \rightarrow 4CO_2\uparrow + 4H_2O$
(아세트알데히드) (산소) (이산화탄소) (물)

08 다음 물질의 화학식을 쓰시오.

① 염소산칼슘
② 과망간산나트륨
③ 중크롬산칼륨

해답 ① $Ca(ClO_3)_2$　② $NaMnO_4$　③ $K_2Cr_2O_7$

09 [보기]에 설명하는 제1류 위험물에 대하여 다음 물음에 알맞은 답을 쓰시오.

> [보기]
> – 강산화제이다.
> – 분자량 101, 분해온도 400℃,
> – 숯가루, 유황가루를 혼합하여 특색화약을 제조한다.

① 시성식을 쓰시오.
② 위험등급을 쓰시오.
③ 분해반응식을 쓰시오.

해답 ① KNO_3
　　　② Ⅱ등급
　　　③ $2KNO_3 \xrightarrow{\triangle} 2KNO_2 + O_2\uparrow$

참고 • 질산칼륨(KNO_3) 열분해반응식
　　　$2KNO_3 \xrightarrow{\triangle} 2KNO_2 + O_2\uparrow$
(질산칼륨) (아질산칼륨) (산소)

10 다음 위험물의 구조식을 그리시오.

① 트리니트로톨루엔
② 트리니트로페놀

해답 ①

②

$$O_2N \quad \overset{OH}{\underset{NO_2}{\bigcirc}} \quad NO_2$$

11 다음 위험물의 지정수량을 쓰시오.

① 황화린
② 적린
③ 철분

해답 ① 100kg ② 100kg ③ 500kg

12 다음 [보기]의 위험물 중 에테르에 녹고 비수용성인 물질을 모두 고르시오. (단, 없으면 "없음"이라고 표기하시오.)

> [보기]
> 이황화탄소, 아세트알데히드, 아세톤, 스티렌, 클로로벤젠(　)

해답 이황화탄소, 스티렌, 클로로벤젠

13 제4류 위험물 중 위험등급이 Ⅲ 등급인 품명을 모두 쓰시오.

해답 제2석유류, 제3석유류, 제4석유류, 동식물유류

14 산화프로필렌 200L, 벤즈알데히드 1,000L, 아크릴산 4,000L를 저장하고 있을 경우 각각의 지정수량 배수의 합계는 얼마인지 구하시오.

해답 [계산과정]
제4류 위험물의 지정수량
산화프로필렌 50L, 벤즈알데히드 1,000L, 아크릴산 2,000L

$$지정수량의 배수 = \frac{200}{50} + \frac{1,000}{1,000}$$

$$+ \frac{4,000}{2,000} = 7배$$

[답] 7배

참고 벤즈알데히드(C_6H_5CHO) 비수용성 제2석유류
아크릴산($CH_2=CHCOOH$) 수용성 제2석유류

15 다음 그림과 같은 원형 위험물 저장탱크의 내용적은 몇 m3인지 구하시오.

해답 [계산과정]
횡으로 설치된 원통형 탱크의 내용적
$V = \pi r^2 (\ell + \frac{\ell_1 + \ell_2}{3})$ 에서

$V = \pi \times 1^2 \times (4 + \frac{0.6 + 0.6}{3}) = 13.823m^3$ 에서

[답] $13.82m^3$

16 제4류 위험물을 저장하는 옥내저장소의 연면적이 450m2이고 외벽은 내화구조가 아닐 경우, 이 옥내저장소에 대한 소화설비의 소요단위는 얼마인지 구하시오.

해답 [계산과정]
저장소용 건축물로 외벽이 내화구조이외인 것의 1소요단위 연면적 $75m^2$

$$소요단위 = \frac{450m^2}{75m^2/소요단위} = 6소요단위$$

[답] 6소요단위

참고 소요단위의 계산방법(1단위)
• 제조소 또는 취급소용 건축물로 외벽이 내화구조인 것: 연면적 $100m^2$
• 제조소 또는 취급소용 건축물로 외벽이 내화구조 이외인 것: 연면적 $50m^2$

- 저장소용 건축물로 외벽이 내화구조인 것: 연면적 $150m^2$
- 저장소용 건축물로 외벽이 내화구조 이외인 것: 연면적 $75m^2$
- 위험물: 지정수량 10배

※제조소등의 옥외에 설치된 공작물은 외벽이 내화구조인 것으로 간주하고 최대 수평투영면적을 연면적으로 간주한다.

17 이산화탄소 6kg이 섭씨 25C, 1atm에서 부피는 몇L 인가?

해답 [계산과정]

이산화탄소(CO_2) 1g 분자량 $12+16×2$
$= 44g/mol$

이산화탄소(CO_2) 6kg은 6,000g

$PV = \dfrac{WRT}{M}$ 에서 $\dfrac{WRT}{PM}×3$

이산화탄소의 부피

$V = \dfrac{6,000×0.082×(25+273)}{1×44}$

$= 3,332.181L$

[답] 3,332.18L

참고 질량 단위와 체적단위

질량단위 kg을 공식에 대입하여 계산하면 체적은 m^3가 되므로 구하고자 하는 체적의 단위가 L이면 kg을 g으로 환산하여 식에 대입한다.

18 제2종 분말소화약제에 대하여 다음 물음에 알맞은 답을 쓰시오.

① 제2종 분말소화약제의 주성분을 쓰시오.
② 1차 분해반응식을 쓰시오.

해답 ① 탄산수소칼륨

② $2KHCO_3 \xrightarrow{\triangle} K_2CO_3 + CO_2\uparrow + H_2O$

참고 • 탄산수소칼륨($KHCO_3$)의 열분해반응식
$2KHCO_3 \xrightarrow{\triangle} K_2CO_3 + CO_2\uparrow + H_2O$
(탄산수소칼륨)　　(탄산칼륨)　(이산화탄소)　(물)

19 위험물안전관리법령상 다음 각 위험물의 운반용기 외부에 표시해야 하는 주의사항을 모두 쓰시오.

① 제1류 위험물 중 염소산염류
② 제5류 위험물 중 니트로화합물
③ 제6류 위험물 중 과산화수소

해답 ① 화기, 충격주의, 가연물접촉주의
② 화기엄금, 충격주의 ③ 가연물접촉주의

참고 • 운반용기에 수납하는 위험물에 따른 포장외부 주의사항 표시
① 제1류 위험물 : 화기 · 충격주의, 가연물 접촉주의
– 알칼리금속의 과산화물 또는 이를 함유하는 것 : 화기 · 충격주의, 가연물 접촉주의, 물기엄금
② 제2류 위험물 : 화기주의
– 철분, 금속분, 마그네슘 또는 이를 함유하는 것 : 화기주의, 물기엄금
– 인화성고체: 화기엄금
③ 제3류 위험물
– 금수성물질: 물기엄금
– 자연발화성물질: 화기엄금, 공기접촉엄금
④ 제4류 위험물 : 화기엄금
⑤ 제5류 위험물 : 화기엄금, 충격주의
⑥제6류 위험물 : 가연물 접촉주의

20 유황에 대하여 다음 물음에 알맞은 답을 쓰시오.

① 연소반응식을 쓰시오.
② 고온에서 수소와 반응할 때의 반응식을 쓰시오.

해답 ① $S + O_2 \rightarrow SO_2\uparrow$
② $S + H_2 \rightarrow H2S\uparrow$

참고 유황의 화학반응식

- 유황(S)의 연소반응식

$\underset{\text{(유황)}}{S} + \underset{\text{(산소)}}{O_2} \rightarrow \underset{\text{(이산화황)}}{SO_2}\uparrow$

- 유황(S)과 수소(H_2)의 반응식

$\underset{\text{(유황)}}{S} + \underset{\text{(수소)}}{H_2} \rightarrow \underset{\text{(황화수소)}}{H2S}\uparrow$

01 에틸렌글리콜에 대하여 다음 물음에 알맞은 답을 쓰시오.

① 구조식
② 위험등급
③ 증기비중

해답 ①

$$H - \underset{\underset{OH}{|}}{\overset{\overset{H}{|}}{C}} - \underset{\underset{OH}{|}}{\overset{\overset{H}{|}}{C}} - H$$

② Ⅲ등급
③ [계산과정]

에틸렌글리콜[$C_2H_4(OH)_2$]의 분자량

$12 \times 2 + 6 + 16 \times 2 = 62$

공기의 평균분자량 29

증기비중 $= \dfrac{62}{29} = 2.137$

[답] 2.14

02 1kg의 탄산가스를 표준상태에서 소화기로 방출 할 경우 부피는 약 몇 L 인지 구하시오.

해답 [계산과정]

이산화탄소(CO_2) 1g분자량 $12 + 16 \times 2 = 44g/mol$

표준상태에서 모든기체 1mol의 체적 22.4L/mol

이산화탄소(CO_2)의 체적 $\dfrac{1,000g}{44g/mol} = 509.090L$

[답]509.09L

03 위험물안전관리법령에서 정한 위험물의 운반에 관한 기준에서 다음 위험물이 지정수량의 10배 이상일 때 혼재가 불가능한 위험물은 무엇인지 쓰시오.

① 제6류 위험물
② 제3류 위험물
③ 제2류 위험물

해답 ① 제2류, 제3류, 제4류, 제5류
② 제1류, 제2류, 제5류, 제6류
③ 제1류, 제3류, 제6류

참고 혼재가능위험물 암기방법 사이삼, 오이사, 육하나

04 아세트알데히드 300L, 등유 2,000L, 크레오소트유 2,000L를 보관하고 있다. 위험물안전관리법령상 각 위험물의 지정수량 배수의 총합은 얼마인지 구하시오.

해답 [계산과정]

위험물의 지정수량

아세트알데히드 50L, 등유 1,000L, 크레오소트유 2,000L

지정수량 배수의 합

$= \dfrac{200\ell}{50\ell} + \dfrac{1,000\ell}{1,000\ell} + \dfrac{4,000\ell}{2,000\ell} = 9$배

[답] 9배

05 할로겐화합물소화약제에 대하여 다음 빈칸에 알맞은 답을 쓰시오.

구분	CF_3Br	CH_2ClBr	CH_3Br
할론번호	①	②	③

해답 ① 1301 ② 1011 ③ 1001

참고 할론번호(넘버)는 C, F, Cl, Br, I 의 개수를 순서에 맞추어 적은 것이다.

06 제5류 위험물인 이 물질은 니트로화합물에 속하며, 햇빛에 의하여 다갈색으로 변화하고, 분자량이 227인 이 물질에 대하여 다음 물음에 알맞은 답을 쓰시오.

① 명칭
② 화학식
③ 지정과산화물 포함 여부
④ 운반용기 외부 표시하여야 할 주의사항(단, 해당 없으면 "해당 없음"으로 표시하시오.)

해답 ① 트리니트로톨루엔 ② $C_6H_2CH_3(NO_2)_3$
③ 미포함 ④ 화기엄금, 충격주의

참고 트리니트로톨루엔[$C_6H_2CH_3(NO_2)_3$]의 분자량 $12 \times 7 + 5 + 14 \times 3 + 16 \times 6 = 227$

07 다음 [보기]의 위험물이 연소할 경우 오산화인이 생성되는 것을 모두 고르시오.

[보기]
삼황화인, 오황화인, 칠황화인, 적린, 황

해답 삼황화인, 오황화인, 칠황화인, 적린

08 다음 [보기]의 물질 중 가연물인 동시에 산소 없이 자체 연소가 가능한 물질을 모두 고르시오.

[보기]
과산화수소, 과산화나트륨, 과산화벤조일, 니트로글리세린, 디에틸아연

해답 과산화벤조일, 니트로글리세린

해답 본문은 제5류 위험물(자기반응성물질)이므로 과산화벤조일, 니트로글리세린이 해당된다.

09 제3류 위험물인 인화칼슘에 대하여 다음 물음에 알맞은 답을 쓰시오.(단, 반응을 하지 않을 경우 "해당 없음"으로 표시하시오.)

① 물과의 반응식
② 염산과의 반응식

해답 ① $Ca_3P_2 + 6H_2O \rightarrow 3Ca(OH)_2 + 2PH_3\uparrow$
② $Ca_3P_2 + 6HCl \rightarrow 3CaCl_2 + 2PH_3\uparrow$

참고 인화칼슘(Ca_3P_2)의 화학반응식
• 인화칼슘(Ca_3P_2)과 물(H_2O)의 반응식
$Ca_3P_2 + 6H_2O \rightarrow 3Ca(OH)_2 + 2PH_3\uparrow$
(인화칼슘) (물) (수산화칼슘) (인화수소.포스핀)
• 인화칼슘(Ca_3P_2)과 염산((HCl))의 반응식
$Ca_3P_2 + 6HCl \rightarrow 3CaCl_2 + 2PH_3\uparrow$
(인화칼슘) (염산) (염화칼슘) (인화수소.포스핀)

10 메탄올과 벤젠을 비교하여 ( )안에 다음[보기]의 A, B를 선택하여 적으시오.

[보기]
A : 높다, 크다, 많다, 넓다.
B : 낮다, 작다, 적다, 좁다.

① 메탄올의 분자량이 벤젠의 분자량보다 ( )
② 메탄올의 증기비중이 벤젠의 증기비중보다 ( )
③ 메탄올의 인화점이 벤젠의 인화점보다 ( )
④ 메탄올의 연소범위가 벤젠의 연소범위보다 ( )B
⑤ 메탄올 1몰이 완전연소시 발생하는 이산화탄소양이 벤젠 1몰이 완전연소시 발생하는 이산화탄소양 보다 ( )

해답 ① B ② B ③ A ④ A ⑤ B

참고 메탄올(메틸알코올)과 벤젠의 연소반응식
• 메틸알코올(CH_3OH)의 연소반응식
$2CH_3OH + 3O_2 \rightarrow 2CO_2\uparrow + 4H_2O$
(메틸알코올) (산소) (이산화탄소) (물)

• 벤젠(C_6H_6)의 완전연소 반응식

$$2C_6H_6 + 15O_2 \rightarrow 12CO_2\uparrow + 6H_2O$$
(벤젠)   (산소)   (이산화탄소)   (물)

11 다음( )에 위험물안전관리법령상의 명칭을 알맞게 쓰시오.

(①)이라 함은 제조소, 저장소, 취급소를 말하며 저장소에는 옥내저장소, 옥외저장소, 옥내탱크저장소, 옥외탱크저장소, 지하탱크저장소, (②), (③),옥외저장소, 암반탱크저장소가 있으며 취급소에는 주유취급소, (④), (⑤), 일반취급소가 있다.

해답 ① 제조소등   ② 이동탱크저장소
③ 간이탱크저장소   ④ 판매취급소
⑤ 이송취급소

12 위험물안전관리법령에 따른 옥내탱크저장소의 옥내저장탱크에 대한 내용이다. 다음 ( )에 해당하는 거리를 쓰시오.

① ( )m이상
② ( )m이상

해답 ① 0.5 ② 0.5

13 다음 [보기]에서 금속나트륨과 금속칼륨의 공통적 성질에 해당하는 것을 모두 선택하여 번호를 쓰시오.

[보기]
① 무른 경금속이다.
② 알코올과 반응하여 수소를 발생한다.
③ 물과 반응할 때 불연성 기체를 발생한다.
④ 흑색의 고체이다.
⑤ 보호액 속에 보관한다.

해답 ① ② ⑤

참고 제3류 위험물 금수성물질인 금속나트륨(Na)과 금속칼륨(K)은 은백색의 무른 금속으로 물과 반응하면 수산화나트륨(NaOH)과 가연성의 수소(H_2)를 발생한다.

14 위험물안전관리법령에 따라 탱크시험자가 갖추어야 하는 장비는 필수장비와 필요한 경우에 두는 장비로 구분할 수 있다. 각각에 해당하는 장비 중 2가지씩만 쓰시오.

해답 필수장비 : 자기탐상시험기, 초음파두께측정기
필요한 경우에 두는 장비: 충·수압시험, 진공시험, 기밀시험, 수직·수평도측정기

15 위험물안전관리법령상 벽, 기둥 및 바닥이 내화구조인 옥내저장소에 다음 물질을 저장할 경우 각각의 보유공지를 쓰시오.

① 인화성고체 12,000kg
② 질산 12,000kg
③ 유황 12,000kg

해답 ① [계산과정]
인화성고체의 지정수량 1,000kg
인화성고체의 지정수량의 배수

$$\frac{12,000kg}{1,000kg} = 12배$$

[답] 2m이상

② [계산과정]

질산의 지정수량 300kg

질산의 지정수량의 배수

$$\frac{12,000kg}{300kg} = 40배$$

[답] 3m이상

③ [계산과정]

유황의 지정수량 100kg

유황의 지정수량의 배수

$$\frac{12,000kg}{100kg} = 120배$$

[답] 5m이상

참고 옥내저장소의 보유공지

저장또는 취급하는 위험물의 최대수량	보유공지의 너비	
	벽.기둥 및 바닥이 내화구조로 된 건축물	기타의 건축물
지정수량의 5배이하		0.5m이상
지정수량의 5배초과 10배이하	1m이상	1.5m이상
지정수량의 10배초과 20배이하	2m이상	3m이상
지정수량의 20배초과 50배이하	3m이상	5m이상
지정수량의 50배초과 200이하	5m이상	10m이상
지정수량의 200배초과	10m이상	15m이상

16 위험물안전관리법령상 다음 물질이 위험물이 될 수 없는 기준을 쓰시오.

① 철분

② 마그네슘

③ 과산화수소

해답 ① 철의 분말로서 53마이크로미터의 표준 체를 통과하는 것이 50중량퍼센트 미만 인 것

② 2밀리미터의 체를 통과하지 아니하는 덩어리 상태의 것

직경 2밀리미터 이상의 막대 모양의 것

③ 농도가 36중량퍼센트 미만인 것

17 다음 위험물이 분해할 경우 산소가 발생하는 분해 반응식을 쓰시오.(단, 산소가 발생하지 않으면 "해당 없음"으로 표시하시오.)

① 삼산화크롬

② 질산칼륨

해답 ① $4CrO_3 \xrightarrow{\Delta} 2Cr_2O_3 + 3O_2\uparrow$

② $2KNO_3 \xrightarrow{\Delta} 2KNO_2 + O_2\uparrow$

참고 제1류 위험물(산화성고체)의 반응식

• 삼산화크롬의 열분해반응식

$4CrO_3 \xrightarrow{\Delta} 2Cr_2O_3 + 3O_2\uparrow$
(삼산화크롬) (산화크롬) (산소)

• 질산칼륨(KNO_3) 열분해반응식

$2KNO_3 \xrightarrow{\Delta} 2KNO_2 + O_2\uparrow$
(질산칼륨) (아질산칼륨) (산소)

18 탄산수소나트륨이 열에 의하여 분해되었을 경우 다음 물음에 알맞은 답을 쓰시오.

① 1차 열분해 반응식

② 탄산수소나트륨 100kg이 완전 분해할 경우 생성되는 이산화탄소의 부피(m3)를 구하시오.(단, 1기압, 100℃ 이다.)

해답 ① $2NaHCO_3 \xrightarrow{\Delta} Na_2CO_3 + CO_2\uparrow + H_2O$

② [계산과정]

탄산수소나트륨($NaHCO_3$)의 1kg분자 량 23+1+12+16×3=84kg/kmol

탄산수소나트륨($NaHCO_3$)1kmol 분해 시 이산화탄소(CO_2)는 $\frac{1}{2}$ kmol이 생

성되므로 이산화탄소의 양은 계산식에 $\frac{1}{2}$ 를 곱한다.

$PV = \frac{WRT}{M}$ 에서 $V = \frac{WRT}{PM}$ 이므로

$V = \frac{WRT}{PM} \times \frac{1}{2}$

이산화탄소의 부피

$(V) = \frac{100 \times 0.082 \times (100+273)}{1 \times 84} \times \frac{1}{2}$

$\quad = 18.205 m^3$

[답] $18.21 m^3$

참고 • 탄산수소나트륨($NaHCO_3$)의 반응메카니즘

1차 반응식(270℃)

$2NaHCO_3 \xrightarrow{\triangle} Na_2CO_3 + CO_2\uparrow + H_2O$
(탄산수소나트륨)　　(탄산나트륨)　(이산화탄소)　(물)

19 위험물안전관리법령에서 정한 방법으로 그림과 같은 저장탱크의 내용적을 구하시오.(단, 그림에서 표기된 수치의 단위는 모두 m 이다.)

해답 [계산과정]

내용적$(V) = \pi r^2(\ell + \frac{\ell_1 + \ell_2}{3})$

$V = \pi \times 1^2 \times (5 + \frac{0.4+0.5}{3}) = 16.650 m^3$

[답] $16.65 m^3$

20 다음 그림은 위험물안전관리법령상 주유취급소에 설치하여야 하는 주의사항 표지이다. 다음 물음에 알맞은 답을 쓰시오.

① 게시판의 크기를 쓰시오.
　㉮ A
　㉯ B
② "화기엄금" 게시판의 바탕색과 글자색을 쓰시오.
　㉮ 바탕색
　㉯ 글자색
③ "주유중 엔진정지" 게시판의 바탕색과 글자색을 쓰시오.
　㉮ 바탕색
　㉯ 글자색

해답 ① ㉮ 0.3m이상　㉯ 0.6m이상
　　② ㉮ 적색　　　㉯ 백색
　　③ ㉮ 황색　　　㉯ 흑색

01 다음 위험물의 지정수량을 쓰시오.

① 황화린
② 유황
③ 적린
④ 마그네슘
⑤ 철분

해답 ① 100kg ② 100kg ③ 100kg
④ 500kg ⑤ 500kg

02 제1류 위험물에 대하여 다음 물음에 알맞은 말을 쓰시오. (단, 없으면 없음이라 적으시오.)

① 과산화마그네슘과 염산의 반응식을 쓰시오.
② 과산화마그네슘과 물의 반응식을 쓰시오.
③ 과산화마그네슘의 열분해 반응식을 쓰시오.

해답 ① $MgO_2 + 2HCl \rightarrow MgCl_2 + H_2O_2$
② $2MgO_2 + 2H_2O \rightarrow 2Mg(OH)_2 + O_2 \uparrow$
③ $2MgO_2 \xrightarrow{\Delta} 2MgO + O_2 \uparrow$

03 [보기]의 위험물에 대하여 다음 물음의 답을 화학식으로 쓰시오. (단, 해당 없으면 해당 없음이라고 쓰시오.)

[보기]
삼산화크롬, 염소산칼륨, 질산암모늄, 질산칼륨, 과산화나트륨

① 산소 또는 이산화탄소와 반응하는 물질을 쓰시오.
② 흡습성이 있고 분해 시 흡열 반응하는 물질을 쓰시오.
③ 비중이 2.32로 이산화망간을 촉매로 하여 가열 시 산소가 발생하는 물질을 쓰시오.

해답 ① Na_2O_2 ② NH_4NO_3 ③ $KClO_3$

04 [보기]의 위험물에 대하여 다음 물음에 답하시오.

[보기]
염소산나트륨, 질산암모늄, 과산화나트륨, 칼륨, 과망간산칼륨, 아세톤

① 다음 [보기]의 위험물 중 이산화탄소와 반응하는 물질을 모두 쓰시오. (단, 해당 사항 없으면 "없음"으로 표기하시오.)
② ①의 물질 중에서 한 가지 물질을 선택하여 이산화탄소와 반응식을 쓰시오.

해답 ① 과산화나트륨, 칼륨
② $2K_2O_2 + 2CO_2 \rightarrow 2K_2CO_3 + O_2$와
$4K + 3CO_2 \rightarrow 2K_2CO_3 + C$ 중 한 가지

05 다음 위험물의 완전 연소반응식을 쓰시오. (단, 해당 사항이 없으면 "없음"이라고 표기하시오.)

① 황린
② 삼황화린
③ 나트륨
④ 과산화마그네슘
⑤ 질산

해답 ① $P_4 + 5O_2 \rightarrow 2P_2O_5$
② $P_4S_3 + 8O_2 \rightarrow 2P_2O_5 + 3SO_2 \uparrow$
③ $4Na + O_2 \rightarrow 2Na_2O$
④ 없음
⑤ 없음

06 다음 [보기]의 위험물을 인화점이 낮은 것부터 높은 순서로 쓰시오.

[보기]
① 니트로벤젠 ② 메틸알코클 ③ 클로로벤젠 ④ 산화프로필랜.

해답 산화프로필렌, 메틸알코올, 클로로벤젠, 니트로벤젠

참고 위험물의 인화점
산화프로필렌(OCH_2CHCH_3) 특수인화물
$-37\ ℃$
메틸알코올(CH_3OH) 알코올류 $11℃$
클로로벤젠(C_6H_5Cl) 제2석유류 $32℃$
니트로벤젠($C_6H_5NO_2$) 제3석유류 $88℃$

07 위험물안전관리법령상 제2석유류에 대한 정의이다. 다음 (   )안에 알맞은 말을 쓰시오.

등유, 경유 그 밖에 1기압에서 인화점이 섭씨 (①)도 이상 (②)도 미만인 것을 말한다. 다만, 도료류 그 밖의 물품에 있어서 가연성 액체량이 (⑤)중량퍼센트 이하이면서 인화점이 섭씨 (④)도 이상인 동시에 면소점이 섭씨 (⑤)도 이상인 것은 제외한다.

해답 ① 21 ② 70 ③ 40 ④ 40 ⑤ 60

08 아세트알데히드에 대하여 다음 물음에 답하시오.

① 지정수량과 품명을 쓰시오.
② 아래 [보기]에서 설명하는 것 중 맞는 것을 모두 골라 번호를 쓰시오.

[보기]
㉠ 에탄올의 산화과정에서 생성된다.
㉡ 무색, 투명한 액체로 자극적인 냄새가 난다.
㉢ 구리, 은, 마그네슘용기에 저장한다.
㉣ 에테르, 에탄올에 잘 녹고 고무를 녹인다.

③ 보냉장치가 없는 이동저장탱크에 저장하는 아세트알데히드등의 온도는 (   )℃ 이하로 유지할 것

해답 ① 50L, 특수인화물 ② ㉠, ㉡, ㉣ ③ 40

09 표준상태에서 메틸알코올 80kg이 완전연소 시 필요한 공기의 양(m^3)을 구하시오. (단, 공기중 산소 : 질소의 비는 21:79이다.)

해답 [계산과정]
메틸알코올(CH_3OH)의 1kg분자량 (1kmol) : $12+4+16=32kg/kmol$
표준상태($0℃$, $1atm$)에서 모든 기체 1kmol이 차지하는 부피는 $22.4m^3/kmol$이다.

공기량=산소의양 $\times \dfrac{21+79}{21}$

$2CH_3OH + 3O_2 \rightarrow 2CO_2 + 4H_2O$

$2\times 32kg/kmol : 3\times 22.4m^3/kmol$

$80kg \qquad : \quad \chi$

산소의 양 $\chi = \dfrac{80\times 3\times 22.4}{2\times 32} = 84m^3$

공기의 양 $V = 84\times \dfrac{21+79}{21} = 400m^3$

[답]$400m^3$

10 비중이 0.79인 에틸알코올 200ml와 비중이 1.0인 물 150ml가 혼합된 수용액이 있다. 다음 물음에 답하시오.

① 에틸알코올의 함유량은 몇 wt%인가?
② ①의 에틸알코올은 안전관리법령상 제4류 위험물의 알코올류에 속하는지 판단하고 그에 따른 이유를 설명하시오.

해답 ① [계산과정]
비중(S) $= \dfrac{질량(M)}{체적(V)}$에서 질량= 비중$\times$ 체적이므로 0.79인 에틸알코올 200ml의 질량=$0.79\times 200=158g$
비중이 1.0인 물 150ml의 질량은 150g
에틸알코올의 함유량=$\dfrac{158}{158\times 150} \times$

100=51.298wt%

[답] 51.30wt%

② 알코올류에 속하지 않는다. 에틸알코올의 함유량이 60wt% 미만이므로 알코올류에 속하지 않는다.

11 동식물유류는 요오드값을 기준으로 건성유, 반건성유, 불건성유로 나눈다. 다음 동식물유류를 구분하는 요오드값의 일반적인 범위를 쓰시오.

① 건성유
② 반건성유
③ 불건성유

해답 ① 130이상 ② 100~130 ③ 100이하

12 다음 위험물의 구조식을 쓰시오.

① 질산메틸
② 트리니트로톨루엔
③ 피크린산

해답 ①

(structure) H_3C—O—N(=O)—O

②

(structure) O_2N— benzene with CH_3, NO_2, NO_2 (NO_2)

③

(structure) benzene with OH, NO_2, NO_2, (NO_2)

13 니트로글리세린에 대하여 다음 물음에 답하시오.

① 니트로글리세린의 분해반응식에서 ( )안에 알맞은 수를 쓰시오.

$4C_3H_5(ONO_2)_3 \xrightarrow{\Delta} (\quad)CO_2\uparrow + 10H_2O +$
$(\quad)N_2\uparrow + O_2\uparrow$

② 니트로글리세린 2mol이 분해할 경우 생성되는 이산화탄소의 질량(g)을 구하시오.

③ 니트로글리세린 90.8g이 분해할 경우 생성되는 산소의 질량(g)을 구하시오.

해답 ① 12, 6

② [계산과정]

이산화탄소(CO_2)1g분자량=$12+16\times2$=44g/mol

$4C_3H_5(ONO_2)_3 \xrightarrow{\Delta} 12CO_2\uparrow + 10H_2O +6N_2\uparrow +O_2\uparrow$

4mol   : 12×44g/mol

2mol   : χ

이산화탄소의 질량 $\chi=\dfrac{2\times12\times44}{4}$ =264g

[답] 264g

③ [계산과정]

니트로글리세린[$C_3H_5(ONO_2)_3$]1g 분자량(1mol)=$12\times3+5+16\times9\times14\times3$=227g/mol

산소(O_2)의 1g분자량(1mol)=16×2=32g/mol

$4C_3H_5(ONO_2)_3 \xrightarrow{\Delta} 12CO_2\uparrow + 10H_2O +6N_2\uparrow +O_2\uparrow$

4×227g/mol   :   32g/mol

90.8   : χ

산소(O_2)의 질량 $\chi=\dfrac{90.8\times32}{4\times227}$ =32g
[답] 32g

14 다음 [보기]의 설명 중 과염소산에 대한 내용으로 옳은 것을 모두 선택하여 그 번호를 쓰시오.

[보기]
① 분자량은 약 63이다.
② 분자량은 약 73이다.
③ 무색의 액체이다.
④ 짙은 푸른색을 나타내는 액체이다.
⑤ 농도가 36wt% 미만인 것은 위험물에 해당하지 않는다.
⑥ 가열분해 시 유독한 HCl 가스를 발생한다.

해답 ③ ⑥

15 제6류 위험물인 과산화수소에 대하여 다음 물음에 답하시오.

① 과산화수소 열분해 반응식을 쓰시오.
② 36wt% 과산화수소 100g이 열분해 할 경우 생성되는 산소의 질량(g)을 구하시오.

해답 ① $2H_2O_2 \xrightarrow{\Delta} 2H_2O + O_2 \uparrow$
② [계산과정]
과산화수소(H_2O_2)의 1g분자량
(1mol)=$2+16 \times 2$= 34g/mol
산소(O_2)의 1g분자량(1mol)=16×2=32g/mol
36wt% 과산화수소 100g의 질량
=36wt%×100g=36g

$2H_2O_2 \xrightarrow{\Delta} 2H_2O + O_2 \uparrow$
$2 \times 34g/mol$: 32g/mol
36g : χ
산소의 질량 $\chi = \dfrac{36 \times 32}{2 \times 34}$ =18g
[답]18g

16 위험물안전관리법령에 따른 제조소 등의 환기설비에 관한 내용이다. 다음 ( ) 안에 알맞은 말들을 쓰시오.

· 환기설비는 (①) 방식으로 할 것
· 급기구는 당해 급기구가 설치된 실의 바닥면적 (②)m²마다 1개 이상으로 하되 급기구의 크기는 (③)cm² 이상으로 할 것.
· 환기구는 지붕 위 또는 지상 (④)m 이상의 높이에 회전식 고정벤티레이터 또는 (⑤) 방식으로 설치할 것

해답 ① 자연배기 ② 150 ③ 800
④ 2 ⑤ 루프팬

17 위험물안전관리법령상 옥외저장소에 저장할 수 있는 제4류 위험물의 품명 3가지를 쓰시오. (단, 위험물에 포함되지 않는 경우 그 이유클 설명하시오.)

해답 제1석유류(인화점이 섭씨 0℃ 이상인 것에 한다. 알코올류, 제2석유류, 제3석유류, 제4석유류 및 동식물유류중 3가지

18 위험물안전관리법령상 이동탱크저장소에 대하여 다음 물음에 답 하시오.

①의 각도를 쓰시오.
②의 각도클 쓰시오.

해답 ① 35도
　　② 75도

19 다음 그림을 보고 탱크의 내용적을 구하시
오.(r = 5m, ℓ = 10m)

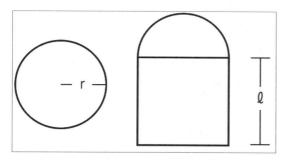

해답 [계산과정]
내용적$(V) = \pi r^2 \ell$에서 $\pi \times 5^2 \times 10 =$
785.398L
[답] 785.40L

20 다음 물음에 알맞은 답을 쓰시오.
① "화기엄금" 주의사항 게시판의 바탕색과 글
자색을 쓰시오.
② "주유중 엔진정지" 표지판의 바탕색과 글자
색을 쓰시오.

해답 ① 적색바탕, 백색문자
　　② 황색바탕, 흑색문자

01 탄산수소칼륨 소화약제에 대하여 다음 물음에 답하시오.

① 190℃에서 분해되는 반응식을 쓰시오.
② 탄산수소칼륨 200kg이 분해할 경우 생성되는 이산화탄소의 부피(m³)를 구하시오. (단, 1기압 200℃이다.)

해답 ① $2KHCO_3 \xrightarrow{\Delta} K_2CO_3 + CO_2\uparrow + H_2O$

② [계산과정]

탄산수소칼륨($KHCO_3$) 1kg 분자량
$=39+1+12+16\times3=100kg/kmol$

$2KHCO_3 \xrightarrow{\Delta} K_2CO_3 + CO_2\uparrow + H_2O$
2kmol   :   1kmol

계산식에 $\frac{1}{2}$을 곱하여 준다.

$PV = \dfrac{WRT}{M}$ 에서 $V = \dfrac{WRT}{PM}$ 이므로

$V = \dfrac{WRT}{PM} \times \dfrac{1}{2}$

이산화탄소의 체적(V)

$= \dfrac{200 \times 0.082 \times (200 + 273)}{1 \times 100} \times \dfrac{1}{2}$

$=36.786m^3$

[답] $36.79m^3$

02 위험물안전관리법령에 따른 소화설비 적응성에 관한 내용이다. 다음 각 소화설비의 적응성이 있는 경우 빈칸에 ○ 표를 하시오.

소화설비의 구분		대상물 구분		
		제2류 위험물		
		철분, 금속분, 마그네슘	인화성 고체	그밖의 것
옥내소화전소화설비				
물분무등 소화설비	물분무 소화설비			
	포소화설비			
	불활성가스소화설비			
	할로겐화합물 소화설비			

해답

소화설비의 구분		대상물 구분		
		제2류 위험물		
		철분, 금속분, 마그네슘	인화성 고체	그밖의 것
옥내소화전소화설비			○	○
물분무등 소화설비	물분무 소화설비		○	○
	포소화설비		○	○
	불활성가스소화설비		○	
	할로겐화합물 소화설비		○	

03 다음 제1류 위험물의 지정수량을 각각 쓰시오.

① 염소산염류
② 질산염류
③ 중크롬산염류

해답 ① 50kg ② 300kg ③ 1,000kg

04 제2류 위험물인 아연에 대하여 다음 물음에 답하시오.

① 고온의 물과 반응식을 쓰시오.
② 황산과의 반응식을 쓰시오.
③ 산소와의 반응식을 쓰시오

해답 ① $Zn + 2H_2O \rightarrow Zn(OH)_2 + H_2\uparrow$
② $Zn + H_2SO_4 \rightarrow ZnSO_4 + H_2\uparrow$
③ $2Zn + O_2 \rightarrow 2ZnO$

05 제3류 위험물인 탄화칼슘에 대하여 다음 물음에 답하시오.

① 탄화칼슘이 물과 반응하여 생성되는 기체의 완전 연소반응식을 쓰시오.
② 탄화칼슘을 취급하는 제조소에 설치하는 게시판에 대하여 다음 물음에 답하시오.

· 바탕색　· 문자색

해답 ① $2C_2H_2 + 5O_2 \rightarrow 4CO_2\uparrow + 2H_2O$
② 백색바탕, 흑색문자

06 [보기]의 내용에 해당하는 제4류 위험물에 대하여 다음 물음에 답하시오.

[보기]
· 분자량 76
· 비점 46℃
· 비중 1.26
· 콘크리트 수조 속에 저장
· 증기비중 약 2.62

① 명칭을 쓰시오.
② 시성식을 쓰시오.
③ 품명을 쓰시오.
④ 지정수량을 쓰시오.
⑤ 위험등급을 쓰시오.

해답 ① 이황화탄소 ② CS_2 ③ 특수인화물
④ 50L ⑤ I 등급

07 [보기]의 위험물을 인화점이 낮은 것부터 높은 순서대로 쓰시오.

[보기]
에탄올, 아세트산, 니트로벤젠, 아세트알데히드

해답 아세트알데히드, 에탄올, 아세트산, 니트로벤젠

참고 위험물의 품명과 인화점
아세트알데히드(CH_3CHO) : 특수인화물 -38℃
에탄올(C_2H_5OH) : 알코올류 13℃
아세트산(CH_3COOH) : 제2석유류 40℃
니트로벤젠($C_6H_5NO_2$) : 제3석유류 88℃

08 다음 위험물의 연소반응식을 쓰시오. (단, 없으면 "없음"으로 표기하시오.)

① 아세트알데히드
② 벤젠
③ 메탄올

해답 ① $2CH_3CHO + 5O_2 \rightarrow 4CO_2\uparrow + 4H_2O$
② $2C_6H_6 + 15O_2 \rightarrow 12CO_2\uparrow + 6H_2O$
③ $2CH_3OH + 3O_2 \rightarrow 2CO_2\uparrow + 4H_2O$

09 톨루엔 9.2g을 완전 연소시키는데 필요한 공기의 체적(L)을 구하시오. (단, 0℃, 1기압을 기준으로 하며 공기 중 산소는 21vol% 이다.)

해답 [계산과정]
톨루엔($C_6H_5CH_3$)의 1g분자량(1mol)=12 $\times 7 + 8 = 92$g/mol
표준상태(0℃, 1atm)에서 모든 기체 1mol이 차지하는 부피는 22.4L/mol 이다.
공기의 체적= 산소의 체적$\times \dfrac{1}{0.21}$
$C_6H_5CH_3 + 9O_2 \rightarrow 7CO_2\uparrow + 4H_2O$
92g/mol : 9×22.4L/mol
9.2g : χ
산소의 체적 $\chi = \dfrac{9.2\times 9 \times 22.4}{92} = 20.16$L
필요한 공기의 체적 $V = \dfrac{20.16}{0.21} = 96$L
[답] 96L

10 [보기]에서 설명하는 위험물에 대하여 다음 물음에 답하시오.

[보기]
· 제4류 위험물
· 분자량 60
· 지정수량 2,000L
· 강산화제와 알칼리 금속과 접촉을 피한다.

① 연소할 경우 생성물 2가지를 쓰시오.
② Zn과 반응할 경우 생성되는 가연성기체의 명칭을 쓰시오.
③ 해당 물질의 수용성, 비수용성 여부를 쓰시오.

해답 ① 이산화탄소, 물 ② 수소 ③ 수용성

참고 - 아세트산(CH_3COOH)의 연소반응식
$CH_3COOH + 2O_2 \rightarrow 2CO_2\uparrow + 2H_2O$
　(아세트산)　(산소)　(이산화탄소)　(물)
- 아세트산(CH_3COOH)과 아연(Zn)의 반응식
$2CH_3COOH + Zn \rightarrow (CH_3COO)_2Zn + H_2\uparrow$
(아세트산)　(아연)　(아세트산아연)　(수소)
- 아세트산(초산)은 물에 잘 녹는 수용성 액체이다.

11 다음 빈칸에 알맞은 답을 쓰시오.

물질명	화학식	품명
에탄올	(①)	알코올류
에틸렌글리콜	(②)	(③)
(④)	$C_3H_5(OH)_3$	(⑤)

해답 ① C_2H_5OH ② $C_2H_4(OH)_2$
③ 제3석유류 ④ 글리세린 ⑤ 제3석유류

12 다음 [보기]에서 불건성유를 모두 선택하여 쓰시오. (단, 해당 사항이 없을 경우는 "없음"이라고 쓰시오.)

[보기]
피마자유, 올리브유, 야자유, 아마인유, 해바라기유

해답 피마자유, 올리브유, 야자유

13 다음 위험물의 시성식을 쓰시오.

① 질산에틸
② 트리니트로벤젠
③ 디니트로아닐린

해답 ① $C_2H_5ONO_2$ ② $C_6H_3(NO_2)_3$
③ $C_6H_3NH_2(NO_2)_2$

14 비중이 1.45이고 농도가 80wt% 인 질산용액 1L에 대하여 다음 물음에 답하시오.

① HNO_3의 질량(g)클 구하시오.
② 이 물질을 10wt%로 만들려면 물 몇 g을 첨가하여야 하는지 구하시오.

해답 ① [계산과정]
HNO_3의 1g분자량(1mol)=1+14+16×3=63g/mol
비중(S)=$\dfrac{질량(M)}{체적(V)}$이므로 질량(M)=S×V,
질량(M)=1.45×0.8×1,000=1,160g
[답] 1,160g

② [계산과정]
희석용액의 계산식
a＼ ／c-b 에서 c-b=10-0=10,
　＼c／
b／ ＼a-c a-c=80-10=70
10g : 70g은 수용액과 물의 질량비 이므로 비중으로 나누어 주면 체적비가 된다.
$\dfrac{10}{1.45} : \dfrac{70}{1} = 6.896ml : 70ml$
6.896ml : 70ml
1,000ml : χ
첨가하여야할 물의양 χ=$\dfrac{1,000 \times 70}{6.896}$
=10,150.812ml=10,150.812g
[답] 10,150.81g

15 위험물안전관리법령에 따라 옥내저장소에 황린을 저장하고자 한다. 다음 물음에 답하시오.

① 옥내저장소의 바닥면적을 쓰시오.
② 위험등급을 쓰시오.
③ 황린과 함께 저장할 수 있는 위험물의 류별을 쓰시오.

해답 ① 1,000m² 이하 ② I 등급
③ 제1류 위험물

16 위험물안전관리법에서 정한 지하탱크저장소의 그림이다. 다음 (　)안에 알맞은 말을 쓰시오.

① 지면에서부터 통기관의 높이를 쓰시오.
② 지하저장탱크 윗부분과 지면까지의 거리를 쓰시오.
③ 화살표가 지목하는 부분의 명칭을 쓰시오.
④ 지하저장탱크와 탱크전용실과의 거리를 쓰시오.
⑤ 탱크의 주위에 채워야 하는 물질을 쓰시오

해답 ① 4m 이상 ② 0.6m 이상 ③ 누유검사관
④ 0.1m 이상
⑤ 마른모래 또는 습기등에 응고되지 않는 입자지름 5mm 이하인 마른 자갈분

17 위험물안전관리법령상 이동탱크저장소에 대하여 다음 물음에 답하시오.

[보기]
① 이동탱크저장소 내부에 설치하는 칸막이의 두께를 쓰시오.
② 이동행크저장소 내부에 설치하는 칸막이는 몇 L 이하마다 설치하는지 쓰시오.
③ 이동탱크저장소 내부에 설치하는 방파판의 두께를 쓰시오.

해답 ① 3.2mm 이상 ② 4,000L 이하
③ 1.6mm 이상

18 그림과 같은 위험물 저장탱크의 내용적(m3)을 구하시오

[계산과정]
탱크의 내용적(V) =

$\pi r^2 (\ell + \dfrac{\ell_1 + \ell_2}{3})$ 에서

$V = \pi 1^2 (5 + \dfrac{0.4 + 0.5}{3}) = 16.650 m^3$

[답] 16.65m³

19 [보기]의 물질을 보고 다음 물음에 답하시오.
(단, 두 가지 모두 포함되면 모두 쓰시오.)

> [보기]
> 염소산칼륨, 적린, 과산화칼슘, 아세톤, 과
> 산화수소, 철분

① 차광성 덮개로 덮어야 하는 위험물을 모두
쓰시오.
② 방수성 덮개로 덮어야 하는 위험물을 모두
쓰시오.

해답 ① 염소산칼륨, 과산화칼슘, 과산화수소
　　　② 과산화칼슘, 철분

20 위험물안전관리법령에서 정한 위험물의 운반
에 관한 기준에서 다음 위험물이 지정수량 이
상일 때 혼재가 가능한 위험물은 무엇인지 류
별을 모두 쓰시오.

① 제1류 위험물:
② 제2류 위험물:
③ 제3류 위험물:
④ 제4류 위험물:
⑤ 제5류 위험물:

해답 ① 제6류
　　　② 제4류, 제5류
　　　③ 제4류
　　　④ 제2류, 제3류, 제5류
　　　⑤ 제2류, 제4류

01 분말소화약제의 종별에 따른 종류 중 다음 물음에 해당하는 분말소화약제의 화학식을 쓰시오.

① 제1종 분말소화약제

② 제2종 분말소화약제

③ 제3종 분말소화약제

해답 ① $NaHCO_3$ ② $KHCO_3$ ③ $NH_4H_2PO_4$

02 다음 [보기]의 위험물이 물과 반응하였을 때 생성되는 기체의 명칭을 쓰시오. (단, 없으면 "해당 없음"이라 표기하시오).

① 과산화나트륨

② 과염소산나트륨

③ 질산암모늄

④ 과망간산칼륨

⑤ 브롬산칼륨

해답 ① 산소 ② 해당 없음 ③ 해당 없음
④ 해당 없음 ⑤ 해당 없음

03 다음 [보기]의 위험물에 대하여 위험등급에 따라 각각 구분하시오. (단, 해당없으면 "해당 없음"이라 표기하시오.)

[보기]
아염소산염류, 염소산염류, 과염소산염류,
황화린, 적린, 유황, 질산에스테르류

① I등급

② Ⅱ등급

③ Ⅲ등급

해답 ① 아염소산염류, 염소산염류, 과염소산염류, 질산에스테르류
② 황화린, 적린, 유황
③ 해당 없음

04 제1류 위험물인 과염소산칼륨 50kg이 완전분해 할 경우 다음 물음에 답하시오. (표준상태이다.)

① 생성되는 산소의 부피(m^3)를 구하시오.

② 생성되는 산소의 질량(kg)을 구하시오.

해답 ① [계산과정]
과염소산칼륨($KClO_4$)의 1kg분자량(1kmol)=$39+35.5+16×4=138.5$kg/kmol
표준상태(0℃, 1atm)에서 모든 기체 1kmol이 차지하는 부피는 $22.4m^3$/kmol 이다.
$KClO_4 → KCl + 2O_2↑$
138.5kg/kmol : $2×22.4m^3$/kmol
50kg : χ
산소의 부피 $\chi = \dfrac{50×2×22.4}{138.5}$
$=16.173m^3$
[답] $16.17m^3$

② [계산과정]
산소(O_2)의 1kg분자량(1kmol)=$16×2=32$kg/kmol
$KClO_4 → KCl + 2O_2↑$
138.5kg/kmol : $2×32$kg/kmol
50kg : y
산소의 질량 $y = \dfrac{50×2×32}{138.5}$
$=23.104$kg
[답] 23.10kg

05 다음 위험물의 연소반응식을 쓰시오.

① 삼황화린

② 오황화린

해답 ① $P_4S_3 + 8O_2 → 2P_2O_5 + 3SO_2↑$
② $2P_2S_5 + 15O_2 → 2P_2O_5 + 10SO_2↑$

06 아연에 대하여 다음 물음에 답하시오.

① 아연과 물이 반응하는 반응식을 쓰시오.

② 아연과 염산이 반응하여 생성되는 기체의 명칭을 쓰시오.

해답 ① $Zn + 2H_2O \longrightarrow Zn(OH)_2 + H_2$

② 수소

참고 아연(Zn)과 염산(HCl)의 반응식

$Zn + 2HCl \rightarrow ZnCl_2 + H_2\uparrow$

(아연) (염산) (염화아연) (수소)

07 [보기]의 위험물을 지정수량이 작은 것부터 순서대로 나열하시오.

[보기]
칼륨, 과망간산염류, 알칼리토금속, 니트로화합물, 금속인화물, 철분

해답 칼륨, 알칼리토금속, 니트로화합물, 금속인화물, 철분, 과망간산염류

참고 위험물의 지정수량

칼륨(제3류 위험물 금수성물질) : 10kg

알칼리토금속(제3류 위험물 알칼리금속 및 토금속류) : 50kg

니트로화합물(제5류 위험물 자기반응성물질) : 200kg

금속인화물(제3류 위험물) : 300kg

철분(제2류 위험물) : 500kg

과망간산염류(제1류 위험물) : 1,000kg

08 제3류 위험물인 탄화알루미늄에 대하여 다음 물음에 답하시오.

① 탄화알루미늄과 물과의 반응식을 쓰시오.

② ①에서 생성되는 가스의 연소반응식을 쓰시오.

해답 ① $Al_4C_3 + 12H_2O \rightarrow 4Al(OH)_3 + 3CH_4\uparrow$

② $CH_4 + 2O_2 \rightarrow CO_2\uparrow + 2H_2O$

09 불연성기체 10wt%와 탄소 90wt%로 이루어진 물질이 1kg이 있다. 완전연소 할 경우 필요한 산소의 부피(L)를 표준상태에서 구하시오.

해답 [계산과정]

표준상태(0℃, 1atm)에서 모든 기체 1mol이 차지하는 부피는 22.4L/mol 이다.

탄소(C)의 1g 원자량=12g/mol

탄소(C)의 질량=1,000g × 0.9=900g

$C \quad + \quad O_2 \quad \rightarrow \quad CO_2\uparrow$

12g/mol : 22.4L/mol

900g : χ

필요한 산소의 부피 $\chi = \dfrac{900 \times 22.4}{12}$

=1,680L

[답] 1,680L

10 다음 [보기]는 제4류 위험물에 대한 내용이다. 물음에 답하시오.

[보기]
• 인화점이 −37℃, 비점이 35℃이다.
• 저장용기로 구리, 마그네슘, 수은으로 된 용기는 사용할 수 없다.
• 흡입할 경우 유해한 성분으로 인해 폐부종의 위험이 있다.
• 무색 투명한 수용성의 액제이다.

① 명칭을 쓰시오.

② 지정수량을 쓰시오.

③ 보냉장치가 없는 이동저장탱크에 해당 물질을 저장할 경우 당해 위험물의 온도는 몇 ℃ 이하로 유지하여야 하는지 쓰시오.

해답 ① 산화프로필렌 ② 50L ③ 40℃

11 휘발유, 톨루엔, 벤젠의 인화점을 낮은 것부터 높은 순으로 쓰시오.

해답 휘발유, 벤젠, 톨루엔

참고 위험물의 인화점

휘발유 −43∼−20℃, 벤젠 −11℃, 톨루엔 4℃

12 방향족 탄화수소인 BTX에 대하여 다음 각 물음에 답하시오.

① BTX는 무엇의 약자인지 각 물질의 명칭을 쓰시오.

㉠ B :

㉡ T :

㉢ X :

② 위 3가지 물질 중 T에 해당하는 물질의 구조식을 쓰시오.

해답 ① ㉠ B : 벤젠 ㉡ T : 톨루엔

㉢ X : 크실렌(자일렌)

②   CH₃

13 위험물안전관리법령상 알코올류에 관한 정의에 대해 다음 (   ) 안에 알맞은 숫자를 쓰시오.

"알코올류"라 함은 1분자를 구성하는 탄소원자의 수가 1개부터 (①)개 까지인 포화 (②)가 알코올(변성알코올을 포함한다)을 말한다.

단, 다음 중 하나에 해당하는 것은 제외한다.

· 1분자를 구성하는 탄소원자의 수가 1개 내지 3개의 포화 1가 알코올의 함유량이 (③)중량퍼센트 미만인 수용액

· 가연성액체량이 (④)중량퍼센트 미만이고 인화점 및 연소점이 에틸알코올 (⑤)중량퍼센트 수용액의 인화점 및 연소점을 초과하는 것

해답 ① 3 ② 1 ③ 60 ④ 60 ⑤ 60

14 비중이 0.8인 메탄올 200L가 완전연소 한다. 다음 물음에 답하시오. (단. 표준상태이다.)

① 필요한 이론산소량(kg)을 구하시오.

② 생성되는 이산화탄소의 부피(L)를 구하시오.

해답 ① [계산과정]

비중이 0.8인 메탄올 200L의 질량=0.8×200=160kg

메탄올(CH_3OH) 1kg분자량(1kmol)=12+4+16=32kg/kmol

산소(O_2) 1kg분자량(1kmol)=16×3=32kg/kmol

$2CH_3OH + 3O_2 \rightarrow 2CO_2 \uparrow + 4H_2O$

2×32kg/kmol : 3×32kg/kmol

160kg   : χ

이론산소량 $\chi = \dfrac{160 \times 3 \times 32}{2 \times 32} = 240kg$

[답] 240kg

② [계산과정]

표준상태(0℃, 1atm)에서 모든 기체 1kmol이 차지하는 부피는 22.4m3/kmol 이다.

이산화탄소(CO_2)1kg분자량(1kmol)=12+16×2=44kg/kmol

$2CH_3OH + 3O_2 \rightarrow 2CO_2 \uparrow + 4H_2O$

2×32kg/kmol : 2×22.4m3/kmol

160kg   : χ

이산화탄소량 $\chi = \dfrac{160 \times 2 \times 22.4}{2 \times 32}$

$= 112m^3 = 112,000L$

[답] 112,000L

15 산성의 세기가 작은 것부터 다음 [보기]에서 골라 번호를 쓰시오.

[보기]
① HClO ② $HClO_2$ ③ $HClO_3$ ④ $HClO_4$

해답 ① ② ③ ④

16 휘발유를 저장하는 옥외저장탱크의 방유제에 대하여 다음 물음에 답하시오.

① 높이를 쓰시오.

② 두께를 쓰시오.

③ 지하매설깊이를 쓰시오.

④ 방유제 내의 면적을 쓰시오.

⑤ 방유제 내에 설치하는 탱크 수를 쓰시오.

> **해답** ① 0.5m 이상 3m 이하 ② 0.2m 이상
> ③ 1m 이상 ④ 8만m² 이하 ⑤ 10기

17 위험물안전관리법령에서 정한 방법으로 그림과 같은 저장탱크의 내용적을 구하시오. (단, 그림에서 표기된 수치의 단위는 모두 m이다.)

> **해답** [계산과정]
> 탱크의 내용적(V) =
> $\pi r^2 (\ell + \dfrac{\ell_1 + \ell_2}{3})$에서
> $V = \pi 1^2 (5 + \dfrac{0.4 + 0.5}{3}) = 16.650\text{m}^3$
> [답] 16.65m³

18 험물안전관리법령상 위험물의 운반에 관한 기준이다. 다음 [보기]를 보고 운반용기 외부에 표시하여야 하는 주의사항을 모두 쓰시오. (단, 없으면 "없음"이라고 표기하시오.)

① 제2류 위험물 중 인화성 고제

② 제4류 위험물

③ 제6류 위험물

> **해답** ① 화기엄금 ② 화기엄금
> ③ 가연물접촉주의

19 다음 위험물의 저장량이 지정수량의 이상 일 때 혼재하여서는 안 되는 위험물의 류별을 모두 쓰시오.

① 제1류 위험물

② 제2류 위험물

③ 제3류 위험물

④ 제4류 위험물

⑤ 제5류 위험물

> **해답** ① 제2류, 제3류, 제4류. 제5류
> ② 제1류, 제3류, 제6류
> ③ 제1류, 제2류, 제5류. 제6류
> ④ 제1류. 제6류
> ⑤ 제1류, 제3류, 제6류

> **참고** 혼재 할 수 있는 위험물 암기방법 사이삼, 오이사, 육하나를 참고 하세요.

20 위험물안전관리법령상 위험물을 운송하는 경우 위험물안전카드를 휴대하여야 한다. 위험물안전카드를 휴대하여야 하는 위험물의 류별 3가지를 쓰시오. (단, 위험물의 류별에 품명이 구분되는 경우 품명까지 적으시오.)

> **해답** 제1류, 제2류, 제3류, 제4류(특수인화물, 제1석유류). 제5류, 제6류 중 3가지

01 다음 [보기]의 위험물 중 포소화설비에 의한 소화효과를 기대할 수 없는 것을 모두 쓰시오.

> [보기]
> 과염소산칼륨, 철분, 인화성고체, 황린, 알킬알루미늄, 가솔린, 트리니트로톨루엔

해답 철분, 알킬알루미늄

참고 포소화설비는 물을 주성분으로 하므로 물과 반응성이 있는 위험물의 소화에는 적응성이 없다.

02 제1종 분말소화설비인 탄산수소나트륨에 대하여 다음 물음에 답하시오.

① 1차 분해반응식을 쓰시오.
② 표준상태에서 이산화탄소 100m³가 발생하였다면 탄산수소나트륨은 몇 kg이 분해한 것인가?

해답 ① $2NaHCO_3 \rightarrow Na_2CO_3 + CO_2 \uparrow + H_2O$
② [계산과정]

탄산수소나트륨($NaHCO_3$)의 1kg분자량=$23+1+12+16 \times 3$= 84kg/kmol
표준상태(0℃, 1atm)에서 모든 기체 1kmol이 차지하는 부피는 22.4m3/kmol이다.
$2NaHCO_3 \rightarrow Na_2CO_3 + CO_2 \uparrow + H_2O$
2×84kg/kmol : 22.4m³/kmol
χ : 100m3
탄산수소나트륨의 질량 χ
$= \dfrac{2 \times 84 \times 100}{22.4} = 750$kg
[답] 750kg

03 탄소 12kg이 1atm, 34℃에서 연소할 때 다음 물음에 답하시오.

① 연소반응식을 쓰시오.
② 연소에 필요한 산소의 체적(m³)을 쓰시오.

해답 ① $C + O_2 \rightarrow CO_2 \uparrow$
② [계산과정]
$PV = \dfrac{WRT}{M}$ 에서 $V = \dfrac{WRT}{PM}$
산소의 체적(V)=
$\dfrac{12 \times 0.082 \times (34 + 273)}{1 \times 12}$
$=25.174m^3$
[답] $25.17m^3$

04 염소산염류 100kg, 과산화나트륨 100kg, 브롬산칼륨 300kg을 함께 저장할 때 지정수량 배수의 합을 구하시오.

해답 [계산과정]
위험물의 지정수량
염소산염류 50kg, 과산화나트륨 50kg, 브롬산칼륨 300kg
지정수량 배수의 합= $\dfrac{100}{50} \dfrac{100}{50} + \dfrac{300}{300}$
=5배
[답] 5배

05 [보기]에 주어진 위험물 중 지정수량 500kg 이하인 것 찾아 위험물의 명칭과 지정수량을 쓰시오.

> [보기]
> 과망간산염류, 아염소산염류, 인화성고체, 무기과산화물, 중크롬산염류, 브롬산염류

해답 아염소산염류 : 50kg, 무기과산화물 : 50kg,
브롬산염류 : 300kg

참고 과망간산염류와 중크롬산염류의 지정수량
은 1,000kg이다.

06 표준상태에서 황 1kg 연소 시 필요한 공기의
체적(L)은 얼마인가? (단, 공기중의 산소량은
21%, 질소량은 79%이다.)

해답 [계산과정]

황(S)의 1g분자량(1mol)=32g/mol

표준상태(0℃, 1atm)에서 모든 기체 1mol
이 차지하는 부피는 22.4L/mol 이다.

공기의 체적= 산소의 체적 $\times \dfrac{1}{0.21}$

$S \quad + \quad O_2 \rightarrow SO_2 \uparrow$

32g/mol : 22.4L/mol

1,000g : χ

산소의 체적 $\chi = \dfrac{1,000 \times 22.4}{32} = 700L$

필요한 공기의 체적 $= 700L \times \dfrac{1}{0.21}$
$=3,333.333L$

[답] 3,333.33L

07 제2류 위험물중 은백색의 광택이 있는 금속으
로 2mm의 체를 통과하지 아니하는 덩어리
위험물에서 제외되는 위험물에 대하여 다음
물음에 답하시오.

① 명칭

② 물과의 화학반응식

③ 이산화탄소소화설비의 소화적합성(있으면
"있음", 없으면 "없음"으로 표기할 것)

해답 ① 마그네슘

② $Mg + 2H_2O \rightarrow Mg(OH)_2 + H_2 \uparrow$

③ 없음

08 공기중에서는 안정하나 물과 접촉하면 맹독성
의 인화수소가스를 발생하는 적갈색의 제3류
위험물에 대하여 다음 물음에 답하시오.

① 명칭을 쓰시오.

② 물과 화학반응식을 쓰시오.

해답 ① 인화칼슘

② $Ca_3P_2 + 6H_2O \rightarrow 3Ca(OH)_2 + 2PH_3 \uparrow$

09 제3류 위험물 탄화칼슘에 대하여 다음 물음에
답하시오.

① 물과의 반응식을 쓰시오.

② 물과 반응하여 생성된 기체의 연소반응식을
쓰시오.

해답 ① $CaC_2 + 2H_2O \rightarrow Ca(OH)_2 + C_2H_2 \uparrow$

② $2C_2H_2 + 5O_2 \rightarrow 4CO_2 \uparrow + 2H_2O$

10 디에틸에테르에 대하여 다음 물음에 답하
시오.

① 품명

② 인화점

③ 연소범위

해답 ① 특수인화물

② $-45℃$

③ 1.9~48%

11 제4류 위험물 제1석유류에 속하며 인화점이
$-11℃$, 융점 5.5℃이며 독성이 있으며 유기
용제로 사용하는 방향족물질에 대하여 다음
물음에 답하시오.

① 명칭

② 화학식

③ 1g분자량

④ 연소반응식

해답 ① 벤젠

② C_6H_6

③ $12 \times 6 + 6 = 78g/mol$

④ $2C_6H_6 + 15O_2 \rightarrow 12CO_2 \uparrow + 6H_2O$

12 다음 [보기]의 제4류 위험물을 인화점이 낮은 것부터 순서대로 쓰시오.

[보기]
에틸알코올, 아세트산, 아세톤, 니트로벤젠

해답 아세톤, 에틸알코올, 아세트산, 니트로벤젠
참고 위험물의 품명과 인화점
아세톤(CH_3COCH_3) : 제1석유류 $-18℃$
에틸알코올(C_2H_5OH) : 알코올류 $13℃$
아세트산(CH_3COOH) : 제2석유류 $40℃$
니트로벤젠($C_6H_5NO_2$) : 제3석유류 $88℃$

13 니트로벤젠으로 제조하는 방향족아민인 아닐린에 대하여 다음 물음에 답하시오.

① 품명을 쓰시오.
② 지정수량을 쓰시오.

해답 ① 제3석유류

② 2,000L

14 다음 위험물의 시성식을 쓰시오.

① 니트로글리세린
② 트리니트로페놀
③ 트리니트로톨루엔

해답 ① $C_3H_5(ONO_2)_3$ ② $C_6H_2OH(NO_2)_3$
③ $C_6H_2CH_3(NO_2)_3$

15 제5류 위험물 니트로화합물인 TNT의 열분해 반응식을 쓰시오.

해답 $2C_6H_2CH_3(NO_2)_3 \rightarrow 12CO \uparrow + 5H_2 \uparrow + 2C + 3N_2 \uparrow$

16 옥내저장소에 위험물을 저장할 경우 바닥면적에 대하여 다음 물음에 답하시오.

① 염소산염류
② 제6류 위험물
③ 인화성고체

해답 ① $1,000m^2$ 이하

② $1,000m^2$ 이하

③ $2,000m^2$ 이하
참고 옥내저장소의 바닥면적
– 위험등급 Ⅰ등급(제4류 위험물 Ⅱ등급 포함) : $1,000m^2$ 이하
– 위험등급 Ⅱ등급(제4류 위험물 Ⅱ등급 제외), Ⅲ등급 : $2,000m^2$ 이하

17 옥외저장탱크, 옥내저장탱크 또는 지하저장탱크 중 압력탱크 외의 탱크에 저장하는 위험물에 대하여 유지하여야할 저장온도를 쓰시오.

① 산화프로필렌
② 디에틸에테르
③ 아세트알데히드

해답 ① $30℃$ 이하 ② $30℃$ 이하
③ $15℃$ 이하

18 간이탱크저장소에 대하여 ( )안에 알맞은 말을 쓰시오.

간이탱크의 용량은 (①)L 이하이어야 하며 간이탱크는 두께 (②)mm 이상의 강철판으로 흠이 없도록 제작하여야 한다. 통기관의 지름은 (③)mm 이상으로 하고 그 끝부분의 높이는 지상 (④)m 이상으로 하며 통기관의 끝부분은 수평면에 대하여 아래로 (⑤)도 이상 구부려 빗물 등이 침투하지 아니하도록 하여야 한다.

해답 ① 600 ② 32 ③ 25 ④ 1.5 ⑤ 45

19 위험물안전관리법령에서 정하는 위험물 운반 용기 포장 외부에 표시해야 주의사항에 대하여 다음 물음에 답하시오.

① 알칼리금속의 과산화물
② 마그네슘, 철분, 금속분
③ 제5류 위험물

해답 ① 화기 · 충격주의, 가연물접촉주의, 물기엄금
② 화기주의, 물기엄금
③ 화기엄금, 충격주의

20 다음 지정수량 이상의 위험물과 혼재할 수 있는 위험물을 모두 쓰시오

① 제1류 위험물
② 제2류 위험물
③ 제3류 위험물

해답 ① 제6류 위험물
② 제4류 위험물, 제5류 위험물
③ 제4류 위험물
참고 혼재 할 수 있는 위험물 암기방법 사이삼, 오이사, 육하나 참고

위험물기능사
실기시험문제

발 행 일	2024년 3월 5일 개정 14판 1쇄 인쇄 2024년 3월 10일 개정 14판 1쇄 발행
저 자	이보상
발 행 처	크라운출판사 http://www.crownbook.com
발 행 인	李尙原
신고번호	제 300-2007-143호
주 소	서울시 종로구 율곡로13길 21
공 급 처	(02) 765-4787, 1566-5937
전 화	(02) 745-0311~3
팩 스	(02) 743-2688
홈페이지	www.crownbook.co.kr
I S B N	978-89-406-4792-9 / 13570

특별판매정가 26,000원

이 책의 내용 중 문의사항이 있으신 분은 저자 이보상 선생님께
(bsyee2532@hanmail.net)로 연락주시면 친절하게 응답해 드립니다.